PRÉCIS

DE CHIMIE

PAR

L. TROOST

MEMBRE DE L'INSTITUT

PROFESSEUR A LA FACULTÉ DES SCIENCES DE PARIS

VINGT-CINQUIÈME ÉDITION

Avec 225 figures dans le texte

PARIS

G. MASSON, ÉDITEUR

120, boulevard Saint-Germain, 120

MDCCCXCIII

PRÉCIS

DE CHIMIE

DU MÊME AUTEUR :

Traité élémentaire de Chimie. Nouvelle édition entièrement refondue et augmentée. — 1 volume petit in-8° de 888 pages avec 480 figures dans le texte. . . . . 8 fr.

123175 + 7000. — Imprimerie A. Lahure, rue de Fleurus, 9, à Paris. — 25 141

PRÉCIS

DE CHIMIE

PAR

L. TROOST

MEMBRE DE L'INSTITUT
PROFESSEUR A LA FACULTÉ DES SCIENCES DE PARIS

VINGT-CINQUIÈME ÉDITION

Avec 225 figures dans le texte

PARIS

G. MASSON, ÉDITEUR
120, BOULEVARD SAINT-GERMAIN, 120

M D CCC XCIII

PRÉCIS
DE · CHIMIE

CHAPITRE PREMIER
EAU — HYDROGÈNE — OXYGÈNE

DÉFINITIONS PRÉLIMINAIRES

PHÉNOMÈNES CHIMIQUES — CORPS SIMPLES — CORPS COMPOSÉS — ANALYSE
SYNTHÈSE

1. Phénomènes chimiques. — Deux exemples vont nous permettre de donner une première idée des phénomènes chimiques.

1er Exemple. Quand on chauffe du soufre dans un vase ouvert à l'air libre, il s'*enflamme* et *brûle* en répandant une odeur vive et pénétrante : le soufre s'est *combiné* avec un des éléments de l'air, l'*oxygène*, et a donné un gaz nouveau : l'*acide sulfureux*. Ce gaz conserve, même quand il est revenu à la température ordinaire, son odeur suffocante et ses propriétés caractéristiques, qui ne rappellent en rien celles du soufre. Les pro-

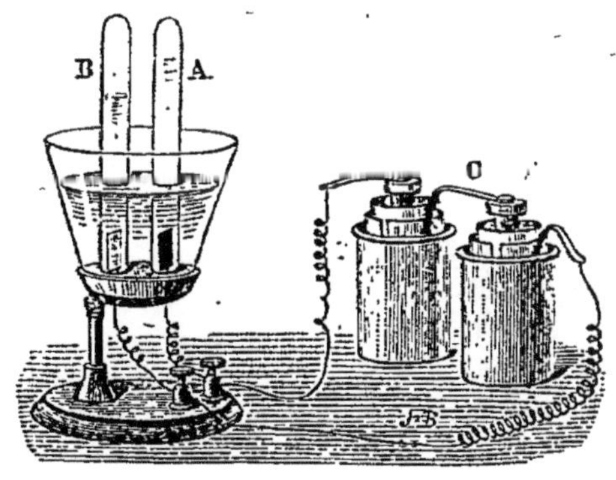

Fig. 1. — Décomposition de l'eau par la pile.

priétés du corps soumis à l'expérience ont donc été *remplacées par des propriétés nouvelles;* c'est le caractère des phénomènes chimiques. La *combinaison,* la *combustion* sont en effet des phénomènes chimiques[1].

1. Les lois des combinaisons et la nomenclature étant des notions abstraites, ont été renvoyées au chapitre III. Mais on peut étudier indifféremment le chapitre III après les chapitres I et II ou avant ces chapitres.

2ᵉ Exemple. Dans un vase en verre C (fig. 1), dont le fond est traversé par deux lames de platine, on verse de l'eau acidulée, puis on recouvre avec de petits tubes gradués, et pleins de cette même eau, la partie supérieure des lames de platine, dont on met ensuite la partie inférieure en communication avec les pôles d'une pile. Dès que le courant passe, l'eau se *décompose* : on voit des bulles de gaz se dégager autour des lames et s'élever dans les éprouvettes. On reconnaît bientôt que le gaz qui se dégage autour de la lame négative, a *un volume double* de celui qui se produit autour de la lame positive ; ce dernier est de l'*oxygène*, caractérisé par ce fait, qu'il rallume une allumette présentant quelques points en ignition (fig. 2) ; l'autre est de l'*hydrogène*, qui brûle au contact de l'air et d'une bougie allu-

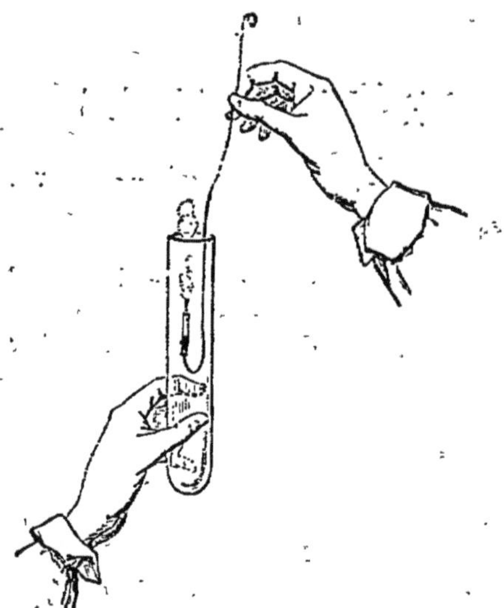

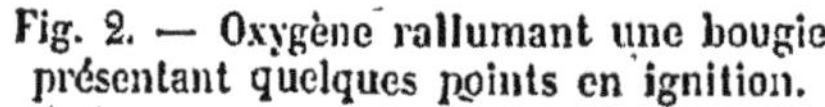

Fig. 2. — Oxygène rallumant une bougie présentant quelques points en ignition.

Fig. 3. — Hydrogène s'enflammant au contact de l'air et d'une bougie allumée.

mée (fig. 3). Les propriétés de l'eau ont donc été remplacées par des propriétés différentes, celles du gaz oxygène et celles du gaz hydrogène. La *décomposition* est en effet un phénomène chimique.

Nous sommes ainsi amenés à conclure que la chimie s'occupe des phénomènes dans lesquels on voit les corps s'unir ou se séparer (se *combiner* ou se *décomposer*) avec *apparition de propriétés nouvelles* ; elle étudie les conditions dans lesquelles ces phénomènes se présentent, et les lois auxquelles ils sont soumis.

2. Corps simples. Corps composés. — Le deuxième exemple que nous venons d'indiquer montre que l'on a pu décomposer l'eau en deux gaz, l'hydrogène et l'oxygène. Les corps dont on peut ainsi retirer plusieurs substances sont appelés des *corps composés* : l'eau est donc un corps composé. On appelle *corps simples* ceux dont on n'a pu retirer qu'une seule substance. L'hydrogène et l'oxygène sont dans ce cas : ce sont des corps simples.

3. **Analyse. Synthèse.** — On détermine la constitution des corps composés par deux procédés différents : l'*Analyse* et la *Synthèse*. Faire l'analyse d'un corps, c'est le décomposer en ses éléments; exemple : nous avons fait l'analyse de l'eau en la décomposant par la pile (fig. 1).

On fait au contraire la synthèse d'un corps quand on le reconstitue à l'aide de ses éléments; on fait la synthèse de l'acide sulfureux, en brûlant du soufre dans l'oxygène.

L'étude de l'eau et des éléments dont elle se compose va nous permettre de préciser ces premières notions.

EAU

4. **Composition de l'eau.** — Jusqu'à la fin du siècle dernier, l'eau était regardée comme un élément. En 1785, Lavoisier, aidé de Meusnier,

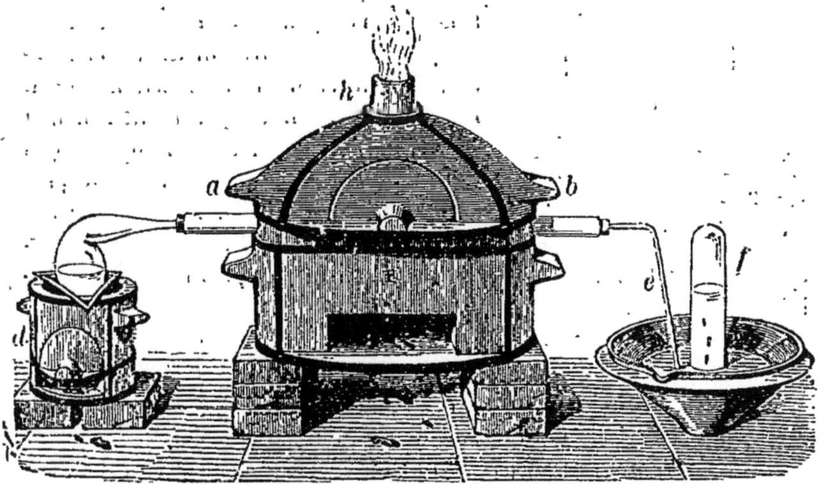

Fig. 1. — Décomposition de la vapeur d'eau par le fer au rouge.

démontra, par l'analyse et la synthèse, que l'eau est un corps composé, et qu'elle est formée d'oxygène et d'hydrogène, qui, en se combinant, donnent un poids d'eau égal à la somme des poids des deux gaz.

Analyse par le fer. — Pour faire cette analyse, Lavoisier et Meusnier faisaient passer de la vapeur d'eau sur du fer chauffé au rouge, dans un appareil analogue à celui de la figure 4, formé d'un tube de porcelaine ou de grès contenant des faisceaux de fils de fer, et chauffé dans un fourneau à réverbère. A l'une de ses extrémités aboutit le col d'une cornue de verre à moitié pleine d'eau. On chauffait d'abord le tube au rouge, puis on portait l'eau de la cornue à l'ébullition. La vapeur d'eau, en passant sur le fer, se décompose en *oxygène* qui se combine avec le fer pour former l'*oxyde de fer magnétique*, et en *hydrogène* qui se dégage (16.1°). On notait le poids de l'eau décomposée ; le poids de l'oxygène pouvait être fourni par l'augmentation du poids du fer, l'hydrogène était recueilli directement.

Analyse par la pile. — Carlisle et Nicholson décomposèrent l'eau, en 1800, par le courant voltaïque, à l'aide de l'appareil que nous avons décrit (fig. 1). Ils reconnurent par cette expérience que le volume de l'hydrogène est à peu près double de celui de l'oxygène.

5. Synthèse de l'eau par Lavoisier et Meusnier. — Dans un grand ballon (fig. 5), préalablement rempli d'oxygène, ils faisaient arriver un courant d'hydrogène par un tube effilé, et l'enflammaient à l'aide d'étincelles électriques jaillissant entre deux boutons métalliques placés de part et d'autre de l'ouverture du tube. Deux robinets réglaient l'arrivée en proportion convenable, dans le ballon, de l'oxygène et de l'hydrogène fournis par des gazomètres distincts. Pendant toute la durée de la combustion, on vit l'eau ruisseler sur les parois du ballon et se réunir au fond. Ils en obtinrent ainsi 100 grammes : et ce poids d'eau était précisément égal à la somme des poids des gaz employés. Quant aux volumes, ils constatèrent que le volume de l'hydrogène était *à peu près* le double de celui de l'oxygène.

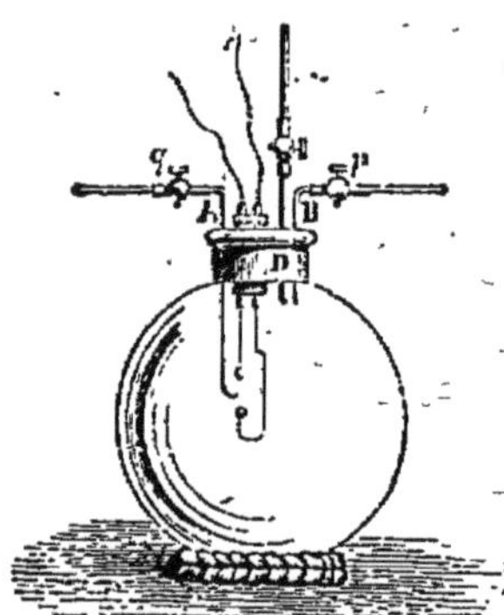

Fig. 5. — Synthèse de l'eau par Lavoisier et Meusnier.

Synthèse eudiométrique. — En 1805, Gay-Lussac et de Humboldt établirent définitivement le rapport simple (2 à 1) des volumes de l'hydrogène et de l'oxygène qui composent l'eau ; ils répétèrent un grand nombre de fois la synthèse de l'eau à l'aide de l'eudiomètre. Si, dans l'eudiomètre à mercure (fig. 6), on fait passer 100 volumes d'oxygène et 100 volumes d'hydrogène, on trouve qu'après la détonation, déterminée par le passage de l'étincelle électrique, il ne reste que 50 volumes de gaz qui sont de l'oxygène ; ils rallument une allumette présentant quelques points en ignition. Il a disparu 150 volumes de gaz contenant 100 volumes d'hydrogène et 50 volumes d'oxygène ; ces gaz ont formé 100 volumes de vapeur d'eau qui se sont liquéfiés. L'eau est donc formée *exactement de 2 volumes d'hydrogène et de 1 volume d'oxygène condensés en 2 volumes.*

6. Synthèse par les poids.

—Au lieu de chercher les volumes d'oxygène et d'hydrogène qui se combinent pour former l'eau, on peut se proposer de déterminer, par l'expérience, combien un poids donné d'eau renferme d'hydrogène et d'oxygène.

Cette méthode, due à Berzélius et Dulong, consiste à faire passer un courant d'hydrogène sec et pur sur un poids connu d'oxyde de cuivre chauffé dans un tube de verre. Ce procédé a été appliqué par Dumas avec toutes les précautions nécessaires pour assurer aux résultats une exactitude absolue. Dans ses expériences, l'hydrogène, bien débarrassé des carbures, sulfure et arséniure d'hydrogène (fig. 7), est desséché par de l'acide phosphorique anhydre refroidi. Un ballon de verre très peu fusible contient l'oxyde de cuivre, et communique avec un second ballon refroidi dans lequel l'eau va se condenser. Des tubes en U, pleins d'acide phosphorique anhydre, arrêtent la vapeur d'eau qui ne se serait pas condensée dans le ballon. Le poids de l'oxygène est fourni par la diminution du poids du ballon à oxyde de cuivre; l'augmentation de poids du second ballon et des tubes donne le poids de l'eau produite; la différence entre le poids de l'eau et celui de l'oxygène représente le poids de l'hydrogène. C'est ainsi que Dumas a trouvé que l'eau est formée de

Fig. 6. — Synthèse de l'eau par l'eudiomètre (Gay-Lussac et de Humboldt).

$$\text{Hydrogène} \dots \dots 11,11 \left.\right\} \ 100, \text{ ou } \frac{1}{8} \left.\right\} \ 9.$$
$$\text{Oxygène} \dots \dots 88,89$$

L'eau est donc formée en poids de 1 gramme d'hydrogène et de 8 grammes d'oxygène, formant 9 grammes d'eau.

7. Propriétés physiques.

— L'eau pure est inodore et sans saveur; elle se présente dans la nature sous trois états : elle existe à l'état de glace ou de neige sur les montagnes élevées; à l'état liquide dans les rivières, les lacs et la mer; à l'état de vapeur dans l'atmosphère.

ÉTAT SOLIDE. — L'eau se solidifie à une température qui a été prise pour le zéro du thermomètre centigrade ; elle cristallise alors en étoiles appartenant au système du prisme hexagonal (fig. 8).

Les flocons de neige nous présentent souvent cette forme.

Pendant sa solidification, l'eau augmente de volume ; sa densité diminue et devient 0,916. On peut démontrer cette augmentation brusque de volume à l'aide d'un tube scellé rempli d'eau, ou plus simplement avec une fiole de verre pleine d'eau, dont le bouchon est solidement fixé avec une ficelle. On plonge cette fiole dans un mélange réfrigérant de glace et de sel marin ; au bout de quelques instants, on est averti de la rupture de la fiole par un petit bruit sec. Cette augmentation de volume explique pourquoi la glace reste à la surface de l'eau ; elle nous fait aussi comprendre pourquoi les vases, même les plus résistants, remplis d'eau, se brisent au moment de la congélation. La rupture des pierres dites

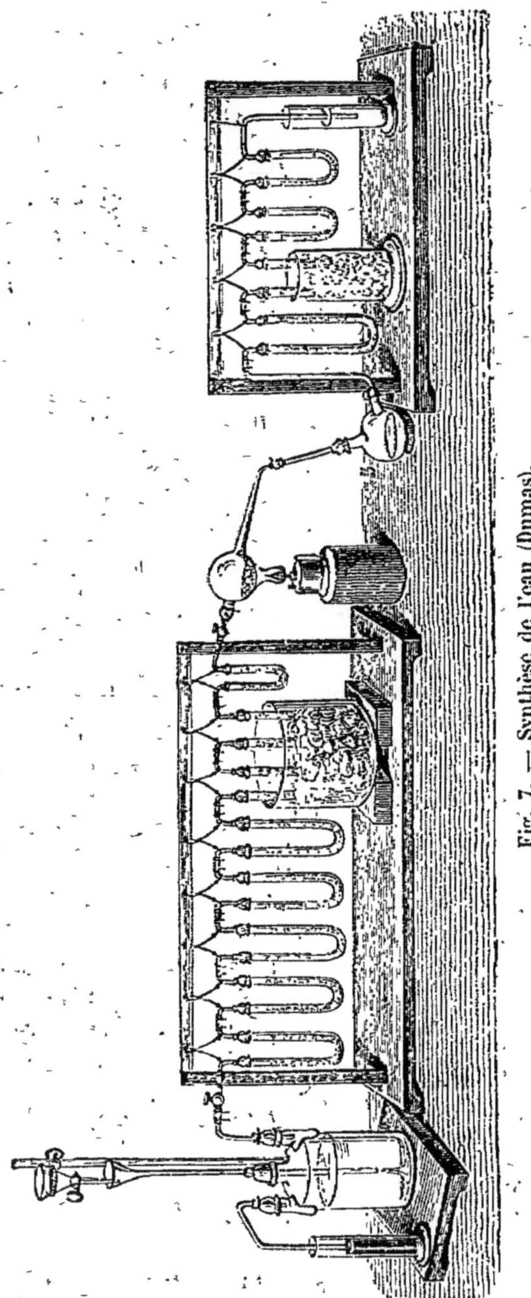

Fig. 7. — Synthèse de l'eau (Dumas).

gélives, celle du tissu cellulaire des plantes, et la décomposition, rapide des fruits gelés, tiennent à la même cause.

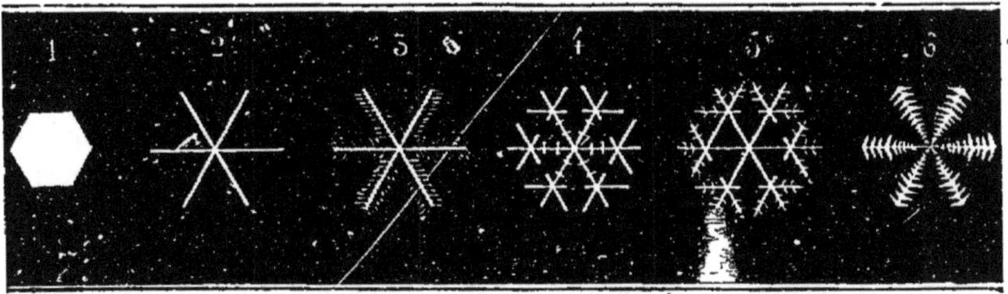

Fig. 8. — Diverses formes des cristaux de la neige.

ÉTAT LIQUIDE. — Lorsqu'on la chauffe, l'eau se contracte depuis 0° jusqu'à 4°; elle se dilate ensuite, si la température continue à s'élever. L'eau à 0° est 773 fois plus dense que l'air. Sa densité à 4° a été prise pour unité; sa densité à 0° est de 0,99987. Sa chaleur spécifique est prise pour unité, elle est de beaucoup supérieure à celle des autres liquides ou solides : ainsi elle est 30 fois plus grande que celle du mercure liquide. Sa chaleur latente de fusion, égale à 79,25 calories par gramme, et sa chaleur de vaporisation. égale à 537 calories, sont également de beaucoup supérieures à celles des autres liquides [1].

ÉTAT GAZEUX. — L'eau émet à toute température des vapeurs qui se mêlent à l'air, et cela d'une manière d'autant plus active que la température est plus élevée ; elle entre en ébullition sous la pression de $0^m,76$, à une température qui a été prise pour le 100e degré du thermomètre centigrade. La densité de la vapeur d'eau est 0,625 de celle de l'air.

COULEUR. — L'eau pure est incolore sous une petite épaisseur, elle est d'un bleu indigo sous une grande épaisseur ; telle est l'eau qui sort des glaciers, celle du lac de Genève, par exemple. Si l'eau des rivières est verte, cela tient à ce qu'elle a dissous des matières étrangères.

REMARQUE. — Dans son passage de l'état solide à l'état liquide, ou à l'état de vapeur, la composition de l'eau n'a pas été changée; il n'en sera pas de même dans les phénomènes que nous allons étudier.

8. Propriétés chimiques. — ACTION DE LA CHALEUR. — L'eau se décompose par la chaleur et par l'électricité.

[1]. Ces propriétés exceptionnelles empêchent à la surface de la terre les variations brusques de température qui rendraient impossible l'existence des végétaux et des animaux; elles expliquent comment, sur les côtes de la mer, où l'air est saturé de vapeur d'eau, on éprouve de moins grands froids en hiver et des chaleurs moindres en été, que dans l'intérieur des continents. En effet, dès que la température s'y abaisse, une certaine quantité de la vapeur d'eau de l'atmosphère saturée se liquéfie, et, restituant sa chaleur de vaporisation, limite l'abaissement de température. Quand, au contraire, la température s'élève, une nouvelle quantité d'eau passe à l'état de vapeur, en absorbant de la chaleur, et empêche ainsi une trop brusque et trop grande élévation de température.

Grove a démontré le premier que l'eau est décomposée par la chaleur : il plongeait dans l'eau une boule de platine, chauffée au blanc éblouissant, et constatait le dégagement, autour de cette boule, de bulles formées d'un mélange de deux gaz : d'oxygène et d'hydrogène.

Depuis, M. H. Sainte-Claire Deville a démontré que la vapeur d'eau subit déjà, à partir d'environ 1000°, une décomposition, qui est partielle pour une température donnée, et progressive à mesure que la température s'élève (*dissociation*, 59). Pour le prouver, M. H. Sainte-Claire Deville prenait un tube de porcelaine poreuse *a*, fixé dans l'axe du tube de porcelaine *b*, vernie et imperméable (fig. 9), qu'il chauffait au rouge vif. Il fai-

Fig. 9. — Décomposition partielle de l'eau au rouge.

sait alors arriver dans le tube intérieur un courant de vapeur d'eau, et, dans l'espace annulaire, un courant de gaz acide carbonique. Les gaz sortant de l'appareil sont reçus sur une cuve contenant de la lessive de potasse, dans des tubes de 1 centimètre de diamètre et 1 mètre de hauteur; l'acide carbonique est absorbé, et le gaz qui se rassemble au sommet du tube est un mélange d'oxygène et d'hydrogène. Une partie de la vapeur d'eau s'est donc décomposée dans le tube de terre poreuse. Le gaz hydrogène provenant de la décomposition de l'eau a traversé, par endosmose (20), le tube poreux plus vite que l'oxygène, et s'est trouvé ainsi séparé, par l'action d'un simple filtre, de ce dernier gaz. Il se dégage, avec l'acide carbonique, à l'extrémité du tube extérieur, tandis que l'oxygène et un peu d'acide carbonique se dégagent à l'extrémité du tube intérieur. H. Sainte-Claire Deville obtenait ainsi environ 1 centimètre cube de mélange d'oxygène et d'hydrogène pour 1 gramme d'eau.

Action de l'électricité. — En 1800, Carlisle et Nicholson démontrèrent qu'on pouvait décomposer l'eau par la pile (fig. 1), ce qui donne de l'oxygène et de l'hydrogène[1].

Action des métaux. — Quelques métaux, comme le potassium et le sodium, décomposent l'eau à froid (fig. 10), s'emparent de son oxygène et mettent l'hydrogène en liberté[2]; d'autres, comme le fer, décomposent l'eau seulement au rouge (4).

1. $HO = H + O$
Eau. Hydrogène. Oxygène.

2. $K + 2HO = KO,HO + H$
Potassium. Eau.   Potasse. Hydrogène.

ACTION DES MÉTALLOÏDES. — La décomposition partielle de la vapeur d'eau par la chaleur avec mise en liberté d'oxygène et d'hydrogène, explique l'action du charbon et celle du chlore au rouge. Si dans l'appareil de la fig. 4 on a mis du *charbon* au lieu d'y mettre du fer, le charbon s'empare de l'oxygène libre pour former de l'*oxyde de carbone* [1] et de l'*acide carbonique* [2], Ces gaz se dégagent en même temps que l'hydrogène.

Si l'on fait passer à la fois du *chlore* et de la *vapeur d'eau* dans un tube de porcelaine chauffé au rouge, le chlore s'empare de l'hydrogène libre et forme du gaz *acide chlorhydrique*, qui se dégage en même temps que l'oxygène.

Fig. 10. — Décomposition de l'eau par le potassium.

9. Composition de l'eau ordinaire. — L'eau est remarquable par son pouvoir dissolvant, qui s'exerce sur les solides, les liquides et les gaz. La solubilité des corps solides ou liquides augmente en général quand la température s'élève; c'est le contraire pour la solubilité des gaz.

Dans la nature, l'eau ne se trouve jamais à l'état de pureté. L'eau de pluie contient en dissolution les gaz de l'atmosphère, et souvent, pendant les orages, de l'azotate d'ammoniaque. L'eau des sources, des rivières, des fleuves contient non seulement des gaz, mais différents sels dont la nature dépend des terrains qu'elle a traversés.

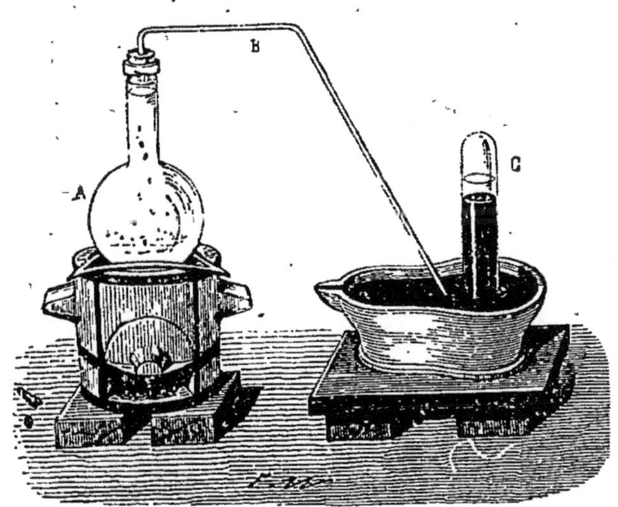

Fig. 11. — Extraction des gaz de l'eau.

10. Gaz dissous dans l'eau. — Pour recueillir le gaz qu'une eau

1. $HO + C = CO + H$
Eau. Carbone. Oxyde Hydrogène.
de carbone.

2. $2HO + C = CO^2 + 2H$
Eau, Carbone Acide Hydrogène.
carbonique.

1.

tient en dissolution, on remplit de cette eau un ballon d'un litre, fermé par un bouchon que traverse un tube également plein d'eau et aboutissant sous une éprouvette placée sur la cuve à mercure (fig. 11). En chauffant peu à peu jusqu'à l'ébullition, on voit apparaître les bulles de gaz qui vont se rendre sous l'éprouvette. Au bout d'un quart d'heure d'ébullition, l'expérience est terminée. — On absorbe l'acide carbonique par la potasse, et on analyse le résidu par l'eudiomètre. 1 litre d'*eau de Seine* a donné à M. Peligot environ 54^{cc},1 de gaz contenant : *Oxygène* 10^{cc},1. *Acide carbonique* 22,6. *Azote* 21,4.

Les volumes de l'oxygène et de l'azote sont donc à peu près entre eux comme 33 et 67 dans l'air dissous dans l'eau; ce rapport est bien différent de celui de ces gaz dans l'air atmosphérique : cela tient à la différence des coefficients de solubilité de ces deux gaz dans l'eau.

Presque tout l'acide carbonique obtenu dans cette expérience, existait en combinaison avec le carbonate de chaux à l'état de bicarbonate soluble. L'acide carbonique n'existe jamais qu'en petite quantité à l'état de simple dissolution. Ainsi, 1 litre d'*eau de pluie*, ayant séjourné à l'air, ne donne que 25^{cc} de gaz, contenant moins de 1^{cc} d'*acide carbonique*.

L'air dissous dans l'eau sert à la respiration des poissons, des mollusques, des zoophytes et des plantes aquatiques.

11. Sels dissous dans l'eau. — Les matières solides que l'eau ordinaire tient en dissolution peuvent y exister, soit en vertu de leur solubilité propre, comme les *sulfates de chaux* ou de *magnésie*, les *chlorures de potassium* et de *sodium*, les traces d'*azotates;* soit grâce à la présence de l'acide carbonique, comme la *silice* et les *carbonates de chaux* et de *magnésie*.

L'eau ordinaire, soumise à une ébullition prolongée, se trouble par suite du dépôt de ces derniers corps. — Pour recueillir les premières substances, il faut évaporer l'eau à siccité.

Le poids total varie de 0^{gr},1 à 0^{gr},5 par litre d'eau.

Quelques réactions très simples permettent de constater la présence des principales substances minérales dissoutes :

Le *bicarbonate de chaux* se reconnaît à l'aide de quelques gouttes d'une *teinture alcoolique* jaune de bois de Campêche, qui se colore en rose ou rouge violacé, suivant qu'il y a plus ou moins de carbonate de chaux.

Les *sulfates* se reconnaissent à l'aide de quelques gouttes d'*azotate de baryte*, qui donne un précipité blanc de *sulfate de baryte*.

Les *chlorures* se reconnaissent à ce que, si l'on verse dans l'eau quelques gouttes d'*azotate d'argent*, il se forme un précipité blanc, *caillebotté*, de chlorure d'argent.

La *chaux* est précipitée par l'*oxalate d'ammoniaque*, à l'état d'*oxalate de chaux*.

Dans le cas où il y a des *matières organiques*, l'eau portée à l'ébullition avec un peu de *chlorure d'or*, prend une coloration brune.

L'eau distillée ne donne ni coloration ni précipité avec ces réactifs.

12. Eau potable. — Pour qu'une eau soit bonne comme boisson, il faut qu'elle soit fraîche, sans odeur. d'une saveur faible, mais agréable; elle doit cuire les légumes et dissoudre le savon.

Une eau ne remplit ces conditions que si elle est bien *aérée* et contient en dissolution des matières minérales dont le poids peut varier de $0^{gr},1$ à $0^{gr},5$ par litre. La présence de l'*acide carbonique* en quantité convenable, la rend agréable au goût et facile à digérer. L'eau privée d'air a un goût fade, elle est d'une digestion difficile ; les goitres dont sont affectés les habitants des plateaux voisins des glaciers sont dus, suivant M. Boussingault, à l'usage de l'eau non aérée qui provient de la fonte des glaces. — Sur les navires, l'eau obtenue par la distillation de l'eau de mer doit être exposée à l'air avant d'être employée.

La présence du *carbonate de chaux*, du *phosphate de chaux* et du *chlorure de sodium* dans l'eau, est utile pour la nutrition en général, et pour le développement osseux en particulier. Le *sulfate de chaux* est, au contraire, nuisible dès qu'il atteint $0^{gr},2$ par litre.

Les eaux chargées de *matières organiques* (eaux dormantes des mares et des étangs) doivent être rejetées : elles se corrompent trop facilement.

Essai d'une eau potable. — On reconnaît facilement une eau potable à ce qu'elle ne donne à la teinture de campêche qu'une légère coloration rose, et ne forme pas de grumeaux quand on y verse quelques gouttes d'une *solution alcoolique de savon*.

Eau crue. — Une eau qui laisse un résidu supérieur à $0^{gr},6$ par litre n'est pas potable; elle est *lourde* et *indigeste; on l'appelle *eau crue*.

13. Eau séléniteuse. — On appelle *séléniteuse* une eau qui contient beaucoup de sulfate de chaux ; telle est l'eau des puits de Paris. Cette eau forme, avec le savon, des grumeaux insolubles, ce qui la rend impropre au savonnage ; elle produit, avec la matière azotée des végétaux, un corps dur qui nuit à la cuisson des légumes. On peut corriger cette eau à l'aide du carbonate de

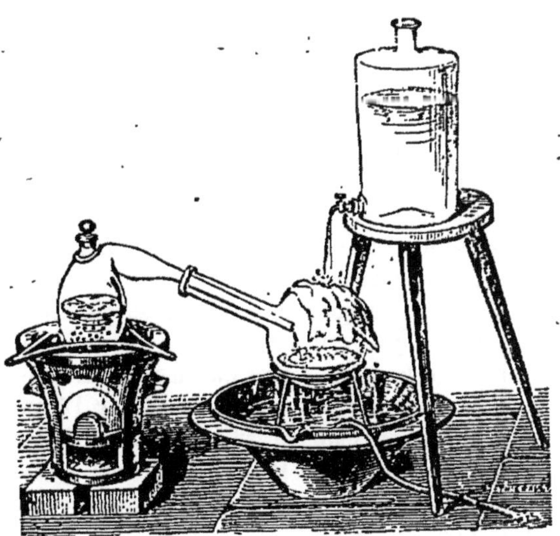

Fig. 12. — Distillation de l'eau.

soude, qui précipite la chaux à l'état de carbonate de chaux ; elle peut alors servir au savonnage.

14. Eau distillée. — Pour avoir de l'eau distillée, on peut se servir, soit d'une petite cornue communiquant avec un ballon refroidi (fig. 12), soit de l'alambic ordinaire décrit dans les cours de physique (fig. 13). On ne recueille pas les premières gouttes d'eau qui distillent ;

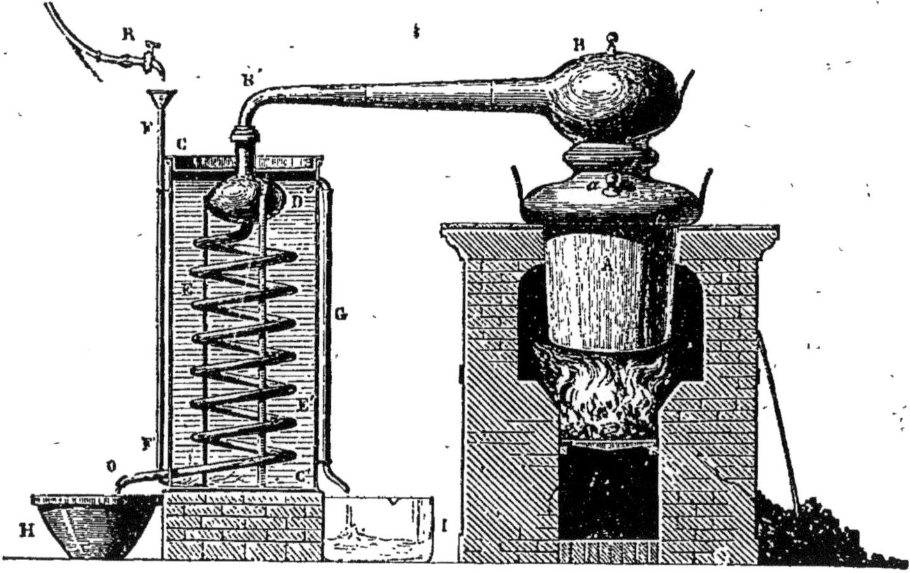

Fig. 13. — Alambic ordinaire.

elles peuvent contenir les impuretés provenant des parois du réfrigérant. Il faut d'ailleurs s'arrêter quand les trois quarts de l'eau ont passé à la distillation, afin d'éviter la projection de matières entraînées à l'état solide, et la production de l'acide chlorhydrique gazeux qui pourrait résulter de la décomposition des chlorures par la silice.

15. Eaux minérales. — La médecine utilise partout les eaux dites *minérales* qui, soit en vertu de leur température (*eaux thermales*), soit en vertu des matières qu'elles ont dissoutes dans le sein de la terre, (*eaux minérales froides*), exercent sur l'économie une action souvent énergique, et sont par suite des agents thérapeutiques d'une grande efficacité. Telles sont les eaux de Seltz (*gazeuses*), les eaux de Vichy (*alcalines*), celles de Barèges (*sulfureuses*), celles de Spa (*ferrugineuses*), etc

L'étude de l'eau nous a fait connaître l'existence de deux corps simples, l'*hydrogène* et l'*oxygène*; nous allons en décrire les principales propriétés.

HYDROGÈNE

FAIBLE DENSITÉ —ENDOSMOSE — MÉLANGE DÉTONANT— PROPRIÉTÉS RÉDUCTRICES
CHALUMEAU — SOUDURE AUTOGÈNE — LUMIÈRE DE DRUMMOND

Ses propriétés ne sont connues que depuis Cavendish, en 1777.

16. Préparation. — L'hydrogène s'extrait de l'eau, qui en contient 1/9 de son poids. On peut, nous l'avons déjà dit, décomposer l'eau, soit par la pile (fig. 1), soit à l'aide du platine en fusion; mais ce ne sont là que des expériences de physique.

Pour préparer l'hydrogène, on se fonde sur la propriété qu'ont les métaux de décomposer l'eau pour s'emparer de son oxygène. Les métaux de la première section, ainsi que le magnésium et le manganèse, décomposent l'eau à froid, ou à une température inférieure à 100°, mais ils sont très coûteux. Ne pouvant les utiliser, on a recours au fer ou au zinc. La décomposition peut s'opérer à la température du rouge, ou à froid, suivant que l'on fait agir le métal seul, ou le métal en présence d'un acide.

1° PAR LE FER AU ROUGE. — Un tube de porcelaine ou de grès, contenant des faisceaux de fil de fer, est placé dans un fourneau à réverbère (fig. 14). A l'une des extrémités du tube aboutit le col d'une cornue de

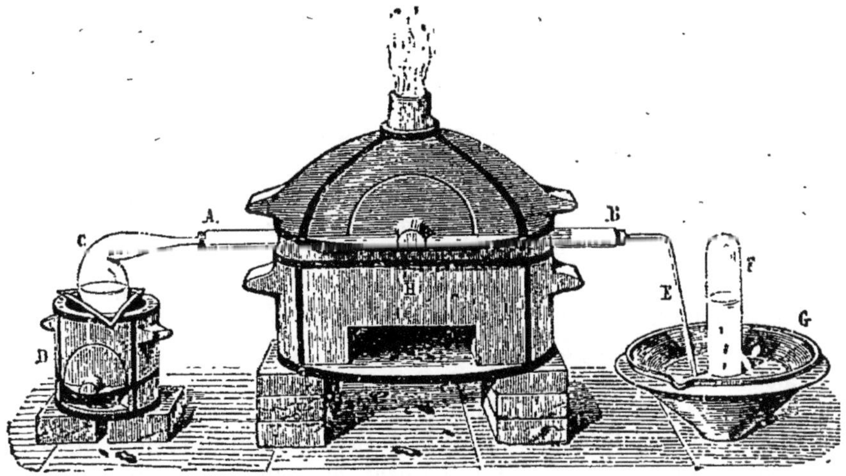

Fig. 14. — Préparation de l'hydrogène par le fer au rouge.

verre à moitié pleine d'eau ; de l'autre extrémité sort un tube à dégagement qui permet de recueillir le gaz. On chauffe d'abord le tube au rouge, puis on porte l'eau de la cornue à l'ébullition. La vapeur d'eau, en passant sur le fer, se décompose en oxygène, qui se combine au fer pour former l'oxyde de fer magnétique, et en hydrogène, qui se dégage [1].

1.
$$4HO + 3Fe = Fe^3O^4 + 4H$$
Eau.   Fer.   Oxyde de fer magnétique.   Hydrogène.

2° **Par le zinc, ou le fer, a froid en présence d'un acide.** — Au lieu d'opérer à la chaleur rouge, on peut décomposer l'eau par le fer à froid, à la condition de faire intervenir un acide capable de s'emparer de l'oxyde qui peut se produire. Le fer est généralement remplacé dans ce cas par le zinc.

On introduit le métal dans un flacon à deux tubulures à moitié plein d'eau (fig. 15). L'une des tubulures porte un tube à dégagement qui se rend sur la cuve à eau, l'autre porte un tube droit à entonnoir, et plongeant dans le liquide. Ce dernier tube sert à verser l'acide sulfurique au fur et à mesure que le dégagement se ralentit. Il se produit du *sulfate de zinc*, soluble dans l'excès d'eau, et de l'hydrogène qui se dégage[1]. Avec 100 grammes de zinc et 160 grammes d'acide sulfurique, on obtient environ 50 litres de gaz.

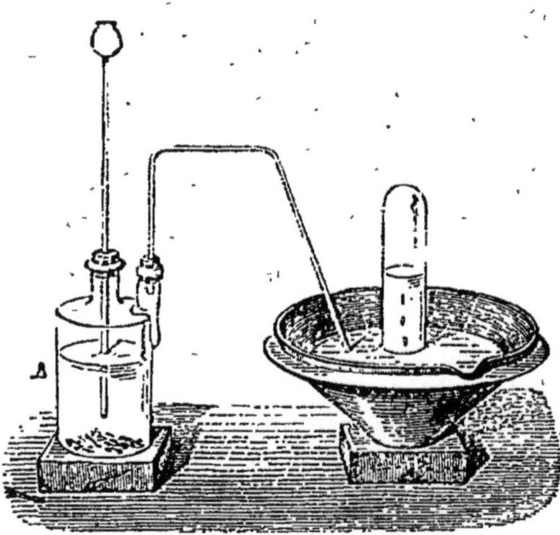

Fig. 15. — Préparation de l'hydrogène par le zinc.

L'acide *sulfurique* peut être remplacé par l'acide *chlorhydrique*. Il se forme dans ce cas du *chlorure de zinc* et de l'hydrogène[2].

Le zinc pur n'attaque l'acide sulfurique que s'il se trouve en contact avec un métal moins oxydable que lui, comme le cuivre ou le plomb ; il se produit alors une véritable pile.

17. Purification. — L'hydrogène résultant de ces réactions n'est jamais complètement pur. Il renferme toujours de l'acide *sulfhydrique* et de l'*arséniure d'hydrogène*. Ces impuretés proviennent de ce que le zinc contient un peu de soufre et d'arsenic.

Pour purifier l'hydrogène, il faut le faire passer à travers des tubes en U (fig. 16) contenant, le premier, de la *potasse* qui retient l'acide sulfhydrique, le deuxième, du *sulfate d'argent* qui retient l'arséniure d'hydrogène.

On peut encore purifier l'hydrogène en le faisant passer dans un tube de verre chauffé au rouge, et contenant de la tournure de cuivre, qui s'empare du soufre et de l'arsenic.

---

1. $Zn + SO^3,HO = ZnO,SO^3 + H.$
   Zinc.   Acide sulfurique   Sulfate de zinc.   Hydrogène.

2. $Zn + HCl = ZnCl + H.$
   Zinc.   Acide chlorhydrique.   Chlorure de zinc.   Hydrogène.

18. Propriétés physiques. — L'hydrogène est un gaz incolore et sans saveur quand il est pur. La liquéfaction de l'hydrogène a été signalée d'abord par M. Cailletet, puis par M. Raoul Pictet, et enfin par MM. Wroblewski et Olszewski. Ces derniers, en produisant une brusque

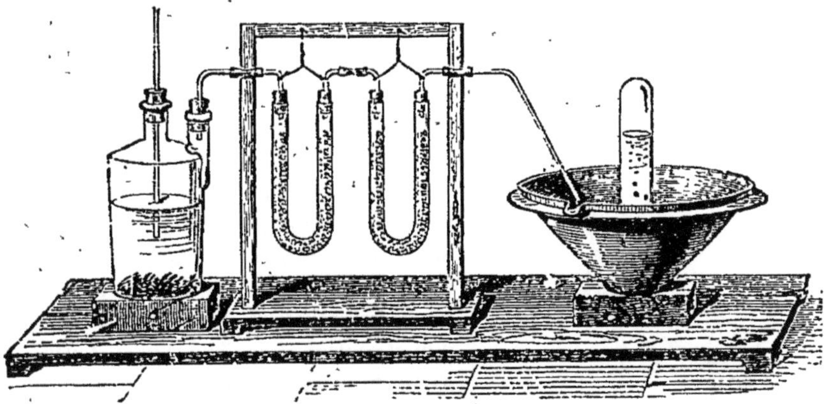

Fig. 16. — Purification de l'hydrogène.

détente de l'hydrogène comprimé à environ 180 atmosphères, et refroidi au-dessous de — 200° par l'évaporation rapide de l'*azote liquide* dans le vide, ont obtenu un liquide en ébullition avec projection de mousse.

L'hydrogène est très peu soluble dans l'eau : 1 litre d'eau n'en dissout que 17 centimètres cubes.

C'est le plus réfringent de tous les gaz. Il est le seul qui conduise bien la chaleur et l'électricité.

19. Densité. — Sa densité est 0,0692; par suite, 1 litre d'hydrogène à 0° pèse $1^{gr},293 \times 0,0692 = 0^{gr},089$. — C'est le plus léger de tous les gaz ; il pèse 14 fois et demie moins que l'air. Cette propriété le fait employer pour les aérostats.

Pour mettre en évidence l'extrême légèreté de l'hydrogène, on peut, après avoir rempli une vessie avec ce gaz, en gonfler des bulles de savon, qui s'élèvent dans l'atmosphère, où elles s'enflamment à l'approche d'une bougie. On peut aussi aboucher deux éprouvettes, l'une (fig. 17) inférieure, remplie d'hydrogène, l'autre supérieure, pleine d'air. En quelques instants l'échange des gaz a lieu ; une bougie brûle dans l'éprouvette inférieure, elle enflamme l'hydrogène dans l'éprouvette supérieure.

20. Endosmose. — Pour montrer avec quelle facilité l'hydrogène traverse les enveloppes, prenons sur la cuve à eau une éprouvette de ce gaz, et fermons son orifice avec une feuille de papier ordinaire, placée transversalement; puis, après avoir retourné l'éprouvette de manière que l'orifice soit en haut, présentons une allumette enflammée au-dessus de la feuille de papier : l'hydrogène qui a traversé cette feuille brûlera avec une flamme pâle. Cette propriété de l'hydrogène explique pourquoi les petits ballons gonflés par ce gaz se dégonflent rapidement.

H. Sainte-Claire Deville a mis en évidence cette faculté endosmotique de l'hydrogène par l'expérience suivante :

Après avoir introduit un tube de *terre poreuse* (fig. 18) dans l'axe d'un tube de *verre* plus large, on ferme les extrémités avec de bons bouchons, traversés par des tubes a, b, c, d. Si l'on fait alors passer un courant d'hydrogène dans le tube intérieur, et un courant d'acide carbonique dans l'espace annulaire, on constate que, du tube d par lequel on devait s'attendre à recueillir de l'acide carbonique pur, il se dégage de l'hydrogène, car le gaz s'enflamme au contact d'une bougie allumée ; et que, par le tube b, il sort de l'acide carbonique, car le gaz que l'on recueille à son extrémité trouble l'eau de chaux.

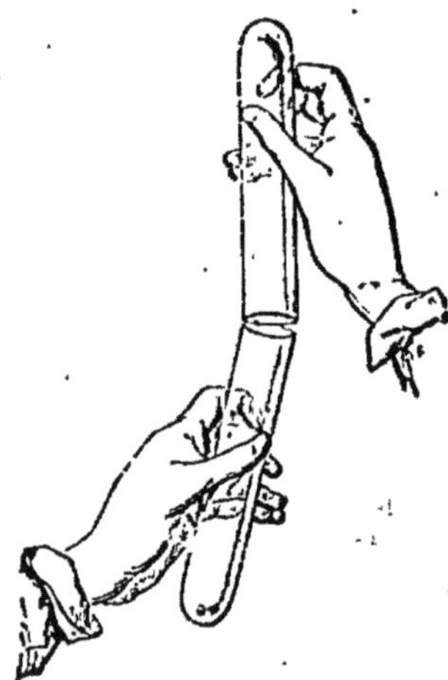

Fig. 17. — Transvasement de l'hydrogène.

Si l'on remplace le tube de terre par un tube de *platine* ou de *fer doux* a (fig. 19) et le tube de verre par un tube en *porcelaine* vernie b

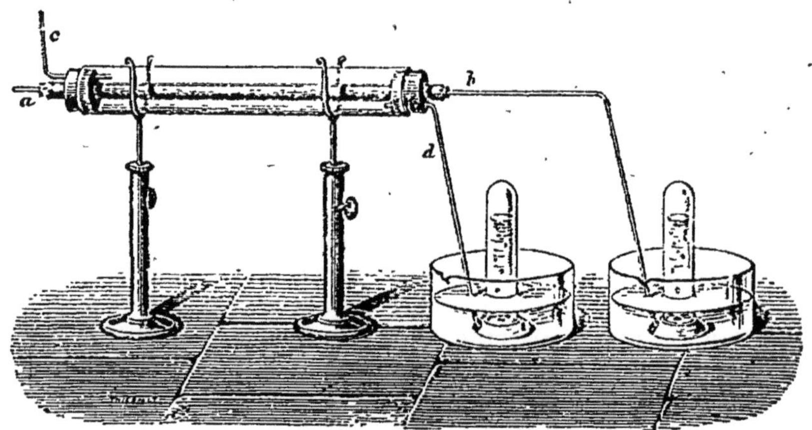

Fig. 18. — Endosmose de l'hydrogène.

on peut, en chauffant au rouge vif le milieu de l'appareil, constater, comme l'ont fait H. Sainte-Claire Deville et L. Troost, que l'hydrogène traverse les métaux chauffés au rouge, exactement comme il traverse la terre poreuse à la température ordinaire.

24. Propriétés chimiques. — L'hydrogène se combine avec l'oxygène en dégageant beaucoup de chaleur; il brûle au contact de l'air et d'une bougie enflammée, en donnant naissance à de l'eau.

Gaz éminemment combustible, il ne peut entretenir la combustion. Ainsi, une bougie allumée qu'on plonge (fig. 20) dans une éprouvette pleine d'hydrogène et tenue verticalement l'orifice en bas, s'éteint après avoir mis le feu aux premières couches en contact avec l'air; si on la retire lentement, elle se rallume en sortant.

MÉLANGE DÉTONANT. — La combinaison de l'hydrogène se fait avec une forte détonation quand on approche une bougie du goulot d'un flacon dans lequel on a mélangé 2 volumes d'hydrogène pour 1 volume d'oxygène. L'énorme dilatation qui résulte de la chaleur, dégagée

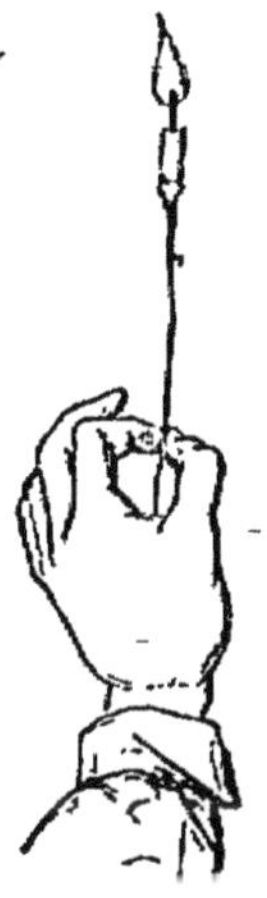

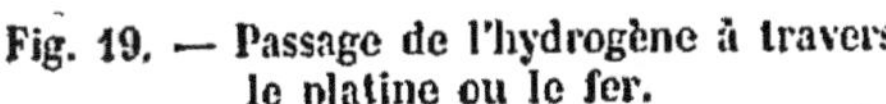

Fig. 19. — Passage de l'hydrogène à travers le platine ou le fer.

Fig. 20. — Inflammation de l'hydrogène au contact de l'air et d'une bougie allumée.

dans cette combinaison, projette hors du flacon la plus grande partie de la vapeur d'eau formée; à cette dilatation succède un vide, produit par la condensation de la vapeur, et l'air se précipite dans le flacon : les deux chocs qui résultent de ces mouvements brusques des gaz constituent la détonation. Il faut avoir soin d'entourer le flacon d'un linge, pour éviter les éclats de verre, dans le cas où le flacon se briserait.

Au lieu de mêler 2 volumes d'hydrogène avec 1 volume d'oxygène, on aurait pu mêler 2 volumes d'hydrogène et 5 volumes d'air, car nous verrons que l'air contient 1/5 de son volume d'oxygène. La détonation eût été moins forte, le mélange étant dilué dans 4 volumes d'azote.

La combustion aurait pu être déterminée par le passage d'une étincelle électrique, comme nous, l'avons vu dans la synthèse de l'eau (fig. 6). Le mélange d'hydrogène et d'air, ou d'oxygène, s'enflamme encore par le contact de l'éponge de platine. On emploie ce dernier moyen dans le *briquet à hydrogène* (fig. 21).

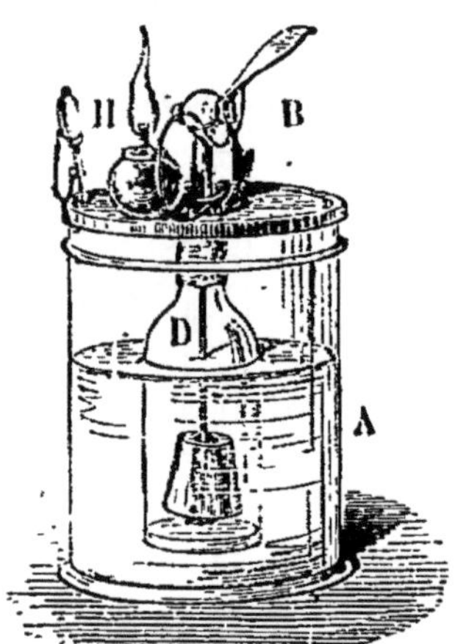

Fig. 21. — Briquet à hydrogène.

Pour démontrer que le produit de la combustion est de la vapeur d'eau, il suffit d'enflammer le gaz, préalablement desséché, à l'extrémité d'un tube effilé placé sous une cloche froide. On voit bientôt l'eau ruisseler sur les parois de cette cloche (fig. 22).

REMARQUE. — Avant d'enflammer l'hydrogène, il faut attendre que tout l'air du flacon ait été chassé, sans quoi l'appareil contenant un mélange détonant pourrait être brisé, et les débris de verre seraient projetés dans toutes les directions.

PROPRIÉTÉS RÉDUCTRICES. — L'affinité de l'hydrogène pour l'oxygène permet de l'utiliser pour la *réduction* des oxydes. Un courant rapide de ce gaz passant sur du *sesquioxyde de fer* légèrement chauffé (fig. 23), lui enlève son oxygène pour former de l'eau qui se dé-

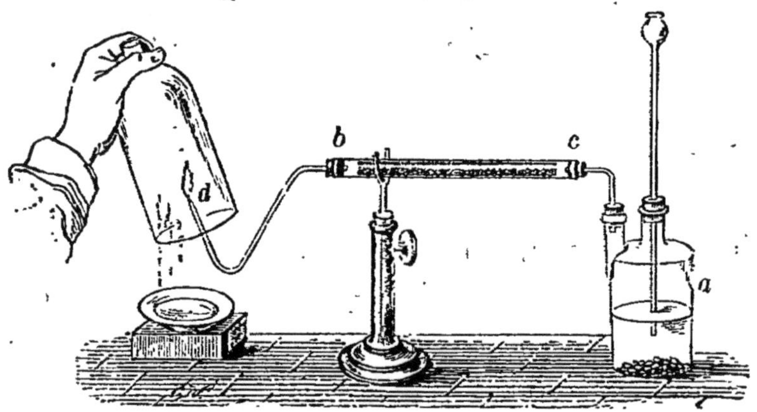

Fig. 22. — Production de vapeur d'eau dans la combustion de l'hydrogène.

gage; le résidu est le fer *pyrophorique*, ainsi appelé, parce qu'il s'enflamme spontanément au contact de l'air à la température ordinaire.

22. Harmonica chimique. — Quand on entoure la flamme avec un gros tube ouvert aux deux bouts (fig. 24), on entend un son continu, dû à une série de petites explosions produites par des mélanges d'hydrogène avec de l'air entraîné, mélanges qui détonent dans la partie supérieure de la flamme. Cet appareil est appelé *Harmonica chimique*.

23. Chaleur de combustion. — L'hydrogène pur brûle avec une flamme très pâle, semblable en cela à toutes celles dans lesquelles il n'y

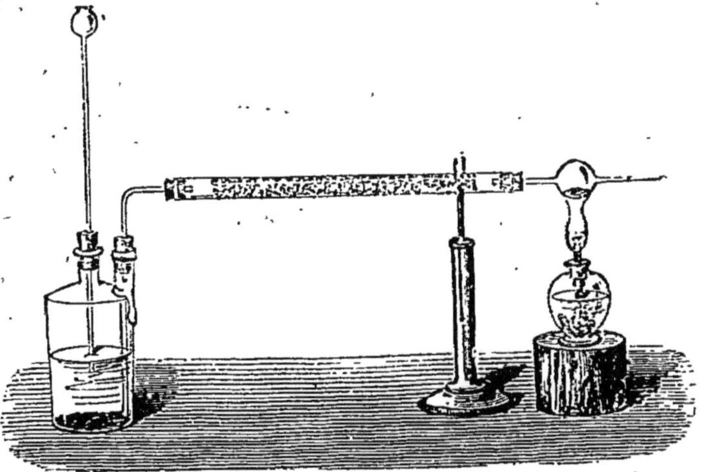

Fig. 23. — Réduction de l'oxyde de fer par l'hydrogène.

a pas de corps solide. Nous verrons en effet bientôt que la présence d'un corps solide incandescent est la condition nécessaire pour qu'une flamme devienne brillante.

Cette flamme si peu éclairante est extrêmement chaude; l'hydrogène est, en effet, de tous les combustibles celui qui dégage le plus de chaleur. 1 gramme de ce gaz, en brûlant, dégage 34^C,4, c'est-à-dire la quantité de chaleur nécessaire pour élever 54^{kil},4 d'eau de 0° à 1°.

24. Chalumeau. — On utilise cette chaleur dans le *chalumeau* à gaz oxygène et hydrogène. Les deux gaz ne se mélangent que dans un tube capillaire (fig. 25) au voisinage du point où se fait la combustion. Un robinet disposé sur chacun des conduits permet de régler à volonté l'arrivée des gaz.

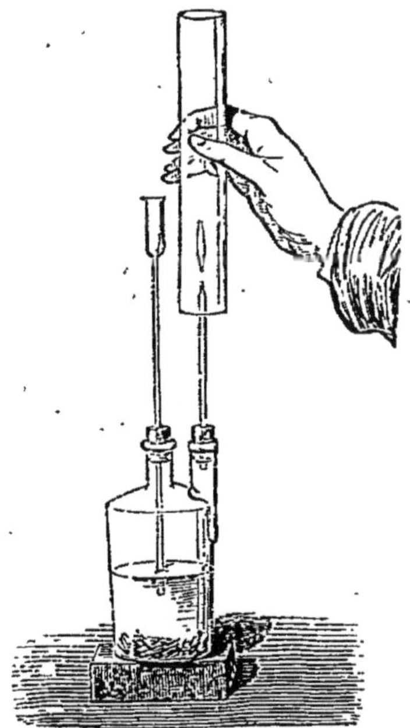

Fig. 24. — Harmonica chimique.

Application du chalumeau. — Pour fondre le platine avec cet appareil, on commence par mettre le métal dans une petite cavité, creusée sur un morceau de chaux vive, puis on dirige sur lui le dard, de manière que l'ouverture du chalumeau n'en soit qu'à quelques millimètres On pourra, de la même façon, fondre et volatiliser le cuivre, l'argent, l'or.

Cette haute température a été utilisée pour souder des feuilles de

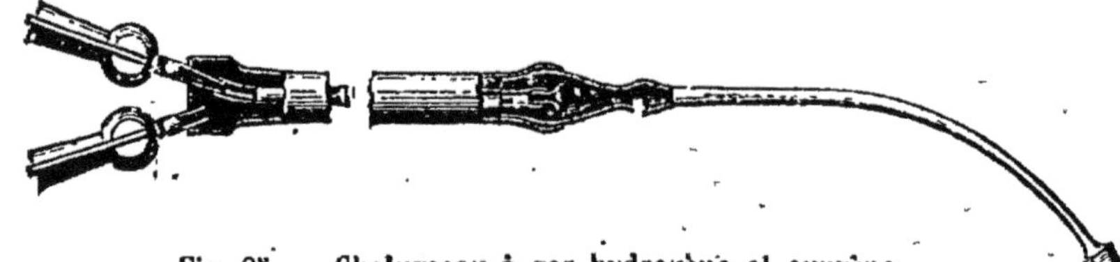

Fig. 25. — Chalumeau à gaz hydrogène et oxygène.

plomb par leur bord, sans interposition d'un métal étranger : c'est la *soudure autogène* de Desbassyns de Richemond. On soude de même les bords des tubes de *platine* avant de les étirer.

Le dard du chalumeau, dirigé sur un bâton de craie, lui donne un éclat extraordinaire. Cette lumière, dite *lumière de Drummond*, peut être utilisée comme moyen d'éclairer les objets placés devant le microscope, qui prend alors le nom de *microscope à gaz*.

OXYGÈNE

PRÉPARATION — COMBUSTIONS VIVES — COMBUSTIONS LENTES

RESPIRATION — OZONE

25. Historique. — L'oxygène (ὀξύς, acide ; γεννάω, j'engendre) a été découvert en 1774 par Priestley en Angleterre, et par Scheele en Suède. Deux ans après, Lavoisier fit connaître ses propriétés principales, et le rôle essentiel qu'il joue dans la combustion et dans la respiration.

26. Préparation. — On pourrait songer à retirer l'oxygène de l'air, mais comme on ne connaît aucun corps qui puisse s'emparer uniquement de l'azote, avec lequel il est mélangé, il faut, pour extraire l'oxygène de l'air, le faire entrer d'abord en combinaison, avec la *baryte*, par exemple, portée au rouge sombre, comme l'a conseillé M. Boussingault, et réduire ensuite par une forte chaleur le *bioxyde de baryum* obtenu.

On préfère généralement décomposer un des corps oxygénés, qu'on trouve dans la nature ou que l'industrie prépare.

27. Emploi du bioxyde de manganèse. — L'oxyde le plus commode à employer est le bioxyde de manganèse ou *manganèse naturel*. Pour en extraire l'oxygène, on opère de la manière suivante :

On en remplit aux deux tiers une cornue de grès, qu'on chauffe dans un fourneau à réverbère (fig. 26) ; le col de la cornue est fermé par un bouchon que traverse un tube recourbé, amenant le gaz sous une éprouvette placée sur la planchette d'une cuve à eau. — Il faut laisser perdre les premières bulles de gaz ; elles sont formées de l'air qui était contenu dans la cornue, et d'un peu d'*acide carbonique* provenant du *carbonate de chaux* qui existe toujours mélangé avec le manganèse naturel.

Dans cette préparation, le bioxyde *noir* de manganèse, décomposable

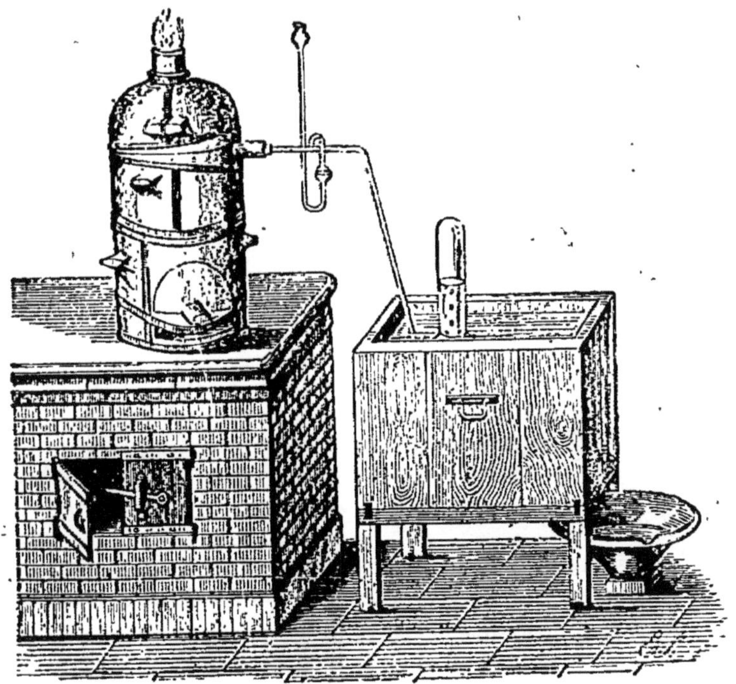

Fig. 26. — Préparation de l'oxygène par la calcination du bioxyde
de manganèse.

au rouge vif, abandonne le tiers de son oxygène, et se change en un
oxyde *brun* rougeâtre [1].

REMARQUE. — On indique d'ordinaire un autre mode de préparation
de l'oxygène, qui consiste à chauffer, dans un ballon de verre, le *bioxyde
de manganèse* avec de l'acide *sulfurique concentré;* mais la réaction est
incomplète, parce que le bioxyde de manganèse *anhydre* est indécomposable par l'acide sulfurique; il n'y aura de décomposé que les *hydrates
d'oxyde de manganèse*, qui se trouvent en quantité variable dans le bioxyde de manganèse naturel.

28. Chlorate de potasse. — Si l'on veut préparer rapidement de
l'oxygène pur, on doit employer le chlorate de potasse : 50 grammes de ce
sel, chauffés à l'aide d'une lampe à alcool dans une cornue de verre munie d'un tube à dégagement, peuvent fournir 20 litres d'oxygène (fig. 27).

On doit chauffer lentement d'abord, pour éviter une décomposition
trop brusque; si la réaction se ralentit après un premier dégagement de

1. $3MnO^2$ = Mn^3O^4 + $2O$
Bioxyde de manganèse.   Oxyde salin de manganèse.   Oxygène.

gaz, c'est qu'une partie de l'oxygène s'est portée sur le chlorate non encore altéré, et l'a transformé en perchlorate ; il suffit d'élever davantage pour décomposer ce nouveau sel à son tour. On obtient finalement

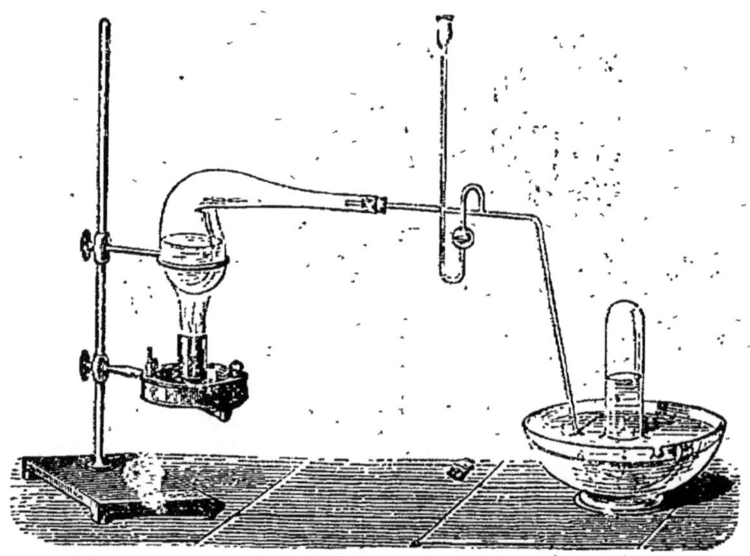

Fig. 27. — Préparation de l'oxygène par le chlorate de potasse.

tout l'oxygène contenu dans le chlorate de potasse, et il reste dans la cornue du chlorure de potassium [1].

La décomposition du chlorate se fait régulièrement, sans formation de perchlorate, si l'on ajoute au sel son poids de bioxyde de cuivre ou d'oxyde *brun* de manganèse. Il n'y a pas altération de l'oxyde dans cette circonstance ; c'est une simple action de présence. L'oxyde *brun* provenant de la calcination du bioxyde naturel doit être préféré à ce dernier, qui introduirait dans l'oxygène un peu d'acide carbonique et d'azote.

29. Propriétés physiques. — L'oxygène est un gaz incolore, inodore et sans saveur. Sa densité est de 1,1056 ; 1 litre de ce gaz à 0° pèse donc $1^{gr},293 \times 1,1056 = 1^{gr},450$.

Il est peu soluble dans l'eau, qui n'en dissout que 41 millièmes de son volume à 0° ; il faut, par suite, 24 litres d'eau pour en dissoudre 1 litre.

L'oxygène a été liquéfié d'abord par M. Cailletet, puis par M. Raoul Pictet. MM. Wroblewski et Olszewski l'ont obtenu à l'état de liquide incolore à — 136° sous la pression de 22 atmosphères dans un tube refroidi par l'évaporation rapide de l'éthylène liquide, dans le vide. L'oxygène liquide bout à — 181° sous la pression atmosphérique. Son évaporation rapide dans le vide abaisse la température au-dessous de — 200°.

[1] $KO,ClO^5 \quad = \quad KCl \quad + \quad 6O$
Chlorate de potasse. Chlorure de potassium. Oxygène.

30. Propriétés chimiques. — L'oxygène est éminemment propre à la combustion. Il se combine avec la plupart des corps, et souvent avec dégagement de chaleur et de lumière. Qu'on plonge dans une éprouvette pleine d'oxygène (fig. 28) une bougie imparfaitement éteinte, c'est-à-dire présentant quelques points en ignition, elle se rallume instantanément avec une petite explosion.

Les propriétés comburantes de l'oxygène peuvent être mises en évidence par les expériences suivantes :

COMBUSTIONS VIVES. — Si, dans un flacon à large goulot, plein d'oxygène, on introduit un *charbon* ardent, contenu dans une coupelle de terre fixée à l'extrémité d'un fil de fer (fig. 29), on le voit brûler avec une vive lumière, puis s'éteindre peu à peu. Le gaz du flacon est devenu impropre à

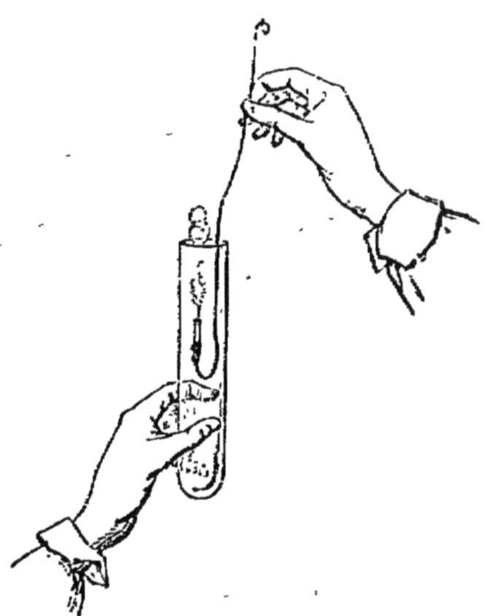

Fig. 28. — L'oxygène rallume une bougie présentant quelques points en ignition.

la combustion : il trouble l'eau de chaux, rougit faiblement la teinture de tournesol ; c'est de l'acide *carbonique*[1].

Le *soufre* enflammé, placé dans les mêmes conditions (fig. 29), brûle avec une flamme bleuâtre très intense ; le produit de la combustion est un gaz d'une odeur suffocante, qui rougit fortement la teinture de tournesol ; on l'appelle l'acide *sulfureux*[2].

Le *phosphore* allumé brûle dans l'oxygène avec une lumière éclatante qui éblouit les yeux (fig. 30) : le produit est une poussière blanche, très acide, très soluble dans l'eau et qu'on nomme l'acide *phosphorique*[3].

Les *métalloïdes* ne sont pas les seuls corps susceptibles de brûler avec chaleur et lumière dans le gaz oxygène.

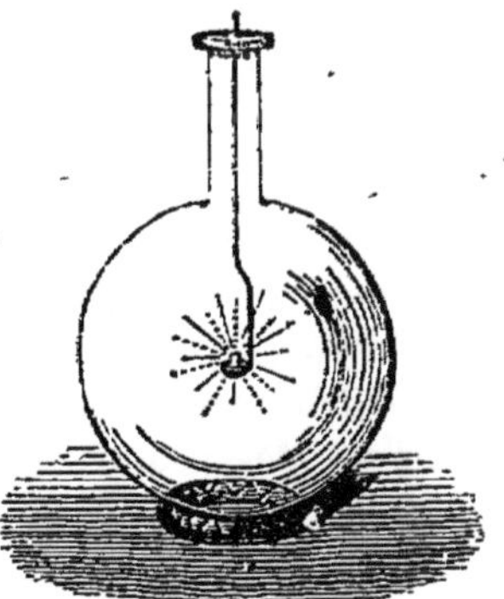

Fig. 29. — Combustion du charbon dans l'oxygène.

Un *fil de fer* ou un ressort de montre enroulé en spirale, et portant à son extrémité libre un petit morceau d'amadou enflammé, y brûle avec

1. $C + 2O = CO^2$ 2. $S + 2O = SO^2$ 3. $Ph + 5O = PhO^5$
Charbon. Oxygène. Acide / Soufre. Oxygène. Acide Phosphore. Oxygène. Acide
carbonique. sulfureux. phosphorique

incandescence, en lançant de tous côtés de vives étincelles (fig. 31) ; le produit est de l'oxyde de fer magnétique[1], qui, se détachant en gouttelettes, tombe au fond du flacon et s'y incruste profondément.

Un fil de magnésium, enroulé de même en spirale, et muni d'un mor-

Fig. 50. — Combustion du phosphore dans l'oxygène

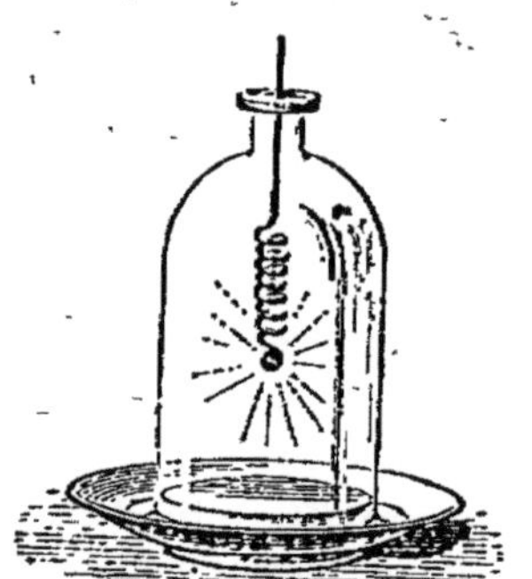

Fig 51. — Combustion du fer dans l'oxygène.

ceau d'amadou allumé, brûle dans l'oxygène avec une flamme éblouissante. Le produit de la combinaison est de la magnésie[2].

Combustions lentes. — A côté de ces combustions vives, nous trouvons l'oxydation lente du fer au contact de l'oxygène, ou de l'air, en présence de la vapeur d'eau et de l'acide carbonique à la température ordinaire, réaction qui donne la *rouille*; celle du phosphore, qui donne de l'*acide phosphoreux*; celle du cuivre, du plomb ou du mercure à une température plus ou moins élevée.

De ce qui précède, il résulte qu'une oxydation quelconque peut être désignée par le mot de *combustion*. Cette extension d'un nom réservé d'abord aux oxydations dans lesquelles la température est portée jusqu'à l'incandescence, est parfaitement justifiée; car on ne peut pas trouver un caractère suffisant pour séparer des phénomènes chimiques analogues, dans une élévation plus ou moins grande de température, qui dépend souvent de circonstances purement physiques. En effet, pour qu'il y ait incandescence, il ne suffit pas qu'il y ait une grande quantité de chaleur dégagée, il faut encore que cette chaleur se produise très rapidement, et que de plus elle n'ait pas à échauffer une trop grande quantité de matière. Si la masse à échauffer augmente, si de plus la rapidité de la combustion diminue, l'élévation de température pourra être très faible ou même insensible. C'est ainsi que le charbon, qui présente un éclat éblouissant quand il brûle dans l'oxygène, est à peine rouge dans l'air, où sa combustion est plus lente, et où la chaleur dégagée est en partie employée à chauffer l'azote mêlé à l'oxygène.

C'est à Lavoisier que l'on doit l'explication des phénomènes de la com-

1. $3Fe + 4O = Fe^3O^4$.   2. $Mg + O = MgO$.
    Fer.   Oxygène.   Oxyde magnétique.   Magnésium.   Oxygène.   Magnésie.

bustion; c'est lui qui a établi ce fait capital, que l'oxygène est l'agent par excellence des combustions, et que lorsque ce gaz s'unit à un corps qui brûle, le poids du produit de la combustion est égal à la somme des poids du corps combustible et de l'oxygène.

31. Respiration. — C'est encore Lavoisier qui a démontré (en 1777) que la respiration des animaux est un phénomène de combustion lente. Le sang veineux abandonne dans les poumons de l'*acide carbonique*, et prend en échange de l'*oxygène* qui, circulant avec le sang jusque dans les vaisseaux capillaires des divers organes, y brûle une partie du carbone des matières qui doivent être éliminées. Cette combustion lente est l'origine de la chaleur animale.

Quand la respiration est active, la température du corps reste constante, et notablement supérieure en général à la température ambiante ; c'est ce qu'on rencontre dans les animaux à sang chaud ; quand la respiration est lente, la température suit les variations de la température des corps environnants, ainsi qu'on l'observe dans les animaux à sang froid.

32. État naturel. — L'oxygène est, de tous les corps, le plus répandu dans la nature. Il existe à l'état de mélange dans l'air, dont il forme le cinquième environ. A l'état de combinaison, c'est un des éléments de l'eau, d'un grand nombre de minéraux et de la plupart des substances végétales ou animales.

OZONE

COULEUR — PROPRIÉTÉS OXYDANTES — APPAREIL A EFFLUVES — RÉACTIF

33. Ozone. — En 1840, Schœnbein avait constaté que l'oxygène dégagé dans la décomposition de l'eau par la pile, possède une odeur particulière et un pouvoir oxydant plus énergique que l'oxygène ordinaire ; il appela *ozone* (ὄζω, je sens) l'oxygène ainsi modifié. Ce corps a été étudié depuis par un grand nombre de savants : MM. de Marignac, Becquerel et Fremy, Andrews et Tait, de Babo, Soret, Houzeau, Berthelot, etc.

34. Modes de production. — La décomposition de l'eau par la pile donne de l'oxygène contenant un peu d'ozone, à la condition que l'électrode positive soit formée d'un métal inoxydable.

Les oxydations lentes, comme celle du phosphore à l'air humide, sont accompagnées de la production d'une petite quantité d'ozone.

Il se produit encore de l'ozone quand on fait réagir l'acide sulfurique sur le bioxyde de baryum à une température inférieure à 15°.

Il s'en produit une plus grande quantité quand on fait passer une série d'étincelles électriques, ou mieux, de décharges obscures (*effluves*) dans l'oxygène sec à basse température.

35. Préparation. — On prépare l'ozone en faisant passer très lentement de l'oxygène dans un appareil à *effluves*.

L'appareil employé par M. Berthelot est formé d'un tube large, c (fig. 32), auquel sont soudés deux tubes à dégagement, *a*, *b*. Dans le tube *c* plonge un tube *d* de moindre diamètre, et plein d'eau rendue conductrice par de l'acide sulfurique. Ce tube renflé en *c* est rodé à l'émeri sur le premier, de manière à former en ce point une fermeture hermétique. Le tout est plongé dans une éprouvette également remplie d'eau acidulée conductrice.

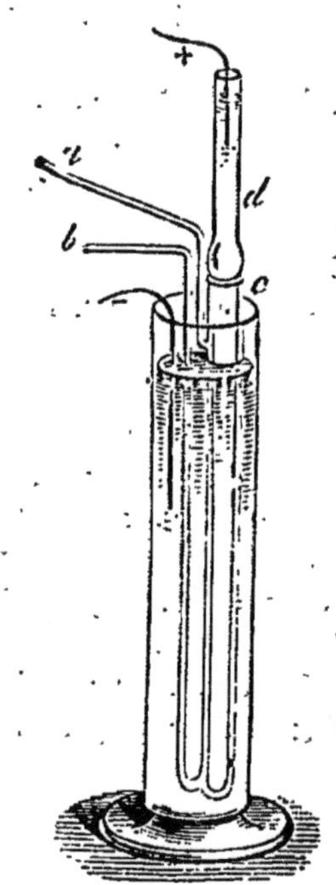

Les électrodes (+, —) plongent dans le tube *d* et dans le liquide de l'éprouvette.

La décharge diffuse (*effluve*) se produit dans l'espace annulaire compris entre les tubes *c* et *d :* elle agit sur l'oxygène, qui y arrive par *b* et en sort par *a*. *Trois volumes d'oxygène donnent, en se condensant sous l'influence de l'effluve, deux volumes d'ozone.*

La proportion d'ozone qui prend naissance dans un volume donné d'oxygène, dépend de la température à laquelle on opère. A 20°, on n'ozonise que 0,10 d'oxygène; à 0°, on en ozonise 0,15; à — 25° environ, 0,21; et à — 88°, environ 0,50 (MM. Hautefeuille et Chappuis).

Réactif de l'ozone. — En agissant sur du papier amidonné, imprégné d'iodure de potassium, l'ozone s'empare du potassium pour former de la potasse, et met ainsi en liberté l'iode, qui colore l'amidon en bleu.

Fig. 52. — Préparation de l'ozone (appareil de M. Berthelot).

36. Propriétés physiques. — Ce gaz, qui paraît incolore sous une petite épaisseur, est en réalité d'une couleur *bleue* qui rappelle la couleur bleue du ciel (MM. Hautefeuille et Chappuis). Il a une odeur forte et pénétrante ; respiré même en faible proportion, il provoque une inflammation des muqueuses. Sa densité est 1,6, c'est-à-dire 1 fois ½ celle de l'oxygène. Comprimé lentement dans l'appareil de M. Cailletet, il prend une couleur bleue de plus en plus foncée. Il a été liquéfié à — 105° sous la pression de 125 atmosphères en un liquide *bleu indigo*.

37. Propriétés chimiques. — L'ozone possède des propriétés oxydantes bien supérieures à celles de l'oxygène. L'ozone sec est absorbé par l'iode et par le mercure.

L'ozone humide oxyde à froid le fer, l'étain, le plomb et l'argent ; il transforme l'acide sulfureux et l'acide sulfhydrique en acide sulfurique.

Il décompose l'iodure de potassium en donnant de l'iode et de la potasse.

L'ozone formé avec absorption de chaleur se décompose avec dégagement de chaleur : à 250°, s'il est sec ; humide, il se décompose déjà à 100°.

CHAPITRE II

AIR — AZOTE

AIR

38. Propriétés physiques. — L'air, incolore sous une petite épaisseur, est bleuâtre sous une grande épaisseur ; il est inodore et sans saveur. Sa densité est $\frac{1}{773}$ de celle de l'eau. 1 litre d'air sec à 0° sous 0^m,760, pèse 1^{gr},293. A la température t^o et sous la pression H, son poids est :

$$1^{gr},293 \times \frac{1}{(1 + 0,00367\ t)} \times \frac{H}{760}.$$

39. Composition. — Lavoisier a le premier fait connaître la composition de l'air. Il chauffait du mercure dans un ballon de verre (fig. 33) dont le col, très long et doublement recourbé, allait aboutir, en se relevant, jusque dans le haut d'une éprouvette graduée reposant sur une cuve à mercure, et aux trois quarts remplie d'air.

Au bout de quelques heures, il vit apparaître de petites *pellicules rouges* à la surface du mercure ; en continuant à chauffer pendant douze jours, il reconnut que

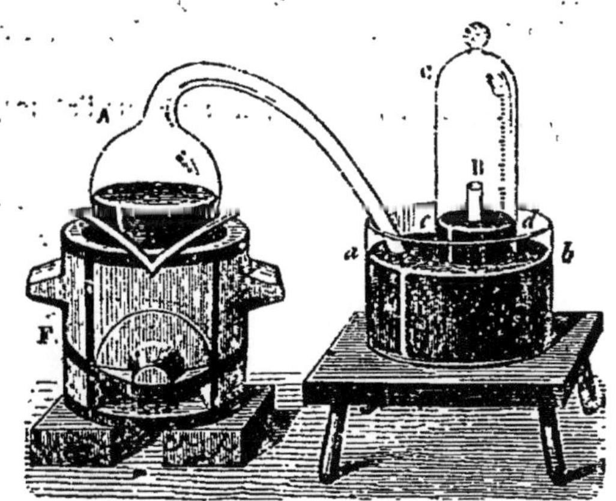

Fig. 33. — Composition de l'air (expérience de Lavoisier).

les pellicules, qui avaient d'abord augmenté assez rapidement, cessaient de s'accroître. — $\frac{1}{5}$ environ du volume primitif avait disparu. Le gaz restant était impropre à la combustion et à la respiration : c'était l'*azote*, récemment découvert par Rutherford. Quant aux pellicules rouges, chauffées dans une petite cornue de verre (fig. 54), elles donnèrent du mercure et un gaz dans lequel il reconnut toutes les propriétés de l'oxygène. Ces deux gaz mélangés reproduisaient d'ailleurs l'air ordinaire.

Avant cette expérience, on savait seulement que certains métaux, comme l'étain ou le mercure, fortement chauffés au contact de l'air, augmentent de poids et se transforment en produits qu'on désignait sous le nom de *chaux métalliques*, mais on ne savait pas si l'air était absorbé en totalité ou en partie seulement.

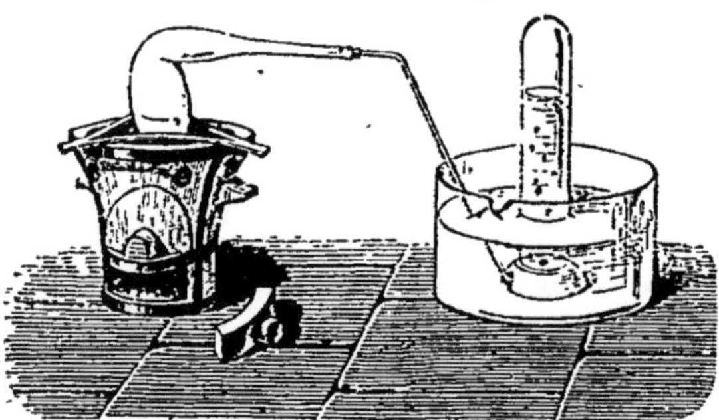

Fig. 34. — Décomposition des pellicules rouges d'oxyde de mercure.

A la même époque, Scheele enleva à l'air son oxygène, au moyen des sulfures alcalins, et reconnut de même l'azote dans le résidu. Cette expérience est moins concluante que celle de Lavoisier, en ce qu'elle ne permet pas de régénérer l'oxygène.

Indépendamment de l'oxygène et de l'azote, il y a toujours dans l'air un peu d'acide carbonique et de vapeur d'eau. On constate l'existence de l'acide carbonique en exposant à l'air, dans un vase plat, une dissolution limpide d'eau de chaux, qui bientôt se recouvre de pellicules blanches de carbonate de chaux.

La présence de la vapeur d'eau dans l'atmosphère peut être mise en

Fig. 35 — Analyse de l'air par le phosphore à froid.

Fig. 36. — Analyse de l'air par le phosphore à chaud.

évidence, à l'aide d'un fragment de potasse caustique, qui se dissout peu à peu dans l'eau qu'il absorbe.

40. Analyse de l'air. — Les expériences de Lavoisier et de Scheele, tout en manifestant la composition de l'air, ne peuvent pas donner les proportions des gaz qui y entrent : dans l'expérience de Lavoisier, une petite quantité d'oxygène reste libre; dans celle de Scheele, un peu d'azote peut être absorbé.

Pour obtenir la composition exacte de l'air, on emploie aujourd'hui des méthodes à la fois très simples et très précises; les unes sont fondées sur la *mesure des volumes*, les autres sur la *mesure des poids*.

40 *bis*. Analyse de l'air en volume. — 1º PAR LE PHOSPHORE A FROID. — Dans une éprouvette graduée reposant sur l'eau et contenant 100 centimètres cubes d'air, on fait passer un long bâton de phosphore humide (fig. 35); il se forme de l'acide phosphoreux qui se dissout dans l'eau dont le bâton est imprégné.

Au bout de quelques heures, le phosphore ne répand plus de fumées, il n'est plus lumineux dans l'obscurité; on le retire, et en mesurant le nouveau volume, ramené à la pression ordinaire, on constate qu'il est formé de 79ᶜᶜ d'azote; il a donc disparu 21ᶜᶜ d'oxygène. On en conclut que 100ᶜᶜ d'air sont formés de 79ᶜᶜ d'azotate et de 21ᶜᶜ d'oxygène.

2º PAR LE PHOSPHORE A CHAUD. — On fait passer un petit fragment de phosphore dans une cloche courbe contenant un volume déterminé d'air et reposant sur l'eau (fig. 36). En chauffant le phosphore à l'aide d'une lampe à alcool, on le voit fondre, puis se vaporiser; une flamme pâle indiquant la combustion de la vapeur de phosphore avance progressivement; quand elle est descendue jusqu'au niveau de l'eau, l'expérience est terminée. On trouve comme dans l'expérience précédente un résidu de 79 d'azote pour 100 d'air.

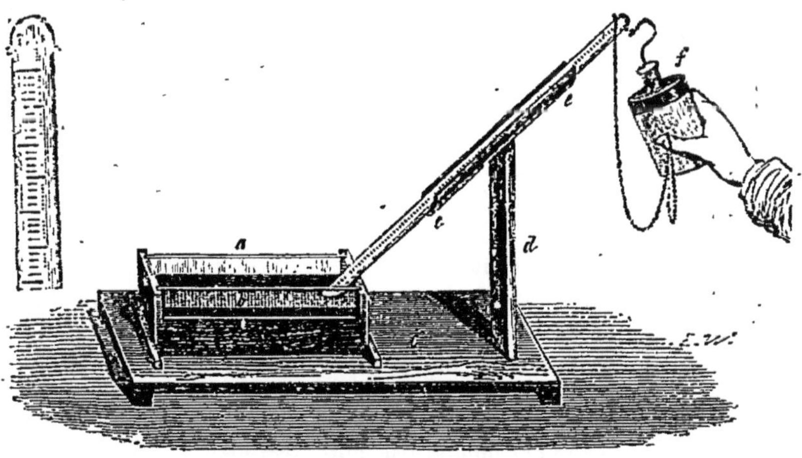

Fig. 37. — Eudiomètre à mercure.

3º MÉTHODE EUDIOMÉTRIQUE. — L'eudiomètre à eau employé primitivement présentait des causes d'erreur que l'on évite en employant l'eudiomètre à mercure.

L'eudiomètre à mercure, celui de Bunsen (fig. 58) par exemple, se compose d'un tube en verre de 60 centimètres de long sur 2 centimètres de diamètre, et 2 à 3 millimètres d'épaiseur. Deux fils de platine traversent les parois supérieures du tube et y sont soudés; ils se terminent à l'extérieur par un œillet, et sont recourbés à l'intérieur de l'eudiomètre, de manière à s'appliquer exactement sur les parois du verre, en laissant entre leurs extrémités un intervalle de 1 à 2 millimètres, dans lequel jaillira l'étincelle. Cette disposition permet de nettoyer l'appareil et de le remplir de mercure, sans déranger les fils; le tube porte d'ailleurs une division en millimètres, et l'on connaît la capacité de chaque division.

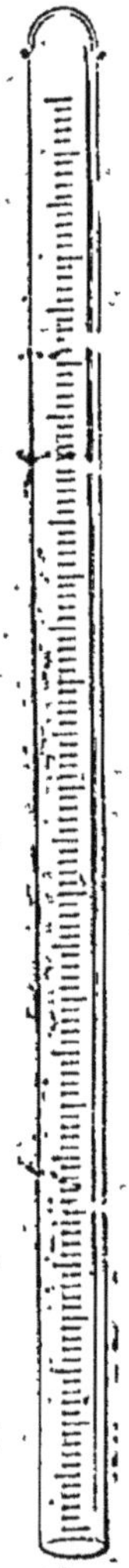

L'eudiomètre ayant été rempli de mercure et retourné sur la cuve, on y introduit 100 volumes d'air sec et 100 volumes d'hydrogène; ces 200 volumes de gaz ne doivent occuper que le ⅓ de la longueur du tube; puis au moyen d'une bouteille de Leyde on excite une étincelle dans le melange gazeux. La combinaison de l'oxygène et de l'hydrogène se fait avec dégagement de chaleur et de lumière. Le mercure refoulé vers la partie inférieure du tube au moment de l'explosion remonte immédiatement. Après refroidissement on constate que le résidu ramené à la pression initiale est égal à 137 volumes. 63 volumes gazeux ont donc disparu pour former de l'eau. Or, l'eau étant formée de 2 volumes d'hydrogène combinés avec 1 volume d'oxygène on en doit conclure que le tiers de 63 volumes, c'est-à-dire 21 volumes, d'oxygène se sont combinés avec 42 volumes d'hydrogène. Il y avait donc 21 volumes d'oxygène et par suite 79 volumes d'azote dans les 100 volumes d'air analysé.

41. Méthode en poids. — Procédé de Dumas et Boussingault. — Toutes les méthodes précédentes ont le même inconvénient : la composition de l'air s'y déduit de la mesure de volumes de gaz assez petits; or il est très difficile d'obtenir avec une grande exactitude les volumes ramenés à la température, à la pression et à l'état hygrométrique initial, aussi n'avaient-elles pas apporté la conviction que la composition de l'air était définitivement établie, et que cette composition était la même en tous les points du globe et à toutes les hauteurs dans l'atmosphère. De nouvelles expériences étaient indispensables : elles furent faites en 1840, par MM. Dumas et Boussingault, qui déterminèrent non plus les volumes, mais les poids des éléments de l'air.

Fig. 58. — Tube de l'eudiomètre de Bunsen.

Dumas et Boussingault ont fixé d'une manière rigoureuse la composition de l'air, en pesant l'oxygène et l'azote contenus dans un grand volume d'air. Leur appareil se compose d'un tube en verre vert, B, B' (fig. 39), muni de deux robinets R, R' qui permettent d'y faire le vide, et contenant de la tournure de cuivre que l'on a d'abord oxydé, puis réduit, pour lui donner une porosité qui rend plus facile l'absorption de l'oxygène. L'une des extrémités du tube communique avec un ballon A à robinet R'', dans lequel on fait également le vide. L'autre extrémité communique avec des tubes en U contenant de la ponce imprégnée d'acide sulfurique destiné à dessécher l'air. Un tube de Liebig C, placé en avant, contient de la potasse qui absorbe l'acide carbonique et permet de régler la marche de l'opération.

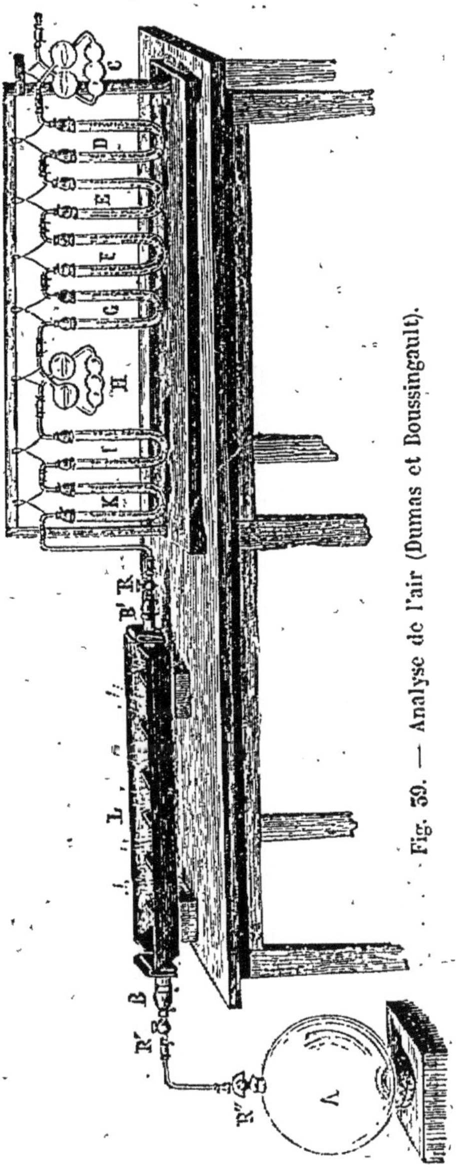

Après avoir fait le vide dans le ballon et dans le tube, on détermine séparément leurs poids P et p, puis on chauffe le cuivre au rouge et l'on ouvre le premier robinet R : l'air arrive et se dépouille de son oxygène; on ouvre alors successivement le second robinet R' du tube et celui R'' du ballon, en réglant les ouvertures de manière que l'expérience marche lentement.

On est averti que le ballon et le tube sont pleins d'azote quand l'air ne traverse plus le tube de Liebig C. On repèse le ballon et le tube froid; soient P' et p' les nouveaux poids; on fait le vide dans le tube pour en retirer l'azote, soit p'' le poids auquel il se réduit; le poids de l'azote qui se trouvait partie dans le ballon, partie dans le

Fig. 39. — Analyse de l'air (Dumas et Boussingault).

tube, est d'après cela $P' - P + p' - p''$. Celui de l'oxygène est $p'' - p$.
On trouve ainsi que l'air est formé en poids de :

Oxygène, 25 } Azote, 77 } 100, ce qui correspond aux volumes : Oxygène, 20,8 } Azote, 79,2 } 100.

42. Dosage de l'acide carbonique et de la vapeur d'eau. —

Pour doser l'*acide carbonique* et la *vapeur d'eau* contenus dans l'air,
Boussingault se sert d'un aspirateur (fig. 40), de 50 litres environ de
capacité, plein d'eau, qu'on peut faire écouler par un robinet inférieur

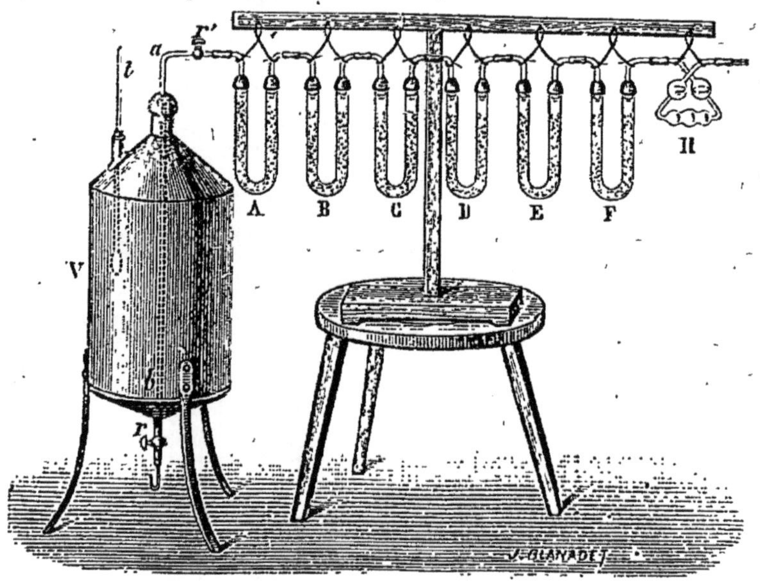

Fig. 40. — Dosage de l'acide carbonique de l'air.

muni d'un tube recourbé, qui ne permet pas la rentrée de l'air. La
partie supérieure présente deux tubulures : l'une est munie d'un thermomètre qui donne la température de l'eau ou du gaz; l'autre communique avec une série de tubes en U terminée par un tube de Liebig.

Quand on laisse écouler l'eau de l'aspirateur, l'air se dépouille de son
humidité dans le tube de Liebig et dans le premier tube en U, qui contiennent tous deux de l'acide sulfurique; puis il perd son acide carbonique dans les deux tubes en U à ponce imbibée de potasse. Un dernier
tube à ponce sulfurique retient la vapeur d'eau qui aurait pu être enlevée à la dissolution alcaline.

Connaissant le volume de l'aspirateur, on détermine le poids P de
l'air sec qui a passé, et qui contenait des poids p et p' de vapeur d'eau
et d'acide carbonique donnés par l'augmentation de poids des tubes
en U. On constate de cette façon que la proportion de vapeur d'eau est

très variable, mais que la quantité d'acide carbonique est toujours voisine de 3 dix-millièmes. — Il y a un peu plus d'acide carbonique dans les grandes villes que dans la campagne.

On trouve encore dans l'air de petites quantités d'ammoniaque, d'acide sulfhydrique et d'un carbure d'hydrogène, indépendamment des corpuscules en nombre infini tenus en suspension.

La quantité d'acide carbonique contenue dans l'air diminue à mesure que l'on s'élève dans l'atmosphère; la proportion d'ammoniaque augmente au contraire.

43. Constance de la composition de l'air. — L'air contient la même proportion d'oxygène et d'azote en tous les points de la terre et à toutes les hauteurs. Cependant, près de la surface de la mer, la quantité d'oxygène est un peu moindre, à cause du grand nombre d'animaux qui, absorbant l'oxygène dissous dans l'eau de mer, forcent celle-ci à reprendre par sa surface l'oxygène qui disparaît.

Si l'acide carbonique provenant des combustions et de la respiration n'altère pas la composition de l'air, cela tient à l'action décomposante des parties vertes des végétaux qui, s'emparant du carbone, remettent l'oxygène en liberté.

44. Altération de l'air confiné. — Si l'air libre a une composition constante, il n'en est plus de même de l'air enfermé dans une enceinte où il ne peut se renouveler. La composition de cet air s'altère, soit par les combustions, soit par la respiration des animaux. Un homme brûle par la respiration, tant en carbone qu'en hydrogène, l'équivalent de 12^{gr} de charbon par heure, ce qui correspond à 22 litres d'acide carbonique, et l'air sortant des poumons contient 4 pour 100 d'acide carbonique.

L'insalubrité de l'air confiné dans les habitations croît comme la proportion d'acide carbonique, et quand cette proportion atteint 1 pour 100 par *l'effet de la respiration*, le séjour des hommes est accompagné d'une sensation de malaise très prononcée; ce malaise n'est pas uniquement dû à la présence de l'acide carbonique, il est dû surtout aux émanations animales qui accompagnent la transpiration pulmonaire ou cutanée; leur nature n'a pu être déterminée par l'analyse, mais leur présence est accusée par l'odeur désagréable qui se répand dans les salles où un grand nombre de personnes se trouvent rassemblées. Le renouvellement de l'air devient indispensable, et la quantité d'air à fournir par la ventilation, pour un homme et par heure, est d'environ 10 mètres cubes, si l'on veut que la respiration se prolonge sans difficulté.

45. L'air est un mélange. — L'air est un mélange et non une combinaison. C'est ce qui résulte des observations suivantes :

1° Les volumes d'oxygène et d'azote qui constituent l'air ne sont pas en rapport simple, comme cela a lieu dans toutes les combinaisons, suivant la loi de Gay-Lussac (64).

2° Il n'y a jamais dégagement de chaleur ni d'électricité, quand on mélange l'azote et l'oxygène dans les propositions qui constituent l'air.

3° L'air mis en contact avec l'eau se dissout comme le ferait un simple mélange, chaque gaz selon son degré de solubilité. Ainsi nous avons vu (10) que l'air dissous dans l'eau contient 55 d'oxygène pour 67 d'azote. Si c'était une combinaison, la proportion y serait de 21 d'oxygène pour 79 d'azote, comme dans l'air atmosphérique.

AZOTE

EXTRACTION DE L'AZOTE DE L'AIR — SES PROPRIÉTÉS — COMPOSITION DES COMPOSÉS OXYGÉNÉS DE L'AZOTE

46. État naturel. — L'azote, découvert en 1772 par Rutherford, existe à l'état de simple mélange dans l'air atmosphérique, dont il forme les $\frac{4}{5}$ en volume. On le trouve à l'état de combinaison dans un grand nombre de substances animales, végétales ou minérales.

47. Préparation. — On le retire ordinairement de l'air.

1° PAR LE PHOSPHORE. — On met un morceau de phosphore dans une petite coupelle de terre C, placée sur un large bouchon de liège B flottant à la surface d'une cuve à eau (fig. 41). On enflamme le phosphore et l'on recouvre le tout d'une cloche. Le phosphore brûle aux dépens de l'oxygène de l'air, en produisant des poussières blanches d'acide phosphorique anhydre, qui se dissolvent peu à peu dans l'eau. Au bout de quelques instants, le phosphore s'éteint, l'atmosphère s'éclaircit, pendant que l'eau monte dans la cloche.

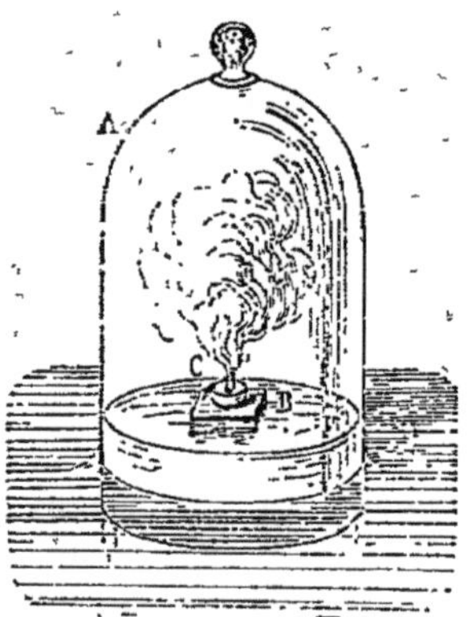

Fig. 41.—Préparation de l'azote au moyen du phosphore.

Remarque. — Dans le premier moment, par suite de la dilatation qui résulte de la chaleur produite par la combustion, une partie du gaz sortirait de la cloche si l'on n'avait la précaution de l'enfoncer un peu dans l'eau.

L'azote ainsi préparé n'est pas complètement pur ; il contient encore une petite quantité d'oxygène et de l'acide carbonique.

2° PAR LE CUIVRE. — On fait passer dans un tube de verre contenant du cuivre, et chauffé au rouge, de l'air préalablement dépouillé de son acide carbonique (fig. 42) ; le cuivre s'empare de l'oxygène pour former de l'oxyde de cuivre, et l'azote se dégage pur. — L'air contenu dans un flacon A, à deux tubulures, en est chassé par de l'eau qui arrive par un tube droit à entonnoir. Il passe dans un tube B, à potasse, qui retient l'acide carbonique, puis pénètre dans le tube rempli de cuivre.

3° PRÉPARATION PAR L'AZOTITE D'AMMONIAQUE. — On chauffe dans une petite cornue de verre une dissolution très concentrée d'*azotite d'ammoniaque* (fig. 43). Grâce à la faible affinité de l'azote pour l'oxygène et pour

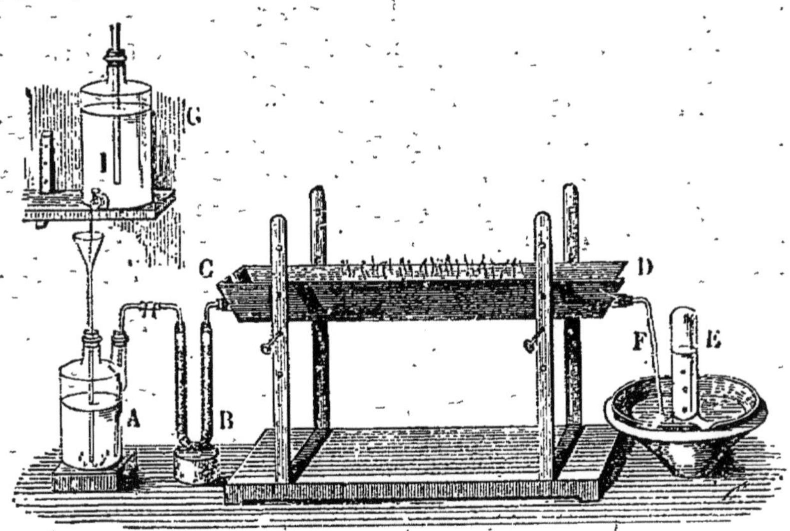

Fig. 42. — Préparation de l'azote par le cuivre.

l'hydrogène, ces deux derniers gaz se combinent pour former de l'eau, l'azote est mis en liberté[1].

Nous verrons bientôt, en parlant de l'action du chlore sur l'ammoniaque (113), une réaction qui permet également d'obtenir de l'azote.

48. Propriétés physiques. — L'azote est un gaz incolore sans saveur. Sa densité, par rapport à l'air, est 0,9713; par suite, 1 litre d'azote pèse $1^{gr},293 \times 0,9713 = 1^{gr},256$. Il a été liquéfié par M. Cailletet, puis par MM. Wroblewski et Olszewski. L'azote liquéfié bout à —194°, sous la pression atmosphérique; en s'évaporant dans le vide sous la pression

Fig. 43. — Préparation de l'azote par la décomposition de l'azotite d'ammoniaque.

de 60 millimètres; il se solidifie en une masse neigeuse à —204°. L'eau n'en dissout que $\frac{4}{10}$ de son volume, c'est-à-dire 25 cent. cubes par litre.

49. Propriétés chimiques. — L'azote se distingue facilement des gaz oxygène et hydrogène que nous avons étudiés; il ne s'enflamme pas au

1.
$$AzH^3,HO,AzO^5 = 4HO + 2Az$$
Azotite d'ammoniaque.   Eau.   Azote.

contact de l'air, il n'est donc pas combustible; il n'est pas davantage comburant, car il éteint les corps en combustion. Il partage cette dernière propriété avec l'acide carbonique, mais il s'en distingue en ce qu'il ne trouble pas l'eau de chaux. — L'azote n'entretient pas la respiration.

Ce gaz ne se combine à la température ordinaire avec aucun corps, mais sous l'influence des étincelles électriques (fig. 44), en présence de corps capables d'absorber le produit de la combinaison, il s'unit soit avec l'*oxygène* pour former de l'*acide azotique*, soit avec l'*hydrogène* pour former de l'*ammoniaque*. Sous l'influence de l'effluve (fig. 52), l'azote et l'oxygène secs se combinent pour donner de l'acide perazo-

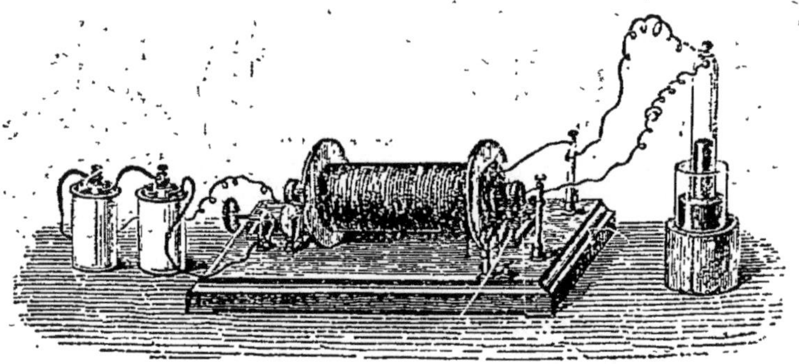

Fig. 44. — Combinaison de l'azote et de l'hydrogène sous l'influence de l'étincelle électrique.

tique, si la tension n'est pas forte, et de l'acide hypoazotique, si la tension électrique est extrêmement forte.

L'électricité atmosphérique détermine de même la formation de l'azotate d'ammoniaque, que contiennent souvent les pluies d'orage.

À une température élevée, il se combine avec le *bore* et divers métaux.

50. Composés formés par l'azote avec l'oxygène. — On connaît six composés oxygénés de l'azote dont la composition en poids est :

14^{gr} d'azote combinés avec 8^{gr} d'oxygène constituent 22^{gr} de protoxyde d'azote.
14^{gr} — — 16^{gr} — — 50^{gr} de bioxyde d'azote.
14^{gr} — — 24^{gr} — — 58^{gr} d'acide azoteux.
14^{gr} — — 32^{gr} — — 46^{gr} d'acide hypoazotique.
14^{gr} — — 40^{gr} — — 54^{gr} d'acide azotique.
14^{gr} — — 48^{gr} — — 62^{gr} d'acide perazotique.

Leur composition en volume est la suivante :

2^{vol} d'azote combinés avec 1^{vol} d'oxygène donnent 2^{vol} de protoxyde d'azote.
2^{vol} — — 2^{vol} — — 4^{vol} de bioxyde d'azote.
2^{vol} — — 3^{vol} — — vol. inconnu d'acide azoteux.
2^{vol} — — 4^{vol} — — 4^{vol} d'acide hypoazotique.
2^{vol} — — 5^{vol} — — vol. inconnu d'acide azotique.
2^{vol} — — 6^{vol} — — 4^{vol} d'acide perazotique.

CHAPITRE III

COMBINAISONS — LOIS DES COMBINAISONS
NOMENCLATURE

COMBINAISONS

CHANGEMENT DE PROPRIÉTÉS — CHALEUR DÉGAGÉE
RÉACTIONS EXOTHERMIQUES — CHALEUR ABSORBÉE — RÉACTIONS
ENDOTHERMIQUES — CORPS EXPLOSIFS — DISSOCIATION

51. Combinaison. — On dit que deux corps se combinent quand ils s'unissent de manière à en former un troisième qui diffère, par quelques propriétés, des éléments qui ont servi à le former. Nous trouvons tous les caractères d'une combinaison dans la synthèse de l'eau.

Nous avons vu que si après avoir introduit dans un tube de verre à parois épaisses et reposant sur le mercure (fig. 45) un certain volume d'*oxygène* et un volume double d'*hydrogène*, on fait passer dans ce mélange une étincelle électrique, une vive lumière se produit dans toute la masse gazeuse, et des gouttelettes d'eau mouillent le tube. Les deux gaz ont formé, en se combinant, un composé, l'eau, qui ne rappelle ni les propriétés du gaz oxygène, ni celles du gaz hydrogène, que nous avons étudiées.

Fig. 45. — Combinaison de l'hydrogène et de l'oxygène par l'étincelle électrique.

Nécessité du contact. — La combinaison ne s'effectue que lorsqu'il y a contact intime des corps différents que l'on met en présence. Tant que les molécules sont séparées par une distance appréciable, quelque petite qu'elle soit d'ailleurs, aucune combinaison ne se produit. Ainsi, plaçons sur une lame de verre une goutte d'*acide sulfurique*, et à côté une goutte d'*eau de baryte* : tant qu'il y a entre les deux gouttes incolores une distance appréciable, soit à l'œil, soit seulement à l'aide des instruments d'optique les plus délicats, la combinaison ne se fait pas; elle se produit dès qu'il y a contact, et on le reconnaît à la formation d'un *précipité* blanc, qui trouble le liquide.

On facilite la combinaison en augmentant les points de contact des corps. Dans ce but, avant de faire réagir deux corps solides l'un sur l'autre, comme le *sel ammoniac* et la *chaux*, on a la précaution de les réduire en poudre très fine; ces deux poudres, broyées ensemble, dégagent un gaz (gaz ammoniac) à odeur vive qui provoque les larmes.

C'est encore parce qu'à l'état de division extrême il se trouve en contact intime avec l'oxygène de l'air, que le *fer réduit*, suspendu au pôle d'un aimant, prend feu à l'approche d'une allumette et brûle comme de l'amadou.

52. Distinction entre un mélange et une combinaison. — Il est facile d'établir, d'après ce que nous avons dit, une distinction entre un mélange et une combinaison. Dans un *mélange*, les propriétés des éléments se conservent; c'est ce que nous avons vu dans l'air (45). Dans une *combinaison*, dans celle de l'oxygène et de l'hydrogène, pour former l'eau, par exemple, elles sont remplacées par des propriétés nouvelles, complétement différentes de celles des éléments.

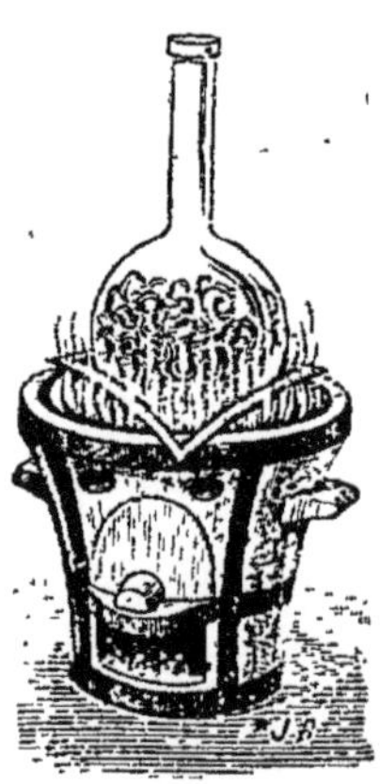

Fig. 46.— Combinaison du soufre et du cuivre.

On peut d'ailleurs, dans un mélange de corps solides, reconnaître les éléments à l'aide du microscope, ou les séparer par des dissolvants appropriés; dans une combinaison, au contraire, on n'observe qu'un corps homogène dans toutes ses parties.

Ainsi, lorsque l'on met en contact de la fleur de *soufre* et de la limaille de *cuivre*, on peut, en les mêlant intimement, obtenir une poudre de couleur en apparence homogène; mais il est toujours possible de distinguer au microscope les grains de soufre de ceux de cuivre; et en jetant le mélange dans l'eau, on voit le cuivre, plus dense, se déposer au fond du vase, tandis que le soufre reste quelque temps en suspension. En renouvelant plusieurs fois cette eau, on peut séparer tout le soufre.

Il n'en est plus de même quand on chauffe dans un ballon de verre (fig. 46) un mélange de deux parties de planure de cuivre avec une partie de fleur de soufre. Le soufre, chauffé à l'ébullition, s'unit au cuivre avec dégagement de chaleur et de lumière, et, au lieu d'un mélange rouge jaunâtre, on a un corps solide noir qui n'est autre que du *sul-*

fure de cuivre; aucun dissolvant ne peut séparer le soufre du cuivre, et, au microscope, on constate la parfaite homogénéité de toute la masse.

Prenons encore la poudre de guerre, mélange de *salpêtre*, de *soufre* et de *charbon;* on peut la regarder comme un type des mélanges bien faits (une bonne poudre reçoit, dans un des procédés de préparation communément employés, environ trente mille coups de pilon). Elle a l'apparence d'un corps parfaitement homogène; cependant de l'eau, versée sur cette poudre, lui enlève le salpêtre, et laisse pour résidu un mélange de soufre et de charbon. En lavant ce résidu avec du sulfure de carbone, on dissout le soufre et il ne reste que du charbon. Rien de pareil ne se produit quand il s'agit d'une combinaison.

53. Affinité. — On dit que deux corps ont beaucoup d'affinité quand ils se combinent avec un grand dégagement de chaleur, et qu'ils ont peu d'affinité lorsque ce dégagement de chaleur est faible ou nul, et à plus forte raison lorsque ces corps ne se combinent qu'en absorbant de la chaleur.

Dire que le soufre et le cuivre ont beaucoup d'affinité l'un pour l'autre, c'est exprimer ce fait, que le cuivre et le soufre se combinent avec un grand dégagement de chaleur. Dire que le cuivre et l'argent ont peu d'affinité revient à dire que ces deux corps dégagent très peu de chaleur en se combinant. Les *phénomènes thermiques* qui accompagnent les réactions sont susceptibles d'être mesurés par le thermomètre.

La quantité de chaleur dégagée dans une réaction quelconque mesure la somme des travaux chimiques et physiques (*combinaisons et décompositions, changements d'état physique*) accomplis dans cette réaction.

La mesure de ces quantités de chaleur a permis de distinguer :

1° Les combinaisons qui se produisent avec *dégagement de chaleur;*

2° Les combinaisons qui se produisent avec *absorption de chaleur.*

54. Combinaisons qui se produisent avec dégagement de chaleur. Combinaisons exothermiques. — Si l'on verse dans un flacon plein de chlore (fig. 47) de l'arsenic en poudre fine, il y a inflammation de chaque parcelle d'arsenic qui tombe dans le flacon. Un dégagement de chaleur non moins grand, s'observe journellement dans la combustion du bois, du charbon ou du gaz d'éclairage. Nous l'avons également constaté dans la combinaison de l'oxygène et de l'hydrogène (**51**), dans celle du soufre et du cuivre (**52**).

En général, quand on combine *directement* deux corps simples, on observe que, pendant la combinaison, il se dégage des quantités de chaleur assez considérables pour que des phénomènes calorifiques, lumineux ou mécaniques, accusent une élévation de température plus ou moins grande. Si ces phénomènes ne paraissent pas se produire, c'est qu'ils échappent par leur petitesse aux évaluations que nos instruments de mesure peuvent donner dans les conditions où la combinaison se produit. C'est ainsi que le *chlore* et l'*hydrogène*, se combinant sous l'influence des rayons solaires, produisent en même temps une chaleur intense, une vive lumière et enfin une action mécanique (explosion et rupture du vase qui contenait les deux gaz). Ce même mélange, exposé à la lumière diffuse, se combine sans qu'aucun de ces phénomènes se manifeste, parce que la chaleur développée est absorbée par les corps voisins au fur et à mesure qu'elle se dégage.

Fig. 47. — Combinaison de l'arsenic avec le chlore.

La chaleur dégagée dans ces réactions peut toujours être mesurée, quand on se place dans des conditions convenables. Ainsi, il résulte des mesures calorimétriques que :

1^{gr} d'hydrogène et 35^{gr},5 de chlore, en se combinant pour former 36^{gr},5 de gaz acide chlorhydrique, *sans changement de volume*, dégagent 22 Calories[1]. La *chaleur de combinaison* du gaz acide chlorhydrique est donc 22 Calories.

La décomposition de ces corps exige qu'on leur restitue, pour les transformer de nouveau en leurs éléments, une quantité de chaleur précisément égale à la chaleur dégagée au moment de leur formation : leur décomposition se fait donc avec absorption de chaleur.

55. Combinaisons qui se produisent avec absorption de chaleur. Combinaisons endothermiques. — Corps explosifs. — Il existe des corps dont la décomposition s'effectue avec dégagement de chaleur. Ainsi, au moment où l'iodure d'azote se décompose en iode et en azote par le simple frottement d'une barbe de plume, l'iode et l'azote qui se dégagent de la combinaison sont portés à la température du rouge. Il en résulte que l'iode et l'azote avaient dû absorber, au moment de leur combinaison, une quantité de chaleur précisément égale à celle qui s'est dégagée au moment de leur décomposition.

Ainsi, le chlore et l'hydrogène se combinent en dégageant de la chaleur, tandis que l'iode et l'azote absorbent, au contraire, au moment de leur combinaison, de la chaleur qui se dégagera au moment de leur décomposition.

---

1. La grande *Calorie* vaut 1000 petites calories; c'est la quantité de chaleur nécessaire pour échauffer 1 kilogr. d'eau de 0° à 1°. Par conséquent, dire que 1 gr. d'hydrogène dégage en se combinant au chlore 22 Calories revient à dire qu'il dégage assez de chaleur pour échauffer 22 kilog. 1°

Ces derniers corps sont appelés *corps explosifs*, et l'on a généralisé cette expression en l'étendant à des corps qui, comme le protoxyde d'azote, se décomposent avec dégagement de chaleur, mais sans explosion sensible.

Ces composés ne se forment pas, en général, directement, par union des composants supposés libres; leur production est corrélative de celle d'autres composés se formant en dégageant de la chaleur, de sorte que la réaction totale est toujours accompagnée d'un dégagement de chaleur.

C'est ainsi que la formation du *chlorure d'azote*, par l'action du *chlore* sur le *chlorhydrate d'ammoniaque*, est corrélative de la formation simultanée de l'*acide chlorhydrique* (composé direct se produisant avec dégagement de chaleur). La chaleur absorbée dans la combinaison du chlore avec l'azote a été fournie par la combinaison du chlore avec l'hydrogène, combinaison qui dégage beaucoup plus de chaleur que n'en exige la formation du chlorure d'azote produit simultanément.

ÉTAT NAISSANT. — Cette formation du chlorure d'azote (*corps explosif*), due à l'absorption d'une partie de la chaleur dégagée dans une combinaison produite simultanément, était autrefois attribuée à un état particulier, inconnu, appelé *état naissant* de l'azote sortant de l'ammoniaque. La formation des divers corps explosifs, que l'on attribuait à l'*état naissant* de leurs éléments, s'explique comme la formation du chlorure d'azote, c'est-à-dire par l'absorption d'une partie de la chaleur fournie par une autre réaction accomplie simultanément.

56. Thermochimie. — Les déterminations calorimétriques des quantités de chaleur dégagées dans les réactions, conduisent aux conclusions suivantes :

1° *Une réaction chimique n'est possible qu'à la condition que la somme algébrique des quantités de chaleur simultanément dégagées sera positive.*

2° *Tout changement chimique accompli sans l'intervention d'une énergie étrangère* (chaleur, électricité, lumière) *tend vers la production du corps ou du système de corps qui dégage le plus de chaleur.*

Ce principe, désigné sous le nom de *principe du travail maximum*, et que M. Berthelot a conclu de l'étude calorimétrique des phénomènes de combinaison et de décomposition, permettra, lorsque les déterminations fondamentales seront assez nombreuses, de prévoir les réactions qui devront s'effectuer dans des conditions bien définies.

57. Action de la chaleur, de l'électricité et de la lumière, pour déterminer la combinaison ou la décomposition. — Pour provoquer la combinaison ou la décomposition, il suffit souvent de l'intervention momentanée de la chaleur, de l'électricité ou de la lumière. La combinaison ou la décomposition, une fois commencée, se continue d'elle-même, et la quantité de chaleur fournie par l'agent étranger, qui provoque la combinaison ou la décomposition, n'est qu'une fraction très faible de la quantité de chaleur que la réaction dégage en s'accomplissant. C'est ce qui arrive par exemple quand on allume, à l'orifice d'un flacon, un mélange d'*hydrogène* et d'*oxygène* : la combinaison se produit aux points chauffés, et la chaleur qu'elle dégage détermine la combinaison dans la couche voisine du mélange, et ainsi de suite de proche en proche, avec une extrême rapidité.

ACTION DE LA CHALEUR. — Un certain nombre de corps n'agissent les uns sur les autres qu'entre certaines limites de température.

1er *exemple*. — L'*oxygène* et l'*hydrogène* mélangés ne se combinent pas à la température ordinaire : si on chauffe le mélange à la température de 500°, la combinaison se produit avec un dégagement de chaleur considérable. Mais aux températures supérieures à 1000°, l'eau est au contraire décomposée partiellement en oxygène et en hydrogène, qui redeviennent libres en absorbant la chaleur qu'ils avaient dégagée au moment de leur combinaison.

2e *exemple*. — L'*oxygène* et le *mercure* ne se combinent pas sensiblement à la température ordinaire; la combinaison se produit quand le mercure est chauffé à sa température d'ébullition (350°) au contact de l'oxygène ou de l'air, et il se forme de l'oxyde de mercure. Mais, au rouge sombre, l'oxyde de mercure se décompose, au contraire, en oxygène et en mercure qui redeviennent libres, en réabsorbant la chaleur qu'ils avaient dégagée au moment de leur combinaison.

On facilite, dans beaucoup de cas, l'action de la chaleur par la *fusion*, la *dissolution*, la *compression* ou la *condensation dans les corps poreux*. Les alchimistes avaient déjà observé l'influence de la fusion ou de la dissolution pour déterminer certaines combinaisons, ainsi que le constate leur axiome : *Corpora non agunt, nisi soluta*.

Fusion. — En déterminant la fusion d'un corps, on ne se borne pas à faciliter son contact avec un autre corps, on lui fournit en même temps de la chaleur (*chaleur de fusion*) qui favorise la combinaison.

Dissolution. — Quand on dissout un solide dans un liquide : ses molécules se disséminent dans toute la masse de ce liquide, et peuvent plus facilement arriver en contact intime avec les molécules d'un autre corps : aussi se combinent-elles plus facilement. C'est ainsi que l'acide *tartrique* et le *bicarbonate de soude* qui, en poudre sèche, peuvent être mélangés sans qu'il y ait d'action, réagissent très vivement l'un sur l'autre dès qu'ils sont dissous dans l'eau.

La dissolution n'a pas seulement pour résultat d'amener en contact les molécules différentes; on reconnaît en effet que les corps, en se dissolvant, absorbent une quantité de chaleur souvent considérable. Cette chaleur, absorbée par un corps qui se dissout, facilite quelquefois sa combinaison avec un autre corps; mais, dans les cas où elle est assez grande, elle peut déterminer la décomposition de certains composés formés avec un faible dégagement de chaleur.

Compression brusque. — Si l'on comprime brusquement dans un *bri-*

quel à air (fig. 48) un mélange d'oxygène et d'hydrogène, les deux gaz se combinent avec chaleur et lumière pour former de l'eau. La combinaison est bien due ici à la chaleur dégagée par la compression brusque, car si, comme l'a fait Aimé, on descend le mélange, dans un vase compressible, à une grande profondeur dans la mer, de manière à lui faire supporter une énorme pression, il n'y a pas combinaison : la chaleur dégagée dans la compression lente est absorbée par l'enveloppe au fur et à mesure qu'elle se produit; par suite, les gaz ne s'échauffent pas, et il n'y a pas de combinaison.

Condensation par les corps poreux. — Si l'on fait pénétrer de l'*éponge de platine*, fixée à l'extrémité d'un fil métallique, dans une éprouvette contenant un mélange de 2 volumes d'hydrogène et de 1 volume d'oxygène (fig. 49), on voit l'éponge devenir incandescente, ce qui détermine la combinaison des deux gaz avec détonation. L'action de la mousse de platine a été généralement attribuée à l'influence de la chaleur dégagée par la condensation des gaz dans ses pores.

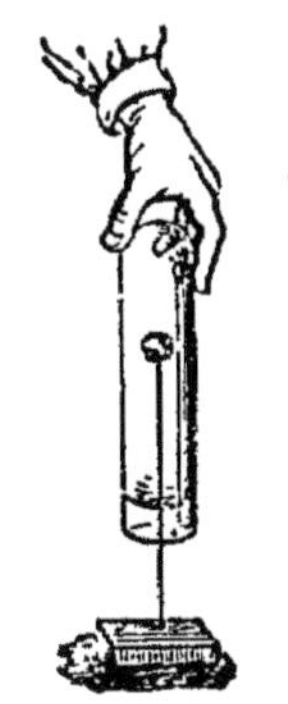

Fig. 49. — Combinaison de l'oxygène et de l'hydrogène par condensation dans la mousse de platine.

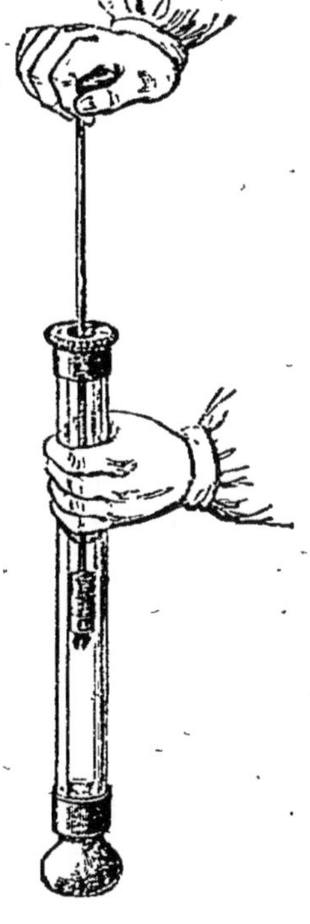

Fig. 48. — Combinaison de l'oxygène et de l'hydrogène par la compression brusque.

ACTION DE L'ÉLECTRICITÉ. — L'étincelle électrique, passant dans un mélange de 2 volumes d'hydrogène et de 1 volume d'oxygène, en détermine la combinaison; l'effet peut être attribué à l'élévation de température produite par l'étincelle sur son passage. Réciproquement, l'eau est décomposée par le courant de la pile.

L'effluve électrique détermine la combinaison partielle de l'azote et de l'hydrogène dans la proportion de 2 vol. d'azote avec 6 vol. d'hydrogène pour former 4 vol. de gaz ammoniac, mais inversement, une série d'étincelles décompose le gaz ammoniac en azote et hydrogène libres.

ACTION DE LA LUMIÈRE. — La combinaison du chlore avec l'hydrogène peut être déterminée par l'action de la lumière.

Mais la lumière détermine, dans beaucoup de cas, la décomposition des corps. Le daguerréotype et la photographie sont fondés sur ce que la lumière décompose les chlorure, bromure et iodure d'argent.

58. Dissociation. — Lorsqu'on chauffe de la vapeur d'eau à 1000°, par exemple, dans un espace clos, elle se décompose partiellement en oxygène et en hydrogène ; mais cette décomposition est limitée : elle cesse dès que la tension du mélange d'oxygène et d'hydrogène a acquis une certaine valeur f. Si l'on élève la température à 1200°, la décomposition partielle augmente, une plus grande portion d'oxygène et d'hydrogène se trouve mise en liberté, mais cette proportion est encore limitée, elle s'arrête quand la tension du mélange a acquis une valeur f', supérieure à f. Si, après avoir passé de la température de 1000° à celle de 1200°, on redescend de nouveau à 1000°, une partie des gaz oxygène et hydrogène mis en liberté pendant l'échauffement, se recombine pendant le refroidissement, de telle manière que la tension f' (correspondant à 1200°) de ce mélange redevienne égale à f, tension correspondant à 1000°. Ainsi, en même temps que la température T, à laquelle on porte la vapeur d'eau, s'élève ou s'abaisse, la tension f des gaz oxygène et hydrogène, provenant de la décomposition de cette eau, est toujours *limitée et constante pour une même température, mais croît ou décroît avec cette température*; elle est, d'ailleurs, indépendante de la proportion de la vapeur d'eau décomposée.

C'est à ce mode de *décomposition partielle*, limitée par le *phénomène inverse de combinaison partielle* à la même température, que M. Sainte-Claire Deville, qui l'a découvert, a donné le nom de *dissociation*. La tension f des gaz provenant de la dissociation à une température déterminée T a été appelée *tension de dissociation* pour cette température T. Cette tension croît rapidement quand la température s'élève, exactement comme la tension maximum de la vapeur émise par un liquide dans un espace limité.

La tension de dissociation limite donc les deux phénomènes inverses de la décomposition des corps et de leur combinaison.

Les phénomènes de dissociation, constatés d'abord sur la vapeur d'eau par M. Sainte-Claire Deville, ont été généralisés par lui en étudiant la dissociation de l'acide carbonique, de l'oxyde de carbone, de l'acide sulfurique, de l'acide chlorhydrique.

M. Debray a ensuite donné les tensions de dissociation du carbonate de chaux pour 800° et 940°. M. Isambert, en étudiant la dissociation du chlorure d'argent ammoniacal, a montré que les tensions de dissociation croissent d'une manière continue et très rapide, et qu'elles peuvent être représentées graphiquement par une courbe semblable à celle des tensions de la vapeur d'eau.

Conséquences des lois de la dissociation : On peut rendre la décomposition *complète* en enlevant le gaz qui existe dans l'atmosphère en contact avec le corps qui se dissocie, de manière à ce que sa *pression* soit constamment inférieure à la *tension de dissociation*.

LOIS DES COMBINAISONS

LOI DES POIDS — LOI DES RAPPORTS CONSTANTS OU DES PROPORTIONS
DÉFINIES — ÉQUIVALENTS — LOI DES RAPPORTS SIMPLES OU DES PROPORTIONS
MULTIPLES — LOI DES VOLUMES — ÉQUIVALENTS EN VOLUMES

59. Loi des poids. — LE POIDS D'UN COMPOSÉ EST ÉGAL A LA SOMME DES POIDS DES COMPOSANTS. — 1ᵉʳ d'hydrogène, en se combinant avec 8ᵉʳ d'oxygène, donne 9ᵉʳ d'eau. L'évidence de cette loi n'est bien comprise que depuis que Lavoisier, en introduisant l'usage de la balance dans les laboratoires, a doté les chimistes d'une méthode vraiment scientifique, qui leur permet de suivre les corps dans les diverses modifications qu'ils éprouvent soit en s'unissant, soit en se séparant, et de vérifier ainsi ce principe fondamental de la chimie : « Rien ne se perd, rien ne se crée ».

60. Lois des rapports constants ou des proportions définies, ou loi de Proust. — DEUX CORPS, POUR FORMER UN MÊME COMPOSÉ, SE COMBINENT TOUJOURS DANS LE MÊME RAPPORT, OU, CE QUI REVIENT AU MÊME, DANS DES PROPORTIONS INVARIABLES. — Ex. : Si dans un mélange d'oxygène et d'hydrogène (fig. 5), on fait passer une étincelle électrique, les deux gaz se combinent dans le rapport de 2 volumes d'*hydrogène* pour 1 volume d'*oxygène*. Y a-t-il un excès de l'un des deux gaz, cet excès reste libre.

Nous arrivons au même résultat si, au lieu des volumes, nous considérons les poids : nous verrons toujours 1 gramme d'*hydrogène* s'unir avec 8 grammes d'*oxygène* pour former l'eau ; 1 gramme d'*hydrogène* s'unir avec 35ᵉʳ,5 de *chlore* pour former l'acide chlorhydrique.

On peut multiplier les exemples : ainsi 8ᵉʳ d'*oxygène* s'unissent toujours avec 39ᵉʳ de *potassium* pour former la potasse, avec 23ᵉʳ de *sodium* pour former la soude, ou avec 33ᵉʳ de *zinc* pour former l'oxyde de zinc.

61. Équivalents. — Ces poids d'hydrogène, de potassium, de sodium ou de zinc, qui se combinent avec le même poids d'oxygène, sont ce qu'on appelle les *nombres proportionnels*, ou encore les *équivalents* de ces corps. Ils ne représentent pas des quantités absolues, mais simplement les poids relatifs des corps qui se combinent. L'un d'eux étant choisi conventionnellement, tous les autres sont déterminés ; ce sont les poids des différents corps qui peuvent se combiner, par exemple, avec 1 gramme d'hydrogène ou avec 8 grammes d'oxygène.

62. Loi des rapports simples ou des proportions multiples, ou loi de Dalton. — Deux corps peuvent, en se combinant en diverses proportions, former plusieurs corps différents. Dalton a montré (en 1807) que, dans ce cas, IL Y A TOUJOURS UN RAPPORT SIMPLE ENTRE LES DIFFÉRENTS POIDS DE L'UN DES CORPS QUI SE COMBINENT AVEC UN MÊME POIDS DE L'AUTRE

Si nous prenons pour exemple les composés de l'azote, dont nous avons indiqué la composition (50), nous voyons que

14 gr. d'azote peuvent se combiner avec	8 gr. d'oxygène.
14	—	—	—	16	—
14	—	—	—	24	—
14	—	—	—	52	—
14	—	—	—	40	—
14	—	—	—	48	—

Ainsi, les différents poids d'oxygène, qui se combinent avec un même poids d'azote, sont entre eux comme les nombres : 1, 2, 3, 4, 5, 6.

En étudiant les combinaisons oxygénées du manganèse, on trouve cinq composés qui, pour une même quantité 27ᵍʳ,5 de manganèse, contiennent 8, 12, 16, 24, 28 d'oxygène; poids qui sont entre eux comme 1, 3/2, 2, 3, 7/2.

Cette loi ne s'applique pas seulement aux combinaisons binaires, elle a été démontrée pour les sels par Wollaston. Ainsi la soude forme avec l'acide carbonique trois sels :

Le premier contient 31 de soude pour 22 d'acide carbonique.
Le second	—	31	—	33	—
Le troisième	—	31	—	44	—

Ces quantités d'acide carbonique sont entre elles comme 1, 3/2, 2.

63. Loi de Gay-Lussac ou loi des volumes. — Les volumes des gaz qui se combinent sont toujours en rapport simple. Quand on recherche les poids des corps qui se combinent, il est généralement impossible d'y constater un rapport simple, mais il n'en est plus de même si au lieu des poids on considère les volumes des corps amenés à l'état gazeux.

Ainsi, 2 vol. d'*hydrogène* se combinent toujours avec 1 vol. d'*oxygène* pour former 2 vol. de *vapeur d'eau;*

2 vol. de *chlore* se combinent toujours avec 2 vol. d'*hydrogène* et forment 4 vol. d'acide *chlorhydrique ;*

2 vol. d'*azote* se combinent toujours avec 6 vol. d'*hydrogène* et forment 4 vol. de gaz *ammoniac.*

Dans ces exemples, les volumes des gaz qui se combinent sont donc dans le rapport de 2 à 1, ou de 2 à 2, ou de 2 à 6 (1 à 3).

Gay-Lussac a de plus remarqué que *le volume du composé considéré à l'état gazeux est aussi en rapport simple avec les volumes des composants.* C'est ce que l'on voit dans les exemples que nous venons de citer.

Contraction. — Gay-Lussac a constaté encore les faits suivants :

Quand les gaz se combinent à volumes égaux, il n'y a généralement pas de contraction, et le volume du composé est égal à la somme des volumes des composants.

2 vol. de chlore et 2 vol. d'hydrogène donnent 4 vol. d'ac. chlorhydrique.

Nous trouverons cependant des composés où il n'en est pas ainsi.

Il y a toujours contraction quand les volumes qui se combinent sont

inégaux. — *Cette contraction est un tiers de la somme des volumes quand les deux gaz se combinent dans le rapport de 2 vol. à 1 vol.*

2 vol. d'hydrogène et 1 vol. d'oxygène donnent 2 vol. de vapeur d'eau.

La contraction s'élève à 1/2 de la somme des volumes quand les deux gaz se combinent dans le rapport de 4 à 3.

2 vol. d'azote et 6 vol. d'hydrogène donnent 4 vol. de gaz ammoniac.

64. Équivalents en volumes. — La loi de Gay-Lussac nous montre que les volumes relatifs des corps simples qui se combinent et ceux des composés qui résultent de cette combinaison sont entre eux comme 1, 2, 4. Ces volumes relatifs 1, 2, 4, qu'on appelle les *équivalents en volumes*, sont ceux occupés, à la même température et à la même pression, par les poids équivalents des corps simples ou composés. En effet, si l'on prend pour unité le volume (5^{lit},6) occupé par 8^{gr} d'oxygène, le volume (11^{lit},2) occupé par 1^{gr} d'hydrogène correspond à 2 volumes, et celui (22^{lit},4) occupé par 36^{gr},5 d'acide chlorhydrique correspond à 4 volumes.

NOMENCLATURE

MÉTALLOÏDES · MÉTAUX — ACIDES — OXYDES — SELS — COMPOSÉS
NON OXYGÉNÉS — ALLIAGES — NOTATION CHIMIQUE — FORMULES

65. La nomenclature chimique est l'ensemble des règles adoptées pour nommer les corps. Les principes en ont été établis en 1787 par Guyton de Morveau, avec le concours de Lavoisier, Fourcroy et Berthollet.

66. Corps simples. — Les corps simples ont généralement conservé les noms par lesquels ils étaient primitivement désignés ; d'autres ont, au moment de leur découverte, tiré leur nom de celui d'un de leurs composés plus anciennement connus, comme le *potassium*, extrait de la *potasse*. Pour certains corps, on a voulu indiquer dans leur nom une propriété regardée comme caractéristique : tels sont l'*oxygène*, l'*azote*, le *brome*, etc. — Ces dénominations ont des inconvénients : ainsi, l'oxygène n'est pas le seul corps qui engendre les acides. Il n'y a pas que l'azote qui soit irrespirable, ni que le brome qui ait une odeur désagréable. On évite toute difficulté en donnant aux corps nouveaux des noms brefs, faciles à distinguer de ceux des autres substances déjà connues.

67. Métalloïdes; Métaux. — Les corps simples, au nombre de 64, sont divisés en deux groupes : les *métalloïdes*, au nombre de 15, et les *métaux*, au nombre de 49.

Les *métaux* possèdent, quand ils sont en masse, un éclat caractéristique appelé *éclat métallique;* ils sont bons conducteurs de la chaleur et de l'électricité; ils forment avec l'oxygène au moins une base.

Les *métalloïdes* sont généralement dénués de cet éclat: ils conduisent mal la chaleur et l'électricité; ils ne forment pas de base avec l'oxygène; tous leurs composés oxygénés sont ou des acides ou des corps neutres.

Nous rapprochons, dans les deux tableaux ci-joints, les corps qui présentent des propriétés chimiques analogues.

MÉTALLOÏDES (*voir la classification pages* 164 *à* 168).

Fluor.	Fl	19	Azote.	Az	14
Chlore.	Cl	35,5	Phosphore. . . .	Ph	31
Brome.	Br	80	Arsenic.	As	75
Iode.	Io	127			
—			Carbone.	C	6
Oxygène.	O	8	Silicium.	Si	14
Soufre.	S	16	Bore.	Bo	11
Sélénium. . . .	Se	40	—		
Tellure.	Te	64	Hydrogène. . . .	H	1

MÉTAUX (*voir la classification page* 175).

Potassium. . . .	K	39	Didyme.	Di	48
Sodium.	Na	23	Erbium.	Er	166
Lithium.	Li	7	Terbium	Tb	173
Thallium	Ta	204	—		
Cæsium.	Cs	133	Fer.	Fe	28
Rubidium. . . .	Ru	85	Nickel	Ni	29,5
Calcium.	Ca	20	Cobalt	Co	29,5
Strontium. . . .	St	44	Chrome.	Cr	26
Baryum.	Ba	68,5	Zinc	Zn	33
—			Gallium.	Ga	35
Magnésium . . .	Mg	12	Vanadium. . . .	Va	51,3
Manganèse. . . .	Mn	27,5	Cadmium. . . .	Cd	56
Aluminium . . .	Al	14	Indium.	In	56,7
Glucinium. . . .	Gl	4,55	Uranium	Ur	60
Zirconium. . . .	Zr	45	—		
Yttrium.	Yt	50,8	Cuivre	Cu	31,5
Thorium.	Th	58,7	Plomb	Pb	104
Tungstène. . . .	Tu	92	Bismuth.	Bi	210
Molybdène. . . .	Mo	48	—		
Osmium.	Os	99,5	Mercure.	Hg	100
Tantale.	Ta	92	Palladium. . . .	Pa	55
Titane.	Ti	25	Rhodium. . . .	Ro	52
Étain.	Sn	59	Ruthénium . . .	Ru	50,7
Antimoine. . . .	Sb	120	Argent	Ag	108
Niobium	Nb	47	Platine.	Pl	99,5
Cérium.	Ce	47	Iridium.	Ir	98,5
Lanthane. . . .	La	45	Or.	Au	98,2

68. Corps composés en général. — Au moment où la nomenclature fut établie, on a adopté, pour les composés oxygénés, des règles différentes de celles qui s'appliquent aux autres corps, parce qu'on attribuait à l'oxygène une importance à part, que semblait justifier la récente explication des phénomènes de la combustion et de la respiration.

69. Composés oxygénés. Acides. Oxydes basiques ou neutres, Sels. — Certains corps, comme le soufre ou le phosphore, forment en brûlant dans l'air (fig. 50) des composés qui ressemblent au vinaigre par leurs propriétés chimiques. Ceux de ces composés qui sont solubles dans l'eau, ont une saveur piquante comme le vinaigre, et, comme lui, rougissent la teinture bleue de tournesol; on les nomme *acides*.

On appelle *bases* ou *oxydes basiques*, des corps qui ressemblent à la potasse; ils neutralisent les propriétés des acides, et, quand ils sont solubles, ils ramènent au bleu la teinture rougie de tournesol. La chaux, employée dans les constructions, est une base énergique.

On nomme *oxydes neutres*, ou simplement *oxydes*, les composés binaires oxygénés qui ne présentent ni les propriétés des acides ni celles des bases.

Fig. 50. — Production de l'acide phosphorique par la combustion du phosphore dans l'air.

Un *sel* est le produit que l'on obtient quand, dans la dissolution d'un acide, comme l'acide sulfurique, on verse peu à peu (fig. 51) une dissolution de potasse, jusqu'à ce que la liqueur n'agisse plus sur le papier rouge ni sur le papier bleu de tournesol; cette liqueur abandonne par évaporation une matière solide, qui renferme à la fois les éléments de l'acide sulfurique et de la potasse, mais qui a des propriétés différentes de celles de ces deux corps.

70. Acides (OXACIDES). — Lorsqu'un corps simple ne

Fig. 51. — Combinaison d'une base avec un acide.

forme avec l'oxygène qu'un composé acide, on désigne cet acide en prenant le nom du corps simple, suivi de la terminaison *ique*; exemple l'*acide carbonique*, qui résulte de la combinaison du carbone et de l'oxygène.

Si le même corps forme avec l'oxygène deux acides, on conservera la terminaison *ique* pour celui des deux qui contient le plus d'oxygène, tandis que l'autre prendra la terminaison *eux*.

Exemple : *Acide phosphorique, acide phosphoreux.*

Ces règles suffirent pendant quelques années, mais bientôt on reconnut que le même corps peut former avec l'oxygène plus de deux acides. Pour altérer le moins possible la nomenclature admise, lorsqu'on trouve un acide moins oxygéné que l'acide en *eux*, on indique sa place dans la série en faisant précéder le nom de l'acide en *eux* du préfixe *hypo*.

Exemple : *Acide hyposulfureux.*

Si l'acide, tout en étant moins oxygéné que l'acide en *ique*, l'est plus que l'acide en *eux*, on indique cette double condition en conservant la terminaison *ique*, et se servant encore du préfixe *hypo*.

Exemple : *Acide hyposulfurique.*

Si enfin on trouve un acide plus oxygéné que l'acide en *ique*, le préfixe *hyper* suffit pour le classer.

Exemple : *Acide hyperiodique.*

Le chlore nous fournit la série complète ;

Acide *hypochloreux*,
— *chloreux*,
— *hypochlorique*,
— *chlorique*,
— *hyperchlorique*.

71. Oxydes. — Quand un corps simple ne forme avec l'oxygène qu'un seul oxyde, on le désigne en faisant suivre le mot *oxyde* du nom du corps simple : Exemple : *Oxyde de carbone.*

Si le même corps forme avec l'oxygène plusieurs oxydes, celui qui, pour 1 équivalent de métal, contient 1 équivalent d'oxygène, s'appelle *protoxyde;* on appelle *sesquioxyde* celui qui contient $\frac{3}{2}$ équivalents d'oxygène, et *bioxyde* celui qui en contient 2 équivalents :

Exemple : *Protoxyde de manganèse,*
Sesquioxyde —
Bioxyde —

Beaucoup d'oxydes ont conservé les noms sous lesquels on les connaissait autrefois, ex. : *potasse, soude, chaux.*

72. Sels. — Les sels, résultant de la combinaison d'un acide et d'une base oxygénés, rappellent dans leur nom chacun des corps binaires qui ont servi à les former. On modifie seulement la terminaison de l'acide.

Si l'acide est terminé en *ique*, le nom *générique* du sel est terminé en *ate :* l'acide *chlorique* forme les *chlorates :*

Exemple : *Chlorate de potasse;*

L'acide *hyposulfurique* forme les *hyposulfates :*

Exemple : *Hyposulfate de soude.*

Si l'acide est terminé en *eux*, le nom générique du sel est terminé en *ite :* l'acide *chloreux* formera les *chlorites :*

Exemple : *Chlorite d'oxyde d'argent;*

L'acide *hypochloreux* forme les *hypochlorites* :
Exemple : *Hypochlorite de chaux.*

Quelquefois un acide peut se combiner en plusieurs proportions avec une même base. Les sels qui en résultent peuvent, pour 1 équivalent de base, contenir 3/2, 2 ou 3 équivalents d'acide; on emploie alors les préfixes *sesqui, bi, tri*, placés devant le nom générique du sel;
Exemple : *Sesquicarbonate de soude,*
Bisulfate de potasse.

S'il y a pour 1 équivalent d'acide plus de 1 équivalent de base, 3/2, 2, 3 par ex., on emploie les mots *sesquibasique, bibasique, tribasique,* etc.;
Exemple : *Azotate bibasique de mercure,*
Acétate tribasique de plomb.

Deux sels du même genre, c'est-à-dire ayant le même acide avec des bases différentes, forment en se combinant ce qu'on appelle un *sel double*;
Exemple : *Sulfate double d'alumine et de potasse* (alun).

73. Composés non oxygénés. — Pour nommer ces corps, on termine par *ure* le nom du corps *électro-négatif*[1] analogue à l'oxygène, et l'on met ensuite le nom du corps *électro-positif*;
Exemple : *Sulfure de carbone,*
Chlorure de potassium.

Quand les deux corps se combinent en plusieurs proportions, si le corps contient plus d'un équivalent du corps électro-négatif, on emploie encore les préfixes *proto, sesqui, bi, tri,* etc.;
Exemple : *Protosulfure de potassium,*
Bisulfure —
Trisulfure —
Tétrasulfure —
Pentasulfure —

74. Exceptions, Hydracides. — Certaines combinaisons d'un métalloïde avec l'hydrogène jouissent de propriétés acides; on indique ce fait en terminant par *ique* un nom formé du nom du corps électro-négatif suivi de celui du corps électro-positif. Ainsi, les combinaisons du soufre avec l'hydrogène ou du chlore avec l'hydrogène s'appellent :
Acide sulfhydrique (sulf-hydr-ique),
Acide chlorhydrique (chlor-hydr-ique).

On a l'habitude d'étendre cette règle à tous les composés binaires non oxygénés, jouissant de propriétés analogues à celles des acides oxygénés; ainsi la combinaison du soufre et du carbone, qui joue le rôle d'acide dans certaines combinaisons, s'appelle :
Acide sulfocarbonique (sulfo-carbon-ique).

1. Dans les composés formés par un métalloïde et un métal, c'est toujours le *métalloïde* qui est *électro-négatif*.

C'est revenir à la règle des acides oxygénés, où l'on sous-entend, en réalité, devant chaque mot le mot *oxy*.

Acide *sulfurique* est l'abrégé d'acide *oxysulfurique*.
Acide *carbonique* est l'abrégé d'acide *oxycarbonique*.

75. Alliages. — Si les deux corps simples qui constituent le composé sont des métaux, le composé prend le nom d'*alliage* :

Alliage de *cuivre* et *zinc* (*laiton*),
Alliage de *cuivre* et d'*étain* (*bronze*).

Si le mercure est l'un des deux métaux, l'alliage prend le nom d'*amalgame* ; amalgame d'or.

76. Notations symboliques. — Corps simples. — Pour représenter les corps *simples*, on emploie un symbole formé d'une ou de deux lettres.

O représente l'oxygène,			Ca représente le calcium,	
S	—	le soufre,	Cd —	le cadmium,
C	—	le carbone,	Co —	le cobalt.

La seconde lettre évite la confusion qui pourrait se produire entre les corps dont les noms commencent par la même lettre. Ces mêmes symboles représentent en même temps l'équivalent du corps. Ainsi O représente 8 grammes d'oxygène; H, 1 gramme d'hydrogène; S, 16 grammes de soufre; C, 6 grammes de carbone, et ainsi de suite.

Composés binaires. — Les composés binaires sont représentés par la réunion des symboles de leurs éléments, en commençant par celui des deux éléments qui est *électro-positif* par rapport à l'autre.

L'eau est représentée par HO,
Le sulfure de plomb par PbS,
Le protoxyde de cuivre par CuO.

Ces nouveaux symboles indiquent en même temps la composition du corps; HO représente 9 grammes d'eau formée de 1 gramme d'hydrogène et de 8 grammes d'oxygène; PbS représente 120 grammes de sulfure de plomb formé de 104 de plomb combinés avec 16 de soufre, etc.

Si le composé contient plusieurs équivalents de l'un des corps, on place à la droite et en haut du symbole de ce dernier, un chiffre qui indique ce nombre d'équivalents. Les composés de l'azote (**50** et **77**) ont pour symboles : AzO; AzO^2; AzO^3; AzO^4; AzO^5; AzO^6.

Le sesquioxyde de fer, contenant 2 équivalents de fer pour 3 d'oxygène, s'écrit Fe^2O^3. L'acide phosphorique anhydre formé de 1 équivalent de phosphore et de 5 équivalents d'oxygène s'écrit PhO^5.

Sels. — Pour représenter un sel, on écrira d'abord le symbole de la base, c'est-à-dire de l'élément électro-positif, puis le symbole de l'acide ou élément électro-négatif, séparé du premier par une virgule · KO,SO^3 représente du sulfate de potasse, et indique que ce sel est formé de $39 + 8 = 47$ de potasse pour $16 + 24 = 40$ d'acide sulfurique.

CHAPITRE IV

COMPOSÉS OXYGÉNÉS DE L'AZOTE — AMMONIAQUE

77. Composition. — Nous avons vu (50) que l'azote forme avec l'oxygène six composés. On y trouve une vérification de la loi des rapports simples ou loi de Dalton, et de la loi des volumes ou loi de Gay-Lussac. En effet :

14^{gr} d'azote combinés avec 8^{gr} d'oxygène constituent 22^{gr} de protoxyde d'azote.
14^{gr} — — 16^{gr} — — 30^{gr} de bioxyde d'azote
14^{gr} — — 24^{gr} — — 38^{gr} d'acide azoteux.
14^{gr} — — 32^{gr} — — 46^{gr} d'acide hypoazotique
14^{gr} — — 40^{gr} — — 54^{gr} d'acide azotique.
14^{gr} — — 48^{gr} — — 62^{gr} d'acide perazotique.

Leur composition en volume est la suivante :

2^{vol} d'azote combinés avec 1^{vol} d'oxygène donnent 2^{vol} de protoxyde d'azote.
2^{vol} — — 2^{vol} — — 4^{vol} de bioxyde d'azote.
2^{vol} — — 3^{vol} — — vol. inconnu d'acide azoteux.
2^{vol} — — 4^{vol} — — 4^{vol} d'acide hypoazotique.
2^{vol} — — 5^{vol} — — vol. inconnu d'acide azotique.
2^{vol} — — 6^{vol} — — 4^{vol} d'acide perazotique.

78 Propriétés générales. — Tous les composés oxygénés, anhydres, de l'azote, sont formés avec *absorption de chaleur*[1] (corps explosifs) ; ils sont décomposables avec *dégagement de chaleur*. Le plus stable est l'acide hypoazotique, qui ne se décompose qu'au rouge. C'est ce qui explique pourquoi l'on trouve constamment l'acide hypoazotique dans les produits de la décomposition des autres composés de l'azote, sous l'influence d'une chaleur un peu intense.

Les corps combustibles prennent de l'oxygène aux composés oxygénés de l'azote, soit à la température ordinaire, soit à une température peu élevée. L'hydrogène libre les décompose à une température élevée en donnant de l'eau et de l'azote ; en présence de la mousse de platine, il se forme de l'eau et de l'ammoniaque.

---

[1] Le protoxyde d'azote est formé avec absorption de 10C,6
Le bioxyde d'azote — — 21C,6
L'acide azoteux — — 11C,1
L'acide hypoazotique — — 2C,6
L'acide azotique anhydre — — 0C,6

PROTOXYDE D'AZOTE (AzO = 22 — 2 vol.)

Il a été découvert en 1772 par Priestley. H. Davy l'a appelé *gaz hilarant*.

79. Préparation. — On chauffe de l'azotate d'ammoniaque dans une
cornue de verre (fig. 52) munie d'un tube à dégagement. Le sel fond
vers 152°, puis se décompose au-dessus de 210° en eau et protoxyde d'azote ; si le sel est pur, il ne doit rien rester dans la cornue.

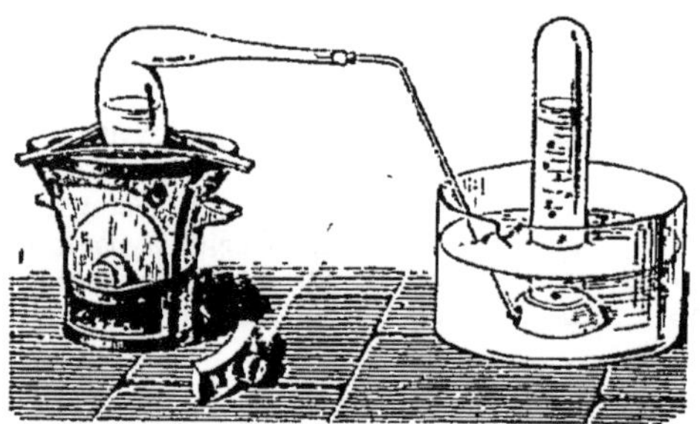

$$AzH^4O, AzO^5 = 2AzO + 4HO.$$
Azotate   Protoxyde   Eau.
d'ammoniaque.   d'azote.

Il faut avoir soin de ne pas trop dépasser 250°, afin d'éviter une décomposition brusque, et la transformation d'une partie du gaz en azote, bioxyde d'azote et acide hypoazotique.

Fig. 52. — Préparation du protoxyde d'azote.

80. Propriétés physiques. — Le protoxyde d'azote est un gaz incolore, inodore, d'une saveur légèrement sucrée.

Sa densité est 1,527 ; un litre de ce gaz pèse $1^{gr},293 \times 1,527 = 1,975$.

L'eau dissout un peu plus de son volume de ce gaz à 0°. L'alcool en dissout 4 fois son volume.

LIQUÉFACTION. — Faraday a liquéfié le protoxyde d'azote à 0°, sous la pression de 50 atmosphères ; le liquide obtenu bout à — 88° sous la pression atmosphérique. Il se solidifie à — 100°, sous forme de masse neigeuse, quand on l'évapore rapidement sous le récipient de la machine pneumatique.

Pour liquéfier les gaz dans les cours, on peut employer l'appareil de M. Cailletet (fig. 53) : l'éprouvette T, préalablement remplie du gaz, est fixée par un écrou à vis dans un récepteur en acier B contenant du mercure dans sa partie inférieure. La compression est exercée sur le mercure au moyen de l'eau qui est refoulée par la presse hydraulique. Le mercure s'élève dans l'éprouvette T, puis dans le tube qui la surmonte et y détermine la liquéfaction du gaz comprimé.

81. Propriétés chimiques. — Le protoxyde d'azote se décompose, à une température élevée, en azote et oxygène avec dégagement de chaleur. Les étincelles électriques le décomposent partie en azote et oxygène, partie en azote et acide hypoazotique.

Une bougie présentant quelques points incandescents se rallume dans le protoxyde d'azote, et y brûle avec éclat (fig. 54).

Les corps combustibles le décomposent au rouge, s'emparent de son oxygène, et mettent l'azote en liberté; aussi les seuls corps qui puissent brûler dans le protoxyde d'azote sont ceux dont la température est suffi-

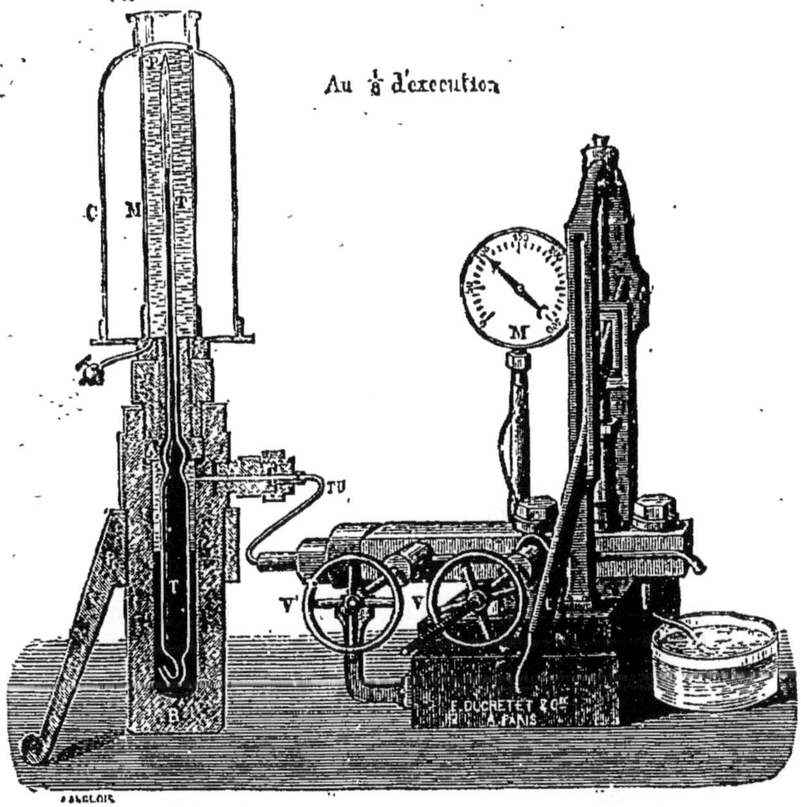

Fig. 53. — Liquéfaction des gaz à l'aide de l'appareil de M. Cailletet

sante pour décomposer ce gaz; la combustion s'y fait alors avec plus d'activité que dans l'air; cela tient à ce que le volume de l'oxygène est dans le protoxyde d'azote moitié de celui de l'azote, tandis que dans l'air il y a seulement ⅕ d'oxygène, et aussi à ce que le protoxyde d'azote, corps explosif, dégage de la chaleur en se décomposant.

Volumes égaux d'hydrogène et de protoxyde d'azote forment un mélange qui détone à l'approche d'une bougie ou par le passage d'une étincelle électrique,

$$AzO + H = HO + Az.$$

Protoxyde   Hydro-   Eau.   Azote.
d'azote.   gène.

On peut produire avec ce gaz la combustion du charbon et celle du phosphore (fig. 55); quant à celle du soufre, elle ne réussit que si ce corps est bien enflammé. Le soufre mal allumé n'élève pas assez la température pour décomposer le protoxyde d'azote.

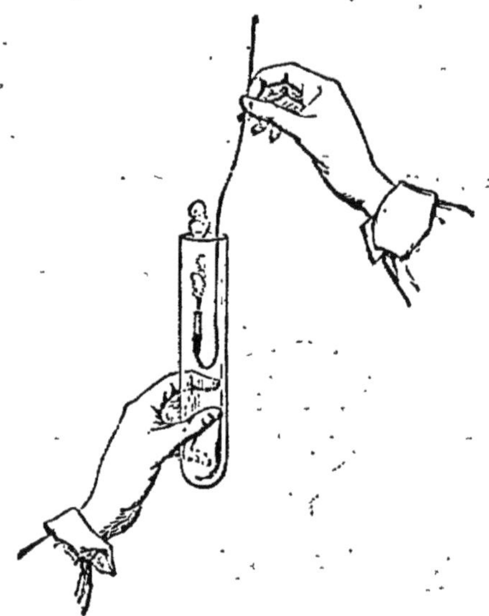

Remarque. — Les premières expériences que nous venons de citer, permettraient de confondre le pro-

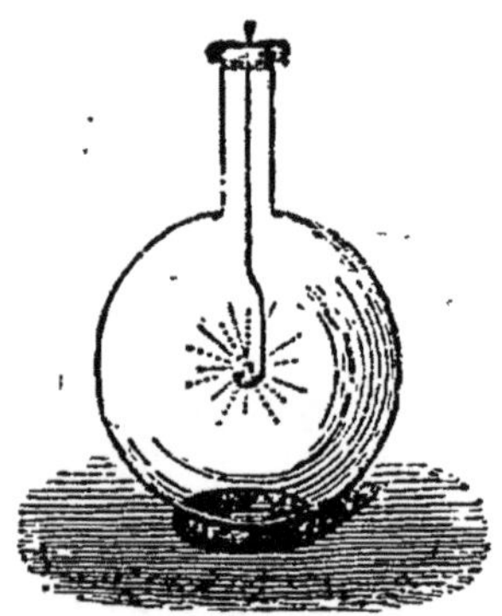

Fig. 51. — Bougie présentant quelques points en ignition, se rallumant dans le protoxyde d'azote.

Fig. 55. — Combustion du charbon dans le protoxyde d'azote.

toxyde d'azote avec l'oxygène; mais la dernière montre que cette confusion n'est possible qu'à une *haute température*. A la *température ordinaire*, le protoxyde d'azote n'est pas décomposé par les corps avides d'oxygène; le *phosphore* n'y répand pas de fumées blanches, il n'y est pas lumineux dans l'obscurité. — Le caractère suivant permettra toujours de distinguer le protoxyde d'azote de l'oxygène : une bulle d'oxygène ou d'air pénétrant dans une éprouvette pleine de *bioxyde d'azote* y produit des vapeurs rutilantes (**87**). Une bulle de protoxyde d'azote n'y produit aucun effet.

Fig. 56. — Analyse du protoxyde d'azote.

82. Analyse. — Dans une cloche courbe (fig. 56) reposant sur le mercure et contenant un volume connu de protoxyde d'azote, on fait passer un fragment de sulfure de baryum. En chauffant à l'aide d'une lampe à alcool, on détermine la décomposition du gaz. L'oxygène entre en combinaison, et l'azote est mis en liberté. On constate, après le refroidissement, que le volume de l'azote est égal au volume du protoxyde.

Si de la densité du protoxyde. 1,527
on retranche celle de l'azote. 0,972
———
on obtient la demi-densité de l'oxygène. 0,555

Donc 1 volume de protoxyde d'azote contient 1 volume d'azote et $\frac{1}{2}$ volume d'oxygène condensés en un volume.

83. Applications. — ANESTHÉSIE PAR LE PROTOXYDE D'AZOTE. — Le protoxyde d'azote n'entretenant pas les combustions lentes, ne peut pas entretenir la respiration : il est employé à l'état gazeux comme anesthésique, pour les opérations de peu de durée. A l'état liquide, il est employé pour produire un froid plus intense que celui que donne l'acide carbonique solide. Un mélange de protoxyde d'azote liquide, d'acide carbonique solide et d'éther, abaisse dans le vide la température à — 110°.

BIOXYDE D'AZOTE (AzO² = 30 — 4 vol).

PRÉPARATION — RÉACTIONS CARACTÉRISTIQUES AU CONTACT DE L'AIR
APPLICATIONS

Découvert par Hales, il a été étudié par Priestley, Davy et Gay-Lussac.

84. Préparation. — On fait réagir le cuivre sur l'acide azotique très étendu. L'appareil se compose d'un flacon tubulé (fig. 57) dans lequel on introduit la tournure de cuivre (50 grammes, par exemple); on remplit le flacon aux deux tiers d'eau; puis on ferme le goulot avec un bouchon traversé par un tube droit, muni d'un entonnoir. La tubulure latérale porte le tube abducteur, qui se rend sur la cuve à eau.

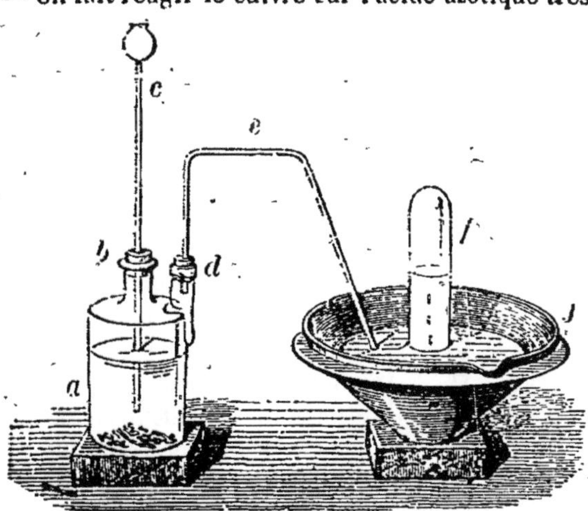

Fig. 57. — Préparation du bioxyde d'azote.

On verse alors l'acide azotique (100 grammes environ) par l'entonnoir.
La réaction commence : une partie de l'acide est amené à l'état de

bioxyde et le cuivre oxydé s'unit à l'acide non décomposé pour former de l'azotate de cuivre qui colore la liqueur en bleu.

$$3Cu + 4AzO^5,HO = AzO^2 + 3CuO,AzO^5 + 4HO.$$
Cuivre.   Acide azotique.   Bioxyde d'azote.   Azotate de cuivre.   Eau.

Le flacon dans lequel se produit le bioxyde d'azote doit être maintenu froid afin d'éviter la formation d'un peu de protoxyde. En remplaçant le cuivre par le mercure, on éviterait complètement le protoxyde.

85. Propriétés physiques. — C'est un gaz incolore; on ne peut connaître ni sa saveur, ni son odeur, parce qu'il se transforme, au contact de l'air, en acide hypoazotique.

Sa densité est 1,039; par suite, un litre de bioxyde d'azote pèse $1^{gr},293 \times 1,039 = 1^{gr},353$.

Il est très peu soluble dans l'eau, qui n'en dissout guère que $\frac{1}{20}$ de son volume. Il a été liquéfié par M. Cailletet. Le liquide bout à — 154° sous la pression atmosphérique. M. Olszewski l'a solidifié à — 167° sous la pression de 138^{mm}.

86. Propriétés chimiques. — La chaleur, ou les décharges électriques, le décomposent en azote, protoxyde d'azote et acide hypoazotique. La détonation d'une petite cartouche de fulminate de mercure le décompose complètement en azote et oxygène libres (M. Berthelot). Exposé à l'air, le bioxyde d'azote donne des *vapeurs rutilantes* : 4 volumes de bioxyde d'azote prennent 2 volumes d'oxygène et forment 4 volumes d'acide hypoazotique.

$$AzO^2 + 2O = AzO^4$$
Bioxyde d'azote.   Oxygène.   Acide hypoazotique.

Cette propriété est caractéristique; elle permet de reconnaître la présence de traces de bioxyde d'azote; elle permet aussi de distinguer l'oxygène du protoxyde d'azote (81).

On sépare le protoxyde d'azote du bioxyde, en se fondant sur la propriété qu'ont les sels de protoxyde de fer, d'absorber le bioxyde d'azote en se colorant en brun.

Les combustibles qui dégagent en brûlant assez de chaleur pour décomposer le bioxyde d'azote, y brûlent avec plus d'éclat que dans l'air, parce qu'il y a $\frac{1}{2}$ volume d'oxygène, et parce que le bioxyde d'azote dégage de la chaleur en se décomposant; mais il faut que la température soit plus élevée que lorsqu'il s'agit du protoxyde. Aussi le phosphore enflammé d'avance (fig. 58) continue à y brûler, mais il pourrait être fondu dans ce gaz sans s'enflammer.

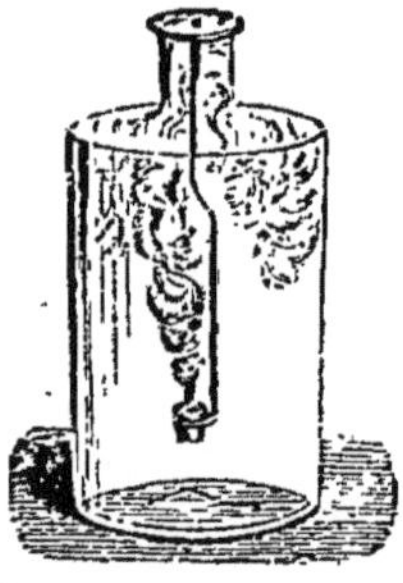

Fig. 58. — Combustion du phosphore dans le bioxyde d'azote.

Le charbon bien incandescent y brûle; mal allumé, il s'y éteint. Le soufre a besoin pour y brûler d'être fortement chauffé dans une coupelle portée au rouge.

L'hydrogène libre décompose le bioxyde d'azote à une température

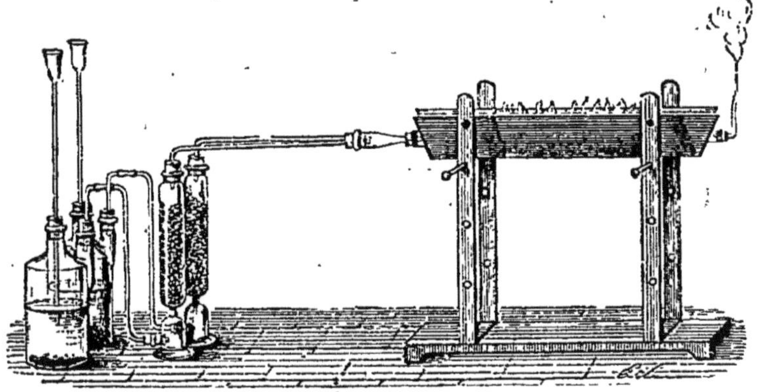

Fig. 59. — Production d'ammoniaque par le passage d'un mélange
de bioxyde d'azote et d'hydrogène sur l'éponge de platine.

peu élevée en donnant de l'eau et de l'azote. En présence de la mousse
de platine, il se forme de l'eau et de l'ammoniaque

$$AzO^2 + 5H = AzH^3 + 2HO.$$
Bioxyde Hydrogène. Ammoniaque.   Eau.
d'azote.

On fait l'expérience en plaçant, l'un à côté de l'autre (fig. 59), un
appareil à hydrogène et un appareil à bioxyde d'azote ; les gaz desséchés passent ensemble sur la mousse de platine légèrement chauffée ; il se dégage, par l'extrémité du tube, de l'ammoniaque, ainsi qu'on peut le constater en approchant un papier de tournesol rouge : il bleuit immédiatement.

87. Analyse. — Elle se fait comme celle du protoxyde (fig. 60) ; il reste dans la cloche courbe la moitié du volume du gaz employé.

Fig. 60. — Analyse du bioxyde d'azote.

Si de la densité du bioxyde 1,039
on retranche la moitié de la densité de l'azote. . . 0,486
                                                     ―――――
on trouve la demi-densité de l'oxygène   0,553

Donc, 1 volume de bioxyde contient $\frac{1}{2}$ volume d'azote et $\frac{1}{2}$ volume
d'oxygène sans contraction.

88. Application. — L'affinité du bioxyde d'azote pour l'oxygène est
utilisée dans la préparation industrielle de l'acide sulfurique.

On l'emploie pour détruire les miasmes épidémiques dans les hôpitaux.

ACIDE AZOTEUX ($AzO^3 = 38$)

89. Préparation. — Son extrème instabilité fait qu'on ne l'obtient presque jamais à l'état anhydre; on le prépare en faisant passer du bioxyde d'azote dans l'acide hypoazotique liquide à très basse température. Sa dissolution dans l'eau froide est stable quand elle est très étendue.

90. Propriétés physiques. — Liquide bleu, bouillant à — 10° environ. C'est un oxydant énergique. Il se décompose, par une faible élévation de température, en bioxyde d'azote et acide hypoazotique :

$$2AzO^3 = AzO^2 + AzO^4.$$

Acide   Bioxyde   Acide
azoteux.   d'azote.   hypoazotique.

ACIDE HYPOAZOTIQUE ($AzO^4 = 46 — 4$ vol.)

COULEUR SOUS SES DIVERS ÉTATS — ACTION DE L'EAU ET DES ALCALIS

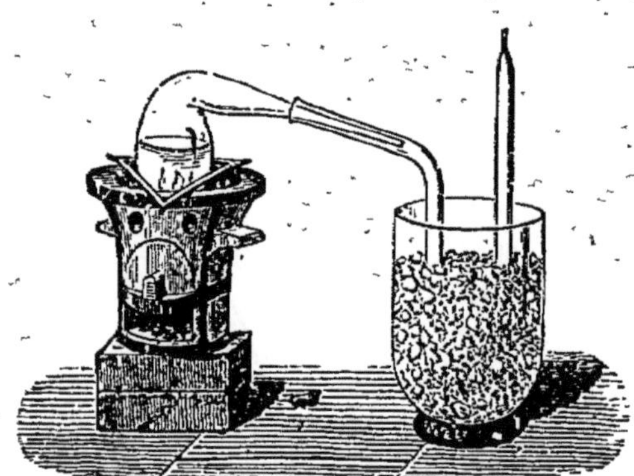

Fig. 61. — Préparation de l'acide hypoazotique.

91. Préparation. — On prépare ce corps en chauffant dans une cornue en verre vert (fig. 61) de l'azotate de plomb *parfaitement desséché.* Le sel se décompose en oxyde de plomb, qui reste dans la cornue, en oxygène qui se dégage, et en acide hypoazotique, qui se condense dans un tube en U entouré d'un mélange réfrigérant.

$$PbO,AzO^5 = AzO^4 + O + PbO.$$

Azotate   Acide   Oxy-   Oxyde
de plomb.   hypoazotique.   gène.   de plomb.

92. Propriétés physiques. — Liquide jaunâtre à 0°, jaune rougeâtre à 15°, rouge brun à 20°. Il bout à 22° en donnant des vapeurs rutilantes, dont la densité est 1,72. Exempt de toute humidité et refroidi, il se solidifie à — 9° en cristaux incolores.

93. Propriétés chimiques. — C'est un liquide très caustique, qui corrode la peau. De tous les composés de l'azote, c'est lui qui résiste le mieux à l'action de la chaleur.

Il ne peut se combiner ni avec l'eau, ni avec les bases. En présence de la potasse, il se décompose en acide azoteux et acide azotique :

$$2AzO^4 + 2KO = KO,AzO^3 + KO,AzO^5.$$

Acide   Potasse.   Azotite   Azotate
hypoazotique.   de potasse.   de potasse

En présence de l'eau à 0°, il subit la même décomposition :

$$2AzO^4 + 2HO = AzO^3,HO + AzO^5,HO.$$

Ac. hypoazotique   Ac. azoteux.   Ac. azotique.

Dans cette expérience, on voit apparaître deux couches : l'inférieure est bleue ; la supérieure est incolore.

ACIDE AZOTIQUE ANHYDRE ($AzO^5 = 54$)

94. Acide anhydre. — H. Sainte-Claire Deville a réussi à l'isoler en faisant passer un courant très lent de chlore sec sur de l'azotate d'argent desséché et chauffé à 60° environ dans un tube en U :

$$AgO,AzO^5 + Cl = AgCl + AzO^5 + O.$$

Azotate d'argent. Chlore. Chlorure d'argent. Ac. azotique anhydre. Oxygène.

L'acide azotique anhydre se condense en cristaux incolores qui, fondant à 20°, donnent un liquide bouillant à 47° et décomposable à 80°. Cet acide se décompose lentement, même à la température ordinaire.

M. R. Weber et M. Berthelot l'ont obtenu depuis, en déshydratant l'acide azotique monohydraté par l'acide phosphorique anhydre.

ACIDE AZOTIQUE HYDRATÉ ($AzO^5,HO = 63$)

PRÉPARATION — ACTION DE L'HYDROGÈNE — OXYDATION DES MÉTALLOÏDES ET DES MÉTAUX — APPLICATIONS INDUSTRIELLES

95. Historique. — Il a été découvert en 1225 par Raymond Lulle, qui, en chauffant ensemble du nitre et de l'argile, obtenait à la fois de l'acide azotique et de l'acide hypoazotique. En 1784, Cavendish détermina sa composition. On le connaît dans le commerce sous le nom d'*eau-forte* ou d'*esprit-de-nitre*.

96. État naturel. — On trouve souvent de l'acide azotique avec d'autres composés oxygénés de l'azote dans l'atmosphère, où ils se forment sous l'influence de l'électricité des nuages ; aussi les pluies d'orage contiennent de l'azotate d'ammoniaque.

AZOTATES USUELS. — Les azotates les plus importants sont l'*azotate de potasse*, qui sert à la fabrication de la poudre, et l'*azotate de soude*. On les trouve dans la nature. Leur production paraît due à l'oxydation, par l'oxygène de l'air, des matières organiques azotées ou des composés ammoniacaux, en présence des bases alcalines, sous l'influence d'un ferment organisé offrant l'aspect de corpuscules arrondis ou légèrement allongés (MM. Schlœsing et Müntz).

97. Préparation. — 1° DANS LES LABORATOIRES, on prépare l'acide azotique en chauffant, dans une cornue de verre (fig. 62), poids égaux de nitre et d'acide sulfurique concentré. L'acide azotique, volatil, à la température de l'expérience, est déplacé par l'acide sulfurique, qui l'est moins, et se dégage. On le recueille dans un ballon de verre refroidi par de l'eau.

Dans cette réaction, le sulfate qui se forme rencontre un excès d'acide et passe à l'état de bisulfate ; il faut, si l'on veut décomposer complètement le nitre à une température peu élevée, mettre la quantité d'acide nécessaire à la transformation de la potasse en bisulfate :

$$KO,AzO^5 + 2SO^3,HO = AzO^5,HO + (KO,HO,2SO^3).$$

Azotate   Acide   Acide   Bisulfate de
de potasse.   sulfurique.   azotique.   potasse.

Au commencement de l'opération, on voit apparaître des vapeurs rutilantes, dues à ce que l'acide azotique, ne pouvant prendre l'eau qui lui est nécessaire, et que l'excès d'acide sulfurique retient énergiquement, se décompose en oxygène et acide hypoazotique.

Vers la fin de l'opération, des vapeurs rutilantes se produisent encore ; elles sont dues à ce que pour maintenir en fusion le bisulfate formé, et assurer ainsi le contact de l'acide sulfurique avec les dernières parties du nitrate,

Fig 62. — Préparation de l'acide azotique dans les laboratoires.

il faut chauffer à une température où l'acide nitrique monohydraté se décompose lui-même partiellement.

2° PRÉPARATION INDUSTRIELLE. — Dans l'*industrie*, où l'on n'a généralement pas besoin d'acide très pur, on remplace l'azotate de potasse par l'azotate de soude, qui coûte moins cher et donne, à égalité de poids, plus d'acide azotique. On introduit dans une chaudière 550 kilogrammes d'azotate de soude avec 420 kilogrammes d'acide sulfurique du commerce (60° Baumé) (fig. 63). On ferme la chaudière et l'on chauffe. Les vapeurs d'acide nitrique se dégagent par une tubulure latérale, et se condensent dans des *bonbonnes* de grès placées les unes à la suite des autres :

$$NaO,AzO^5 + 2(SO^3,HO) = AzO^5,HO + NaO,HO,2SO^3.$$

Azotate   Acide   Acide   Bisulfate
de soude.   sulfurique.   azotique.   de soude.

Les proportions ci-dessus indiquées donnent 440 kilogrammes d'acide

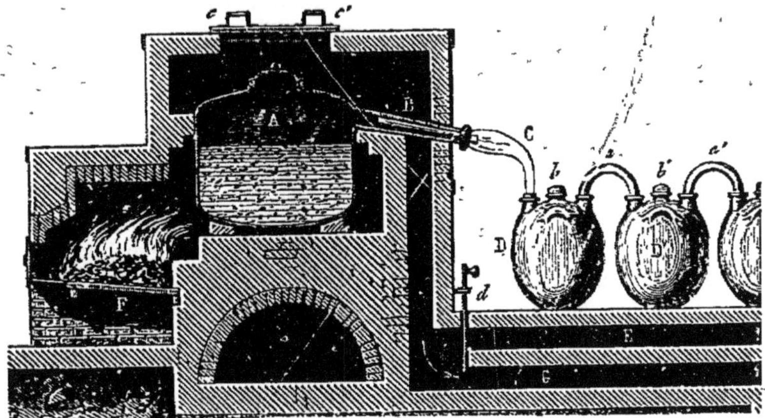

Fig. 63. — Préparation industrielle de l'acide azotique.

nitrique ordinaire à 36° Baumé; on n'en aurait obtenu que 370 kilo-grammes avec le même poids d'azotate de potasse.

98. Purification. — L'acide nitrique du commerce contient d'or-dinaire un peu d'*acide chlorhydrique*, parce que l'azotate de soude con-tenait des chlorures alcalins. On peut encore y trouver un peu d'*acide sulfurique* entraîné par l'acide azotique. Pour le purifier, on le distille après y avoir ajouté un ou deux centièmes d'azotate de plomb, qui donne avec l'acide chlorhydrique du chlorure de plomb, et avec l'acide sulfu-rique du sulfate de plomb. On chasse les vapeurs nitreuses, en faisant passer dans l'acide, un courant d'acide carbonique.

99. Propriétés physiques. — Acide monohydraté. — C'est un liquide incolore quand il est pur. Celui du commerce est ordinairement coloré en jaune par l'acide hypoazotique. Sa densité est 1,52. Il bout à 86° et se solidifie à —47°. Sa formule est AzO^5,HO. Il contient 14 p. 100 d'eau.

Acide quadrihydraté. — $AzO^5,4HO$. — Liquide incolore, d'une densité égale à 1,42; il bout à 123°, et renferme 40 pour 100 d'eau.

100. Propriétés chimiques. — L'acide azotique est un acide très énergique, mais facilement décomposable; il corrode la peau en la colo-rant en jaune.

La lumière et la chaleur décomposent facilement l'acide monohy-draté en oxygène et acide hypoazotique: l'acide à 4 équivalents d'eau résiste mieux. Quand on chauffe l'acide monohydraté, l'ébullition commence à 86°, mais il se produit en même temps de l'acide hypoazo-tique et de l'oxygène; l'eau provenant de l'acide décomposé s'unit à l'acide restant, et élève peu à peu son point d'ébullition. La température ne devient constante que lorsqu'elle a atteint 123°; le liquide qui dis-tille, à partir de ce moment, est de l'acide quadrihydraté.

Si l'on chauffe de l'acide très étendu, l'ébullition commence à 100°, mais elle s'élève peu à peu jusqu'à 123°, pour demeurer fixe à cette température. Il a d'abord distillé de l'eau mêlée de quantités plus ou moins considérables d'acide azotique, jusqu'à ce que le produit ait la composition de l'acide quadrihydraté.

101. Action des métalloïdes. — Tous les corps combustibles décomposent l'acide azotique.

HYDROGÈNE. — L'hydrogène, produit dans une réaction dégageant de la chaleur, décompose l'acide azotique à la température ordinaire, et donne de l'eau et de l'ammoniaque :

$$AzO^5,HO + 8H = AzH^3 + 6HO.$$
Acide azotique.   Hydro-gène.   Ammo-niaque.   Eau.

C'est ce qui se produit quand on verse un peu d'acide azotique dans un appareil ordinaire à hydrogène. Le dégagement du gaz se ralentit, et peut même s'arrêter, si la quantité d'acide azotique ajoutée est suffisante. Il recommence dès que tout l'acide azotique a été décomposé. L'ammoniaque formée s'est unie à l'excès d'acide sulfurique pour former du sulfate d'ammoniaque, qui reste en dissolution avec le sulfate de zinc.

Il se produit encore de l'ammoniaque, quand l'hydrogène libre et les vapeurs d'acide azotique se rencontrent sur de l'éponge de platine légèrement chauffée.

Le *soufre*, le *phosphore*, l'*arsenic*, le *carbone* et l'*iode* décomposent l'acide azotique et donnent les acides *sulfurique, phosphorique, arsénique, carbonique* et *iodique*. L'action est d'autant plus énergique que l'acide est plus concentré. Le chlore, le brome et l'azote sont sans action.

102. Action des métaux. — Tous les métaux, à l'exception de l'or et du platine, décomposent l'acide azotique ; mais l'action est moins énergique avec l'acide très concentré qu'avec l'acide ordinaire. C'est le contraire de ce qui se passe avec les métalloïdes.

Si l'acide est au maximum de concentration, il n'agit que sur quelques métaux très oxydables, parce que les azotates sont très peu solubles dans l'acide concentré. — Mis en contact avec le *fer*, non seulement il n'est pas attaqué, mais il fait perdre à ce métal la propriété d'attaquer l'acide étendu. Dans cet état, le fer est dit *passif*. Il redevient actif et attaque violemment l'acide étendu dès qu'on le touche avec une tige de cuivre.

L'acide du commerce, étendu de son volume d'eau, donne du bioxyde d'azote et des azotates, quand on fait agir sur lui des métaux qui ne décomposent pas l'eau en présence des acides. Cette réaction a été utilisée pour la préparation du bioxyde d'azote (89) :

$$3Cu + 4AzO^5 + nHO = AzO^2 + 3(CuO,AzO^5) + nHO.$$
Cuivre.   Ac. azotique.   Eau.   Bioxyde d'azote.   Azotate de cuivre.   Eau.

L'*étain* et l'*antimoine* se transforment en oxydes acides aux dépens de l'acide azotique, qui passe à l'état de bioxyde d'azote.

Les métaux qui décomposent l'eau à froid en présence des acides, donnent du protoxyde d'azote, si l'acide est étendu de son volume d'eau :

$$4Zn + 5AzO^5 + nHO = 4ZnO,AzO^5 + nHO + AzO.$$

Zinc.   Ac. azotique.   Eau.   Azotate de zinc.   Eau.   Protoxyde d'azote

Si l'acide est très étendu, il se produit de l'azotate d'ammoniaque.

103. Action sur les matières organiques. — L'acide azotique colore en jaune la *soie* et la *laine*. Cette propriété est utilisée en teinture.

Le *coton* plongé pendant dix minutes dans l'acide monohydraté et froid, donne un produit très inflammable, le *coton-poudre*, qui conserve l'aspect du coton ordinaire.

104. Synthèse. — On peut déterminer la composition de l'acide azotique en faisant passer une série d'étincelles dans un mélange de 2 volumes d'azote et de 7 volumes d'oxygène, en présence de la potasse (fig. 64). A la fin de l'expérience, il ne reste que 2 volumes d'oxygène. L'acide est donc formé de 2 volumes d'azote pour 5 volumes d'oxygène.

105. Applications industrielles. — L'acide nitrique est employé dans l'industrie pour la préparation des *azotates d'argent*, de *mercure*,

Fig. 64. —Synthèse de l'acide azotique (Cavendish).

de *plomb* et de *cuivre;* pour la fabrication de l'*acide sulfurique* et de l'*acide oxalique;* pour la *gravure sur cuivre,* la fabrication du *coton-poudre* et la *teinture en jaune* sur soie et sur laine.

Mêlé avec l'acide chlorhydrique, l'acide azotique forme l'*eau régale,* qui dissout l'or et le platine.

ACIDE PERAZOTIQUE ($AzO^6 = 62 — 4$ vol.)

106. Préparation. — Un mélange d'*oxygène* et d'*azote* secs, passant dans l'appareil à effluves, donne de l'acide *perazotique* (MM. Hautefeuille et Chappuis) ; on obtient également cet acide par l'action de l'effluve sur un mélange d'*acide hypoazotique* et d'*oxygène secs.*

GAZ AMMONIAC ($AzH^3 = 17 — 4$ vol.)

PRÉPARATION — SOLUBILITÉ — LIQUÉFACTION — DÉCOMPOSITION
ALCALI VOLATIL — PRÉPARATION INDUSTRIELLE

107. Historique. — Le gaz ammoniac a été préparé et étudié pour la première fois par Priestley; Schéele a reconnu la nature de ses éléments ; Berthollet a fixé sa composition en 1785.

108. Production. — On trouve de l'ammoniaque ou plutôt de l'azotate d'ammoniaque dans les pluies d'orage; on en rencontre dans la rouille que donne le fer en s'oxydant au contact de l'air humide; il s'en produit dans l'action du fer et du zinc sur l'acide azotique très étendu, ainsi que dans la décomposition de l'urine et des matières organiques azotées, et dans la distillation de la houille pour le gaz de l'éclairage.

109. Préparation. — On prépare le gaz ammoniac en chauffant dans un ballon de verre A un mélange intime de *chlorhydrate d'ammoniaque* et de *chaux vive* (fig. 65). La chaux met l'ammoniaque en liberté, et forme avec l'acide chlorhydrique de l'eau et du chlorure de calcium :

$$AzH^3,HCl + 2CaO = AzH^3 + CaCl + CaO,HO.$$

Chlorhydrate   Chaux.   Ammo-   Chlorure   Chaux.
d'ammoniaque.   niaque.   de calcium.

Pour dessécher le gaz ammoniac, on le fait passer sur des fragments de potasse, et on le recueille dans une éprouvette C sur le mercure.

PRÉPARATION DE LA DISSOLUTION AMMONIACALE.—Elle s'obtient en faisant arriver le gaz dans un appareil de Woulf, dont les flacons (fig. 66) sont à moitié remplis

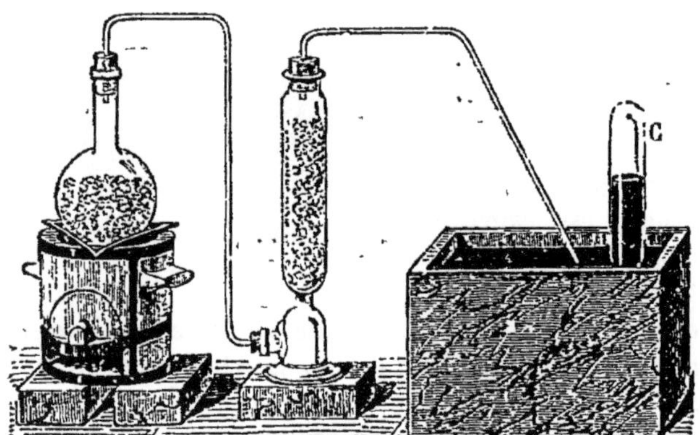

Fig. 65. — Préparation du gaz ammoniac.

d'eau. Il faut avoir soin de faire plonger jusqu'au fond les tubes qui amènent le gaz, parce que la dissolution, étant plus légère que l'eau, monte à la surface, tandis que le liquide moins saturé redescend.

On emploie ordinairement pour cette préparation du *sulfate d'ammoniaque* et de la *chaux* :

$$AzH^3,HO,SO^3 + CaO = AzH^3 + CaO,SO^3 + HO.$$

Sulfate   Chaux.   Ammo-   Sulfate   Eau.
d'ammoniaque.   niaque.   de chaux.

110. Préparation industrielle. — Dans l'industrie, on prépare cette dissolution en chauffant, avec de la *chaux*, les *eaux ammoniacales* qui se condensent dans la distillation de la houille, ou qui proviennent de l'épuration du gaz de l'éclairage.

On traite de la même façon les urines putréfiées (*eaux vannes*).

111. Propriétés physiques. — Ce gaz est incolore, d'une odeur vive et piquante qui provoque les larmes ; il a une saveur âcre.

Sa densité est 0,590 ; un litre de ce gaz pèse $1^{gr},293 \times 0,590 = 0^{gr},765$,
Il est excessivement soluble dans l'eau, qui en dissout 1,000 fois son

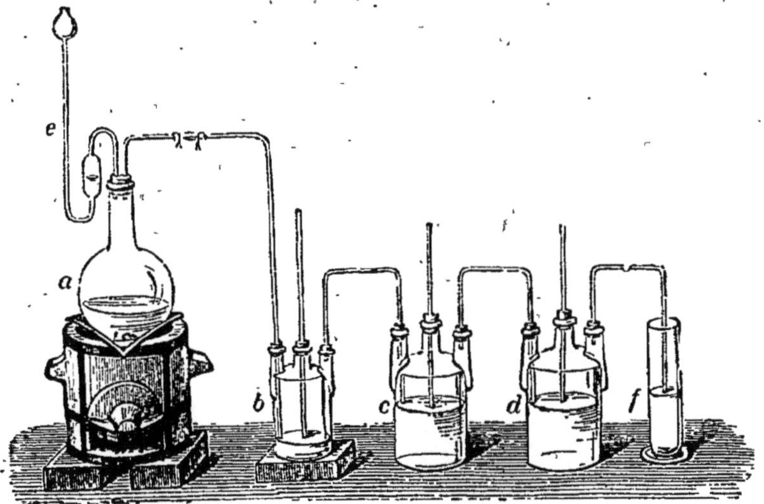

Fig. 66. — Préparation de la dissolution ammoniacale.

volume à 0°. A 15°, l'eau n'en dissout plus que 740 fois son volume. La dissolution chauffée perd tout son gaz avant d'avoir atteint 70° ; exposée dans le vide, elle abandonne également ment tout le gaz ammoniac.

On démontre son extrême solubilité en ouvrant sur l'eau une éprouvette qui a été remplie de ce gaz sur la cuve à mercure. L'eau se précipite dans l'éprouvette, et en brise souvent le sommet.

On peut encore faire l'expérience de la manière suivante : Un flacon A (fig. 67) rempli de gaz ammoniac sur la cuve à mercure, a été bouché par un bon bouchon de liège traversé par un tube de verre effilé et fermé à son extrémité inférieure. Si l'on casse cette extrémité sous l'eau, on voit le liquide se précipiter dans le flacon en formant une gerbe, et le remplir en quelques instants. Un morceau de glace, mis dans une éprou-

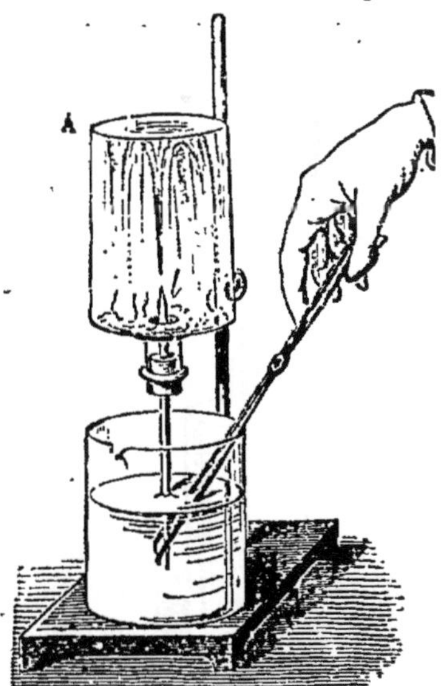

Fig. 67. — Solubilité du gaz ammoniac.

vette pleine de gaz ammoniac, y fond rapidement, en absorbant le gaz.
La dissolution du gaz dans l'eau est appelée *ammoniaque* ou *alcali*

volatil. Sa densité est 0,855. Cette dissolution est un caustique très énergique ; elle attaque la peau.

Le gaz ammoniac est absorbé par le chlorure d'argent, qui en peut dissoudre 520 fois son volume ; il est également absorbé par le charbon, qui en prend 90 fois son volume, et par le chlorure de calcium.

112. Liquéfaction. — Il a été liquéfié par Bussy à — 40°. Faraday l'a liquéfié à 10° sous la pression de 6 ½ atmosphères. Pour répéter cette expérience, on place du *chlorure d'argent* dans un tube en verre recourbé, et on lui fait absorber du *gaz ammoniac*, jusqu'à saturation. Le tube est ensuite fermé à la lampe, et chauffé à 40° à l'une de ses extrémités, pendant que l'autre plonge dans la glace (fig. 68). Le gaz se liquéfie peu à peu, par suite de la pression qu'il exerce sur lui-même. On peut le solidifier en faisant évaporer ce liquide dans le vide ; on obtient ainsi à — 75° une masse cristalline incolore, d'une faible odeur.

Fig. 68. — Liquéfaction du gaz ammoniac.

113. Propriétés chimiques. — Le gaz ammoniac est décomposé par la chaleur. Pour que sa décomposition soit complète, on le fait passer à travers un tube de porcelaine, rempli de fragments de même matière, et chauffé au rouge vif. Il est également décomposé par une série d'étincelles électriques.

ACTION DE L'OXYGÈNE. — Le gaz ammoniac ne brûle pas au contact d'une bougie allumée dans l'air : mais il brûle dans l'*oxygène*. Pour déterminer cette réaction, on fait arriver le gaz ammoniac, par un tube effilé (fig. 69), dans un flacon plein d'oxygène, et l'on approche du jet une allumette enflammée ; le gaz brûle avec une flamme blanche.

$$AzH^3 + 3O = 3HO + Az.$$

Gaz ammoniac. Oxygène. Eau. Azote

Si l'on mélange 3 volumes d'oxygène et 4 volumes d'ammoniaque dans un flacon, une bougie allumée ou une étincelle électrique y déterminent une forte détonation. Dans cette réaction, il se produit de l'eau, outre un peu d'azotate d'ammoniaque.

L'oxygène passant avec de l'ammoniaque sur la mousse de platine, produit de l'acide azotique :

$$AzH^3 + 8O = AzO^5,3HO.$$

Gaz ammoniac. Oxygène. Ac. azotique.

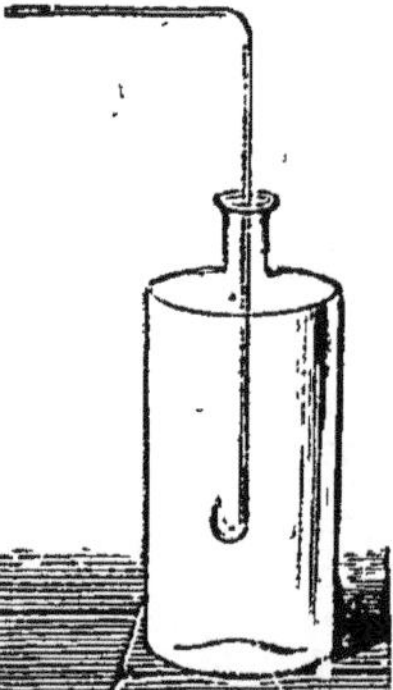

Fig. 69. — Combustion du gaz ammoniac dans l'oxygène ou dans le chlore.

ACTION DU CHLORE. — Le *chlore* agit sur le gaz ammoniac avec plus d'énergie que l'oxygène : si l'on fait arriver dans un flacon plein de chlore (fig. 69) un tube par lequel se dégage de l'ammoniaque, le jet s'enflamme et il se forme des fumées blanches de sel ammoniac :

$$4AzH^3 + 5Cl = Az + 5(AzH^3, HCl).$$

Gaz ammoniac. Chlore. Azote. Chlorhydrate d'ammoniaque.

La même réaction se produit à froid entre les dissolutions de chlore et d'ammoniaque ; mais, dans ce cas, s'il y a excès de chlore, il se forme un corps extrêmement détonant, le *chlorure d'azote*.

Le *brome* et l'*iode* agissent d'une manière analogue.

Quand on opère sur l'*iode*, on ajoute d'ordinaire un excès de ce corps, et l'on obtient de l'*iodure d'azote*, beaucoup moins dangereux que le chlorure d'azote, mais qui détone encore par la plus légère agitation.

ACTION DU CARBONE. — Le charbon, chauffé au rouge dans un tube de porcelaine (fig. 71), décompose un courant de gaz ammoniac en donnant de l'*hydrogène* et de l'*acide cyanhydrique* qui se combine avec l'ammoniaque non décomposée :

$$2AzH^3 + 2C = AzH^3, HC^2Az + 2H.$$

Gaz ammoniac. Carbone. Cyanhydrate d'ammoniaque. Hydrogène.

ACTION DES MÉTAUX. — Le fer et le cuivre chauffés au rouge dans un tube de porcelaine traversé par un courant de gaz ammoniac (fig. 70)

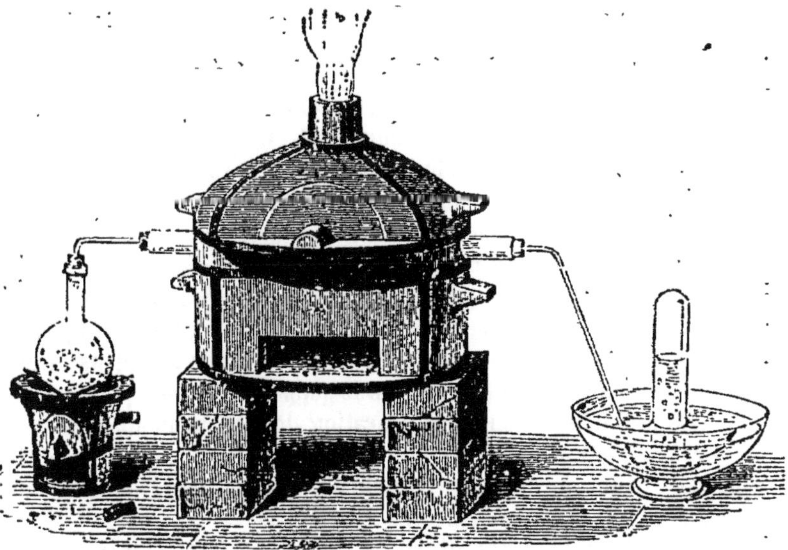

Fig. 70. — Décomposition du gaz ammoniac par le charbon ou par le fer au rouge.

décomposent ce gaz en ses éléments et deviennent cassants. Le platine opère la même décomposition sans être altéré.

114. Ammoniaque liquide ou alcali volatil. — L'ammoniaque, dissolution de gaz ammoniac, possède les propriétés des dissolutions alcalines : elle sature les acides ; elle verdit le sirop de violettes et dissout le chlorure d'argent et l'oxyde de cuivre. L'*eau céleste* s'obtient en versant un excès d'ammoniaque dans une dissolution d'un sel de cuivre.

L'ammoniaque versée sur de la planure de cuivre au contact de l'air, en absorbe l'oxygène et donne de l'azotite de cuivre ammoniacal, liqueur bleue, qui dissout la cellulose, la soie, etc.

115. Analyse. — Pour faire l'analyse du gaz ammoniac, on décompose 4 volumes de ce gaz dans l'eudiomètre à mercure, par une très longue série d'étincelles (fig. 71). Le volume devient double, c'est-à-dire égal

Fig. 71. — Décomposition du gaz ammoniac par une série d'étincelles.

à 8 volumes; on ajoute alors 4 vol. d'oxygène et l'on excite l'étincelle. Il ne reste après l'explosion que 3 vol. Il a par conséquent disparu 9 vol., formés de 6 vol. d'hydrogène et de 3 vol. d'oxygène. Les trois vol. restants sont donc un mélange de 1 vol. d'oxygène et de 2 vol. d'azote ; et le gaz ammoniac est formé de 2 vol. d'azote et de 6 vol. d'hydrogène condensés en 4 vol.

Usages. — L'ammoniaque est employée dans les laboratoires comme réactif alcalin; elle est utilisée en médecine contre les piqûres d'insectes, contre les morsures de vipères, etc. ; elle sert dans l'industrie pour la production de grands froids (appareil Carré), pour la fabrication de la soude et pour la préparation des sels ammoniacaux.

Ces sels sont isomorphes des sels de potasse; aussi peut-on les regarder comme formés par l'oxyde du radical AzH^4, que l'on appelle *ammonium* $(AzH^3, HO = AzH^4O)$.

116. Métalloïdes des diverses familles. — Connaissant la composition de l'*eau* et de l'*air*, ainsi que les propriétés de l'*oxygène*, de l'*hydrogène*, de l'*azote* et des *composés* formés par ce dernier corps avec l'oxygène et avec l'hydrogène, nous allons aborder l'étude des autres métalloïdes dans l'ordre où Dumas les a classés en familles naturelles (voir page 104 à 108).

CHAPITRE V

CHLORE ET SES COMPOSÉS — BROME — IODE — FLUOR

CHLORE (Cl = 35,5 — 2 vol.)

PRÉPARATION — GAZ DANGEREUX A RESPIRER — ACTION ÉNERGIQUE
SUR L'HYDROGÈNE ET LES MÉTALLOIDES
ACTION SUR L'EAU, SUR L'ACIDE SULFHYDRIQUE — OXYDATION PAR LE CHLORE —
BLANCHIMENT — DESTRUCTION DES MIASMES

117. Historique. — Le chlore a été découvert par Scheele en 1774. Il a été longtemps regardé comme une combinaison d'acide muriatique (chlorhydrique) et d'oxygène; aussi l'appelait-on *acide muriatique oxygéné*. En 1809, Gay-Lussac et Thénard, en France, et Davy en Angleterre montrèrent qu'on devait le considérer comme un corps simple.

118. État naturel. — Le chlore existe dans la nature à l'état de chlorure de sodium, dans les mines de sel gemme et dans certaines sources salées; à l'état de chlorure de sodium et de magnésium dans les eaux de la mer.

119. Préparation. — PROCÉDÉ DE SCHEELE. — Dans les laboratoires

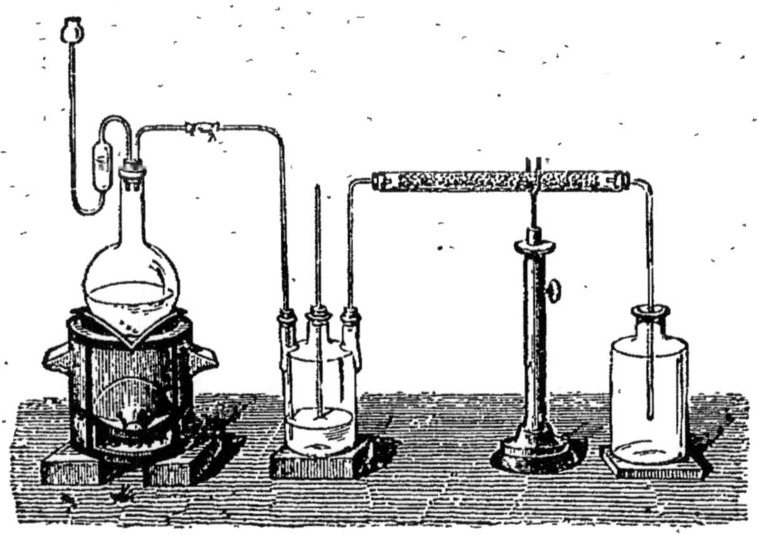

Fig. 72. — Préparation du chlore sec.

on obtient le chlore en chauffant dans un ballon de verre du bioxyde de manganèse avec de l'acide chlorhydrique concentré (fig. 72). Le gaz qui se dégage passe dans un flacon laveur, où il abandonne l'acide chlorhydrique entraîné, puis dans un tube à chlorure de calcium, où il se dessèche.

Comme on ne peut le recueillir ni sur l'eau qui le dissout, ni sur le mercure qu'il attaque, on le recueille en le faisant arriver au fond d'un flacon. Le chlore, grâce à sa grande densité, déplace peu à peu l'air, qui est plus léger que lui, et le flacon prend la teinte verte du chlore.

Il s'est formé du chlore, de l'eau et du chlorure de manganèse :

$$MnO^2 + 2HCl = Cl + 2HO + MnCl.$$

Bioxyde de   Acide   Chlore.   Eau.   Chlorure
manganèse. chlorhydrique.   de manganèse.

PRÉPARATION INDUSTRIELLE : PROCÉDÉ WELDON. — M. Weldon, en traitant le chlorure de manganèse de l'opération précédente par la chaux en excès, obtient du protoxyde de manganèse; celui-ci, oxydé par un courant d'air en présence de la chaux, reproduit le bioxyde qui forme avec la chaux du *bimanganite de chaux* $CaO,HO,2MnO^2$, susceptible de remplacer le bioxyde de manganèse dans la préparation du chlore; de sorte que ce gaz s'obtient, en définitive, par l'emploi de l'air, de la chaux et de l'acide chlorhydrique, avec une quantité limitée de bioxyde de manganèse.

Le procédé Weldon est employé actuellement dans toutes les grandes fabriques de chlore.

PROCÉDÉ DE BERTHOLLET. — On prépare quelquefois le chlore par l'action de l'acide sulfurique sur le bioxyde de manganèse et le chlorure de sodium :

$$NaCl + MnO^2 + 2SO^3,HO = NaO,SO^3 + MnO,SO^3 + 2HO + Cl.$$

Chlorure   Byoxyde de   Acide   Sulfate   Sulfate   Eau.   Chlore.
de sodium. manganèse.   sulfurique   de soude.   de manganèse.

DISSOLUTION DE CHLORE. — Pour avoir une dissolution de chlore, on fait passer le gaz dans une série de flacons de Woulf (fig. 73).

HYDRATÉ DE CHLORE. — Cette dissolution, refroidie à 0°, dépose des cristaux d'*hydrate de chlore*, $Cl + 10HO$.

120. Propriétés physiques. — Le chlore est un gaz jaune verdâtre, d'une odeur forte et suffocante.

Sa densité est 2,44. Un litre de gaz pèse $1^{gr},293 \times 2,44 = 3^{gr},16$.

Il est soluble dans l'eau. Cette solubilité semble augmenter jusqu'à 8°, grâce à la formation et à la dissolution de l'hydrate $(Cl + 10HO)$. L'eau contient alors 3 fois son volume de chlore.

LIQUÉFACTION. — Ce gaz se liquéfie à —50°, sous la pression atmosphérique, ou à +15°, sous la pression de 4 atmosphères. Pour réaliser cette liquéfaction, on met des cristaux d'*hydrate de chlore* dans un tube recourbé en verre vert (fig. 74). Après avoir rempli l'une des branches avec ces cristaux, on ferme l'extrémité du tube. Il suffit de chauffer légèrement la branche qui contient l'hydrate de chlore, pendant que l'autre extrémité plonge dans un mélange réfrigérant.

On peut, dans cette expérience, remplacer l'hydrate de chlore par du charbon saturé de chlore (M. Melsens). Le chlore se solidifie à —102°.

Respiré, même en petite quantité, il provoque la toux; en grande quantité, il occasionne des crachements de sang.

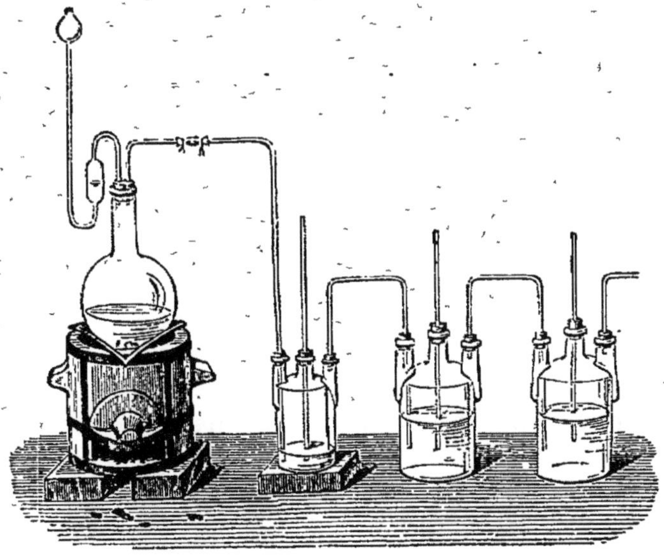

Fig. 73. — Préparation de la dissolution de chlore.

121. Propriétés chimiques. — Le chlore, étant le corps le plus électro-négatif après l'oxygène, n'a pas d'affinité pour ce dernier. Aussi

Fig. 74. — Liquéfaction
du chlore.

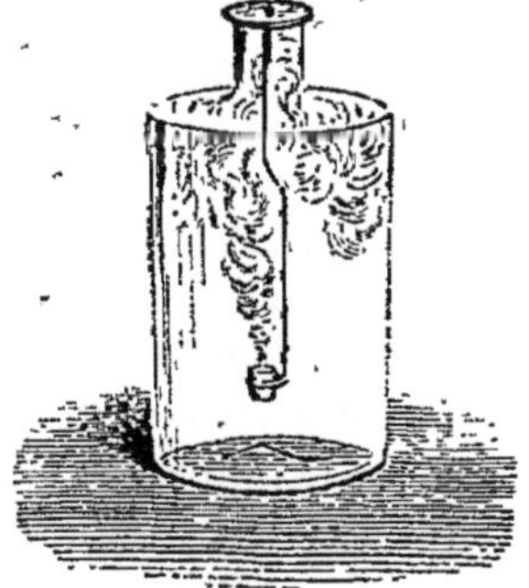

Fig. 75. — Combustion
du phosphore dans le chlore.

ne se combine-t-il pas *directement* avec l'oxygène; les composés qu'il forme avec lui sont très instables.

122. Action sur les métalloïdes. — Le *phosphore*, introduit à l'aide d'une coupelle dans un flacon plein de chlore, s'y enflamme spontanément (fig. 75), et produit du pentachlorure de phosphore solide $PhCl^5$, si le chlore est en excès. Il produirait du trichlorure liquide $PhCl^3$ si le phosphore était en excès.

L'*arsenic* et l'*antimoine* en poudre, projetés dans un flacon plein de chlore (fig. 76), y brûlént avec éclat, en donnant du chlorure d'arsenic $AsCl^3$ ou d'antimoine $SbCl^3$.

Le *soufre* déposé aú fond d'une éprouvette à pied se combine avec le chlore, qu'on y fait arriver par un tube à dégagement. Si l'on arrête l'expérience avant que toût le soufre ait disparu, on a du proto-chlorure de soufre, S^2Cl. S'il y a excès de chlore, on a du bichlorure, SCl.

123. Action des métaux. — Le *mercure* se combine à la température ordinaire avec le chlore ; aussi ne peut-on pas recueillir ce gaz sur la cuve à mercure.

Le *cuivre*, chauffé au rouge sombre, brûle dans un flacon de chlore en donnant du chlorure Cu^2Cl que l'on voit tomber en gouttelettes. Pour faire l'expérience, on emploie une spirale de cuivre, dont on

Fig. 76. — Combustion de l'arsenic ou de l'antimoine dans le chlore.

chauffe légèrement l'extrémité inférieure, et qu'on plonge ensuite dans un flacon plein de chlore. On opère comme pour la combustion du fer dans l'oxygène (fig.39).

124. Action sur l'hydrogène. — La propriété caractéristique du chlore, celle qui intervient dans présque toutes ses réactions, et qui détermine ses principales applications, est son affinité pour l'*hydrogène*. Si l'on mélange dans un flacon, volumes égaux de chlore et d'hydrogène, il ne se produit rien dans l'obscurité, mais à la lumière diffuse la combinaison s'effectue peu à peu. — A la lumière solaire, la combinaison est instantanée, et le flacon vole en éclats; aussi doit-on, quand on veut répéter cette expérience, avoir la précaution de diriger de loin les rayons solaires, à l'aide d'un miroir, sur le flacon préalablement placé à l'ombre. La flamme du magnésium détermine également la combinaison avec explosion.

Si l'on avait présenté une bougie à l'orifice du flacon, la combinaison se serait effectuée, mais moins vivement, parce que la combustion ne se serait propagée que de proche en proche.

125. Action sur les composés hydrogénés. — L'affinité du chlore pour l'hydrogène peut faire prévoir son action sur les composés qui contiennent ce gaz.

1° ACTION SUR L'EAU. — Le chlore décompose l'eau sous l'influence des rayons solaires et met en liberté de l'oxygène :

$$Cl + HO = HCl + O.$$
Chlore.   Eau. Ac. chlorhydrique. Oxygène.

Aussi la dissolution de chlore doit être conservée dans des flacons noirs. *Cette réaction explique comment le chlore joue le rôle de corps oxydant.*

La décomposition de l'eau se fait rapidement quand on fait passer du chlore et de la vapeur d'eau dans un tube de porcelaine chauffé au rouge.

Elle s'effectue à la température ordinaire, et en l'absence des rayons solaires quand, en même temps que le chlore, on fait agir un corps avide d'oxygène. C'est ainsi qu'en présence de l'acide *sulfureux* on a :

$$SO^2 + 2HO + Cl = SO^3,HO + HCl.$$
Ac. sulfureux.   Eau.   Chlore.   Ac. sulfurique. Ac. chlorhydrique.

On a des réactions analogues avec les acides *arsénieux* et *phosphoreux*.

En présence d'un sel de *protoxyde de fer*, le chlore décompose également l'eau et fait passer le protoxyde de fer à l'état de sesquioxyde,

$$2(FeO,SO^3) + HO + Cl = Fe^2O^3,2SO^3 + HCl.$$
Sulfate de fer.   Eau.   Chlore. Sulf. de sesquioxyde de fer. Ac. chlorhydrique

La transformation du sel se reconnaît à l'aide de l'ammoniaque, qui, versée dans le sel de protoxyde, donne un précipité *blanc verdâtre*, et dans le sel de sesquioxyde un précipité *jaune rouille*.

2° ACTION SUR L'ACIDE SULFHYDRIQUE. — Le chlore décompose l'acide *sulfhydrique*, s'empare de l'hydrogène et met le soufre en liberté :

$$HS + Cl = HCl + S.$$
Ac. sulfhydrique. Chlore. Ac. chlorhydrique. Soufre.

Cette action est utilisée pour purifier l'air infecté d'acide sulfhydrique.

3° ACTION SUR L'AMMONIAQUE. — Le chlore décompose l'*ammoniaque*, et donne de l'azote et du chlorhydrate d'ammoniaque,

$$4AzH^3 + 3Cl = Az + 3AzH^3,HCl.$$
Ammoniaque. Chlore.   Azote. Chlorhydrate d'ammoniaque.

Cette réaction peut être réalisée de différentes façons : on peut, dans un tube rempli aux $\frac{9}{10}$ d'une dissolution de chlore, verser, pour achever de le remplir, une dissolution ammoniacale, boucher alors le tube avec le doigt, et le renverser sur la cuve à eau ; l'ammoniaque, plus légère, se mêle au chlore, et l'on voit les bulles d'azote gagner le sommet du tube.

On peut encore faire passer lentement un courant de chlore dans un flacon contenant une dissolution concentrée d'ammoniaque. Chaque bulle de chlore produit alors une sorte d'*éclair* en arrivant dans le liquide.

Enfin, si dans un flacon plein de chlore on plonge le tube à dégagement d'un appareil à ammoniaque, ce gaz s'enflamme dans le chlore.

126. Action sur les oxydes. — Le chlore agit de différentes manières sur les oxydes métalliques. En présence d'une dissolution étendue et froide de *potasse*, il donne du *chlorure de potassium* et de l'*hypochlorite de potasse* (eau de Javelle) :

$$2KO + 2Cl = KCl + KO,ClO.$$
Potasse. Chlore. Chlorure de potassium. Hypochlorite de potasse.

Si la dissolution de potasse était concentrée, la réaction déterminerait une élévation de température, et l'hypochlorite se transformerait en *chlorure* et en *chlorate;* on aurait la réaction suivante :

$$6KO + 6Cl = 5KCl + KO,ClO^5.$$
Potasse. Chlore. Chlorure de potassium. Chlorate de potasse.

Le chlore, en passant sur de la chaux éteinte, donne du *chlorure de calcium* et de l'*hypochlorite de chaux* (chlorure de chaux) :

$$2CaO + 2Cl = CaCl + CaO,ClO.$$
Chaux. Chlore. Chlorure de ca'cium. Hypochlorite de chaux.

127. Action sur les matières colorantes. — Le chlore agissant par son affinité pour l'hydrogène, décompose les matières colorantes; une dissolution de chlore décolore le tournesol, l'indigo, l'encre. Avec ce dernier corps, il reste une tache jaune de sesquioxyde de fer, que l'on peut faire disparaître en la dissolvant par l'acide chlorhydrique.

128. Usage du chlore. — Le chlore est surtout employé pour le blanchiment.

Berthollet le premier a appliqué le chlore au blanchiment des toiles. Il trempait la toile à blanchir dans une dissolution de chlore, et la lavait ensuite dans une lessive alcaline qui dissout la matière brune formée sous l'influence du chlore. Cette matière brune ne se formait que beaucoup plus lentement dans l'ancien procédé, où la toile devait rester exposée pendant plusieurs mois sur une prairie, d'où on la retirait de temps en temps pour la lessiver.

Berthollet employait le chlore à l'état de dissolution; on préfère aujourd'hui le *chlorure de chaux*, dont le principe utile est l'hypochlorite de chaux CaO,ClO; l'acide de ce sel, mis en liberté par l'acide carbonique ou tout autre acide, agit à la fois par son oxygène et son chlore. C'est également le chlorure de chaux que l'on emploie pour décolorer les chiffons destinés à former la pâte à papier, et pour blanchir les vieilles gravures, ou enlever les taches d'encre sur les livres.

L'eau de chlore et le chlorure de chaux peuvent être employés indifféremment pour décomposer l'acide sulfhydrique et le sulfhydrate d'ammoniaque des fosses d'aisances. Ils servent pour ranimer les personnes asphyxiées par l'acide sulfhydrique; on fait respirer, dans ce cas, le gaz qui se dégage du chlorure de chaux contenu dans une serviette imprégnée d'un peu de vinaigre. On l'emploie pour détruire les miasmes (Guyton de Morveau) et préserver des épidémies.

Le blanchiment de la pâte à papier se fait beaucoup aujourd'hui par le chlore et les hypochlorites qui prennent naissance dans l'électrolyse d'une dissolution de chlorure de sodium et de chlorure de magnésium.

COMPOSÉS OXYGÉNÉS DU CHLORE

129. Composition. — Le chlore forme avec l'oxygène cinq composés :

L'acide hypochloreux	. . . .	ClO.
— chloreux	. . . .	ClO^3.
— hypochlorique	. . . .	ClO^4.
— chlorique	. . . .	ClO^5.
— perchlorique	. . . .	ClO^7.

ACTION DE LA CHALEUR. — Tous ces acides se décomposent facilement par la chaleur. Le plus stable est l'acide perchlorique ; les autres se transforment tous, par une élévation de température bien ménagée, en acide *perchlorique*, chlore et oxygène ; une élévation brusque de température les décompose avec explosion en *chlore* et *oxygène*.

PROPRIÉTÉS OXYDANTES. — Tous ces composés sont des oxydants très énergiques, par suite de leur facile décomposition. L'acide *hypochloreux* est, comme nous l'avons vu **(128)**, l'agent actif dans le blanchiment par l'hypochlorite de chaux.

ACIDE CHLORHYDRIQUE ($HCl = 36,5 - 4$ vol.)

ACIDE ÉNERGIQUE, FUMANT A L'AIR — APPLICATIONS INDUSTRIELLES

130. Cet acide, dont les propriétés et le mode de préparation furent indiqués par Glauber, s'appela longtemps *esprit de sel marin*.

131 État naturel. — Cet acide se dégage de volcans. Le *Rio Vinagre*, qui descend de la chaine des Andes en Amérique, et dont le débit est de 54,700ᵐᵉ par 24 heures, contient 1ᵉʳ,217 d'acide chlorhydrique par litre.

132. Préparation. — On prépare l'acide chlorhydrique en mettant dans un ballon de verre 120 grammes de chlorure de sodium (sel marin) avec 200 grammes d'acide sulfurique ; il se produit du bisulfate de soude qui reste dans le ballon, et de l'acide chlorhydrique qui se dégage. La réaction commence à froid ; il faut chauffer pour l'achever (fig. 77).

Quand on emploie le sel marin ordinaire, et par suite en petits cristaux présentant beaucoup de surface, il ne faut ajouter l'acide sulfurique que peu à peu, afin d'éviter un trop grand boursouflement. On peut mettre tout l'acide à la fois quand on emploie du sel qui a été préalablement fondu et concassé en gros fragments.

Le gaz qui se dégage passe d'abord dans un flacon laveur où il abandonne l'acide sulfurique entraîné; il se rend ensuite dans une éprouvette sur le mercure. Il reste dans le ballon du bisulfate de soude :

$$NaCl + 2(HO,SO^3) = NaO,HO,2SO^3 + HCl.$$
Chlorure de sodium.   Ac. sulfurique.   Bisulfate de soude.   Ac. chlorhydrique.

Quand on veut préparer une dissolution d'acide chlorhydrique, on fait passer le gaz dans un appareil de Woulf. Les flacons doivent être à moitié pleins d'eau distillée ; les tubes (fig. 75) n'ont besoin que de plonger très peu, car la dissolution, étant plus dense que l'eau, tombe au fond, au fur et à mesure qu'elle se sature.

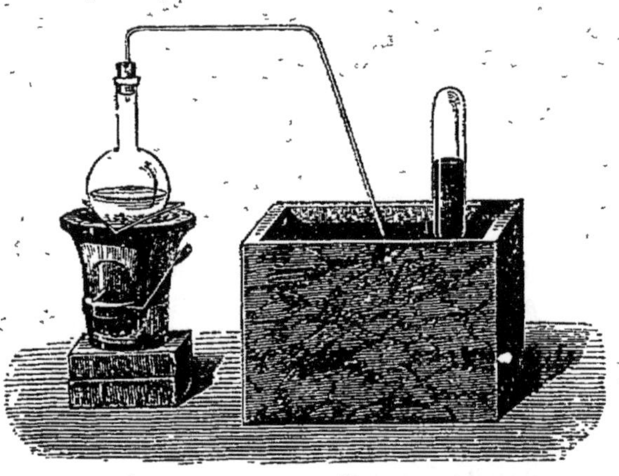

Fig. 77. — Préparation du gaz acide chlorhydrique.

PRÉPARATION INDUSTRIELLE. — La préparation de l'acide chlorhydrique, corrélative de celle du *sulfate de soude*, destiné à la fabrication de la soude, se fait dans des *cylindres de fonte* (fig. 78), ou dans des *fours à moufles*. Le gaz acide chlorhydrique va se dissoudre dans des bonbonnes de grès qui contiennent de l'eau. Comme la température est élevée, le bisulfate de soude, formé d'abord, réagit sur un nouvel équivalent de chlorure de sodium et donne du sulfate neutre :

$$NaCl + NaO,HO,2SO^3 = 2(NaO,SO^3) + HCl$$
Chlorure de sodium.   Bisulfate de soude.   Sulfate neutre de soude.   Ac. chlorhydrique.

de sorte que la réaction à haute température peut s'exprimer par la formule

$$NaCl + SO^3HO = NaO,SO^3 + HCl$$
Chlorure de sodium.   Acide sulfurique.   Sulfate neutre de soude.   Acide chlorhydrique.

133. Propriétés physiques. — L'acide chlorhydrique est un gaz incolore, d'une odeur piquante, d'une saveur très acide. Sa densité est 1,247. Le poids d'un litre de cet acide est donc $1^{gr},293 \times 1,247 = 1^{gr},614$.

Ce gaz a été liquéfié par Faraday, à — 80°, sous la pression ordinaire, ou à la température de 10° sous la pression de 40 atmosphères.

Il est très soluble dans l'eau, qui en dissout 480 fois son volume à la température ordinaire. L'absorption de l'acide chlorhydrique pur par l'eau est instantanée. Si l'on plonge dans une terrine pleine d'eau une éprouvette pleine de ce gaz pur, reposant sur une soucoupe qui contient du mercure, il suffira de soulever l'éprouvette pour que l'eau s'y précipite avec une violence capable de la briser. On peut encore opérer avec un flacon comme pour le gaz ammoniac (fig. 67). Si le gaz est mêlé d'un peu d'air, l'ascension de l'eau se fera moins rapidement; un morceau de glace fond immédiatement dans le gaz acide chlorhydrique qu'il absorbe.

134. Hydrates. — Le gaz acide chlorhydrique ne se dissout pas sim-

Fig. 78. — Préparation industrielle de l'acide chlorhydrique.

plement dans l'eau à la manière du gaz ammoniac, il forme de véritables combinaisons. La dissolution saturée d'acide à — 20° donne un *hydrate cristallisé* HCl + 4HO très instable, contenant 50 pour 100 d'acide. La solution saturée à 0° a pour densité 1,21 ; elle contient 40 pour 100 d'acide. La solution saturée à la température ordinaire a pour densité 1,18, elle marque 22° Baumé. Ce liquide répand d'épaisses fumées au contact de l'air; il laisse peu à peu échapper à la température ordinaire une grande quantité de gaz HCl, résultant de la dissolution de l'hydrate HCl + 4HO. Il contient alors un hydrate HCl + 12HO. Sa densité est 1,12.

Cette dissolution, chauffée, abandonne une nouvelle quantité de gaz, et la température s'élève jusqu'à 110°. Le produit qui distille alors a pour formule HCl + 16HO. Sa densité est 1,10.

135. Propriétés chimiques. — Le gaz acide chlorhydrique est un acide énergique, fumant à l'air : il s'empare de la vapeur d'eau de l'atmosphère, et forme un hydrate dont la force élastique est moindre que celle de la vapeur d'eau. Aussi se précipite-t-il sous forme de brouillard.

Le gaz acide chlorhydrique se dissocie aux températures supérieures à 1400°. Une série d'étincelles le décompose en chlore et en hydrogène.

ACTION DES MÉTALLOÏDES ET DES MÉTAUX. — Presque tous les métalloïdes sont sans action sur l'acide chlorhydrique. Beaucoup de métaux, entre autres le fer, le zinc et l'étain, le décomposent à froid en donnant de l'hydrogène et un chlorure métallique :

$$Zn + HCl = H + ZnCl.$$
Zinc.   Ac. chlorhydrique.   Hydrogène.   Chlorure de zinc.

136. Composition. — On peut déterminer la composition de l'acide par synthèse. Après avoir rempli de chlore sec, à la manière ordinaire, un flacon dont le col est usé à l'émeri, on remplit d'hydrogène sec un ballon de même capacité et dont le col peut, en pénétrant dans celui du flacon, le boucher hermétiquement (fig. 79). Les deux vases étant réunis, on les abandonne quelque temps à la lumière diffuse ; la combinaison s'effectue lentement, et la teinte du chlore disparaît. On achève la combinaison par une exposition aux rayons solaires.

Si l'on ouvre alors les vases sur la cuve à mercure, on reconnaît que le volume n'a pas varié, et qu'il ne reste pas trace de chlore ni d'hydrogène, car le mercure n'est pas attaqué, et l'eau dissout le gaz sans résidu. On arrive donc encore à cette conclusion, que le chlore et l'hydrogène se combinent à volumes égaux, sans condensation. Comme

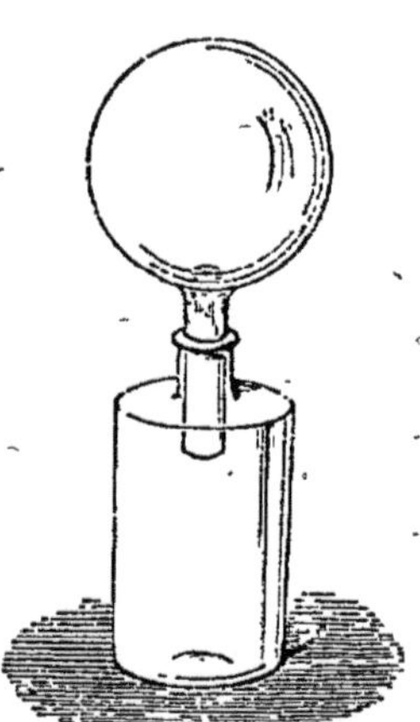

Fig. 79. — Synthèse de l'acide chlorhydrique.

d'ailleurs l'équivalent en volumes du chlore est 2 volumes, de même que celui de l'hydrogène, il en résulte que l'équivalent en volumes de l'acide chlorhydrique est 4 volumes.

137. Usages. — L'acide chlorhydrique est surtout employé pour préparer le chlore destiné à la fabrication du chlorure de chaux. Il sert, à l'état de dissolution, dans les laboratoires, pour préparer l'acide carbonique, l'acide sulfhydrique et l'hydrogène. Dans l'industrie, on l'emploie à la production des chlorures métalliques, et pour dissoudre la matière minérale des os (phosphate et carbonate de chaux) dans la préparation de la gélatine.

EAU RÉGALE

138. Propriétés. Composition. — C'est un mélange d'acide chlorhydrique et d'acide azotique. On l'appelle eau régale parce qu'elle sert à dissoudre l'or (*le roi des métaux*) et le platine, inattaquables par les acides séparés. On peut mettre en évidence cette propriété à l'aide de l'expérience suivante : Deux ballons contenant, outre une feuille d'or, l'un de l'acide azotique, l'autre de l'acide chlorhydrique, peuvent être chauffés sans que la feuille d'or soit attaquée ; mais si l'on vient à verser le contenu de l'un dans l'autre, de manière à mélanger les deux acides, on voit immédiatement l'or disparaître.

L'eau régale est jaune rougeâtre ; elle agit surtout par le chlore qui résulte de l'action de l'acide chlorhydrique sur l'acide azotique :

$$\text{AzO}^5,\text{HO} + \text{HCl} = \text{AzO}^4 + \text{Cl} + 2\text{HO}.$$

Ac. azotique.　Ac. chlorhydrique.　Ac. hypoazotique.　Chlore.　　Eau.

BROME (Br = 80 — 2 vol.). — IODE (Io = 127 — 2 vol.)

ODEUR DÉSAGRÉABLE — PROPRIÉTÉS ANALOGUES A CELLES DU CHLORE
ISOMORPHISME DES CHLORURES, BROMURES ET IODURES
EMPLOI EN PHOTOGRAPHIE

Le BROME a été découvert en 1826, dans les eaux mères des marais salants, par Balard, qui en a étudié les principales propriétés.

L'IODE avait été trouvé en 1811 par Courtois dans les eaux mères des soudes des varechs. Gay-Lussac en a fait connaître les propriétés en 1815.

139. État naturel. — Le brome et l'iode existent dans les eaux de la mer ; c'est là que le puisent les varechs et les éponges. On en extrait de grandes quantités des mines de Stassfurt, formées de couches épaisses de sels déposés par d'anciens marais salants desséchés. On rencontre constamment ensemble les chlorures, bromures et iodures.

140. Extraction. — 1° IODE. — On extrait d'ordinaire l'iode des eaux mères des cendres de varechs. Les eaux mères des cendres de varechs sont d'abord mises en ébullition avec de l'acide sulfurique pour transformer en sulfates tous les sulfures, sulfites et hyposulfites, en chassant l'acide sulfhydrique ou l'acide sulfureux. On étend ensuite la liqueur avec de l'eau, et on y fait passer un courant de chlore, que l'on arrête assez tôt pour ne précipiter que l'iode, en laissant le brome.

2° BROME. — Les eaux mères, dont on a précipité l'iode, contiennent des bromures ; on les évapore, et on chauffe le résidu avec du bioxyde de manganèse et de l'acide sulfurique. Le brome distille ; on le reçoit dans un récipient contenant de l'acide sulfurique, qui le surnage et le préserve de l'évaporation.

141. Propriétés physiques. — Le *brome* et l'*iode* ont une odeur désagréable et caractéristique. Le *brome* est un liquide rouge noirâtre, d'une densité égale à 2,97 à la température ordinaire. Il se solidifie à — 7° en une masse gris de plomb. Il bout à 63°. La densité de sa vapeur est 5,97.

L'*iode* est solide, gris d'acier, d'un éclat presque métallique ; sa densité est 5. Il fond à 107° et bout à 180° ; sa vapeur est d'une belle couleur violette. La densité de cette vapeur est 8,716 à 500°. Elle diminue aux températures élevées.

142. Propriétés chimiques.—Le *brome* et l'*iode* se comportent comme le chlore. Ils forment avec les métaux des bromures et des iodures *isomorphes* des chlorures[1]. Avec l'hydrogène, ils donnent des acides bromhydrique et iodhydrique, gazeux, incolores, très solubles dans l'eau, et qui, au contact de l'air, répandent d'abondantes fumées comme l'acide chlorhydrique.

L'affinité de ces corps pour l'*hydrogène* et les métaux est cependant moindre que celle du chlore : ainsi, le brome ne se combine directement avec l'hydrogène que sous l'influence de la chaleur, l'iode ne se combine directement avec l'hydrogène que sous une pression supérieure à l'atmosphère, ou en présence de la mousse de platine. — Le chlore déplace le brome des bromures et de l'acide bromhydrique. Le chlore et le brome déplacent l'iode des iodures et de l'acide iodhydrique.

Le brome et l'iode ne se combinent pas directement avec l'oxygène.

Le brome et l'iode sont, comme le chlore, très dangereux à respirer; ils désorganisent les muqueuses.

143. Réactifs de l'iode. — La propriété caractéristique de l'iode, est la coloration bleue que des traces de ce corps en dissolution dans l'eau développent à la température ordinaire, au contact de l'*empois d'amidon*.

Pour reconnaître la présence d'un iodure dans une liqueur, il suffit d'ajouter un peu d'empois d'amidon, puis quelques gouttes d'une dissolution de chlore. L'iode, mis en liberté, colore l'amidon en bleu.

Usages. — Le brome et l'iode sont employés dans les laboratoires. En photographie, on les utilise concurremment avec le chlore, parce que la lumière attaque les chlorure, bromure et iodure d'argent. L'iode est de plus employé en médecine. L'huile de foie de morue doit ses propriétés à l'iode qu'elle contient.

FLUOR (Fl = 19)

144. Le fluor a été isolé en 1886 par M. Moissan. On admettait depuis Ampère l'existence de cet élément, en se fondant sur ce que le *spath fluor* (minéral regardé comme étant le fluorure de calcium) donne, avec l'acide sulfurique, du sulfate de chaux et un gaz fumant à l'air comme les acides chlorhydrique, bromhydrique, iodhydrique, et formant avec les métaux des composés analogues aux chlorure, bromure et iodure correspondants.

M. Moissan l'a isolé en décomposant, à — 50°, par le courant d'une

1. ISOMORPHISME. — ANALOGIE DE COMPOSITION CHIMIQUE. — On appelle *corps isomorphes* des substances qui, susceptibles de présenter en cristallisant les mêmes formes principales, et les mêmes modifications symétriques secondaires, peuvent exister dans un même cristal *en proportion quelconque.*

Mitscherlich a montré que l'isomorphisme n'existe qu'entre des substances ayant *des constitutions chimiques semblables.* Cette observation est très importante, puisque de l'isomorphisme *de deux substances,* on peut conclure *l'analogie de leur constitution chimique.*

pile de 20 éléments Bunsen, *l'acide fluorhydrique anhydre* rendu
conducteur par du fluorhydrate de
fluorure de potassium. Le courant
arrive par une tige en platine iri-
dié A, dans un large tube en platine (fig. 80), fermé par 2 bouchons en spath fluor et soudé à
deux tubes à dégagement *a* et *b*.
Le fluor se dégage au pôle + par
le tube à dégagement *a*, tandis que
l'hydrogène se dégage au pôle —,
par le tube *b*. L'appareil est
plongé dans un bain C, de chlorure de méthyle refroidi à — 50°
par un courant d'air sec.

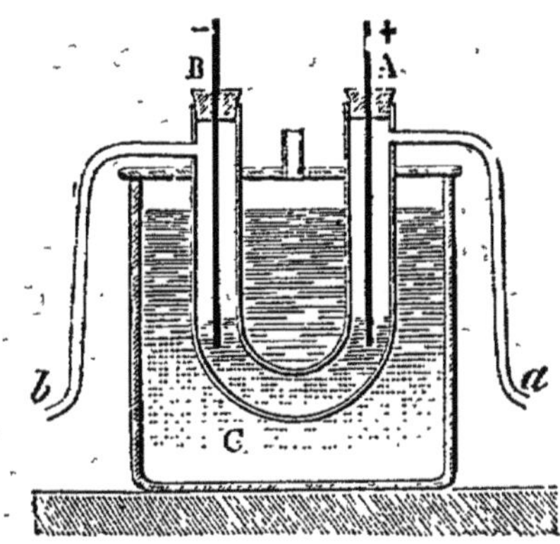

Fig. 80. — Préparation du fluor.

PROPRIÉTÉS. — Le fluor est un
gaz jaune très légèrement verdâtre. Sa densité est 1,265. Il se combine avec le *mercure* à froid, avec le *platine* à chaud. Il se combine
avec incandescence avec l'iode, le *soufre*, le *phosphore*, l'*arsenic*, le
carbone, le *silicium cristallisé*. Il détone avec l'*hydrogène*, même dans
l'obscurité. Il décompose l'eau en donnant de l'acide fluorhydrique et
de l'ozone. Il enflamme les *carbures d'hydrogène*, l'*alcool* et un grand
nombre de matières organiques.

ACIDE FLUORHYDRIQUE (HFl ⥵ 20 — 4 vol.)

ACTION SUR LA SILICE — GRAVURE SUR VERRE

145. Préparation. — On chauffe légèrement du fluorure de calcium
pulvérisé, et de l'acide sulfurique dans une cornue de plomb (fig. 81)
formée de trois parties : la
panse, le dôme muni d'un
col, et le récipient, espèce de
tube recourbé qui doit être
entouré de glace. La formule
suivante, qui représente la
réaction, montre l'analogie de
cette préparation et de celle
de l'acide chlorhydrique :

CaFl + SO³,HO = HFl

Fluorure   Ac. sulfuri-   Ac. fluor-

de   que.   hydri-

calcium.   que,

+ CaO,SO³.

Sulfate de chaux.

L'acide hydraté recueilli

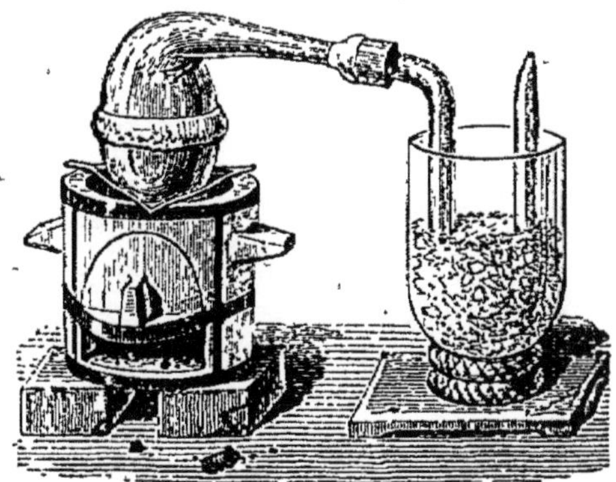

Fig. 81. — Préparation de l'acide fluorhydrique hydraté.

doit être conservé dans une bouteille en argent ou en gutta-percha.

ACIDE ANHYDRE. — L'acide anhydre s'obtient en décomposant par la chaleur, dans une cornue de platine, le *fluorhydrate de fluorure de potassium* cristallisé et sec (M. Frémy).

146 Propriétés physiques. — Anhydre, il est liquide. Sa densité est 0,987, il bout à 19°,4. Versé dans l'eau, il fait entendre un sifflement aigu. Hydraté et au maximum de concentration ($HFl + 4HO$), c'est un liquide incolore, fumant à l'air, d'une odeur très piquante, bouillant à 120°.

147. Propriétés chimiques. — Il attaque tous les métaux, sauf l'or, l'argent et le platine. Sa propriété la plus remarquable consiste dans son action sur la silice, avec laquelle il forme de l'eau et du fluorure de silicium :

$$2HFl + SiO^2 = SiFl^2 + 2HO.$$

Ac. fluorhydrique.   Silice.   Fluorure de silicium.   Eau.

148. Usages. — La propriété qu'a l'acide fluorhydrique d'attaquer la silice, est utilisée dans les laboratoires pour l'analyse des silicates

Elle est mise à profit dans les arts pour la gravure sur verre. Le verre est d'abord enduit d'une couche mince de vernis (formé en fondant ensemble 5 parties de cire et 1 partie d'essence de térébenthine). Quand le vernis est refroidi, on trace avec une pointe les traits que l'on veut reproduire, en ayant soin d'y mettre à nu la surface du verre. Pour faire agir alors la vapeur d'acide fluorhydrique, on met dans un vase plat, en plomb (fig. 82), du fluorure de calcium et de l'acide sulfurique concentré, et après avoir placé au-dessus la lame de verre, on chauffe doucement ; le gaz réagit et l'opération est terminée en quelques minutes. On enlève la lame, et on la chauffe pour fondre le vernis qu'on retire en frottant avec un linge. Les traits apparaissent alors opaques sur la lame transparente.

Au lieu d'exposer le verre aux vapeurs, on peut le recouvrir de fluorhydrate acide d'ammoniaque, ou de fluorure acide de sodium, ou d'acide

Fig. 82. — Gravure à l'acide fluorhydrique.

fluorhydrique étendu d'eau. Les traits sont opaques avec les fluorures, ils sont transparents avec l'acide fluorhydrique étendu.

C'est au moyen de l'acide fluorhydrique que l'on grave les divisions sur les tiges des thermomètres, et sur les burettes ou pipettes graduées.

CHAPITRE VI

SOUFRE — ACIDE SULFUREUX — ACIDE SULFURIQUE
ACIDE SULFHYDRIQUE

SOUFRE (S = 16 — 1 vol.)

ÉTAT NATUREL — EXTRACTION — RAFFINAGE — SOUFRE OCTAÉDRIQUE
SOUFRE PRISMATIQUE — SOUFRE AMORPHE
SOUFRE MOU — DENSITÉ DE VAPEUR — ANALOGIE AVEC L'OXYGÈNE

149. État naturel. — Le soufre est très répandu dans la nature; il existe à l'état natif dans les couches de gypse et de calcaire des terrains crétacé et tertiaire, comme en Sicile, ou dans le voisinage des anciens volcans (solfatares), soit pur et cristallin, soit mélangé de matières terreuses.

On le trouve en grande abondance à l'état de sulfures métalliques et de sulfates.

150 Extraction. Soufre brut. — Le soufre mélangé de matières terreuses est soumis sur place à une première opération, qui donne le *soufre brut.*

1° En Sicile, le mauvais état des routes et l'absence de bois ou de

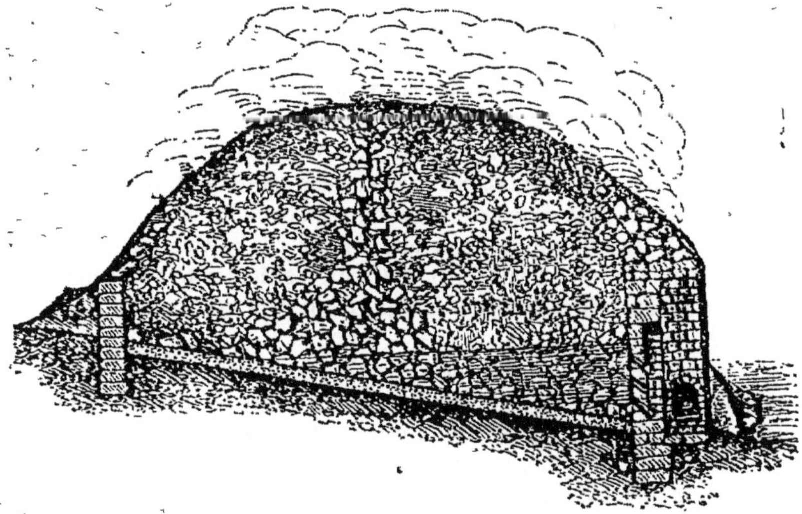

Fig. 83. — Extraction du soufre en Sicile.

charbon forcent à extraire le soufre par fusion, en formant avec le minerai de grands tas ou meules (*Calcaroni*, fig. 83), analogues aux meules de nos charbonniers. On introduit des herbes allumées par la cheminée centrale ; une partie du soufre, en brûlant, fournit la chaleur nécessaire pour déterminer la fusion et l'écoulement du reste du soufre.

2° Lorsqu'on a du bois ou du charbon, on extrait le soufre de son minerai par distillation dans des pots de terre A,A', rangés sur deux files dans un long fourneau de galère (fig. 84). Ces pots communiquent

Fig. 84. — Extraction du soufre par distillation.

par une tubulure latérale inclinée C,C', avec d'autres vases semblables B,B', placés à l'extérieur, et munis, à leur partie inférieure, d'un petit tube par lequel le soufre condensé et liquide coule dans des baquets pleins d'eau froide. Le soufre brut ainsi obtenu est loin d'être pur. Il contient encore quelquefois jusqu'à 10 pour 100 de matières terreuses.

151. Raffinage. — On raffine le soufre, à son arrivée en France, à l'aide de l'appareil suivant (fig. 85). Une cornue cylindrique horizontale en fonte A, exposée à la chaleur directe du foyer, reçoit le soufre fondu d'une chaudière supérieure C, chauffée par les gaz D qui se rendent dans la cheminée. C'est dans cette chaudière qu'on place le soufre brut. Dès qu'il fond, il coule par un tube latéral E dans la cornue inférieure, où il est bientôt porté à l'ébullition. Cette disposition évite l'inflammation qui se produirait si l'on était obligé d'ouvrir la cornue pour y renouveler le soufre.

La vapeur se rend dans une grande chambre en maçonnerie B, dont le sol légèrement incliné, vient aboutir à des ouvertures H qu'on peut déboucher à volonté. Une grande porte, percée dans une des parois latérales, et une cheminée munie d'une soupape, permettent de refroidir la chambre à un moment donné, en y faisant passer un courant d'air.

La vapeur, en arrivant dans la chambre close et froide, s'y condense en poussière fine, espèce de neige, qu'on appelle la *fleur de soufre*. On n'a que ce produit, si l'on arrête l'opération avant que les parois de la chambre se soient élevées à 115°, par suite de l'absorption de la chaleur

cédée par le soufre. Mais si l'on continue l'opération, le soufre ne se solidifie plus, il se réunit à l'état liquide sur le sol incliné. En ouvrant une rigole,
on le reçoit dans une chaudière extérieure. Ce soufre, coulé dans des

Fig. 85. — Raffinage du soufre.

moules coniques en sapin I légèrement humides, donne le *soufre en canon*.

On obtient encore du soufre en calcinant des pyrites (FeS^2) en vase
clos (fig. 172) :

$$3FeS^2 = 2S + Fe^3S^4.$$

Pyrite de fer.   Soufre   Sulfure salin.

152. Propriétés physiques. — Le soufre est un corps solide, d'une
couleur jaune citron, insipide et inodore ; il acquiert par le frottement
l'odeur particulière des corps électrisés.

Il est très mauvais conducteur de la chaleur et de l'électricité : la
chaleur seule de la main suffit pour produire dans le soufre une dilatation des parties superficielles, qui occasionne des ruptures intérieures
accompagnées de craquements. — Ces craquements deviennent bien
plus sensibles si l'on plonge brusquement le soufre dans de l'eau chaude.

La densité de ce corps est 2,07. Il est insoluble dans l'eau, peu soluble dans l'alcool et dans l'éther, très soluble dans la benzine, l'essence
de térébenthine et les huiles essentielles. Son meilleur dissolvant est
le sulfure de carbone.

Il fond entre 112°,2 et 117°,4. On peut le refroidir lentement jusqu'à

100° sans qu'il se solidifie (surfusion). Il entre en ébullition à 440°.

153. Divers états moléculaires du soufre solide. — Le soufre est

polymorphe[1]. Il peut cristalliser en octaèdres apparte- nant au système du prisme *droit* à base rhombe (*sys- tème orthorhombique*), on l'appelle alors soufre *octaé- drique* (fig. 86) ; ou en prismes *obliques* à base rhombe (*système clinorhombique*), c'est alors le soufre *prisma- tique* (fig. 87).

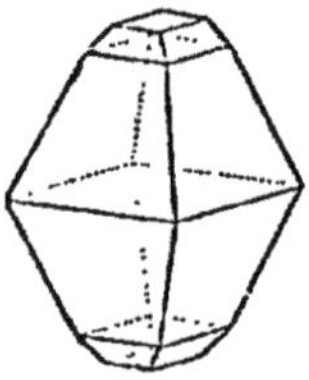

Fig. 86. — Soufre octaédrique.

CRISTALLISATION PAR ÉVAPORATION. — SOUFRE OCTAÉDRIQUE. — En abandonnant à l'évaporation spontanée une dis- solution de soufre dans le sulfure de carbone (fig. 88), on obtient des *octaèdres* jaunes, transparents, inaltérables à la tempéra- ture ordinaire, et identiques à ceux qu'on trouve dans la nature.

CRISTALLISATION PAR FUSION. — SOUFRE PRISMATIQUE. — On obtient le soufre *prismatique* en faisant cristalliser par refroidissement, vers 117°, le soufre fondu dans un creuset (fig. 89). Pour avoir des cristaux bien nets, il faut avoir la précaution de *décanter*, au moment où la surface libre commence à se solidifier, la partie du soufre restée encore liquide. Les

parois sont alors tapissées de longues aiguilles transparentes et légèrement flexibles.

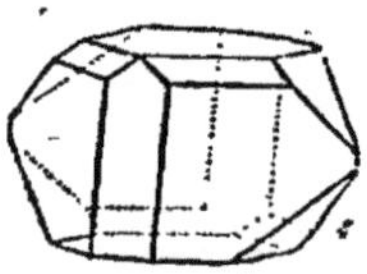

PASSAGE D'UNE FORME CRISTALLINE A L'AUTRE. — Aban- données à la température ordinaire, ces aiguilles s'altèrent peu à peu ; elles perdent de la chaleur, deviennent opaques et friables, leur densité a aug- menté, elle a passé de 1,97 à 2,07 ; ce ne sont plus

Fig. 87. — Soufre prismatique.

que des chapelets d'octaèdres. On peut rendre cette transformation très- rapide en humectant les aiguilles avec un peu de sulfure de carbone. Réciproquement les cristaux octaédriques, maintenus à une tempéra- ture un peu su- périeure à 98° et touchés avec une parcelle d'un cristal pris- matique, per- dent à leur tour leur transparen- ce, et se trans- forment en sou-

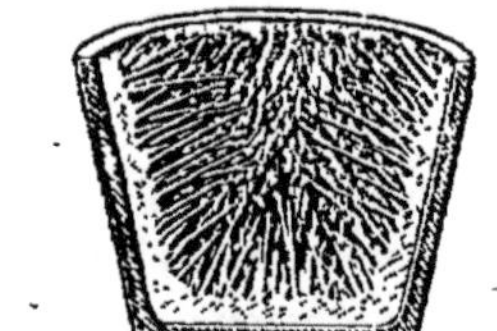

Fig. 88. — Cristallisation du soufre par évaporation lente de la dissolution dans le sul- fure de carbone.

Fig. 89. — Cristallisation du soufre par fusion et refroidis- sement lent.

fre prismatique, en absorbant de la chaleur. Ces deux formes cristallines du soufre n'ont donc de stabilité, l'une qu'au-dessus de 98°, l'autre qu'au- dessous de cette température (M. Gernez).

Le soufre prismatique a pour densité 1,97 et l'octaédrique 2,07. Le

1. On appelle *polymorphes* les corps qui, comme le soufre, le carbonate de chaux, etc., à *températures différentes*, cristallisent dans des systèmes différents.

soufre octaédrique fond vers 115°, le prismatique à 117°,4 (M. Gernez).

M. Gernez a obtenu le soufre sous une nouvelle forme *clinorhombique* à reflets nacrés repassant lentement à l'état de soufre octaédrique

M. Engel l'a obtenu en *rhomboèdres* de densité 2,135, se transformant lentement en souf.e *amorphe*.

SOUFRE AMORPHE. — Le soufre peut aussi se présenter *amorphe*, comme l'a reconnu Ch. Sainte-Claire Deville ; il est alors *insoluble* dans le sulfure de carbone. Il s'en produit chaque fois que le soufre est refroidi brusquement. Le soufre en canon et le soufre en fleur contiennent toujours une certaine quantité de ce soufre *amorphe*.

154. États moléculaires du soufre fondu. — Les propriétés du soufre à l'état liquide varient avec la température : à 120°, il est très fluide, transparent, d'un jaune clair. Si l'on continue à le chauffer, il se colore à partir d'environ 150°, en devenant brun et de plus en plus visqueux. Vers 200°, sa viscosité est telle qu'on peut retourner le vase qui le contient sans en renverser. Au-dessus de cette température, il redevient peu à peu fluide, tout

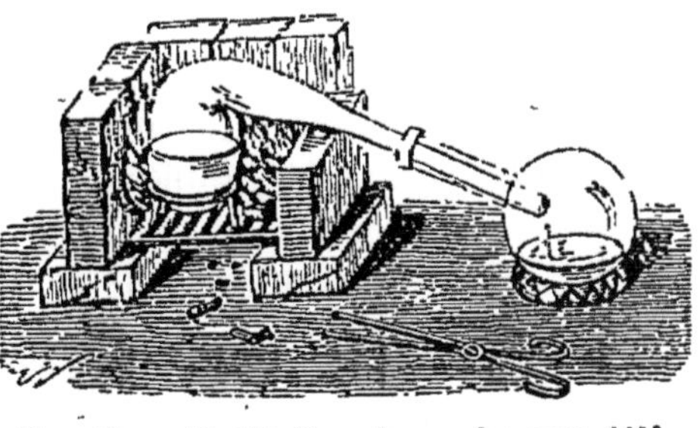

Fig. 90. — Distillation du soufre vers 440°.

en gardant sa coloration. Enfin, il entre en ébullition à 440° et distille (fig. 90) ; les vapeurs condensées dans un récipient froid reproduisent le soufre ordinaire.

SOUFRE MOU. — Refroidi lentement, le soufre repasse par les mêmes états de couleur et de fluidité ; si, au contraire, on coule dans l'eau froide du soufre à 250°, on obtient le *soufre mou*.

Le soufre ainsi trempé est élastique comme du caoutchouc, il redevient peu à peu dur et cassant, en repassant à l'état de soufre ordinaire. On rend cette transformation plus rapide en le chauffant à 100° ; il se dégage alors assez de chaleur pour porter la température de 100° à 110°.

Le soufre mou contient toujours un peu de soufre amorphe insoluble

155. Densité de vapeur. — Le soufre en vapeur présente encore des propriétés singulières : sa densité, prise à 500° par Dumas, est 6,654. Cette densité diminue quand la température s'élève ; elle est 2,93 à 665° (L. Troost) ; elle devient constante et égale à 2,2 au-dessus de 800° environ (H. Sainte-Claire Deville et L. Troost).

156. Propriétés chimiques. — Le soufre chauffé au contact de l'air devient phosphorescent vers 200° (M. Joubert) ; il s'enflamme vers 250°, en donnant de l'acide sulfureux, reconnaissable à son odeur vive et pénétrante. Il est donc combustible vis-à-vis de l'oxygène ; il l'est de même vis-à-vis du chlore, du brome et de l'iode.

157. Analogie du soufre avec l'oxygène. — Le soufre joue, au contraire, comme l'oxygène, le rôle de comburant vis-à-vis du phosphore, du carbone, de l'hydrogène et des métaux. En effet, le carbone brûle dans la vapeur de soufre en donnant de *l'acide sulfo-carbonique* (sulfure de carbone), CS^2, analogue à l'acide carbonique, CO^2.

Le fer et le cuivre brûlent avec chaleur et lumière dans la vapeur de soufre. Le fer divisé et humide se combine même à froid avec le soufre (volcan de Lémeri), comme avec l'oxygène.

158. Usages. — On consomme annuellement en France 26 millions de kilogrammes de soufre. Le soufre brut sert à fabriquer l'acide sulfurique pur, l'acide sulfureux et le sulfure de carbone. Le soufre raffiné entre dans la composition de la poudre ; on l'emploie encore pour préparer les allumettes, pour sceller le fer dans la pierre, pour prendre des empreintes de médailles et pour *soufrer les vignes* et détruire l'*oïdium*. On l'utilise en médecine, pour faire des pommades contre certaines maladies de la peau, et des pastilles contre les maladies de la gorge.

COMPOSÉS OXYGÉNÉS DU SOUFRE

159. Composition. — Les principaux composés oxygénés sont :

$$\text{L'acide sulfureux} \dots \dots \dots \dots \dots \dots SO^2$$
$$\text{L'acide sulfurique} \dots \dots \dots \dots \dots \dots SO^3$$

ACIDE SULFUREUX ($SO^2 = 32 - 2$ vol.)

PRÉPARATION — LIQUÉFACTION — FROID PRODUIT PAR L'ACIDE LIQUÉFIÉ
PROPRIÉTÉS RÉDUCTRICES
APPLICATIONS : BLANCHIMENT DE LA LAINE ET DE LA SOIE
FEUX DE CHEMINÉE — DESTRUCTION DES INSECTES, DES FERMENTS
DES GERMES DE MALADIES CONTAGIEUSES

Stahl a, le premier, indiqué les propriétés caractéristiques de ce gaz, connu, d'ailleurs, en même temps que le soufre. Sa composition a été déterminée par Lavoisier.

160. Préparation. — On prépare l'acide sulfureux, dans les laboratoires, en chauffant légèrement dans un ballon de verre (fig. 91) de l'acide *sulfurique* concentré et du *mercure*. Le mercure s'empare d'un tiers de l'oxygène de l'acide sulfurique décomposé, et donne de l'oxyde de mercure, qui s'unit à l'acide non décomposé.

$$Hg + 2(SO^3,HO) = SO^2 + HgO,SO^3 + 2HO.$$

$$\underset{\text{Mer-cure.}}{} \quad \underset{\text{Acide sulfurique.}}{} \quad \underset{\text{Acide sulfureux.}}{} \quad \underset{\text{Sulfate de mercure.}}{} \quad \underset{\text{Eau.}}{}$$

Ce gaz, soluble dans l'eau, ne peut être recueilli que sur le mercure.

On peut, dans la préparation, remplacer le mercure par de la tournure de cuivre; mais, dans ce cas, on doit enlever les charbons dès que

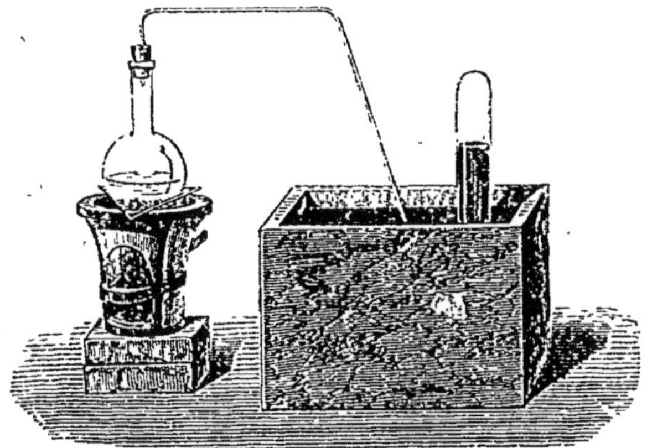

Fig. 91. — Préparation de l'acide sulfureux.

la réaction commence, sans quoi il se produit un boursouflement capable de faire passer la matière par le tube abducteur. La réaction est d'ailleurs semblable à la précédente :

$$Cu + 2(SO^3,HO) = SO^2 + CuO,SO^3 + 2HO.$$

Cuivre.   Acide   Acide   Sulfate   L'eau.
sulfurique. sulfureux. de cuivre.

Quand on veut obtenir l'acide en dissolution, on remplace économiquement le métal par du charbon, qui, réagissant sur l'acide sulfurique, donne de l'acide sulfureux et de l'acide carbonique :

$$2(SO^3,HO) + C = 2SO^2 + CO^2 + 2HO$$

Acide   Char-   Acide   Acide   Eau.
sulfurique. bon. sulfureux. carbonique.

Le mélange passe dans un flacon laveur B (fig. 92) contenant un peu d'eau, qui retient l'acide sulfurique entraîné, puis il se rend dans les flacons CD d'un appareil de Woulf; l'acide sulfureux, plus soluble, chasse l'acide carbonique.

PRÉPARATION INDUSTRIELLE. — Dans les applications au blanchiment de la laine et de la soie, de même que pour assainir les salles des hôpitaux où l'on a soigné des malades atteints de maladies contagieuses, ou pour désinfecter les couvertures, matelas, etc., ou encore pour éteindre des feux de cheminée, on prépare l'acide sulfureux par la *combustion du soufre au contact de l'air*; l'acide se trouve alors mêlé avec de l'azote et un excès d'air, ce qui n'a pas ici d'inconvénient.

On l'obtient, dans les usines à acide sulfurique, par le grillage des pyrites.

$$2FeS^2 + 11O = Fe^2O^3 + 4SO^2.$$

Pyrite.   Oxygène Sesquioxyde Acide
de fer. sulfureux.

161. Propriétés physiques. — C'est un gaz incolore, d'une odeur vive et pénétrante ; il provoque la toux. Sa densité est 2,254.

Il est soluble dans l'eau, qui en dissout 50 fois son volume à 0°, et

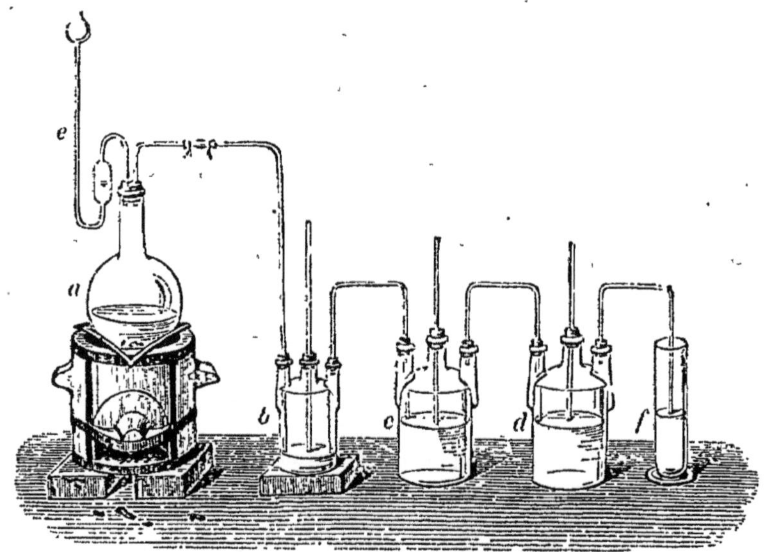

Fig. 92. — Préparation de l'acide sulfureux en dissolution.

50 fois son volume à la température ordinaire ; à 0°, il forme avec l'eau un hydrate $SO^2 + 9HO$ cristallisé, et décomposable à + 4°.

On le liquéfie facilement en le refroidissant. Il suffit de faire arriver

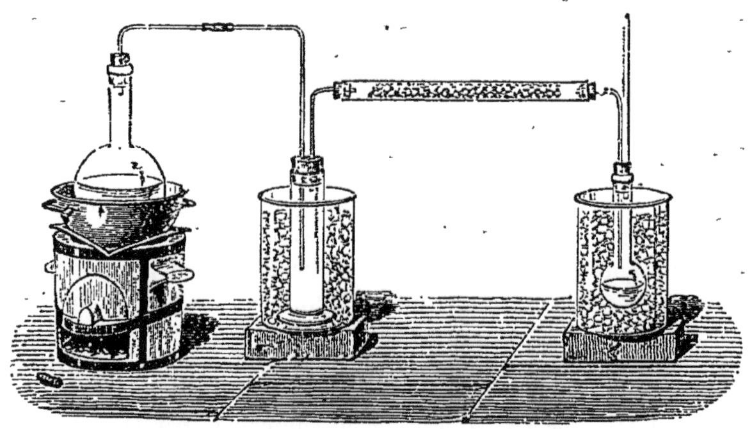

Fig. 93. — Liquéfaction de l'acide sulfureux.

le gaz, bien sec, dans un petit ballon (fig. 93), entouré d'un mélange de 2 parties de glace pour 1 partie de sel marin.

L'acide ainsi liquéfié est un liquide incolore, très fluide. Sa densité est 1,45. Il bout à —10°, et se solidifie à —75°. On peut l'employer pour produire de grands froids : quand il s'évapore sur la boule d'un thermomètre à alcool, il abaisse la température à —57°. Son évaporation dans le vide l'amène à —68°. Bussy a utilisé ce froid pour liquéfier le chlore, le cyanogène et l'ammoniaque. On arrive au même résultat, comme l'ont montré MM. Drion et Loir, en faisant passer un courant d'air très rapide dans l'acide sulfureux liquide, au milieu duquel plonge un tube de verre mince, où l'on fait arriver le gaz à liquéfier. — Quand on met du mercure dans ce tube mince (fig. 94), on le voit se solidifier au bout de quelques minutes.

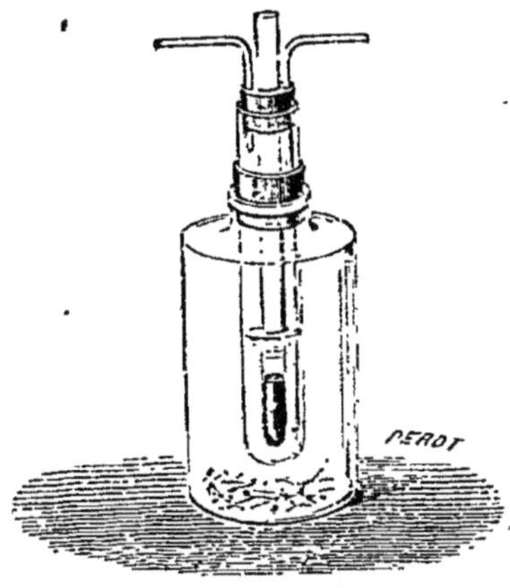

Fig. 94. — Solidification du mercure.

162. Propriétés chimiques. — L'acide sulfureux est indécomposable par la chaleur. Il rougit fortement la teinture de tournesol. Il éteint les corps en combustion. Il provoque la toux. La chaleur et l'électricité le décomposent en donnant du soufre et de l'acide sulfurique.

163. Action de l'oxygène. — L'oxygène sec n'a d'action, à aucune température, sur l'acide sulfureux sec dans les circonstances ordinaires; mais si l'on fait passer les deux gaz sur de l'éponge de platine légèrement chauffée, il se produit de l'acide sulfurique anhydre.

En présence de l'eau, les deux gaz se combinent peu à peu; aussi la dissolution d'acide sulfureux doit-elle être faite avec de l'eau privée d'air par ébullition, et conservée dans des flacons pleins et bien bouchés. Si l'eau est aérée, ou s'il y a de l'air au-dessus de la dissolution, il se forme de l'acide sulfurique ; l'existence de ce dernier acide se reconnaît au moyen d'un sel soluble de baryte, qui donne avec l'acide sulfurique un précipité blanc de sulfate de baryte *insoluble ;* il ne se serait rien produit dans le cas où la liqueur *étendue* n'aurait contenu que de l'acide sulfureux.

Cette action de l'acide sulfureux sur l'oxygène, en présence de l'eau, explique la présence de petites quantités d'acide sulfurique dans l'eau de pluie des villes où l'on brûle beaucoup de houilles pyriteuses. Elle constitue la propriété la plus importante de cet acide; c'est sur elle que sont fondées ses principales applications. Elle explique comment il peut non seulement s'emparer de l'oxygène libre, mais encore l'enlever à des combinaisons peu stables.

164. Action réductrice sur l'acide azotique. — Grâce à son affinité pour l'oxygène, l'acide sulfureux décompose l'acide azotique en donnant de l'acide sulfurique et de l'acide hypoazotique :

$$SO^2 + AzO^5,HO = SO^5,HO + AzO^4.$$
Ac. sulfureux. Ac. azotique. Ac. sulfurique. Ac hypoazotique.

Il suffit de verser quelques gouttes d'acide azotique dans une éprouvette renversée, et pleine de gaz acide sulfureux, pour voir apparaître les vapeurs rutilantes.

Si l'on avait fait réagir l'acide azotique sur une dissolution d'acide sulfureux, on aurait eu de l'acide sulfurique et du bioxyde d'azote, parce que l'eau décompose l'acide hypoazotique :

$$5SO^2 + AzO^5,nHO = AzO^2 + 5SO^5,nHO.$$
Ac. sulfureux. Ac. azotique. Bioxyde d'azote. Ac. sulfurique.

165 Action du chlore humide. — L'action du chlore humide se rattache à celle de l'oxygène ; en effet, quand on fait réagir le chlore sur l'acide sulfureux en présence de l'eau, celle-ci est décomposée par suite de l'action du chlore sur l'hydrogène, et de l'acide sulfureux sur l'oxygène ; il se forme de l'acide sulfurique et de l'acide chlorhydrique :

$$SO^2 + Cl + 2HO = HCl + SO^5,HO.$$
Ac. sulfureux. Chlore. Eau. Ac. chlorhydrique. Ac sulfurique.

Le brome et l'iode donnent des réactions analogues.

166. Action de l'hydrogène. — Bien que l'acide sulfureux soit un corps réducteur, il peut cependant être réduit à son tour par certains corps très avides d'oxygène : l'hydrogène, passant avec un courant d'acide sulfureux dans un tube de porcelaine chauffé au rouge, le décompose et donne de l'eau et du soufre :

$$SO^2 + 2H = 2HO + S.$$
Ac. sulfureux. Hydrogène. Eau. Soufre.

Si l'on introduit de l'acide sulfureux dans un appareil à hydrogène, le dégagement se ralentit un peu, puis le gaz qui se dégage entraine de l'acide sulfhydrique, comme on peut le reconnaitre en plongeant le tube abducteur dans une dissolution d'acétate de plomb. La réaction qui a produit cet acide est la suivante :

$$SO^2 + 5H = 2HO + HS.$$
Ac. sulfureux. Hydrogène. Eau. Ac sulfhydrique.

167. Action sur les matières colorantes. — Les propriétés réductrices de l'acide sulfureux lui permettent d'altérer beaucoup de matières colorantes en s'emparant de leur oxygène. Les violettes, les roses blanchissent dans l'acide sulfureux. La matière colorante n'est pas toujours détruite, elle peut reparaitre sous l'influence de l'oxygène de l'air, si l'action du gaz n'a pas été trop prolongée.

168. Composition de l'acide sulfureux. — On fait la synthèse de l'acide sulfureux en faisant brûler un fragment de soufre dans un bal-

Ion plein d'oxygène, et reposant sur la cuve à mercure. Il se forme de l'acide sulfureux, sans qu'il y ait changement dans le volume du gaz. On en conclut que l'acide sulfureux contient son volume d'oxygène.

> Si de la densité du gaz acide sulfureux. 2,234
> on retranche la densité de l'oxygène. 1,106
> il reste la demi-densité de vapeur de soufre . . , 1,128

Donc l'acide sulfureux contient 2 volumes d'oxygène et 1 volume de vapeur de soufre, condensés en 2 volumes.

169. Usages. — L'acide sulfureux est employé pour blanchir la laine et la soie. Les matières, préablement lavées, sont suspendues, encore humides, dans de grandes chambres, où l'on enflamme du soufre sur une large plaque de tôle : l'acide sulfureux se dissout dans l'eau qui humecte les filaments, et y détruit la matière colorante. L'exposition à l'air et un nouveau lavage font ensuite disparaître l'excès d'acide.

Les taches de fruits rouges sont également enlevées par l'acide sulfureux : il suffit de placer la tache humide au-dessus du sommet ouvert d'un cornet de papier sous lequel on brûle du soufre.

On éteint les feux de cheminée en y brûlant du soufre : l'acide sulfureux produit par cette combustion éteint la suie enflammée.

Les fumigations d'acide sulfureux détruisent les insectes en général, et en particulier l'*acarus* de la gale ; elles détruisent également les germes des maladies contagieuses ; de là leur emploi pour assainir les salles des hôpitaux et désinfecter les couvertures, matelas, etc., des malades.

Le froid produit par l'évaporation de l'acide sulfureux liquide, est utilisé pour fabriquer la glace.

En brûlant des mèches soufrées dans un tonneau, on prévient la fermentation du vin et des boissons alcooliques.

ACIDE SULFURIQUE ($SO^3 = 40 - 2$ vol.)

ACIDE SULFURIQUE ANHYDRE

ACIDE FUMANT — ACIDE SULFURIQUE ORDINAIRE

170. Préparation de l'acide anhydre. — On le prépare en chauffant légèrement de l'acide de Nordhausen dans une petite cornue de verre, dont le col pénètre dans un tube entouré d'un mélange réfrigérant (fig. 95). Il se dégage bientôt d'épaisses fumées blanches qui vont se condenser et cristalliser dans le tube refroidi. Pour conserver cet acide, il suffit de fermer le tube à la lampe.

Dans cette préparation, l'acide anhydre, qui bout à 35°, s'est séparé de l'acide hydraté, bouillant à 325°, dans lequel il était dissous.

On obtient encore de l'acide anhydre, ainsi que nous l'avons déjà dit, en faisant passer un mélange d'oxygène et d'acide sulfureux secs sur de la mousse de platine légèrement chauffée.

171. Propriétés. — C'est un corps solide, blanc, cristallisé en longues aiguilles soyeuses et brillantes comme de l'amiante. Il fond à 18° et se volatilise entre 50 et 35°. Sa densité à l'état solide est 1,97. La densité de sa vapeur est 2,76.

Il répand à l'air d'abondantes fumées qui résultent de la condensation de l'acide sulfurique hydraté, produit par la combinaison de l'acide anhydre avec la vapeur d'eau de l'atmosphère. L'acide anhydre, projeté dans l'eau, s'y dissout en faisant entendre un bruit analogue à celui d'un fer rouge plongé dans ce liquide.

Fig. 95. — Préparation de l'acide sulfurique anhydre.

172. Acide de Nordhausen. — Pour le préparer, on emploie les pyrites, qui, par oxydation au contact de l'air et de l'eau, donnent du sulfate de fer et de l'acide sulfureux :

$$Fe\overline{S}^2 + 6O = SO^2$$

Pyrite. Oxygène. Ac. sulfureux

$$+ FeO,SO^3,$$

Sulfate de fer.

Une partie de ce sulfate de fer cristallise ; celui qui reste dans les eaux mères s'est partiellement transformé en *sous-sulfate de sesquioxyde de fer* au contact de l'air. On évapore ces eaux à siccité, dans un courant d'air oxydant, de manière à transformer

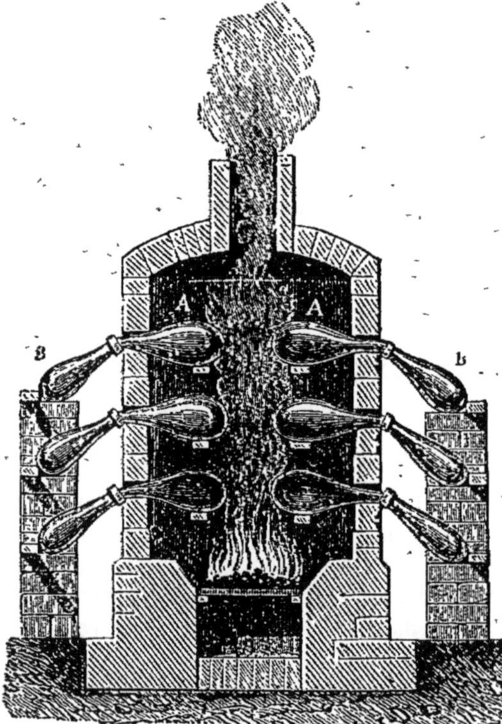

Fig. 96. — Préparation de l'acide sulfurique de Nordhausen.

tout le sulfate de protoxyde en sous-sulfate de sesquioxyde de fer

($Fe^2O^3,2SO^3$). Le produit de la calcination est en réalité formé de sous-sulfate de sesquioxyde, avec un peu de sulfate de protoxyde et d'eau restée dans les parties de la masse les moins fortement chauffées. Ce mélange est introduit dans de petites cornues de terre A que l'on dispose (*fig. 96*) sur trois rangs, dans un fourneau long (fourneau de galère). Ces cornues communiquent avec des récipients de même forme, placés à l'extérieur. Il se dégage d'abord un peu d'acide sulfureux provenant du sulfate de protoxyde de fer, qui n'avait pas été suroxydé à l'air :

$$2FeO,SO^3 = SO^2 + Fe^2O^3,SO^3.$$

Sulfate de pro-   Acide   Sous-sulfate de
toxyde de fer.   sulfureux   sesquioxyde de fer.

Il se dégage ensuite de l'acide sulfurique anhydre, mêlé d'acide sulfurique hydraté, dont l'eau provient des portions du sulfate qui n'ont pas été complètement déshydratées. Il reste dans les cornues du sesquioxyde de fer (*colcotar* ou *rouge d'Angleterre*).

Cet acide, appelé aussi *acide de Saxe*, est un liquide oléagineux, qui répand à l'air d'abondantes fumées. Il cristallise à la température ordinaire, et quand les cristaux ont été bien égouttés, ils ne fondent plus qu'à 35°. Leur formule est $HO,2SO^3$.

On l'utilise en teinture, parce qu'il dissout beaucoup plus d'indigo que l'acide ordinaire, et parce qu'il ne contient pas, comme ce dernier acide, des composés oxygénés de l'azote qui détruisent l'indigo.

ACIDE SULFURIQUE ORDINAIRE ($SO^3,HO = 49 — 4$ vol.)

HUILE DE VITRIOL — THÉORIE DE LA PRÉPARATION DANS LES CHAMBRES DE PLOMB — RÉDUCTION PAR L'HYDROGÈNE, LE CHARBON, LES MÉTAUX APPLICATIONS INDUSTRIELLES — SULFATES USUELS

173 Historique. — Il a été découvert au quinzième siècle par le moine Basile Valentin. Lavoisier démontra le premier qu'il est formé de soufre et d'oxygène. On lui a donné les noms d'*huile de vitriol* et d'acide *vitriolique*, qui rappellent son apparence et son origine, car on l'a retiré pendant longtemps du sulfate de fer (*vitriol vert*).

174 État naturel. — L'acide sulfurique se trouve à l'état libre dans les eaux au voisinage des volcans. Le Rio Vinagre, qui, en Amérique, descend de la chaîne des Andes, contient 1^{gr},547 d'acide sulfurique et 1^{gr},2117 d'acide chlorhydrique par litre.

Cet acide se trouve abondamment dans la nature à l'état de combinaison avec la chaux, la baryte, la magnésie, etc.

175. Théorie de la préparation industrielle. — La préparation de l'acide sulfurique repose sur l'oxydation de l'acide sulfureux par les composés oxygénés de l'azote, et sur les réactions qui se produisent entre les composés oxygénés de l'azote, l'air et la vapeur d'eau.

L'acide sulfureux, oxydé par l'acide azotique concentré, donne de l'acide sulfurique et de l'acide hypoazotique :

$$SO^2 + AzO^5,HO = SO^3,HO + AzO^4.$$
Ac. sulfureux.   Ac. azotique.   Ac. sulfurique. Ac. hypoazotique.

L'acide hypoazotique formé se convertit, sous l'influence de l'eau, en acide azotique et en acide azoteux :

$$2AzO^4 + 2HO = AzO^3,HO + AzO^5HO.$$
Ac. hypoazotique. L'eau.   Ac. azoteux.   Ac. azotique.

L'acide azoteux oxyde l'acide sulfureux et donne de l'acide sulfurique et du bioxyde d'azote :

$$AzO^3,HO + SO^2 = SO^3,HO + AzO^2.$$
Ac. azoteux.   L'eau. Ac. sulfurique. Bioxyde d'azote.

Enfin le bioxyde d'azote, s'emparant de l'oxygène de l'air, se transforme en acide hypoazotique :

$$AzO^2 + 2O = AzO^4.$$
Bioxyde d'azote. Oxygène Ac. hypoazotique

L'acide hypoazotique formé dans cette dernière réaction, se transformant en présence de l'eau en acide azoteux et acide azotique, les mêmes réactions se reproduisent.

Pour montrer, dans les laboratoires, que l'oxygène fixé sur l'acide

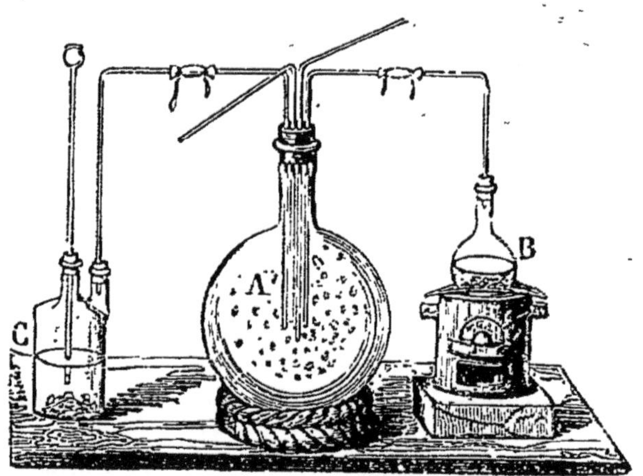

Fig. 97. — Réactions qui produisent l'acide sulfurique.

sulfureux peut être considéré comme emprunté à l'air, on se sert d'un grand ballon de verre (fig. 97) contenant de l'eau à sa partie inférieure, et fermé par un bouchon qui laisse passer quatre tubes, dont trois descendent jusqu'au milieu du ballon. L'un de ces tubes communique avec un appareil où se produit l'acide sulfureux, l'autre avec un flacon qui fournit du bioxyde d'azote. Des deux autres tubes, le plus long sert à insuffler l'air nécessaire aux réactions, l'autre laisse échapper les gaz chassés par l'insufflation.

Le bioxyde d'azote, arrivant dans le ballon, y donne des vapeurs rutilantes, qui disparaissent au contact de l'acide sulfureux et de l'eau *préalablement chauffée*. Si l'on insuffle de l'air, la coloration se reproduit pour disparaître bientôt. — On peut constater la formation de l'acide sulfurique en versant dans l'eau du ballon un sel soluble de baryte, qui donne un précipité blanc de sulfate de baryte.

Si l'on n'avait pas chauffé l'eau, les parois du ballon se seraient couvertes des cristaux, dits des chambres de plomb, ayant pour formule S^2AzO^9 et formés par la réaction :

$$2SO^2 + 2AzO^4 = AzO^3 + S^2AzO^9.$$

Ac. sulfureux.   Ac. hypoazotique.   Ac. azoteux.

Le contact de l'eau suffit pour les faire disparaître. Leur production dans l'industrie indique que l'opération marche mal; il faut donc l'éviter, car elle entraine la perte de produits nitrés.

176. Fabrication dans les chambres de plomb. — Dans l'industrie, le ballon de verre est remplacé par de grandes chambres, dont les parois sont formées de feuilles de plomb soudées entre elles. L'acide sulfureux provient, soit de la *combustion directe du soufre*, soit du *grillage des pyrites*. On fait arriver de l'acide *azotique*, de l'*air* et de la *vapeur d'eau*.

La figure 98 représente une coupe générale des appareils.

A, A sont deux fourneaux accouplés, dans lesquels du soufre brûle sur une large plaque de tôle. La chaleur dégagée est employée à chauffer l'eau des chaudières qui, par un système de tubes c, d, distribuent la vapeur dans les différentes parties de l'appareil. Le gaz acide sulfureux, entraînant de l'air, passe par de larges tuyaux B, B dans un *tambour* en plomb C où sont disposées des tablettes sur lesquelles coule de l'acide sulfurique chargé de produits nitreux, dont l'origine sera indiquée plus loin. Les réactions commencent immédiatement; elles se continuent dans la première chambre C, appelée le *dénitrificateur*, où passent, en sortant du tambour, l'acide sulfureux et les gaz nitrés, ainsi qu'un excès d'air. Cette chambre reçoit un jet de vapeur d'eau, qui facilite les réactions. Les gaz se rendent ensuite dans une deuxième chambre D, où ils se trouvent en présence d'une double cascade E d'acide azotique, tombant en nappe mince, et présentant par suite une grande surface de contact à l'acide sulfureux. L'acide sulfurique formé, après avoir dissous l'acide azotique non décomposé, et un peu de vapeur d'acide hypoazotique, se rend dans la première chambre C′, où les produits azotés qu'il contient sont repris par l'acide sulfureux, ce qui justifie le nom de *dénitrificateur* qu'on a donné à cette première chambre.

L'acide sulfureux, l'excès d'air et l'acide hypoazotique provenant de la

Fig. 93. — Fabrication industrielle de l'acide sulfurique (chambres de plomb).

décomposition de l'acide azotique se rendent ensemble dans la *grande chambre* H, H, qui reçoit plusieurs jets de vapeur d'eau. C'est dans cette chambre que les gaz mélangés réagissent de la manière la plus complète ; c'est là que se forme la plus grande partie de l'acide sulfurique. Les réactions se terminent dans une dernière chambre, destinée surtout à condenser les produits qui résultent des précédentes réactions. La condensation se complète dans un réfrigérant L. Quant aux vapeurs nitreuses qui échappent à cette condensation, on les arrête en faisant passer les gaz dans un dernier *tambour* ou *colonne de Gay-Lussac* R en plomb, rempli de coke, sur lequel tombent de minces filets d'acide sulfurique venant d'un réservoir supérieur O. Les gaz qui sortent de ce tambour sont formés d'azote, n'entraînant que de très petites quantités de produits nitrés ; ils s'échappent par une cheminée d'appel. Quant à l'acide chargé de produits nitrés, il descend, par un tube *b*, dans un réservoir *i*. Dès que ce réservoir est plein, on ferme le robinet *r*, et l'on ouvre le robinet *r'* : la vapeur, exerçant sa pression, force l'acide à monter dans le réservoir supérieur *g*, d'où il coule sur les tablettes du premier tambour.

L'acide qui sort des chambres marque environ 50° à l'aréomètre de Baumé. On le concentre dans des bassines de plomb, jusqu'à ce qu'il marque 60° à l'aréomètre. On ne peut aller plus loin, car le plomb serait attaqué trop vivement ; la concentration s'achève dans de grandes cornues de verre ou de platine, jusqu'à ce qu'il marque 66°. Sa densité est alors 1,842. C'est dans cet état qu'on le livre au commerce.

177. Emploi des pyrites. — Depuis quelques années, on remplace le soufre, dans la fabrication de l'acide sulfurique, par les *pyrites* qui, grillées dans des fours en présence d'un excès d'air, fournissent de l'acide sulfureux à très bas prix.

178. Tour de Glover. — Dans la plupart des usines, la concentration de 52° à 60° Baumé, de l'acide sortant des chambres, et la dénitrification de l'acide sulfurique nitreux venant de la colonne de Gay-Lussac, s'obtiennent en faisant couler ces acides à la partie supérieure d'une tour à parois en plomb, garnie intérieurement de briques très siliceuses (*Tour de Glover*, fig. 99). L'acide sulfureux des fours à pyrite arrive très chaud par la partie inférieure de la tour, et, circulant en sens contraire de l'acide sulfurique, s'empare peu à peu d'une partie de l'*eau* de cet acide et des *produits nitreux* qu'il contenait. Il arrive ainsi, chargé de vapeur d'eau et de produits nitreux, à la partie supérieure de la tour, d'où il passe dans la première chambre de plomb, pendant que l'acide sulfurique arrivé à la base de la tour marque 60° Baumé.

179. Purification. — L'acide sulfurique du commerce contient des matières étrangères, dont le poids peut s'élever jusqu'à 2 ou 3 pour 100 de celui de l'acide. Ce sont principalement du *sulfate de plomb*, provenant de l'attaque des bassins d'évaporation, et des *produits azotés*.

On manifeste la présence du *plomb* en faisant passer un courant d'acide sulfhydrique dans l'acide étendu de son poids d'eau. Il se forme alors un sulfure de plomb noir.

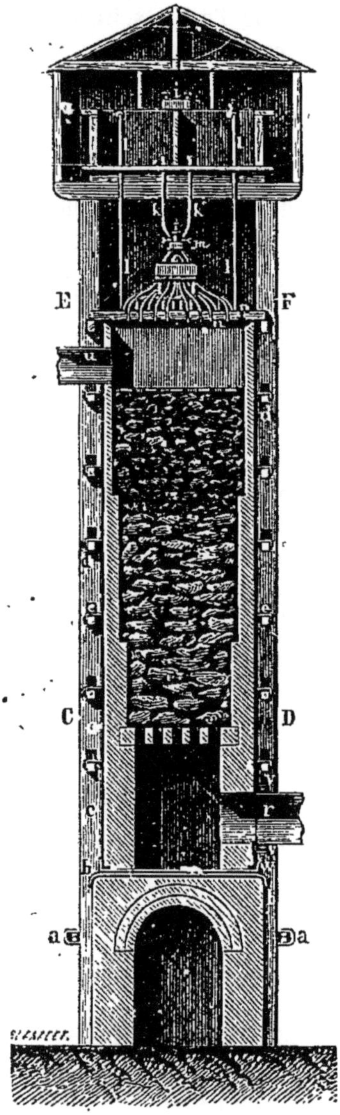

Les *produits azotés* se reconnaissent à la coloration qu'ils donnent au sulfate de fer. Cette coloration, due à l'absorption du bioxyde d'azote, est rose s'il y a seulement des traces de produits nitrés, elle devient brune si les produits sont en plus grande quantité.

Lorsque l'acide sulfureux employé provient du grillage des pyrites, qui sont arsenicales, il se forme un peu d'acide *arsénieux* qui, oxydé par l'acide azotique, passe à l'état d'acide *arsénique*.

La présence de ce composé dans l'acide sulfurique, se reconnaît à l'aide de l'appareil de Marsh (**217**). On l'élimine en faisant passer dans l'acide, étendu de son poids d'eau, un courant d'acide sulfhydrique et abandonnant au repos pendant vingt-quatre heures, le flacon bien fermé : le sulfure d'arsenic se précipite alors avec le sulfure de plomb.

180. Propriétés physiques. — L'acide sulfurique ordinaire est un liquide incolore, inodore, d'une consistance oléagineuse. Sa densité est 1,84 à la température ordinaire.

Il se congèle vers —34° en beaux cristaux incolores; il bout à 325°.

Pour le distiller, on le place dans une cornue de verre *c* communiquant avec un ballon *b* refroidi. Cette distillation exige quelques précautions; car, à cause de la viscosité du liquide et de son adhérence pour le verre, les bulles de vapeur ne prennent naissance que lorsque leur force élastique est de beaucoup supérieure à la pression atmosphérique.

Fig. 99. — Tour de Clover.

Une fois formées, ces bulles se gonflent rapidement et projettent violemment le liquide qu'elles traversent, de sorte que celui-ci, en retombant, produit un choc capable de briser la cornue. On évite ces soubresauts à l'aide de quelques fils de platine qui laissent dégager de petites bulles de vapeur sur toute la surface, et produisent une ébullition plus régulière. On réussit encore mieux en chauffant la cornue latéralement à l'aide d'une grille annulaire g (*fig. 100*). Un dôme en tôle d recouvrant la panse

Fig. 100. — Distillation de l'acide sulfurique.

de la cornue, empêche les vapeurs de se condenser avant leur arrivée dans le col de la cornue.

181. Propriétés chimiques. — C'est un acide très énergique. Étendu de mille fois son poids d'eau, il rougit encore la teinture de tournesol. Il est décomposé au rouge en oxygène, acide sulfureux et eau.

ACTION DE L'HYDROGÈNE, DU CARBONE, DU SOUFRE ET DU PHOSPHORE. — L'*hydrogène*, et tous les corps très avides d'oxygène, décomposent l'acide sulfurique à une température plus ou moins élevée.

HYDROGÈNE. — Si l'on fait passer des vapeurs d'acide avec de l'hydrogène dans un tube en porcelaine *chauffé au rouge*, il se produit de l'eau et de l'acide sulfureux, ou du soufre, suivant la quantité d'hydrogène. Quand l'acide est en excès, on a :

$$SO^3,HO + H = 2HO + SO^2.$$
Ac. sulfurique. Hydrogène. Eau. Ac. sulfureux.

Si c'est l'hydrogène qui domine :

$$SO^3,HO + 3H = 4HO + S.$$
Ac. sulfurique. Hydrogène. L'au Soufre.

Enfin, si la température est inférieure à celle où l'acide sulfhydrique se décompose, on a :

$$SO^3,HO + 4H = 4HO + HS.$$
Ac sulfurique Hydrogène. Eau. Ac. sulfhydrique.

CARBONE. — A la température d'environ 300°, le *carbone* donne avec l'acide sulfurique de l'acide sulfureux et de l'acide carbonique.

$$2SO^3,HO + C = 2SO^2 + CO^2 + 2HO.$$
Ac. sulfurique   Charbon. Ac. sulfureux. Ac. carbonique.   Eau.

On utilise cette réaction pour préparer la dissolution d'acide sulfureux (160).

ACTION DES MÉTAUX. — L'or et le platine sont sans action sur l'acide sulfurique.

L'argent, le mercure, le cuivre donnent avec l'acide sulfurique concentré de l'acide sulfureux (160) et un oxyde qui s'unit à la portion d'acide non décomposée.

$$Cu + 2(SO^3,HO) = SO^2 + CuO,SO^3 + 2HO.$$

Cuivre.   Ac. sulfurique. Ac. sulfureux Sulfate de cuivre.   Eau.

Ces métaux n'ont pas d'action sur l'acide étendu.

Le *fer*, le *zinc* et les métaux qui décomposent l'eau à froid donnent, avec l'acide étendu, un dégagement d'hydrogène. Quand l'acide est concentré, il se produit une élévation de température, et l'hydrogène, au lieu de se dégager, réagit sur l'acide sulfurique, et donne du soufre ou de l'acide sulfhydrique.

182. Action de l'eau. — L'eau a une grande affinité pour l'acide sulfurique. Quand on mêle ces deux liquides, il se produit une élévation de température qui peut dépasser 100°. Il faut verser l'acide lentement dans l'eau, et agiter constamment, pour éviter toute projection. En versant l'eau dans l'acide, on déterminerait de véritables explosions.

Au contact de l'acide sulfurique, la glace fond rapidement. Il y a, dans ce cas, à la fois un dégagement de chaleur dû à la combinaison, et une absorption de chaleur résultant de la fusion de la glace. Suivant que l'un ou l'autre de ces deux effets l'emporte, il y a élévation ou abaissement de température ; ainsi, 1 kilogramme de glace et 4 kilogrammes d'acide élèvent la température à 100° ; on obtient, au contraire, un froid de — 20° en mêlant 4 parties de glace avec 1 partie d'acide.

C'est par suite de son affinité pour l'eau, que l'acide sulfurique carbonise le bois, détruit les tissus organiques et produit, lorsqu'il arrive dans l'estomac, une altération trop rapide pour qu'on puisse la combattre.

183. Usages. — L'acide sulfurique a de nombreux usages. On en consomme annuellement en France environ 70 millions de kilogrammes. Il sert à fabriquer le *sulfate de soude* et, partant, la soude artificielle des savonniers, verriers, etc., le *sulfate de cuivre* et les *aluns*. On l'emploie pour préparer les acides *azotique* et *chlorhydrique*, pour fabriquer les bougies stéariques, le sucre de fécule ; pour dissoudre l'indigo, pour affiner l'or et l'argent, etc., etc.

184. Sulfates usuels. — Les sulfates usuels les plus importants sont 1° le *sulfate de chaux*, qui constitue le *plâtre* ; 2° le *sulfate de magnésie*, employé comme purgatif ; 3° l'*alun* ou sulfate double d'alumine et de potasse ; 4° le *sulfate de fer* et le *sulfate de cuivre*, employés en teinture.

ACIDE SULFHYDRIQUE (HS = 17 — 2 vol.)

ÉTAT NATUREL — PRÉPARATION — ODEUR — LIQUÉFACTION — ACTION DE L'OXYGÈNE — DÉCOMPOSITION PAR LE CHLORE — ACTION PHYSIOLOGIQUE — EAUX SULFUREUSES

L'acide sulfhydrique a été étudié par Rouelle en 1773 ; Scheele en détermina la nature et la composition. On l'appelle aussi *hydrogène sulfuré* et quelquefois acide *hydrosulfurique.*

185. État naturel. — Ce gaz se trouve dans les eaux minérales sulfureuses, soit à l'état libre, comme à *Aix* en Savoie, à *Allevard* et à *Uriage* en Dauphiné ; soit à l'état de sulfure et de sulfhydrate alcalin. comme à *Cauterets,* aux *Eaux-Bonnes,* à *Barèges,* etc. L'argent ne noircit que très lentement au contact de ces dernières ; il noircit rapidement au contact des premières.

Il s'en produit toutes les fois que des eaux chargées de sulfates se trouvent au contact de matières organiques ; les sulfates sont réduits à l'état de sulfure, d'où l'acide carbonique chasse l'acide sulfhydrique ; c'est ce qu'on observe dans la boue des rues, où le sulfate de chaux est réduit par les matières organiques contenues dans les eaux ménagères.

Les matières organiques qui contiennent du soufre donnent facilement de l'acide sulfhydrique : tels sont les œufs, les matières fécales.

Le dégagement de ce gaz, asphyxiant les vidangeurs, constitue ce qu'ils appellent le *plomb.* On détruit cet acide par l'action du chlore, employé soit à l'état gazeux, soit à l'état de chlorure de chaux.

On peut encore utiliser pour cet usage le sulfate neutre de fer, qui décompose le sulfhydrate d'ammoniaque contenu dans les fosses d'aisances. Le sulfate de zinc et le chlorure de zinc agissent de même et plus efficacement.

186. Préparation. — 1° On prépare l'acide sulfhydrique en faisant réagir l'acide sulfurique étendu d'eau, sur du sulfure de fer artificiel. L'appareil employé est

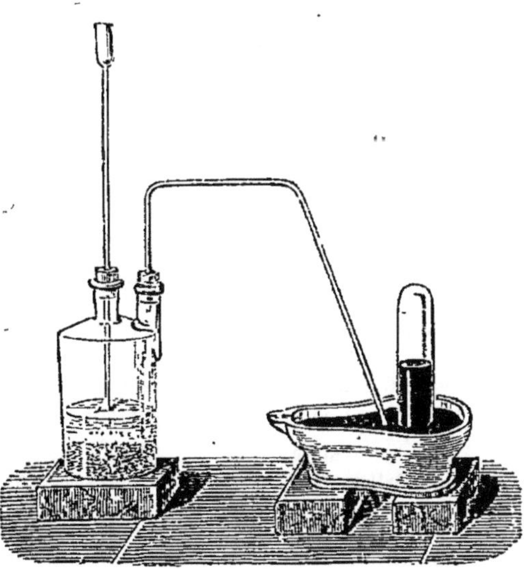

Fig. 101. — Préparation de l'acide sulfhydrique par le sulfure de fer.

analogue à celui qui sert à la préparation de l'hydrogène (fig. 101). Aprè

avoir mis le sulfure en fragments dans le flacon rempli aux deux tiers
d'eau, on verse peu à peu l'acide sulfurique. Le gaz se dégage et peut
être recueilli sur le mercure :

$$FeS + SO^3,HO = HS + FeO,SO^3.$$

Sulfure de fer.   Ac. sulfurique.   Acide sulfhydrique.   Sulfate de fer.

Comme le sulfure de fer a été préparé en projetant du soufre avec du fer
dans un creuset porté au rouge, il n'est jamais exempt de fer métallique,
aussi y a-t-il toujours un peu d'hydrogène libre mêlé à l'acide sulfhydrique.

2° On obtient le gaz parfaitement pur en chauffant, dans un ballon, du

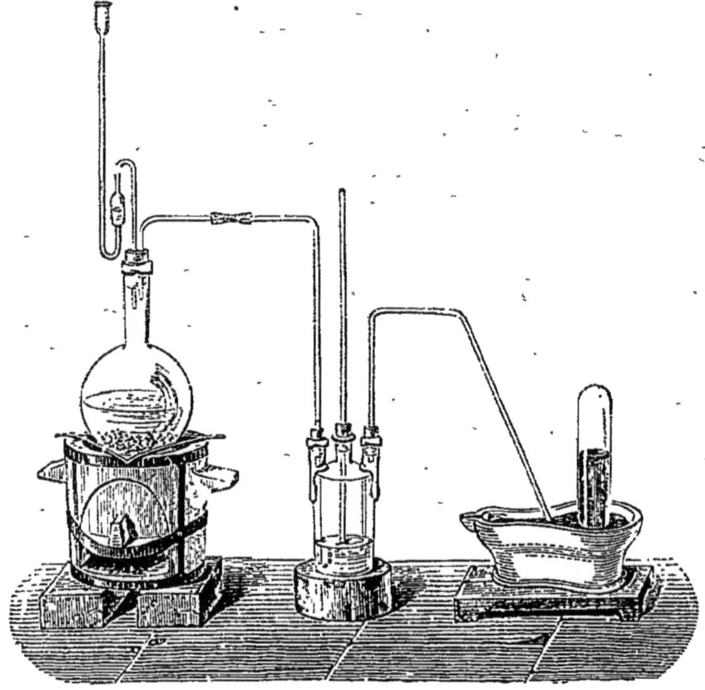

Fig. 102. — Préparation de l'acide sulfhydrique par le sulfure d'antimoine.

sulfure d'antimoine naturel avec de l'acide chlorhydrique concentré (fig.
102). Il se produit alors du chlorure d'antimoine et de l'acide sulfhydrique.

$$SbS^3 + 3HCl = SbCl^3 + 3HS.$$

Sulfure d'antimoine.   Ac. chlorhydrique.   Chlorure d'antimoine.   Ac. sulfhydrique.

Comme le gaz peut entraîner un peu d'acide chlorhydrique, il est nécessaire de le faire passer dans un flacon laveur contenant un peu d'eau
ou une dissolution d'un sulfure alcalin.

187. Propriétés physiques. — C'est un gaz incolore, d'une odeur
fétide rappelant celle des œufs pourris. Sa densité est 1,1912; par suite,
un litre de ce gaz pèse $1,1912 \times 1,293 = 1^{gr},650$

L'eau en dissout environ 5 fois son volume à la température ordinaire; l'alcool en dissout 5 à 6 volumes.

On peut le liquéfier par une pression de 16 atmosphères à 0°. Il suffit, pour cela, de mettre dans un tube en verre vert, qu'on ferme ensuite à la lampe, du *bisulfure d'hydrogène* HS^2. Ce corps se décompose spontanément en soufre et acide sulfhydrique. Le gaz qui se dégage acquiert une tension de plus en plus grande. Bientôt la liquéfaction se produit en même temps qu'il se forme des cristaux octaédriques de soufre. L'acide liquéfié se solidifie à —80° en cristaux transparents et incolores.

188. Propriétés chimiques. — C'est un acide faible qui fait passer le tournesol au rouge vineux. L'acide sulfhydrique est décomposé par la chaleur rouge en soufre et hydrogène.

189. Action de l'oxygène ou de l'air. — 1° L'acide sulfhydrique s'enflamme au contact de l'air et d'une bougie allumée (fig. 103); il se forme de l'eau et de l'acide sulfureux.

$$HS + 5O = SO^2 + HO.$$
Ac. sulfhydrique. Oxygène. Ac. sulfureux Eau

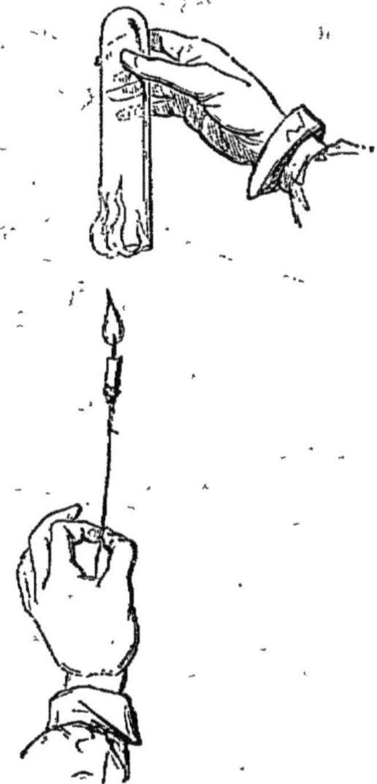

Fig. 103. — Combustion de l'acide sulfhydrique.

Si l'acide est contenu dans une éprouvette étroite, et qu'on enflamme le gaz à l'ouverture, il se forme un dépôt de soufre sur les parois, parce que l'oxygène n'arrive pas en quantité suffisante. Ce dépôt ne se forme pas, quand on mélange 2 volumes d'acide avec 5 volumes d'oxygène.

2° L'*oxygène* et l'*acide sulfhydrique* secs n'ont aucune action l'un sur l'autre à la température ordinaire; mais il n'en est pas de même en présence de l'eau. On obtient alors de l'eau et un dépôt de soufre :

$$HS + O = HO + S.$$
Ac. sulfhydrique. Oxygène.   Eau.   Soufre.

La dissolution de l'acide sulfhydrique dans l'eau bouillie doit donc être faite et conservée dans des flacons pleins et à l'abri de l'air.

3° En présence des corps poreux, l'oxydation est plus complète, le soufre se transforme en acide sulfurique :

$$HS + 4O = HO,SO^3.$$
Ac. sulfhydrique Oxygène.   Ac. sulfurique

Dumas a montré que, dans les établissements d'eaux sulfureuses, c'est a cette réaction qu'est due l'altération rapide des toiles qui séparent les diverses chambres de bains.

Le *chlore*, le *brome*, l'*iode* décomposent l'acide sulfhydrique en donnant un acide avec un dépôt de soufre :

$$HS + Cl = HCl + S.$$
Ac. sul hydrique. Chlore. Ac. chlorhydrique. Soufre.

Le *mercure*, le *cuivre*, le *plomb*, l'*étain* décomposent l'acide sulfhydrique et mettent l'hydrogène en liberté.

L'acide *sulfureux* n'a pas d'action sur l'acide sulfhydrique, quand les deux gaz sont secs; mais quand ils sont humides, ils se décomposent et donnent de l'eau, du soufre et un acide appelé *acide pentathionique*.

$$5HS + 5SO^2 = 5S + S^5O^5,5HO.$$
Ac. sulfhydrique. Ac. sulfureux. Soufre.   Ac. pentathionique

On utilise cette réaction pour se débarrasser de l'acide sulfhydrique dans certaines usines où il se produit en abondance. A cet effet, on grille des pyrites qui donnent de l'acide sulfureux, et l'on fait réagir ce gaz en présence de l'eau chaude sur l'acide sulfhydrique.

L'acide sulfhydrique décompose lentement l'acide sulfurique en soufre, acide sulfureux et eau.

$$SO^3,HO + HS = SO^2 + S + 2HO.$$
Ac. sulfurique. Ac. sulfhydrique. Ac. sulfureux. Soufre.   Eau.

190. Action physiologique. — Ce gaz est un poison violent. Mélangé à l'air dans la proportion de $\frac{1}{1500}$, il tue un oiseau; dans la proportion de $\frac{1}{800}$, il asphyxie un chien de forte taille; $\frac{1}{250}$ suffit pour donner la mort à un cheval.

191. Composition. — Dans une cloche courbe (fig. 104) contenant un volume déterminé de gaz acide sulfhydrique sur le mercure, on fait passer un morceau d'étain que l'on chauffe pendant 20 minutes. L'acide est décomposé, le soufre se combine avec l'étain, et l'hydrogène est mis en liberté. On constate alors que le volume du gaz n'a pas changé. Il est facile d'en déduire la composition de l'acide :

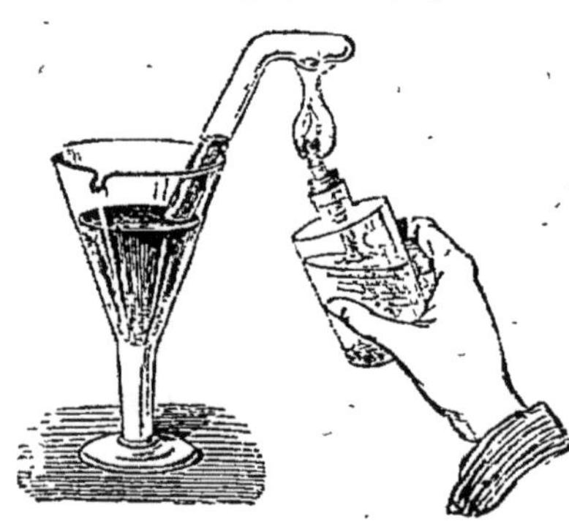

Fig. 104. — Analyse de l'acide sulfhydrique.

Si de la densité de l'acide.. 1,1912
on retranche celle de l'hydrogène. 0,0092

il reste la demi-densité de vapeur du soufre . . . 1,1220

Donc 2 volumes d'acide sulfhydrique sont formés de 2 volumes d'hydrogène et de 1 volume de vapeur de soufre. On en conclut que sa formule est HS. Cette composition rappelle celle de l'eau qui a beaucoup d'analogie avec cet acide.

192. Usages. — L'acide sulfhydrique est employé dans les laboratoires pour l'analyse des dissolutions métalliques. Certaines eaux minérales, (177) lui doivent leurs propriétés thérapeutiques.

SÉLÉNIUM (Se = 64,5 — 1 vol.) — TELLURE (Te = 40 — 1 vol.)

ANALOGIES AVEC LE SOUFRE

193. Propriétés. — Le *sélénium* et le *tellure* sont tous deux solides; mais tandis que le premier conduit faiblement la chaleur, à l'état amorphe, et ressemble aux métalloïdes, comme le soufre; le second est bon conducteur de la chaleur et doué de l'éclat métallique.

Le sélénium est brun-noir quand on le prend en masse, il est rouge quand on l'obtient à l'état pulvérulent par précipité chimique (fleur de sélénium analogue à la fleur du soufre).

Le tellure est d'un blanc grisâtre presque aussi brillant que l'argent.

La densité du sélénium *amorphe* est 4,26. Chauffé à 97° il perd de la chaleur, sa densité devient 4,77; il est *cristallin* et conduit mieux la chaleur.

La densité du tellure est 6,26.

Le sélénium fond à 217° et bout à 665°.

Le tellure fond vers 400° et entre en ébullition au rouge.

La densité de vapeur de ces deux corps a été déterminée par H. Sainte-Claire Deville et L. Troost à la température de 1400°; elle est égale à 5,7 pour le sélénium et à 9 pour le tellure.

Chauffés au contact de l'air, le sélénium et le tellure brûlent avec une flamme bleue en donnant de l'acide *sélénieux* SeO^2, ou de l'acide *tellureux* TeO^2.

L'acide nitrique et l'eau régale donnent également ces mêmes acides. L'affinité du sélénium et du tellure pour l'oxygène est donc moindre que celle du soufre, car ce dernier, avec l'acide nitrique ou l'eau régale, donne de l'acide *sulfurique*.

Les acides *sélénique* et *tellurique* ne prennent naissance que lorsque l'oxydation a lieu en présence d'une base énergique. C'est ce qu'on réalise en chauffant ces corps avec de l'azotate de potasse. Les *séléniates* et les *tellurates* sont isomorphes avec les *sulfates*.

Le sélénium et le tellure forment avec l'hydrogène des acides *sélénhydrique* HSe, et *tellurhydrique* HTe, d'une odeur nauséabonde, et qui sont encore plus délétères que l'acide sulfhydrique.

CHAPITRE VII

PHOSPHORE ET SES COMPOSÉS — ARSENIC

PHOSPHORE (Ph = 31 — 1 vol.)

EXTRACTION DU PHOSPHORE DES OS — PHOSPHORESCENCE
PHOSPHORE ORDINAIRE — PHOSPHORE ROUGE — APPLICATIONS AUX ALLUMETTES

194. Historique. — Le phosphore a été découvert en 1669 par Brand, alchimiste de Hambourg, qui le retira de l'urine. Son procédé, tenu secret, fut retrouvé en 1674 par Kunckel, puis publié en France. En 1769, Gahn constata la présence de l'acide phosphorique dans les os, et Scheele imagina le procédé que l'on suit aujourd'hui pour retirer le phosphore.

195. État naturel. — Le phosphore existe dans la nature, principalement à l'état de *phosphate de chaux*, que l'agriculture utilise, et à l'état de *phosphate de fer*, de *plomb* ou de *magnésie*. On en trouve dans les os, dans le cerveau, dans l'urine, etc.

196. Préparation. — On prend des os de bœuf ou de mouton, que l'on a préalablement calcinés pour détruire la matière organique; ils sont formés d'environ 80^p de phosphate de chaux, 17^p de carbonate de chaux et 3^p de silice et d'alumine. Ces os pulvérisés sont traités à froid par leur poids d'acide sulfurique concentré, additionné de 5 fois son poids d'eau. Au bout de 24 heures, tout le carbonate a été décomposé, et le phosphate tribasique de chaux est devenu phosphate acide en vertu de la réaction suivante :

$$3CaO,PhO^5 + 2SO^3,HO = CaO,2HO,PhO^5 + 2CaO,SO^3.$$

| Phosphate tri-basique de chaux. | Acide sulfurique. | Phosphate acide de chaux. | Sulfate de chaux. |

Le sulfate se sépare par filtration. On mêle le phosphate acide, concentré à consistance sirupeuse, avec 1/5 de son poids de charbon, et l'on chauffe le mélange jusqu'au rouge sombre. Il se dégage pendant cette opération de l'eau, et de l'acide sulfureux, provenant de l'action du charbon sur l'acide sulfurique en excès. La masse sèche est alors placée dans une cornue en grès qu'on chauffe au rouge-vif (fig. 105). Il se dégage de la vapeur d'eau, puis de l'hydrogène et de l'oxyde de carbone provenant de l'action de l'eau *basique* sur le charbon, et enfin un peu de phosphure d'hydrogène au moment où le phosphore commence à se volatiliser. La réaction est la suivante :

$$3(CaO,PhO^5) + 10C = 10CO + 3CaO,PhO^5 + 2Ph.$$

| Métaphosphate de chaux. | Charbon. | Oxyde de carbone. | Phosphate tri-basique de chaux. | Phosphore |

Les os donnent ordinairement 8 à 9 pour 100 de phosphore; on peut, dans des opérations bien conduites, en retirer jusqu'à 11 pour 100, c'est-à-dire à peu près la quantité théorique qui résulte de la formule précédente.

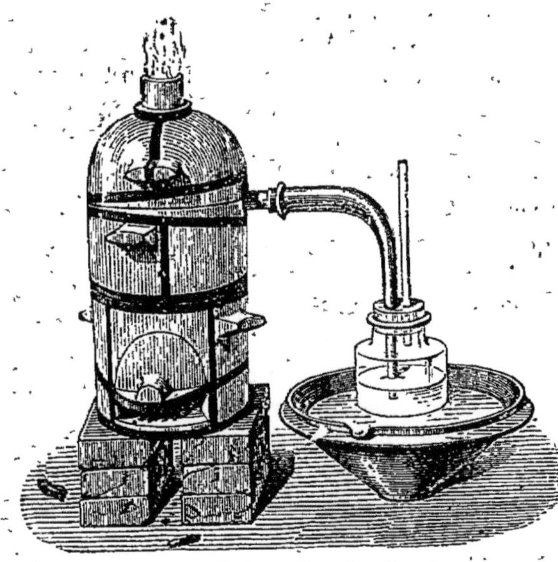
Fig. 105. — Préparation du phosphore.

Pour séparer le phosphore, ainsi obtenu, du charbon et des autres impuretés entraînées, on le met dans une peau de chamois et on le force par pression à filtrer sous l'eau à 50°.

Pour l'avoir en bâtons, on le fait pénétrer par aspiration dans des tubes de verre légèrement coniques, puis on le refroidit brusquement. Le phosphore solide sort alors facilement du tube.

197. Propriétés physiques. — Le phosphore est un corps solide, d'une odeur qui rappelle un peu celle de l'ail; il est incolore ou légèrement ambré, translucide, flexible quand il vient d'être fondu, facilement rayé par l'ongle.

Sa densité est de 1,83. — Il est lumineux dans l'obscurité.

Il fond à 44°,2 et bout à 290°. On peut le distiller dans un courant d'hydrogène ou d'azote.

Insoluble dans l'eau, il se dissout un peu dans l'alcool et dans l'éther; il est très soluble dans les huiles essentielles et surtout dans le sulfure de carbone. Conservé sous l'eau, il se recouvre d'une poussière blanche formée par des cristaux microscopiques de phosphore. Le phosphore cristallise en dodécaèdres réguliers par l'évaporation de sa dissolution dans le sulfure de carbone.

198. Phosphorescence. — La phosphorescence consiste en une sorte de lueur que le phosphore présente toutes les fois qu'il s'oxyde dans l'air. Berzelius avait cru reconnaître que le phosphore luit, non seulement dans l'air, mais encore dans l'azote, dans l'hydrogène et même dans le vide barométrique.

Mais la phosphorescence ne tient pas à la vaporisation, car le phosphore ne luit pas dans l'oxygène à la pression ordinaire, au-dessous de 20°, bien qu'il s'y réduise en vapeur; le mélange d'oxygène et de vapeur de phosphore, introduit dans l'azote ou dans l'air, devient phosphorescent. Les expériences de Schrœtter, celles de M. Müller et celles de M. Joubert ont établi que dans l'hydrogène et dans l'azote bien purifiés, il n'y a pas de phosphorescence. Il n'y a pas non plus phosphorescence dans le vide barométrique. La phosphorescence est donc produite par la combustion lente du phosphore au contact de l'oxygène sous faible pression.

Un grand nombre de corps, comme le bicarbure d'hydrogène, l'alcool, l'éther, l'essence de térébenthine, mêlés à l'air, empêchent l'oxydation et par suite la phosphorence.

199. États allotropiques. — Le phosphore est susceptible de se présenter sous divers *états allotropiques*[1].

Phosphore rouge. — Le phosphore ordinaire, incolore, translucide, se transforme en *phosphore rouge*, quand on l'expose à la lumière solaire ou à l'action de la chaleur. La lumière ne produit cette modification qu'à la surface des bâtons de phosphore. Schrœtter transforme en phosphore rouge le phosphore ordinaire, en maintenant celui-ci pendant plusieurs jours en vase clos, entre 230° et 240°. Le phosphore non modifié est enlevé par le sulfure de carbone ou par une dissolution alcaline bouillante.

La transformation de la vapeur de phosphore ordinaire en phosphore rouge s'arrête quand cette vapeur a pris une tension déterminée, constante pour chaque température, et appelée *tension de transformation*.

Le phosphore rouge maintenu quelques heures à 580°, cristallise en longues aiguilles. (L. Troost et P. Hautefeuille.)

200. Tableau comparatif des propriétés du phosphore rouge et du phosphore ordinaire :

PHOSPHORE ORDINAIRE	PHOSPHORE ROUGE
Couleur ambrée,	Couleur rouge violacé,
Cristallise à la température ordinaire,	Cristallise à 580°,
Densité = 1,83,	Densité = 1,96,
Soluble dans le sulfure de carbone,	Insoluble dans le sulfure de carbone,
Phosphorescent,	Non phosphorescent,
S'altère rapidement à l'air.	Très lentement altérable dans l'air,
Inflammable à 60°,	Inflammable à 230°,
Se combine avec le soufre à 111°,	Se combine avec le soufre à 250°,
Attaqué violemment par l'acide azotique,	Attaqué très faiblement à chaud par l'acide azotique.
Poison dangereux.	Non délétère.

Phosphore noir. — Quand il contient des traces de mercure, et qu'après l'avoir chauffé à 70° on le refroidit brusquement, le phosphore devient noir.

1. Allotropie. — Un même corps se présente quelquefois sous des aspects et avec des propriétés physiques et chimiques différentes. Ainsi le phosphore se trouve dans le commerce, soit en masses *translucides, solubles* dans le sulfure de carbone; soit en masses *rouges, insolubles* dans le sulfure de carbone. L'oxygène existe dans l'atmosphère à l'état de *gaz incolore* et inodore en même temps qu'à l'état d'*ozone* de couleur *bleue*, d'odeur pénétrante. Le carbone se présente à l'état de *diamant*, de *graphite* et de *charbon noir amorphe*. Ces états différents d'un même corps simple sont appelés ses *états allotropiques*.

201. Action des différents corps. — *Action de l'air.* — Dans l'air sec et froid, le phosphore donne de l'acide phosphoreux anhydre. Dans l'air humide, il donne encore de l'acide phosphoreux, mais avec un peu d'acide phosphorique, et des fumées blanches, lumineuses dans l'obscurité, formées, d'après Schönbein, par de l'azotite d'ammoniaque.

Fig. 106. — Combustion du phosphore dans l'air.

Fig. 107. — Combustion du phosphore dans le chlore.

Le phosphore, enflammé au contact de l'air, brûle avec une flamme brillante (fig. 106) en donnant de l'acide phosphorique anhydre sous forme de neige blanche.

Action de l'oxygène. — Dans l'oxygène pur, à la pression ordinaire, il ne se produit rien au-dessous de 20°. Si l'on diminue la pression, il se forme de l'acide phosphoreux, PhO^3. Au-dessus de 30°, le phosphore s'enflamme dans l'oxygène, et donne de l'acide phosphorique PhO^5.

Action du chlore. — Le phosphore plongé dans un flacon plein de chlore (fig. 107), s'enflamme spontanément ; il forme alors un protochlorure $PhCl^3$, ou un perchlorure $PhCl^5$, suivant que le phosphore ou le chlore sont en excès.

Le *brome* et l'*iode* agissent d'une manière analogue.

L'*acide azotique* concentré est attaqué avec explosion, par le phosphore, et donne de l'acide phosphorique, $PhO^5,3HO$, en même temps qu'un mélange d'azote et de protoxyde d'azote. Quand l'acide est étendu, la réaction se fait tranquillement, et l'on a de l'acide phosphorique et du bioxyde d'azote :

$$5Ph + 5(AzO^5,2HO) = 5(PhO^5.3HO) + 5AzO^2 + HO$$

Phosphore.   Acide azotique.   Ac. phosphorique. Bioxyde d'azote. Eau.

Action des alcalis. — Le phosphore, chauffé avec une dissolution bouillante de potasse ou de soude caustique, donne du *phosphure d'hydrogène* et un *hypophosphite alcalin*.

202. Applications. — **Allumettes.** — On fabrique annuellement en France 60 000 kilogrammes de phosphore ordinaire et 2000 kilogrammes de phosphore rouge.

La fabrication des allumettes en emploie 50 000 kilogrammes.

Allumettes à phosphore ordinaire. — Les allumettes, préalablement soufrées sur une longueur de 5 millimètres, sont posées sur une table de marbre recouverte d'une couche mince de la pâte demi-fluide suivante :

Phosphore	25	Eau	45	Ocre	5
Colle forte	20	Sable fin	20	Vermillon	1

Les allumettes ainsi préparées sont ensuite desséchées à l'étuve.

On remplace quelquefois par de la stéarine le soufre, qui donne en brûlant de l'acide sulfureux, à odeur désagréable ; il faut alors ajouter un peu de chlorate de potasse à la pâte pour faciliter la combustion.

Allumettes à phosphore rouge. Préalablement soufrées, elles ont leur extrémité recouverte d'une pâte formée de :

Chlorate de potasse, 6. Sulfure d'antimoine, 5. Colle forte, 1.

Le carton sur lequel on doit les frotter, et qui seul est phosphoré, est enduit de la composition suivante :

Phosphore rouge, 10. Bioxyde de manganèse, 8. Colle forte, 6.

COMPOSÉS OXYGÉNÉS DU PHOSPHORE

203. Le phosphore forme avec l'oxygène trois composés bien définis :

L'ac. phosphorique PhO^5. L'ac. phosphoreux PhO^3. L'ac. hypophosphoreux $PhO,3HO$.

L'acide *hypophosphoreux* se produit quand on chauffe du phosphore avec un alcali (**201**).

L'acide *phosphoreux* prend naissance quand le phosphore se trouve exposé à froid à l'action de l'air ou de l'oxygène raréfié (**201**).

Ces deux acides sont très avides d'oxygène ; ils réduisent les sels d'argent et de mercure et passent à l'état d'acide phosphorique.

L'acide phosphorique est le seul que nous devons étudier avec détail.

ACIDE PHOSPHORIQUE ($PhO^5 = 71$)

ACIDE ANHYDRE — ACIDE MÉTAPHOSPHORIQUE — ACIDE PYROPHOSPHORIQUE
ACIDE PHOSPHORIQUE ORDINAIRE — CARACTÈRES DISTINCTIFS DE CES ACIDES

204. Acide anhydre. — Anhydre, il est blanc, pulvérulent, semblable à la neige. Il se volatilise au rouge.

Il est très avide d'eau et produit au contact de ce liquide un sifflement aigu. Une fois hydraté, il garde toujours au moins un équivalent d'eau. On l'emploie principalement pour dessécher les gaz.

205. Préparation. — Dans les laboratoires, on en prépare de petites quantités en recouvrant d'une cloche bien sèche un fragment de phosphore enflammé contenu dans une coupelle de terre (fig. 106).

Pour l'obtenir en grand, on emploie un ballon ou une cloche à deux

tubulures latérales (fig. 108). Par l'une des tubulures, pénètre de l'air
bien desséché, par l'autre, l'acide phosphorique entraîné va se conden-

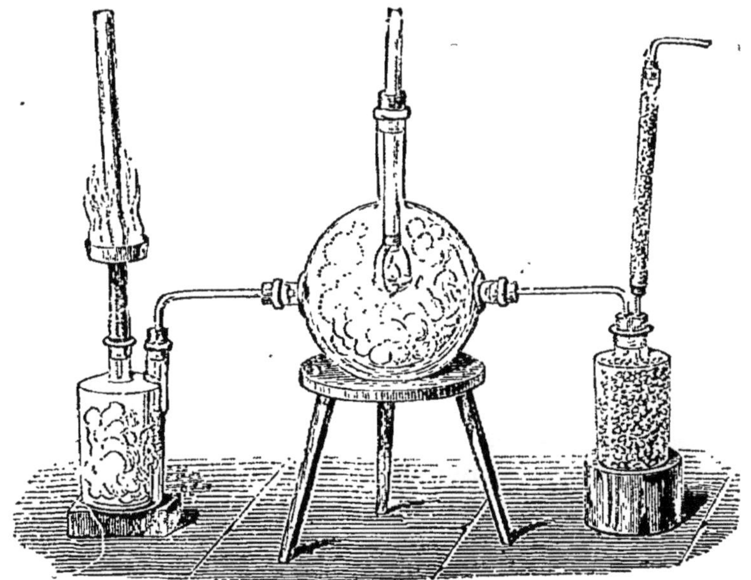

Fig. 102. — Préparation de l'acide phosphorique anhydre.

ser dans un flacon sec et froid. Le phosphore est introduit par un tube
de verre qui porte à sa partie inférieure un petit creuset. On l'enflamme
à l'aide d'un fer rouge

COMBINAISONS DE L'ACIDE PHOSPHORIQUE AVEC L'EAU

206. Composition. — Acides polybasiques. — L'acide phosphorique forme avec l'eau trois composés qui constituent trois acides complètement distincts les uns des autres, par leurs propriétés et par la composition des sels qu'ils peuvent produire, ce sont :

L'ac. *phosphorique monohydraté* ou ac. *métaphosphorique* : PhO^5, HO ;

L'acide *phosphorique bihydraté* ou acide *pyrophosphorique* : $PhO^5, 2HO$;

L'acide *trihydraté* ou acide *phosphorique ordinaire* : $PhO^5, 3HO$;

Le premier de ces acides ne forme qu'une seule espèce de sels, les
métaphosphates ; ainsi, avec la soude, il forme le métaphosphate de soude,

$$NaO, PhO^5.$$

Le second forme des sels appelés *pyrophosphates*,

$$2NaO, PhO^5 \quad \text{et} \quad NaO, HO, PhO^5.$$

L'équivalent d'eau joue ici le rôle de base.

L'acide phosphorique ordinaire forme des sels appelés *phosphates*
ordinaires et dont la formule est l'une des trois suivantes :

$$3NaO, PhO^5 ; \quad 2NaO, HO, PhO^5 \quad \text{ou} \quad NaO, 2HO, PhO^5.$$

Un ou deux équivalents d'eau peuvent, dans ce cas, jouer le rôle de base.

207. Caractéres distinctifs. — On distingue ces trois acides à l'aide des réactions suivantes :

L'acide *métaphosphorique* coagule l'albumine et donne un précipité blanc avec le chlorure de baryum; les deux autres acides ne coagulent pas l'albumine et ne donnent pas de précipité avec les sels de baryte.

Ces deux derniers se distinguent à ce que les *phosphates ordinaires* solubles précipitent en jaune les sels d'argent, tandis que les *pyrophosphates* donnent dans les mêmes conditions un précipité blanc.

208. Préparation de l'acide métaphosphorique. — On prépare l'acide *métaphosphorique* : 1° en mettant l'acide anhydre en contact avec de l'eau ; 2° en calcinant au rouge le phosphate d'ammoniaque :

$$2AzH^4O,HO,PhO^5 = HO,PhO^5 + 2AzH^3 + 2HO.$$

Phosphate d'ammoniaque. Ac. métaphosphorique. Ammoniaque.   Eau.

L'acide métaphosphorique est incolore, incristallisable, il a l'aspect vitreux et est très soluble dans l'eau.

209. Acide pyrophosphorique. — On prépare l'acide *pyrophosphorique*, en traitant par l'acide sulfhydrique le pyrophosphate de plomb[1] :

$$2PbO,PhO^5 + 2HS = 2PbS + 2HO,PhO^5.$$

Pyrophosphate de plomb. Ac. sulfhydrique. Sulfure de plomb Ac. pyrophosphorique.

L'acide ainsi obtenu cristallise par évaporation, quoique difficilement.

210. Acide phosphorique ordinaire. — L'acide *phosphorique* ordinaire s'obtient en chauffant, dans une cornue de verre, du phosphore avec environ quinze fois son poids d'acide azotique à 20° Baumé (fig. 109). Il se produit de l'acide phosphorique qui reste dans la cornue, et du bioxyde d'azote qui se dégage et entraine un peu d'acide azotique. Ce liquide entraîné est recueilli dans le ballon refroidi; on le reverse de temps en temps dans la cornue. On chauffe ainsi jusqu'à ce que tout le phosphore ait disparu. On évapore ensuite le produit jusqu'à 200° dans un vase de verre;

Fig. 109. — Préparation de l'acide phosphorique ordinaire.

1. Pour obtenir ce pyrophosphate, on calcine d'abord le phosphate de soude

il cristallise, suivant le degré de concentration, en prismes droits à base rhombe fusibles à 41°,75 et ayant pour formule $PhO^5,5HO$; ou en prismes obliques ($PhO^5,4HO$) fusibles à 27° (M. A. Joly). Au rouge vif, il abandonne 2 équiv. d'eau et se change en acide métaphosphorique vitreux.

PHOSPHURES D'HYDROGÈNE.

211. Composition.—Le phosphore forme avec l'hydrogène 3 composés : Un phosphure gazeux PhH^3. Un phosphure liquide PhH^2. Un phosphure solide Ph^5H.

PROPRIÉTÉS DU PHOSPHURE SOLIDE. — Le phosphure *solide* Ph^5H, découvert par Leverrier, est un corps jaune insoluble dans l'eau; il prend naissance quand le phosphure liquide se décompose (**214**).

PROPRIÉTÉS DU PHOSPHURE LIQUIDE. — Le phosphure *liquide* PhH^2, étudié par M. Paul Thénard, se produit dans la plupart des réactions qui donnent le phosphure gazeux. On peut le recueillir en faisant passer le mélange des deux phosphures dans un tube entouré d'un mélange réfrigérant. C'est un liquide spontanément inflammable et qui communique cette propriété à tous les gaz combustibles.

PHOSPHURE GAZEUX (PhH^3 = 34 — 4 vol.)

PRÉPARATION — ANALOGIE AVEC LE GAZ AMMONIAC

Ce gaz a été découvert en 1795 par Gengembre.

212 Préparation. — On prépare le phosphure d'hydrogène *spontanément inflammable* :

1° En chauffant dans un ballon de verre des boulettes faites avec de la chaux éteinte, un peu d'eau et un petit fragment de phosphore (fig. 110). Le ballon doit être presque plein de ces boulettes; on achève de le remplir avec de la chaux éteinte. Les premières bulles s'enflamment dans le ballon. On attend que l'inflammation ne se produise plus qu'à l'extrémité du tube abducteur : on le plonge alors dans l'eau et l'on recueille le phosphure

Fig. 110.—Préparation du phosphure d'hydrogène spontanément inflammable.

du commerce ($2NaO,HO,PhO^5 + 24HO$), puis on redissout le pyrophosphate formé ($2NaO,PhO^5$) et on le traite par l'acétate de plomb. Il se forme de l'acétate de soude soluble, et du pyrophosphate de plomb ($2PbO,PhO^5$) insoluble.

d'hydrogène dans des éprouvettes; il s'est produit de l'hypophosphite de chaux qui reste dans le ballon.

$$4Ph + 5CaO + 9HO = PhH^3 + 5(CaO,2HO,PhO).$$

Phosphore.   Chaux.   Eau.   Phosphure d'hydrogène.   Hypophosphite de chaux.

2° On prépare encore ce gaz en mettant du *phosphure de chaux* au contact de l'eau, soit dans un verre ordinaire (fig. 111), soit dans un flacon à deux tubulures. Ce *phosphure de chaux* est un mélange de phosphate de chaux et de phosphure de calcium, Ca^2Ph. On l'obtient en faisant passer du phosphore en vapeur sur de la chaux vive chauffée au rouge dans un tube de verre où dans un creuset.

213. Propriétés physiques. — C'est un gaz incolore d'une odeur alliacée. Sa densité est 1,185; par suite, un litre pèse 1gr,540. Il est peu soluble dans l'eau, il se dissout mieux dans l'alcool et dans l'éther.

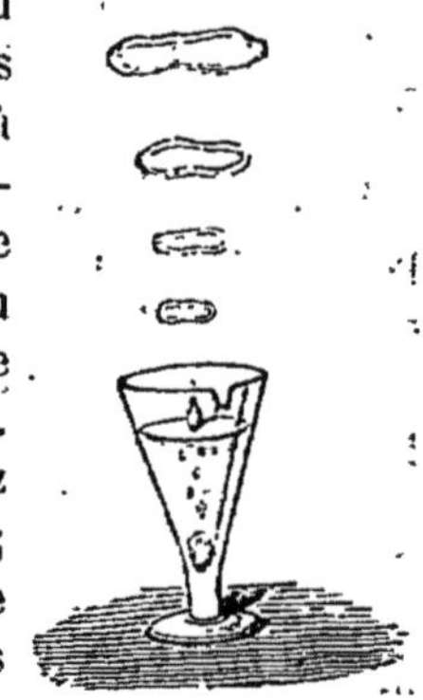

Fig. 111.—Phosphure d'hydrogène.

214. Propriétés chimiques. — Ce gaz pur n'est inflammable à l'air qu'à 100°. Il s'enflamme spontanément à la température ordinaire quand il contient un peu de vapeur de phosphure liquide (fig. 111), et donne alors des couronnes de fumée blanche d'acide phosphorique :

$$PhH^3 + 8O = PhO^5 + 3HO.$$

Phosphure d'hydrogène.   Oxygène   Acide phosphorique.   L'eau.

Le gaz spontanément inflammable à la température ordinaire perd avec le temps cette propriété, par suite de la décomposition du phosphure liquide en phosphure gazeux et phosphure solide jaune; ce dernier se dépose sur les parois de l'éprouvette.

$$5PhH^2 = Ph^2H + 3PhH^3.$$

Phosphure liquide.   Phosphure solide.   Phosphure gazeux.

Des traces d'huile de naphte, d'acide chlorhydrique, d'hydrogène sulfuré ou de gaz oléfiant déterminent immédiatement ce dédoublement.

Le phosphure d'hydrogène gazeux réduit les dissolutions des sels de cuivre ou d'argent. Cette propriété permet de séparer le phosphure qui se trouve mélangé avec l'hydrogène; le phosphure est absorbé, l'hydrogène reste.

Analogie du phosphure gazeux d'hydrogène et du gaz ammoniac. — Le *phosphure gazeux d'hydrogène* se combine, comme le *gaz ammoniac*, avec l'acide *iodhydrique* à volumes égaux, et donne l'*iodhydrate d'hydrogène phosphoré* PhH^3HI, analogue à l'*iodhydrate d'ammoniaque* AzH^3HI. Ces deux gaz forment de même des combinaisons analogues avec l'*acide bromhydrique* et avec l'*acide chlorhydrique*.

ARSENIC (As = 75 — 1 vol.)

MOYEN DE COMBATTRE L'EMPOISONNEMENT PAR L'ARSENIC
MOYEN DE LE DÉCELER

215. Propriétés physiques. — C'est un corps solide, gris d'acier, cassant, cristallisant en rhomboèdres. Sa densité est 5,63. Il se volatilise au rouge sombre sans entrer en fusion. La densité de sa vapeur est 10,57.

216. Propriétés chimiques. — L'arsenic perd son éclat et noircit au contact de l'air, à la température ordinaire. Il se combine avec l'oxygène, et donne de l'acide *arsénieux*, AsO^3. L'acide *azotique* le transforme d'abord en acide *arsénieux* AsO^3, puis en acide *arsénique*, AsO^5.

Projeté en poudre dans le *chlore*, il brûle avec éclat en donnant $AsCl^3$.

Projeté sur des charbons, il se volatilise en répandant une odeur d'ail.

217. Acide arsénieux. — C'est un corps solide blanc, très vénéneux ; il perfore les parois de l'estomac. — Pour *combattre l'empoisonnement*, il faut d'abord provoquer des vomissements, de manière à expulser la plus grande partie du poison. On fait ensuite prendre du *sesquioxyde de fer hydraté*, ou de la *magnésie caustique*, en suspension dans l'eau. Ces bases neutralisent l'acide et forment avec lui des sels insolubles.

On décèle l'arsenic à l'état d'*arséniure d'hydrogène* AsH^3.

Ce gaz se produit chaque fois que, dans un appareil à hydrogène *a*, on verse un peu d'acide arsénieux ou d'acide arsénique. Si l'on fait alors passer le gaz qui se dégage à travers un tube *d* effilé à son extrémité (*appareil de Marsh*, fig. 111 *bis*), on voit, en chauffant une partie du

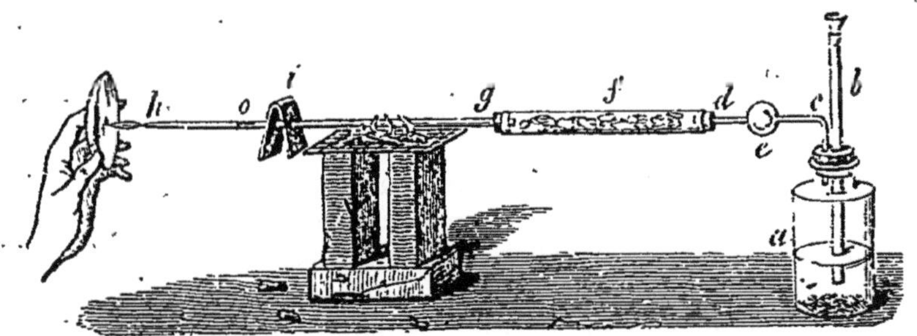

Fig. 111 *bis*. — Appareil de Marsh pour déceler l'arsenic.

tube, apparaître, un peu au delà en *o*, un *anneau miroitant d'arsenic* métallique. Si l'on allume le gaz à l'extrémité *h* du tube, on obtient une *flamme livide* qui, écrasée avec une soucoupe de porcelaine, donne des *taches noires, brillantes*, d'arsenic.

Les taches traitées par l'acide azotique, et évaporées jusqu'à siccité, donnent une matière blanche qui, par l'acétate d'argent concentré, devient *rouge brique* (arséniate d'argent). L'anneau chauffé à l'air libre dans un tube ouvert aux deux bouts se transforme en acide arsénieux cristallisé.

CHAPITRE VIII

CARBONE — ACIDE CARBONIQUE
OXYDE DE CARBONE — CARBURES D'HYDROGÈNE
GAZ DE L'ÉCLAIRAGE — LAMPE DE SURETÉ

CARBONE (C = 6)

INFUSIBILITÉ — PROPRIÉTÉS RÉDUCTRICES — DIVERS ÉTATS ALLOTROPIQUES — CHARBONS NATURELS : DIAMANT, DURETÉ, FEUX DU DIAMANT — GRAPHITE OU PLOMBAGINE : CRAYONS — ANTHRACITE — HOUILLE — LIGNITES — CHARBONS ARTIFICIELS : COKE ET CHARBON DES CORNUES — CHARBON DE BOIS : PROPRIÉTÉS ABSORBANTES — NOIR DE FUMÉE : ENCRE DE CHINE — NOIR ANIMAL : DÉCOLORATION DES SIROPS DE SUCRE

218. Propriétés. — Le carbone, ou charbon pur, se présente à nous dans différents états allotropiques, et, par suite, sous des aspects très variés : ainsi, le diamant, la plombagine et le noir de fumée ne sont que du carbone sous des formes différentes. Parmi les caractères qu'offre le carbone sous ses divers états, sa couleur, sa densité, sa conductibilité pour la chaleur et l'électricité, etc., sont tellement dissemblables, qu'il nous faudra étudier séparément ses diverses variétés.

Nous pouvons cependant indiquer d'abord quelques propriétés essentielles qui caractérisent le carbone, et permettent de le reconnaître, quel que soit l'aspect sous lequel on le rencontre.

219. Propriétés physiques constantes. — Le carbone est un corps solide, infusible et fixe aux températures de nos fourneaux. Entre les pôles d'une pile de 500 éléments on peut, suivant Despretz, le ramollir et le volatiliser partiellement.

Il est insoluble dans tous les liquides, sauf dans la fonte de fer en fusion ; ce liquide, en se refroidissant, laisse déposer le carbone en paillettes d'un gris noirâtre (*graphite*).

220. Propriétés chimiques. — OXYGÈNE. — Le carbone, sous quelque forme qu'on le trouve, se reconnaît à ce caractère chimique essentiel, que 6 grammes de ce corps peuvent, en se combinant avec 16 grammes d'oxygène, donner 22 grammes d'acide carbonique, CO^2.

Ce produit ne se forme seul que lorsque le carbone brûle dans un excès d'oxygène ; lorsque le carbone, au contraire, est en excès, la combustion donne en outre de l'oxyde de carbone, CO.

SOUFRE — Chauffé dans la vapeur de soufre, le carbone donne du *sul-*

fure de carbone CS², analogue à l'acide carbonique, et produit, comme on le voit, dans des circonstances tout à fait semblables.

FLUOR. — Le fluor se combine directement avec le carbone (M. Moissan).

HYDROGÈNE. — M. Berthelot, en faisant jaillir l'arc voltaïque d'une pile de 50 éléments entre deux crayons de charbon des cornues, dans un ballon plein de gaz hydrogène, a reproduit (269) *l'acétylène* C⁴H².

AZOTE. — L'azote libre ne se combine avec le carbone qu'en présence des alcalis. Un courant d'azote, passant sur des charbons imprégnés de potasse, donne du *cyanogène* C²Az, qui reste uni au potassium : KC²Az.

224. Action sur l'eau et les composés oxygénés. — EAU. — Si on fait passer de la vapeur d'eau dans un tube de porcelaine (fig. 112) rempli de braise et chauffé au rouge, il se dégage de l'hydrogène, de

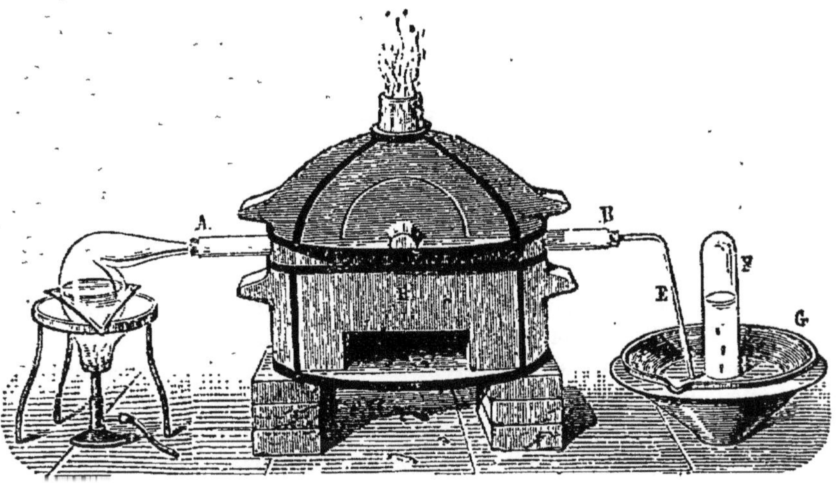

Fig. 112. —Décomposition de la vapeur d'eau par le charbon.

l'oxyde de carbone et de l'acide carbonique. La production de ces gaz tient à ce que la vapeur d'eau ayant au rouge une tension sensible de dissociation, on a en présence du charbon de l'oxygène et de l'hydrogène libres. Il se produit alors, dans les points chauffés au rouge vif, de l'hydrogène et de l'oxyde de carbone :

$$C + HO = H + CO.$$
Carbone. Eau. Hydrogène. Oxyde de carbone.

Il se produit de l'hydrogène et de l'acide carbonique dans les points où le charbon est porté au rouge sombre :

$$C + 2HO = 2H + CO².$$
Carbone. Eau. Hydrogène. Ac. carbonique.

De sorte que les gaz mis en liberté sont de l'hydrogène, de l'oxyde de carbone et de l'acide carbonique. Le mélange de ce gaz a été employé sous le nom de *gaz à l'eau* pour le chauffage ou l'éclairage.

Cette décomposition partielle de l'eau portée au rouge, et la production de gaz combustibles, expliquent comment une petite quantité d'eau, projetée sur un brasier ardent, en augmente l'intensité au lieu de la diminuer. Les forgerons savent parfaitement qu'en aspergeant leur charbon, ils activent la combustion.

La production de l'oxyde de carbone, gaz *très délétère*, montre qu'il y a danger à essayer d'éteindre un foyer au moyen d'une quantité insuffisante d'eau, dans une chambre où l'air se renouvelle lentement.

OXYDE. — Les oxydes métalliques sont réduits par le charbon. Si l'oxyde est facilement réductible, il se forme de l'acide carbonique :

$$2CuO \quad + \quad C \quad = \quad 2Cu \quad + \quad CO^2.$$

Oxyde de cuivre. Carbone. Cuivre. Acide carbonique.

Quand la réduction ne se fait qu'au rouge vif, le charbon ne donne que de l'oxyde de carbone :

$$ZnO \quad + \quad C \quad = \quad Zn \quad + \quad CO$$

Oxyde de zinc. Carbone. Zinc. Oxyde de carbone.

222. Applications. — L'affinité du carbone pour l'oxygène en fait un réducteur précieux pour l'industrie : c'est par lui que l'on réduit les composés oxygénés du phosphore et de l'arsenic, pour obtenir ces deux corps simples ; c'est lui qui détermine la réduction des oxydes métalliques dans la métallurgie, du potassium, du sodium, du fer, du zinc, etc.

223. Variétés de carbone. — Nous examinerons successivement ces diverses variétés en les réunissant en deux groupes, comprenant : le premier, les charbons naturels : *diamant, graphite* ou *plombagine, anthracite, houille, lignite ;* le second, les charbons artificiels : *coke, charbon des cornues, charbon de bois, noir de fumée, noir animal.*

CHARBONS NATURELS

DIAMANT

224. Nature du diamant. — La nature du diamant est restée longtemps inconnue ; Lavoisier, en concentrant à l'aide d'une forte lentille les rayons solaires sur un diamant placé dans un ballon plein d'oxygène, reconnut que le diamant brûle en donnant de l'acide carbonique. Davy a montré que l'acide carbonique est le seul produit formé ; et que, par suite, le diamant est du carbone pur.

225. Propriétés. — Le diamant est le plus dur des corps connus. Il raye tous les autres corps. On ne peut l'user que par sa propre poussière.

Il est généralement incolore ; mais souvent aussi il est jaune ou rose, bleu ou vert ; enfin il est quelquefois noir et opaque. On le trouve toujours cristallisé, soit en *octaèdres réguliers*, soit en cristaux à vingt-quatre ou quarante-huit faces, dérivés de ce même octaèdre (fig. 113).

Sa densité varie de 3,50 à 3,55. Il est mauvais conducteur de la chaleur et de l'électricité.

Transformation allotropique. — Placé entre les pôles d'une pile très forte, dans le vide ou dans un gaz inerte, le diamant se gonfle, noircit,

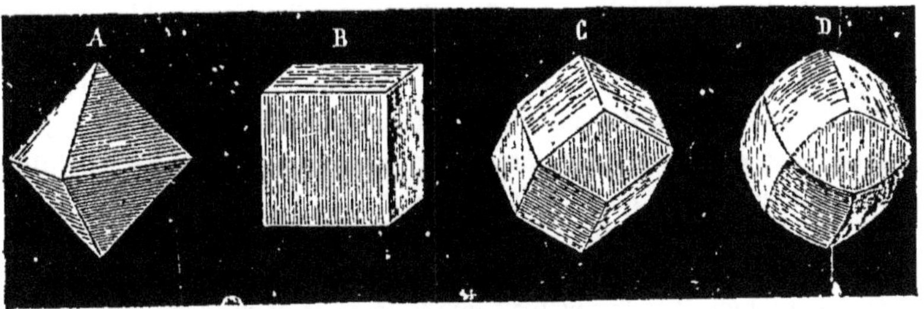

Fig. 113. — Diamants bruts.

et se change en plombagine friable qui laisse une tache grise sur le papier. — La transformation inverse n'a pas encore réussi.

Le diamant est très réfringent; convenablement taillé il produit les jeux de lumière qui le font rechercher.

226. Taille du diamant. — Pour tailler le diamant on commence par le dégrossir en utilisant sa propriété d'être *clivable*, suivant des directions parallèles aux faces de l'octaèdre. On achève ensuite la taille en usant le diamant sur des meules d'acier, recouvertes de poussière de diamant humectée d'huile. Cette poussière est obtenue en écrasant des diamants noirs très durs, et les éclats provenant du dégrossissement. La taille diminue souvent de moitié le poids du diamant.

On taille les diamants peu épais en *rose*, et les diamants épais en *brillants*. Dans la rose (fig. 114), le dessous du diamant est plat; la partie supérieure forme un dôme à vingt-quatre facettes. Dans le brillant (fig. 115), la *table*, ou face plane supérieure, est entourée de facettes obliques; et la *culasse*, ou partie inférieure comprenant les deux tiers du diamant, forme une pyramide dont les facettes correspondent à celles de la partie supérieure.

Fig. 114. — Diamant taillé en rose.

Fig. 115. — Diamant taillé en brillant.

Le plus gros diamant connu est celui du rajah de Bornéo; il pèse 300 carats (300 × 0^{gr},212). Celui de l'empereur du Mongol pèse 279 carats; celui de l'empereur de Russie 193 carats. Le *Régent*, de France, pèse

157 carats. C'est un des diamants les plus beaux, grâce à sa limpidité.

On trouve le diamant dans les sables d'alluvion. Les principales mines sont aux Indes, au Brésil et au Cap de Bonne-Espérance. L'extraction du diamant en donne chaque année quelques kilogrammes, dont une très petite portion est susceptible d'être utilisée dans la bijouterie.

227. Usages. — Indépendamment de son emploi en bijouterie, le diamant sert encore à faire des pivots pour l'horlogerie, des pointes d'outils pour couper le verre et pour graver les pierres dures.

Diamants noirs. — Les *diamants noirs* ou *carbones* sont plus durs que les diamants transparents. Enchâssés à l'extrémité d'outils en acier, ils servent pour travailler le porphyre sur le tour, et pour creuser des trous de mine dans les roches de granit.

GRAPHITE OU PLOMBAGINE

228. Propriétés. — Il se présente sous forme de paillettes brillantes d'un gris d'acier, ou en masses feuilletées qu'on peut rayer avec l'ongle. Il laisse sur le papier une tache noire, parce que les lamelles qui le constituent se désagrègent et adhèrent au papier.

Sa densité est 2,2. Il conduit bien la chaleur et l'électricité.

Le graphite ne brûle dans l'oxygène qu'à une température élevée.

On le trouve dans les terrains primitifs, en France, en Angleterre, en Espagne, en Sibérie. Il contient toujours 1 à 2 pour 100 d'impuretés.

Il sert à la fabrication des crayons, et prend le nom de *mine de plomb*. On l'utilise encore en galvanoplastie pour *métalliser* (rendre conductrices) les surfaces des moules mauvais conducteurs de l'électricité. Mêlé avec l'eau, il sert à noircir les poêles, tuyaux, rideaux de cheminée, etc.

La fonte saturée de charbon abandonne, en se solidifiant lentement, une certaine quantité de graphite à l'état de paillettes hexagonales. La fonte grise doit sa couleur à un très grand nombre de petites parcelles de graphite disséminées dans le métal.

ANTHRACITE — HOUILLE — LIGNITES — TOURBE

229. Anthracite. — L'anthracite, appelée aussi *charbon de pierre*, se trouve dans les terrains antérieurs au terrain carbonifère, aux États-Unis, en Angleterre, et en France sur les bords de la Loire. Elle est compacte et dure; elle ne brûle qu'à une température élevée, mais produit alors une très grande quantité de chaleur. C'est un bon combustible, toutes les fois que le tirage est suffisant.

L'anthracite contient toujours un peu de silice, d'alumine et d'oxyde de fer; les impuretés peuvent s'élever à 8 ou 10 pour 100.

230. Houille ou charbon de terre. — La houille se trouve dans le terrain supérieur au terrain carbonifère en Angleterre, en France, en Belgique, en Allemagne, etc. Elle est d'un noir brillant.

Elle est moins pure que l'anthracite, et contient des bitumes, aussi brûle-t-elle avec une flamme plus ou moins fuligineuse. Les houilles *grasses* sont des houilles à longue flamme (houille de Mons) ; les houilles *maigres* brûlent avec une courte flamme (houille de Charleroi).

Des empreintes de feuilles, de tiges, de fruits, indiquent suffisamment que la houille résulte de l'altération lente des végétaux.

Calcinée en vase clos, la houille dégage des gaz combustibles (gaz de l'éclairage) et des produits condensables : eau ammoniacale, huiles et goudron, qu'on utilise de mille manières (benzine, etc.).

231. Lignites. — Les lignites se trouvent à la base des terrains tertiaires. Ils conservent encore la forme et même la structure intime des végétaux qui les ont formés. Leur couleur est généralement noire. Ils sont encore plus impurs que la houille.

La *tourbe*, d'origine encore plus récente que les lignites, et formée presque exclusivement des végétaux qui croissent dans les marais, contient une très grande quantité de matières étrangères.

CHARBONS ARTIFICIELS

232. Origine. — On obtient artificiellement du carbone par la calcination des matières organiques d'origine végétale. Si ces matières ne contiennent pas de substances minérales, elles laissent du carbone pur ; tel est le sucre par exemple. Sa calcination dans un creuset de porcelaine donne du carbone pur utilisé dans les laboratoires. Le charbon des cornues (423) est encore du charbon presque pur. On obtient également du carbone presque pur (noir de fumée) par la combustion incomplète des matières organiques volatiles telles que goudron ou résines.

Tous ces charbons sont amorphes. Ils retiennent souvent un peu d'hydrogène. On les purifie en les chauffant au rouge blanc dans un courant de chlore. Ils sont ensuite lavés et séchés.

On obtient du charbon moins pur par la carbonisation du bois (charbon de bois) ou par la carbonisation de produits naturels, tels que la tourbe, le lignite, la houille, l'anthracite, résultant de l'altération plus ou moins profonde de végétaux par suite de leur séjour dans le sol. Nous aurons enfin un charbon intimement mélangé à un grand excès de matière minérale dans le noir animal.

NOIR DE FUMÉE

233. Propriétés. — C'est une poussière noire, très légère et très fine, composée de carbone, retenant fréquemment un peu de matière huileuse, qu'une calcination à très haute température fait disparaître.

Le noir de fumée est le produit de la combustion incomplète des résines. Pour le préparer, on fait brûler ces résines dans une marmite en fonte A, chauffée par un foyer. Les vapeurs donnent une flamme fuli-

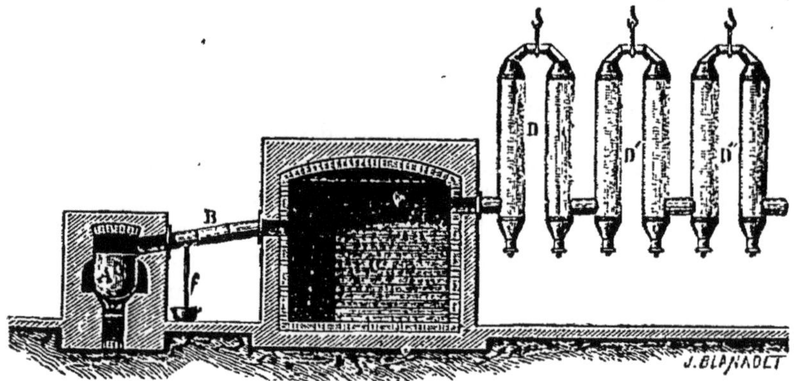

Fig. 116. — Préparation du noir de fumée.

gineuse qui traverse successivement une chambre C (fig. 116) et plusieurs sacs en toile D, D', D'', s'ouvrant par leur partie inférieure; le noir le plus fin et le plus pur se dépose dans les sacs les plus éloignés.

On utilise le noir de fumée pour la peinture et pour l'encre d'imprimerie. Les parties les plus fines sont employées pour la fabrication de l'encre de Chine. Ce charbon, fortement calciné, donne du carbone pur.

COKE ET CHARBON DES CORNUES

234. Coke. — La distillation de la houille, dans les cornues à gaz de l'éclairage, laisse un résidu poreux appelé *coke* (60 pour 100 environ), et un dépôt très dense qui incruste les parois, et qu'on appelle *charbon des cornues.*

Le *coke* est gris noirâtre, souvent terne, quelquefois doué d'un éclat métallique. Il est poreux et plus ou moins caverneux, suivant que la distillation a été plus ou moins rapide. Il conserve la forme de la houille quand il provient de houilles maigres; il est, au contraire, boursouflé quand il provient de houilles grasses.

Il brûle sans flamme et sans fumée, en produisant une chaleur intense.

235. Charbon des cornues. — Il résulte de la décomposition des produits carbonés volatils, au contact des parois fortement chauffées; il est extrêmement dur; sa densité est presque égale à celle du diamant. — Il est bon conducteur de la chaleur et de l'électricité; aussi l'emploie-t-on comme conducteur dans les piles électriques. — On l'utilise encore pour faire des tubes, des creusets, des nacelles infusibles et inattaquables.

Quand on dispose d'un tirage convenable, on l'emploie avantageusement comme combustible, parce qu'il ne laisse que très peu de cendres, et par suite, n'attaque pas les creusets, que la houille ou le coke détériorent très rapidement.

CHARBON DE BOIS

Le charbon de bois est le résidu de la distillation du bois ou de sa combustion incomplète. Il est noir, fragile et poreux.

236. Préparation du charbon de bois. — Le bois n'a pas une composition constante, cependant elle s'éloigne peu de la suivante :

Charbon	58,5
Eau combinée.	55.5
Eau libre.	25,0
Cendres	1,0
	100,0

On prépare le charbon de bois par deux procédés : 1° par la distillation dans les cornues; 2° par le procédé des meules.

1° PROCÉDÉ PAR DISTILLATION. — Le bois est chauffé dans des cornues cylindriques; il se dégage des gaz : oxyde de carbone, acide carbonique, carbures d'hydrogène, en même temps que des produits liquides : vinaigre de bois, esprit de bois, goudron, etc. — On obtient de cette façon 27 pour 100 de charbon. — Le charbon, ainsi préparé à une température peu élevée, est surtout employé à la fabrication de la poudre; il a l'avantage d'être homogène et très combustible.

2° CARBONISATION EN MEULES. — Le procédé des meules se pratique sur place, au milieu des forêts où le bois a été coupé; il est le plus expéditif et le moins coûteux; aussi est-il le plus constamment employé, bien que tous les produits volatils soient perdus, et que le rendement en charbon ne soit que de 17 à 18 pour 100.

Autour de quelques longues

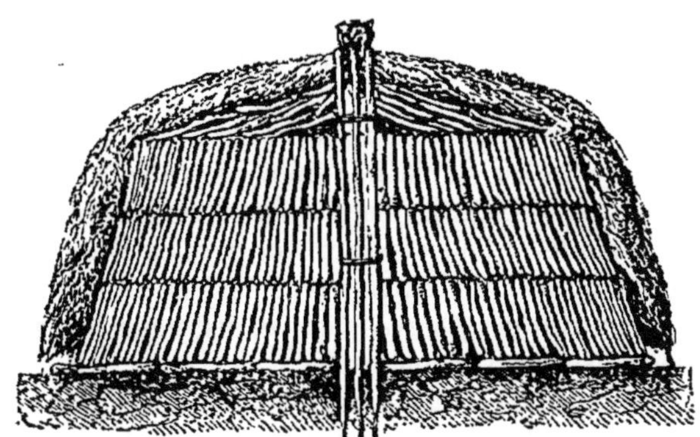

Fig. 117. — Construction d'une meule.

perches verticales (fig. 117) enfoncées en terre et circonscrivant une cavité qui doit faire fonction de cheminée, on dispose verticalement des morceaux de bois de 1 mètre environ de hauteur, en les serrant le plus possible les uns contre les autres ; on forme ainsi un premier lit, sur lequel on en superpose un second, puis un troisième, dont les diamètres vont en diminuant de manière à constituer une espèce de dôme ou de meule, sous laquelle on a ménagé plusieurs canaux horizontaux, en communication avec la cheminée verticale. On recouvre ensuite le tout de feuilles, de mousse, de gazon, et enfin d'une couche de terre qui ne laisse libres que la cheminée et les ouvertures des canaux inférieurs.

On remplit alors la cheminée avec du bois enflammé. La combustion se communique de proche en proche ; la fumée est d'abord noire, elle devient de plus en plus transparente, puis d'un bleu clair. La carbonisation est alors achevée dans le voisinage de la cheminée ; on la bouche et l'on ouvre des évents à 50 centimètres au-dessous. Dès que la fumée

Fig. 118. — Meule couverte.

y devient transparente, on bouche ces évents à leur tour pour en ouvrir d'autres plus bas, et ainsi de suite jusqu'à la base des meules. La fig. 118 donne une idée de la marche de la carbonisation. On couvre ensuite avec de la terre toutes les ouvertures, et on laisse refroidir vingt-quatre heures. Au bout de ce temps on enlève la terre, et l'on sépare le charbon bien cuit des *fumerons*, qui se distinguent à leur couleur terne et à leur résistance à la rupture.

CONDUCTIBILITÉ, COMBUSTIBILITÉ. — Préparé à basse température (400°), il conduit mal la chaleur et l'électricité, mais il s'enflamme très facilement, surtout s'il provient de bois légers, tels que le fusain ; c'est ce charbon qu'on emploie pour la fabrication de la poudre.

Préparé à haute température (1000° à 1200°), il conduit bien la chaleur et l'électricité : la braise de boulanger est souvent employée pour mettre les conducteurs des paratonnerrés en communication avec le sol ; le charbon ainsi obtenu est moins facile à enflammer que le charbon préparé à basse température, parce que la chaleur que l'on produit en un de ses points se disperse par conductibilité dans toute la masse.

Absorption des gaz. — Le charbon de bois absorbe les gaz en grande quantité. Pour le démontrer, on éteint sous le mercure un morceau de charbon porté au rouge, afin que l'air ne puisse rentrer dans ses pores pendant le refroidissement ; puis on l'introduit dans une éprouvette pleine de gaz ammoniac ou d'acide chlorhydrique ; on voit le gaz disparaître dans les pores du charbon.

1 volume de charbon absorbe :

90^{vol}	de gaz ammoniac.		55^{vol}	de gaz bicarbure d'hydrogène.
85	—	acide chlorhydrique.	9,5	—	oxyde de carbone.
65	—	acide sulfureux.	9,25	—	oxygène.
55	—	acide sulfhydrique.	7,5	—	azote.
40	—	protoxyde d'azote.	5	—	des marais.
55	—	acide carbonique.	1,75	—	hydrogène.

On voit par ce tableau l'analogie qui existe entre l'absorption et le phénomène de la dissolution : les gaz les plus solubles sont les plus absorbables.

Cette absorption est d'autant plus grande que la température est plus basse. Elle devient sensiblement nulle à 100°. — Le charbon abandonne son gaz dans le vide. — Les charbons lourds, à pores très petits, comme le charbon du buis, sont ceux qui absorbent le mieux les gaz.

Applications. — On utilise ces propriétés du charbon pour désinfecter les eaux qui sortent des amphithéâtres de dissection, pour purifier les eaux vaseuses et pour conserver l'eau pure dans les fontaines. Une couche de charbon de bois, comprimée entre deux lits de sable, constitue un filtre qui permet d'obtenir, dans un tonneau à double fond (fig. 119), de l'eau pure au milieu d'une mare bourbeuse.

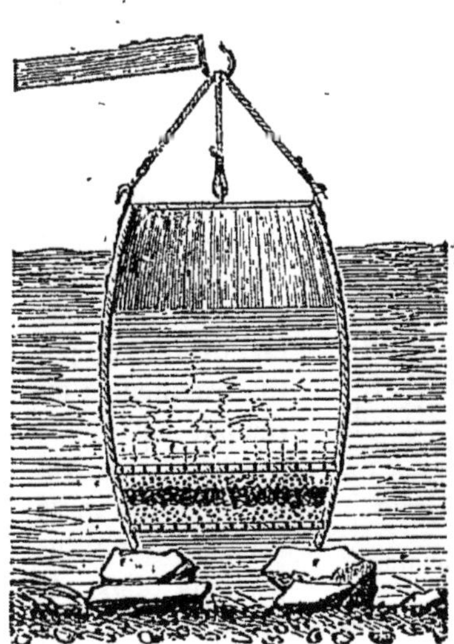

Fig 119. — Tonneau-filtre.

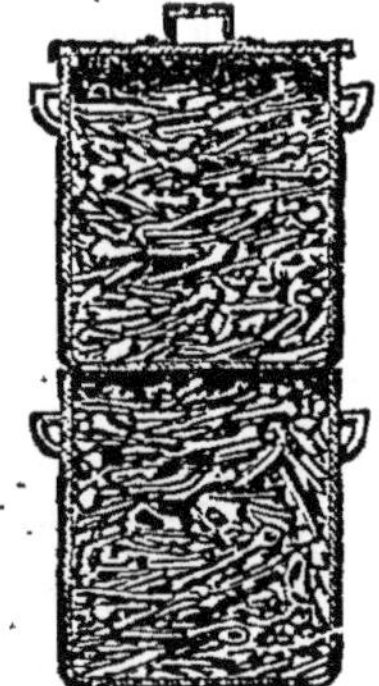

Fig. 120. — Marmites pour la calcination des os dans les fours.

237. Noir animal. — Il provient de la *calcination des os* en vase clos (fig. 120). C'est un corps noir, poreux, *conservant la forme des os*, mais ne contenant guère que 10 à 12 pour 100 de charbon, imprégnant le phosphate et le carbonate de chaux qui constituent la base des tissus osseux.

Réduit en petits grains, le *noir animal* absorbe très rapidement les matières colorantes. Agité avec de la teinture de tournesol ou avec du vin, il donne un liquide qui passe incolore à travers un filtre.

Cette propriété est utilisée, dans l'industrie, pour décolorer le *jus de betterave* ou le *sirop brut* des cannes à sucre; ces liquides ne laissent déposer le sucre qu'après avoir été dépouillés de la matière colorante.

ACIDE CARBONIQUE ($CO_2 = 22 - 2$ vol.)

PRÉPARATION — LIQUÉFACTION — SOLIDIFICATION
SA PRÉSENCE DANS L'ATMOSPHÈRE — SON RÔLE DANS LA VÉGÉTATION
EAU DE SELTZ — CARBONATES USUELS

Ce corps, appelé longtemps *air fixe, air crayeux,* a été découvert, en 1648, par Van Helmont. Black et Priestley en firent connaître les principales propriétés. Sa nature n'a été indiquée qu'en 1776, par Lavoisier.

Sa composition exacte en centièmes a été établie en 1840 par les belles expériences de Dumas et Stas.

238. Préparation. — 1° Dans les *laboratoires*, on prépare l'acide carbonique en traitant le marbre ou la craie par un acide moins volatil, comme l'acide chlorhydrique, par exemple. La réaction se produit dans un appareil (fig. 121) semblable à celui qui sert à la préparation de l'hydrogène. Le marbre est introduit en petits fragments; on remplit ensuite le flacon à moitié d'eau, et l'on verse l'acide par petites portions dans le

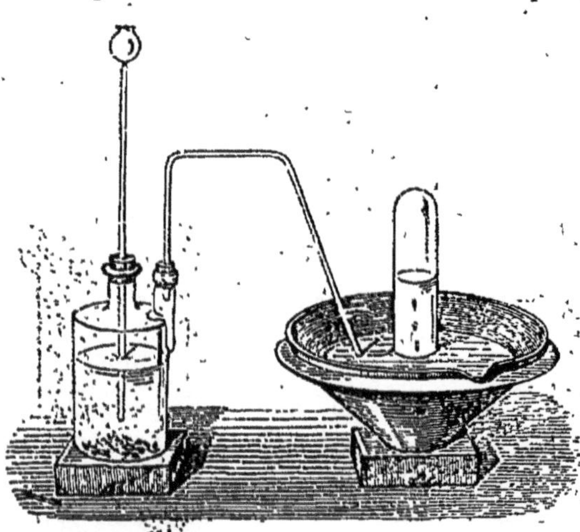

Fig. 121. — Préparation de l'acide carbonique.

tube droit. Il se produit immédiatement une vive effervescence, et le gaz se dégage par le tube abducteur.

On le recueille sur la cuve à eau :

$$CaO,CO_2 + HCl = CO_2 + CaCl + HO.$$

Carbonate de chaux. Ac. chlorhydrique. Ac. carbonique. Chlorure de calcium. Eau.

L'acide chlorhydrique déplace l'acide carbonique et forme avec la chaux du chlorure de calcium et de l'eau.

2° Dans l'*industrie*, on emploie l'acide sulfurique et la craie pour préparer l'acide carbonique destiné à la fabrication de l'eau de Seltz, mais il faut alors agiter le mélange, parce que, sans cela, le sulfate de chaux, qui est très peu soluble, encroûterait les morceaux de craie.

3° Dans les *habitations particulières*, on prépare l'eau de Seltz à l'aide du bicarbonate de soude et de l'acide tartrique. Cet acide est un corps solide, qui ne réagit qu'en présence de l'eau ; on n'a donc pas à craindre les brûlures que pourrait occasionner, en se brisant accidentellement, un flacon plein d'acide liquide comme l'acide chlorhydrique ou l'acide sulfurique.

239. Propriétés physiques. — L'acide carbonique est un gaz incolore, d'une odeur piquante, d'une saveur légèrement aigrelette.

Sa densité est de 1,529 ; par suite, 1 litre de ce gaz pèse $1^{gr},293 \times 1,529 = 1,97$.

Pour mettre en évidence sa grande densité, on en remplit une cloche sur la cuve à eau, puis, après avoir fermé l'ouverture à l'aide d'une lame de verre, on la retourne. Si alors on fait tomber dans la cloche des bulles de savon, on les voit rebondir comme à la surface de l'eau.

L'eau dissout son volume d'acide carbonique à la température ordinaire.

Ce gaz a été liquéfié par Faraday à 0° sous la pression de 36 atmosphères. C'est alors un liquide incolore dont le coefficient de dilatation entre 0° et 30° est supérieur au coefficient de dilatation de l'air.

240. Liquéfaction. — On réalise aujourd'hui cette liquéfaction dans les cours à l'aide de l'appareil de M. Cailletet, déjà décrit (80) : l'acide carbonique que contenait l'éprouvette T (fig. 122), comprimé dans le tube capillaire qui la surmonte, se liquéfie en un liquide incolore.

Quand on veut avoir de grandes quantités d'acide liquide, on se sert de pompes de compression spéciales.

Si l'on détermine la vaporisation rapide de l'acide liquide, cette vaporisation est accompagnée d'une très grande absorption de chaleur qui amène la

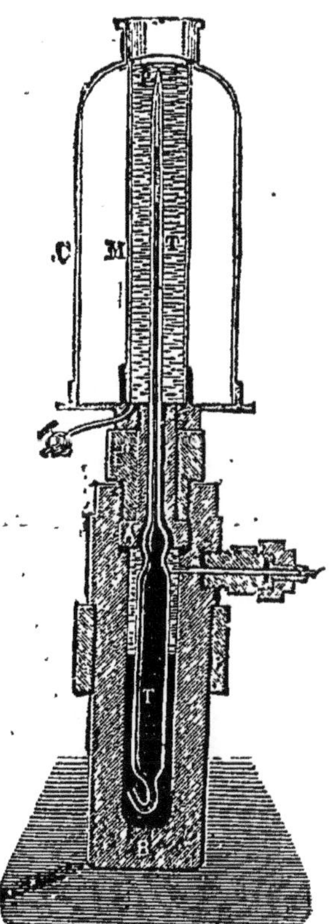

Fig. 122. — Liquéfaction de l'acide carbonique (appareil Cailletet).

solidification, sous forme de neige, d'une autre partie du liquide.

On peut, avec cette neige, produire de très grands froids. Seule, elle ne refroidit pas beaucoup, parce qu'elle ne mouille pas les corps, mais si l'on y ajoute un peu d'éther qui établit un contact parfait, la température s'abaisse à 90° au-dessous de zéro. Placé sous un récipient, où l'on fait le vide, ce mélange descend à — 110°.

241. Propriétés chimiques. — Ce gaz rougit faiblement la teinture de tournesol ; il trouble l'eau de chaux en formant du carbonate de chaux insoluble.

Le gaz acide carbonique est impropre à la combustion : une bougie allumée, plongée dans ce gaz, s'y éteint immédiatement. On peut faire l'expérience de manière à mettre en évidence sa grande densité. Pour cela, on le verse sur la bougie (fig. 123) en inclinant l'éprouvette comme si l'on versait de l'eau ; on voit aussitôt la flamme s'éteindre.

L'acide carbonique est impropre à la respiration ; de là le danger de rester auprès d'une cuve où le vin est en fermentation dans un local mal aéré.

L'acide carbonique se dissocie à une température élevée, en donnant de l'oxyde de carbone et de l'oxygène. Il est décomposable par la plupart des corps combustibles, qui le ramènent à l'état d'oxyde de carbone. Nous ne citerons que l'exemple du carbone.

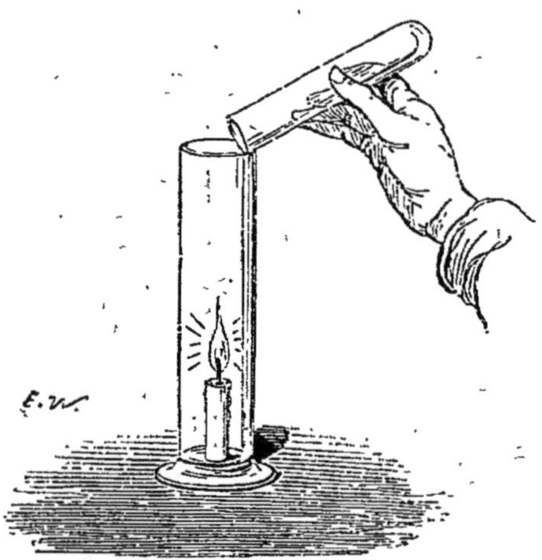

Fig. 123. — Acide carbonique versé sur une bougie.

242. Action du charbon. — Un courant de gaz acide carbonique, passant sur du charbon chauffé au rouge dans un tube de porcelaine (fig. 124), lui cède la moitié de son oxygène, et donne ainsi un volume d'oxyde de carbone double du volume de l'acide : $CO^2 + C = 2CO$.

La même réaction se produit toutes les fois que dans un fourneau allumé se trouve une couche épaisse de charbon ; l'acide carbonique formé à la base, en présence d'un excès d'oxygène, passant sur des charbons rouges, se décompose, et donne de l'oxyde de carbone qui vient se dégager à la partie supérieure. Si toute la couche de charbon est incandescente, le gaz oxyde de carbone arrivant à une température élevée au contact de l'air, brûle avec une flamme bleue, et reproduit de l'acide carbonique ; si, au contraire, l'oxyde de carbone s'est refroidi en traversant des couches épaisses de charbons noirs, l'oxyde de carbone ne pouvant brûler se répand dans l'atmosphère et peut produire l'asphyxie (253).

243. Composition. — On détermine la composition de l'acide carbo-

Fig. 124. — Décomposition de l'acide carbonique par le charbon.

nique en faisant brûler du charbon dans de l'oxygène pur. Pour cela, on prend un ballon à trois tubulures; par l'une d'elles on peut faire le vide et remplir ensuite le ballon d'oxygène pur. Les deux autres tubulures sont traversées par des fils de platine, dont l'un est terminé par une petite coupelle contenant le charbon pur ou le diamant sur lequel on veut opérer. En faisant communiquer les deux extrémités des fils avec une pile, on voit le charbon brûler et disparaître, et l'on reconnaît que le volume n'a pas changé; on en doit conclure que l'acide carbonique contient un volume d'oxygène égal au sien.

Si de la densité de l'acide carbonique. 1,529
On retranche la densité de l'oxygène. 1,106
Il reste un poids de carbone égal à. 0,423

Ce qui donne pour la composition en centièmes :

Carbone. 27,6
Oxygène. 72,4
100,0

244. Synthèse de Dumas et Stas. — La composition de l'acide carbonique a été établie d'une manière rigoureuse par la belle expérience de Dumas et Stas.

Leur méthode consiste à faire passer un courant d'oxygène sur du diamant ou du graphite pur, chauffé au rouge dans un tube de porcelaine D (fig. 125). L'acide carbonique produit est absorbé par des tubes à potasse F, G tarés d'avance; leur augmentation de poids donne la quantité d'acide carbonique formé. Le carbone contenu dans la nacelle a été pesé avant et après. On connaît donc le poids du carbone, qui donne un poids connu d'acide carbonique. On trouve ainsi :

$$\begin{array}{llcr}
\text{Carbone:.} & 27,27 & & 6 \\
\text{Oxygène..} & 72,73 & \text{ou} & 16 \\
\hline
& 100,00 & & 22
\end{array}$$

Donc 6gr de carbone forment avec 16gr d'oxygène 22gr d'acide carbonique.

Remarque. — Comme dans la combustion du carbone i peut se former une petite quantité d'oxyde de carbone, on a disposé, à la suite de à nacelle, un peu d'oxyde de cuivre E qui transforme en acide carbonique le gaz qui, sans cela, échapperait à l'absorption par la potasse.

On peut enfin, à l'aide d'un tube à ponce sulfurique placé avant la potasse, recueillir l'eau provenant d'une petite quantité d'hydrogène, qui existe quelquefois combiné avec le carbone.

245. Origine de l'acide carbonique de l'atmosphère. — L'acide carbonique existe dans l'atmosphère à la dose de 5 dix-millièmes. Il est produit par la respiration des animaux

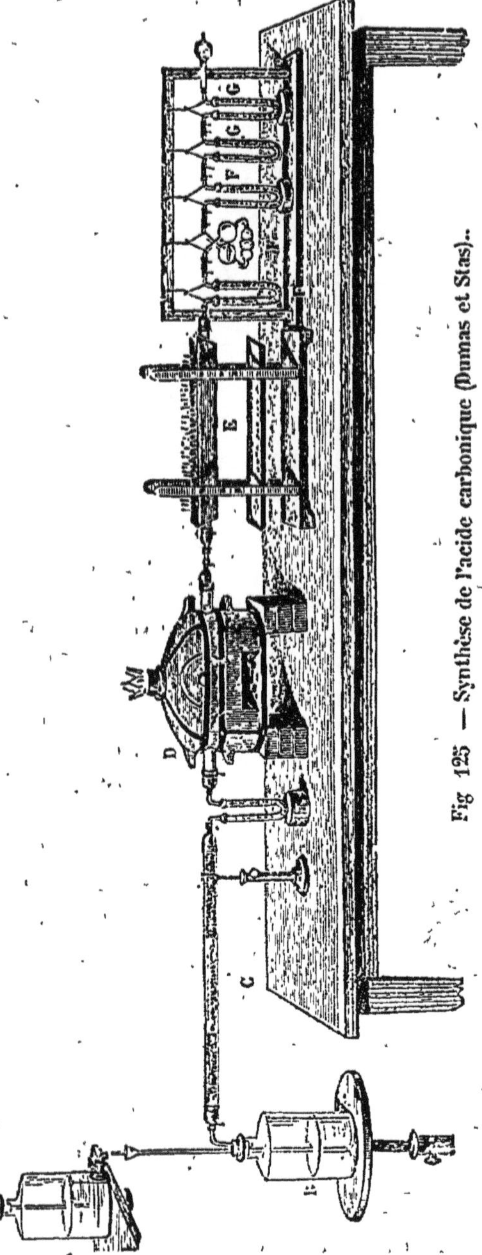

Fig 125 — Synthèse de l'acide carbonique (Dumas et Stas).

par les combustions qui constituent nos moyens de chauffage et d'éclairage, par les fermentations et la décomposition des matières organiques. Certaines eaux minérales sont très chargées d'acide carbonique, telles sont les eaux de Seltz, de Pougues, etc.

Ce gaz se dégage quelquefois des fissures du sol, comme dans la grotte du Chien, près de Pouzzoles. Cette grotte doit son nom à ce qu'elle présente une couche, haute d'environ 50 centimètres, d'acide carbonique, dans laquelle un chien, ou tout animal de petite taille, périt asphyxié, tandis qu'un homme peut y respirer sans malaise.

L'acide carbonique tendant toujours, par sa grande densité, à s'accumuler dans les parties les plus basses, peut rendre irrespirable l'air de certaines caves, ou d'autres salles mal aérées. On reconnaît facilement si l'air est vicié par l'acide carbonique en y faisant pénétrer une bougie allumée ; elle s'y éteint, même dans le cas où la quantité d'acide carbonique serait insuffisante pour produire l'asphyxie. Il faut alors assainir l'air, soit en neutralisant l'acide carbonique par un peu d'ammoniaque, soit en renouvelant l'air au moyen d'un ventilateur.

La production de l'acide carbonique dans la respiration, peut se démontrer en faisant passer les gaz qui sortent des poumons dans un tube de verre plongé dans de l'eau de chaux (fig. 126). On voit la dissolution se troubler rapidement, et un précipité abondant se produire. L'air ordinaire n'aurait donné qu'un trouble à peine sensible.

246. Purification de l'air. — Rôle des végétaux.

Si la proportion d'acide carbonique, qui existe dans l'air, n'augmente pas malgré la quantité énorme de ce gaz que fournissent les sources que nous venons d'énumérer, cela tient à l'action des plantes pendant le jour. Pour *se nourrir*, les parties vertes des végétaux, sous l'influence des rayons solaires, décomposent l'acide carbonique de l'air, s'emparent du carbone et mettent l'oxy-

Fig. 126. — Eau de chaux traversée par l'acide carbonique sortant des poumons.

gène en liberté. Par leur *respiration*, les plantes exhalent constamment de l'acide carbonique, mais ce dégagement est très lent, tandis que la production de l'oxygène, corrélative de leur nutrition pendant le jour, est rapide.

Une grande partie de l'acide carbonique de l'air en est encore enlevée par l'eau de pluie et par l'eau des rivières et des mers. L'eau, ainsi chargée d'acide carbonique, dissout les carbonates, les phosphates, la silice, et devient propre à entretenir la vie des végétaux et des animaux.

247. Usages. — L'acide carbonique est employé pour la fabrication de l'eau de Seltz artificielle et des limonades gazeuses. Il rend mousseux le cidre, la bière et le vin (vin de Champagne).

Dans la nature, l'eau chargée d'acide carbonique dissout le carbonate de chaux qui, ainsi dissous, sert à la nutrition des plantes, ou fournit aux mollusques et aux animaux inférieurs les matériaux nécessaires à la sécrétion de leur enveloppe solide.

248. Carbonates usuels. — Les carbonates les plus importants sont : 1° le *carbonate de potasse*, que l'on obtient par l'incinération des végétaux qui croissent loin de la mer ; 2° le *carbonate de soude*, que l'on extrait des cendres des végétaux marins ; 3° le *carbonate de chaux*, qui constitue le *marbre*, la *craie* et les *calcaires* employés comme pierre à bâtir ; 4° le *carbonate de plomb* (*céruse* ou *blanc de plomb*), employé en peinture.

OXYDE DE CARBONE (CO = 14 — 2 vol.)

PRÉPARATION — PROPRIÉTÉS RÉDUCTRICES
ASPHYXIE PAR L'OXYDE DE CARBONE — POÊLES DE FONTE — USAGES

L'oxyde de carbone a été découvert par Priestley, qui l'obtint en chauffant un mélange de charbon et d'oxyde de zinc.

249. Production. — L'oxyde de carbone n'existe pas dans la nature. Il se produit, comme nous l'avons vu, chaque fois que du charbon brûle en présence d'une quantité insuffisante d'oxygène. Il se forme également de l'oxyde de carbone quand l'acide carbonique passe sur des charbons chauffés au rouge (**242**), ou quand on décompose par le charbon un oxyde difficilement réductible, comme l'oxyde de zinc. — Les oxydes facilement réductibles par la chaleur, comme l'oxyde de cuivre, donnent au contraire de l'acide carbonique.

250. Préparation — On prépare l'oxyde de carbone en chauffant un mélange d'acide oxalique avec 6 fois son poids d'acide sulfurique concentré, dans un ballon (fig. 127) muni d'un tube de sûreté et d'un tube à dégagement qui se rend dans un flacon laveur contenant de la potasse. L'acide sulfurique, très avide d'eau, s'empare de celle de l'acide oxalique ; cet acide, ne pouvant exister anhydre à cette température, se décompose en volumes égaux d'oxyde de carbone et d'acide carbonique. Ce dernier gaz est, en grande partie, absorbé par la potasse du flacon laveur, mais il s'en dégage toujours un peu avec l'oxyde de carbone :

$$C^2O^3,3HO + 3(SO^3,HO) = CO + CO^2 + (3SO^3,2HO).$$
Acide oxalique.   Ac. sulfurique.   Oxyde de carbone.   Ac. carbonique.   Ac. sulfurique.

251. Propriétés physiques. — C'est un gaz incolore, inodore et insipide. Sa densité est 0,967. Il est peu soluble dans l'eau. Il a été

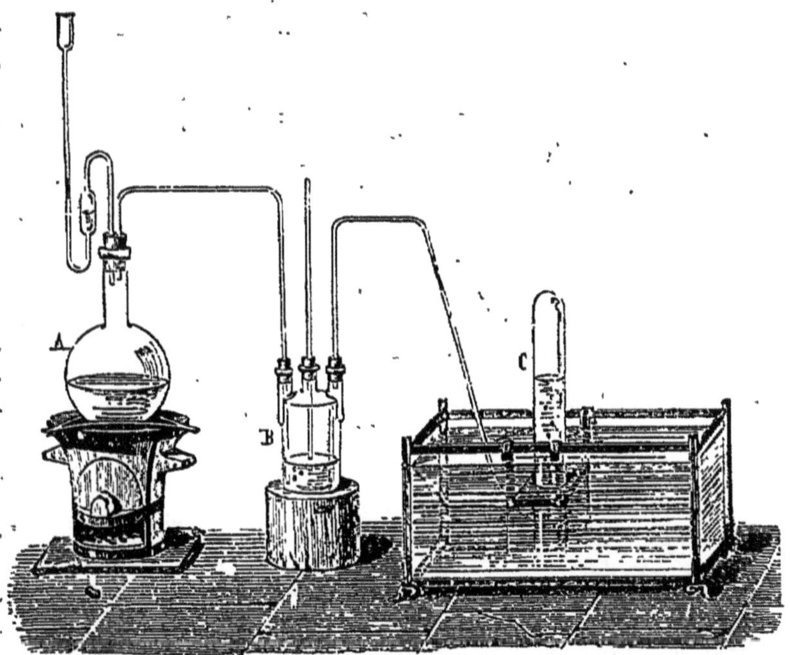

Fig. 127. — Préparation de l'oxyde de carbone.

liquéfié par M. Cailletet. M. Olszewski l'a obtenu liquide à — 190° sous la pression atmosphérique, et solide en masse neigeuse vers — 200° sous la pression de 100 millimètres.

252. Propriétés chimiques. — L'oxyde de carbone est un corps neutre ; il n'agit ni sur la teinture de tournesol, ni sur l'eau de chaux.

Il se décompose à haute température en donnant du charbon et de l'acide carbonique : $2CO = C + CO^2$. Il brûle au contact de l'air avec une flamme bleue caractéristique, en donnant de l'acide carbonique reconnaissable à son action sur *l'eau de chaux* (241).

L'oxyde de carbone est un réducteur constamment utilisé dans l'industrie ; il décompose la plupart des oxydes et les ramène à l'état métallique, en passant lui-même à l'état d'acide carbonique (page 130).

NICKEL-CARBONYLE. — L'oxyde de carbone sec se combine à froid avec le nickel *réduit*, et donne le nickel-carbonyle, liquide incolore bouillant à 46° décomposable par la chaleur et combustible.

L'oxyde de carbone donne à froid avec le fer réduit le *fer-carbonyle*.

253. Asphyxie par le charbon. — On a longtemps attribué à l'acide carbonique les propriétés délétères des gaz qui se dégagent du charbon brûlant au contact de l'air. F. Leblanc a montré que l'oxyde de carbone est l'agent principal de l'asphyxie. C'est un gaz éminemment toxique, tandis que l'acide carbonique agit simplement en empêchant le dégagement de l'acide carbonique contenu dans le sang. Un centième d'oxyde de carbone suffit pour tuer un oiseau. Un chien périt plus rapidement dans une atmosphère contenant 5 pour 100 d'oxyde de carbone, que dans une enceinte contenant 55 pour 100 d'acide carbonique.

L'oxyde de carbone est d'autant plus redoutable qu'il ne trahit sa présence par aucune odeur.

En général, on reconnaît la présence de l'oxyde de carbone par les maux de tête et les vertiges qu'il occasionne presque instantanément : il faut alors déterminer une ventilation rapide en ouvrant les portes et les fenêtres. — On doit éviter d'allumer des charbons dans un appartement non aéré ; il faut également se garder d'y éteindre des charbons avec de l'eau, car il se produit alors (221) de l'oxyde de carbone en même temps que de l'hydrogène.

Les poêles que l'on charge de coke pour une durée de 12 heures environ, tels que les poêles dits poêles mobiles, fournissent de grandes quantités d'oxyde de carbone. Leur emploi dans les appartements devient extrêmement dangereux, dès que tirage est insuffisant.

Fig. 128. — Analyse de l'oxyde de carbone.

MM. H. Sainte-Claire Deville et L. Troost ont constaté par de nombreuses expériences que les poêles en fonte (qui ne sont pas doublés intérieurement d'un revêtement en briques réfractaires) laissent diffuser à travers leurs parois, portées au rouge, ou même seulement au rouge sombre, de l'oxyde de carbone, gaz délétère se répandant dans l'atmosphère ambiante.

254. Composition. — On introduit dans l'eudiomètre (fig. 128) 2 volumes d'oxyde de carbone et 1 volume d'oxygène; on fait passer une étincelle. Il se produit une flamme bleue, et les 5 volumes de gaz mélangés se trouvent réduits à 2 volumes qui sont de l'acide carbonique, car ils sont complètement absorbables par la potasse. L'oxyde de carbone exige donc la moitié de son volume d'oxygène pour se transformer en acide carbonique. Or, nous savons (243) que ce dernier contient son volume d'oxygène. 1 volume d'oxyde de carbone ne contient donc que $\frac{1}{2}$ volume d'oxygène. La considération des densités permet d'achever l'analyse, en déterminant la quantité de carbone.

$$\begin{array}{ll} \text{Si de la densité de l'oxyde de carbone.} & 0,9670 \\ \text{on retranche la demi-densité de l'oxygène.} & 0,5528 \\ \hline \text{il reste.} & 0,4112 \end{array}$$

Si nous admettons que ce nombre 0,414 représente la demi-densité de la vapeur de carbone, la composition de l'oxyde de carbone et celle de l'acide carbonique suivront les lois de Gay-Lussac, et l'on dira que 2 volumes d'oxyde de carbone sont formés de 1 volume de vapeur de carbone et 1 volume d'oxygène sans condensation, tandis que l'acide carbonique contient 2 volumes d'oxygène et 1 volume de vapeur de carbone condensés en 2 volumes.

255. Usages. — C'est surtout comme réducteur que l'oxyde de carbone est utilisé dans la *métallurgie :* le charbon mêlé aux minerais se transforme d'abord en acide carbonique au contact de l'oxygène de l'air en excès. Cet acide carbonique, rencontrant du charbon chauffé au rouge, se décompose en oxyde de carbone; ce dernier réagit sur l'oxyde métallique, le réduit et se transforme de nouveau en acide carbonique.

L'oxyde de carbone qui se dégage à la partie supérieure des hauts fourneaux est utilisé depuis quelques années. La chaleur qu'il fournit en brûlant est employée à chauffer l'air qui doit être injecté par les tuyères; on utilise ainsi une chaleur jusqu'ici perdue, et qui cependant est considérable : 14^{gr} d'oxyde de carbone dégagent en brûlant 54^c, quantité supérieure à celle $(20^c,5)$, que dégagerait le même volume d'hydrogène en brûlant pour donner de la vapeur d'eau.

SULFURE DE CARBONE ($CS^2 = 38 - 2$ vol.)

ANALOGIE AVEC L'ACIDE CARBONIQUE — COMBUSTIBILITÉ
DISSOLUTION DU PHOSPHORE ORDINAIRE ET DES CORPS GRAS
VULCANISATION DU CAOUTCHOUC

256. Préparation. — Le sulfure de carbone s'obtient par la combinaison directe du soufre et du charbon.

On emploie, pour cette préparation, une cornue de grès tubulée; dans la tubulure pénètre un tube de porcelaine; on remplit la cornue de braise concassée, et l'on chauffe au rouge dans un fourneau à réverbère (fig. 129). L'extrémité supérieure du tube de porcelaine est fermée à l'aide d'un bouchon, qu'on peut ôter ou remettre à volonté; l'extrémité du tube latéral de la cornue est munie d'une allonge recourbée, qui pénètre dans un récipient contenant de l'eau et refroidi. Quand la cornue est portée au rouge, on introduit un morceau de soufre par l'extrémité supérieure, et l'on rebouche : le soufre fond, coule vers la partie chaude et, se vaporisant, rencontre le charbon incandescent, avec lequel il forme du sulfure de carbone, qui se condense dans l'allonge et se réunit sous l'eau du flacon. Il se dégage, par le tube du récipient, des gaz étrangers, provenant de l'action du soufre sur l'hydrogène du charbon et sur l'eau du bouchon.

Fig. 129. — Préparation du sulfure de carbone.

Le sulfure de carbone qui s'est rassemblé au fond de l'eau est coloré par un peu de soufre qu'il tient en dissolution. On le sépare de l'eau, puis, après l'avoir desséché, en l'agitant avec des morceaux de chlorure de calcium, on le distille au bain-marie en ayant soin que les vapeurs ne puissent pas se dégager dans le voisinage du fourneau.

257. Propriétés physiques. — C'est un liquide incolore, très mobile, d'une odeur fétide, quand il n'est pas pur.

Sa densité est 1,293. Il bout à 45°. La densité de sa vapeur est 2,645. Quand on l'évapore dans le vide, il produit un froid de — 60°.

Il dissout le soufre et le phosphore, qui peuvent ensuite se déposer sous forme de cristaux par l'évaporation lente du liquide.

Il est insoluble dans l'eau, et soluble dans l'alcool et l'éther.

258. Propriétés chimiques. — Le sulfure de carbone est indécomposable par la chaleur. Il est très combustible : il brûle avec une flamme bleue en donnant de l'acide sulfureux et de l'acide carbonique :

$$CS^2 \quad + \quad OO \quad = \quad CO^2 \quad + \quad 2SO^2.$$

Sulfure de carbone.   Oxygène.   Ac. carbonique.   Ac. sulfureux

La vapeur de sulfure de carbone produit avec l'oxygène ou l'air des mélanges qui détonent avec violence. — Les métaux décomposent le sulfure de carbone en donnant un sulfure et du charbon.

Le sulfure de carbone joue le rôle d'*acide* vis-à-vis des sulfures alcalins; on obtient ainsi des *sulfocarbonates*, analogues aux carbonates. De là le nom d'acide *sulfocarbonique* donné à ce corps.

Exemples :   Sulfocarbonate de sulfure de potassium KS,CS^2.
                   —   — de sodium NaS,CS^2.

259. Applications. — Le sulfure de carbone est préparé industriellement pour plusieurs applications importantes. La première a pour but de débarrasser le *phosphore rouge* du *phosphore ordinaire* ; cette séparation repose sur ce que le phosphore ordinaire est soluble dans le sulfure de carbone, tandis que le phosphore rouge y est insoluble.

Une seconde application est la *vulcanisation du caoutchouc* : ce corps, flexible à la température ordinaire, devient très mou dès que la température s'élève ; il durcit, au contraire, quand la température s'abaisse ; on peut lui communiquer la propriété de rester flexible, même aux plus basses températures, en le trempant dans du sulfure de carbone contenant du soufre et un peu de chlorure de soufre en dissolution. Le caoutchouc, ainsi préparé, est le *caoutchouc vulcanisé*.

Une troisième application importante du sulfure de carbone consiste dans son emploi soit seul, soit combiné avec du sulfure de potassium KS, à l'état de *sulfo-carbonate de potasse* KS,CS^2 pour la destruction du *phylloxera* de la vigne.

On emploie encore le sulfure de carbone pour retirer le suint des laines, et extraire les corps gras, soit des résidus de la fonte des suifs, ou de l'extraction des huiles d'olive, ou des graisses, soit des chiffons gras qui ont servi au nettoyage dans les filatures ou sur les locomotives, etc. Les corps gras ainsi extraits sont ensuite employés à faire du savon ou des bougies.

CYANOGÈNE ($C^2Az = Cy = 26 — 2$ vol.)

ANALOGIE AVEC LE CHLORE — PRODUCTION — PARACYANOGÈNE

260. Historique. — Le *cyanogène*, ainsi nommé parce qu'il existe comme partie essentielle dans le bleu de Prusse, a été obtenu en 1814 par Gay-Lussac. Ce fut le premier exemple d'un corps composé, jouant le rôle d'un corps simple, dans ses combinaisons. Il se conduit, en effet, vis-à-vis de l'hydrogène et des métaux, comme un radical analogue au chlore, au brome et à l'iode.

261. État naturel. — Production. — Le cyanogène n'existe pas isolé ; il se forme chaque fois que le *carbone* et l'*azote* se trouvent, à une température convenable, en présence d'un *alcali* ou d'un *carbonate alcalin*. — C'est ainsi qu'on obtient du cyanure de potassium quand on calcine des matières azotées, telles que du sang, des muscles, ou de la corne, avec du carbonate de potasse.

On produit également un cyanure quand on fait passer un courant d'azote ou d'air sur des charbons imprégnés de potasse, ou sur un mélange de carbonate de baryte et de charbon.

L'ammoniaque passant sur des charbons chauffés au rouge donne du cyanhydrate d'ammoniaque.

262. Préparation. — On obtient le cyanogène en chauffant dans une petite cornue de verre du cyanure de mercure bien sec (fig. 150). Ce

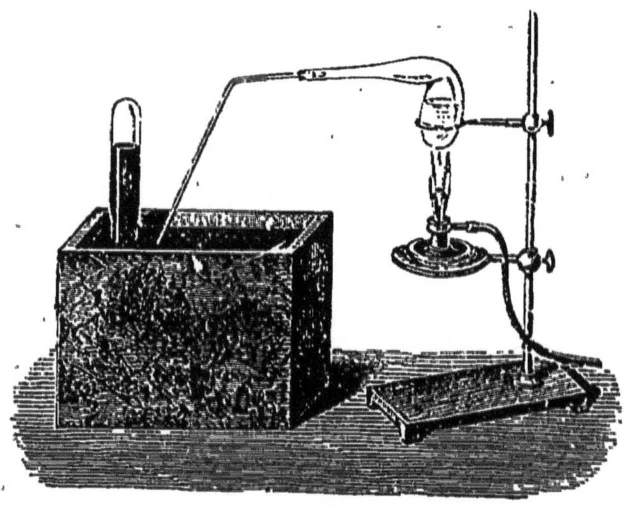

Fig. 150. — Préparation du cyanogène.

corps se décompose en mercure qui tapisse le col de la cornue, et en cyanogène qu'on recueille sur la cuve à mercure. Il reste dans la cornue une matière solide brune, qui a la même composition que le cyanogène, et qu'on appelle le *paracyanogène.*

263. Propriétés physiques. — Le cyanogène est un gaz incolore, d'une odeur vive et pénétrante. Sa densité est 1,806.

L'eau en dissout 4 fois son volume à la température ordinaire.

On peut le liquéfier à — 20° sous la pression de 4 atmosphères, ou à la pression ordinaire à la température produite par l'évaporation rapide de l'acide sulfureux. Le cyanogène liquéfié produit, en s'évaporant, un froid capable d'amener à l'état solide la partie non vaporisée.

264. Propriétés chimiques. — Le cyanogène est un corps combustible; il brûle avec une flamme pourpre caractéristique, en se transformant en azote et acide carbonique :

$$C^2Az \quad + \quad 4O \quad = \quad 2CO^2 \quad + \quad Az.$$

Cyanogène.   Oxygène.   Ac. carbonique.   Azote.

Il forme avec l'oxygène un mélange détonant.

Le cyanogène ne se combine directement avec aucun métalloïde, quoiqu'il puisse former avec la plupart d'entre eux des combinaisons définies.

Il s'unit directement avec le potassium et le sodium, indirectement avec tous les autres métaux. Les cyanures sont isomorphes des chlorures, bromures et iodures. — La dissolution du cyanogène dans l'eau s'altère rapidement et se colore en brun; elle contient alors du *carbonate*, du *cyanhydrate* et de l'*oxalate d'ammoniaque*.

ACIDE CYANHYDRIQUE (HC²Az = HCy = 27 — 4 vol.)

ANALOGIE AVEC L'ACIDE CHLORHYDRIQUE — POISON VIOLENT

265. Préparation. — On le prépare en chauffant dans un petit ballon de verre (fig. 151) du cyanure de mercure et de l'acide chlorhydrique :

$$HgCy \quad + \quad HCl \quad = \quad HgCl \quad + \quad HCy.$$

Cyanure de mercure.   Ac. chlorhydrique.   Chlorure de mercure.   Ac. cyanhydrique.

La vapeur, après avoir passé sur du marbre, qui la débarrasse de l'acide

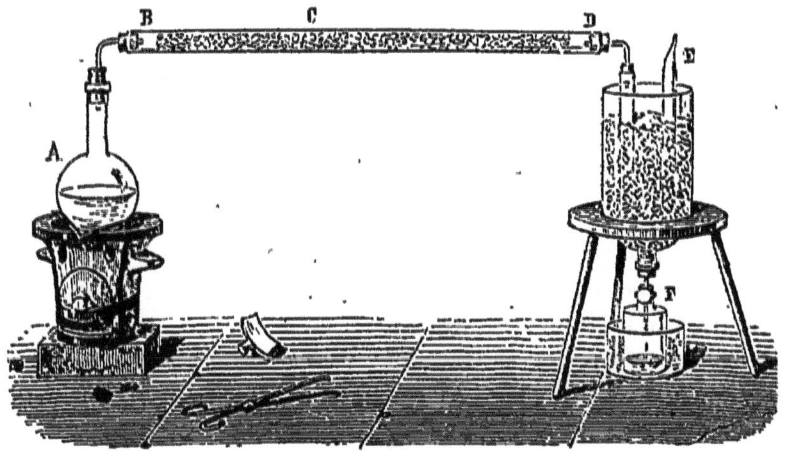

Fig. 151. — Préparation de l'acide cyanhydrique.

chlorhydrique entraîné, et sur du chlorure de calcium, qui retient l'eau, va se condenser dans un tube en U, entouré d'un mélange réfrigérant.

266. Propriétés. — L'acide cyanhydrique, découvert par Scheele, a été appelé acide *prussique* parce qu'on peut le retirer du bleu de Prusse. C'est un liquide incolore, d'une odeur d'amandes amères. Sa densité est 0,69. Il bout à 26° et se solidifie à — 15°.

C'est le plus violent de tous les poisons. Son action est instantanée.

Il brûle au contact de l'air, avec une flamme pourpre, en donnant de l'acide carbonique, de l'eau et de l'azote :

$$HC²Az \quad + \quad 5O \quad = \quad HO \quad + \quad 2CO² \quad + \quad Az.$$

Ac. cyanhydrique.   Oxygène.   Eau.   Acide carbonique.   Azot.

Il ressemble à l'acide chlorhydrique par ses propriétés chimiques.

CHAPITRE IX
COMPOSÉS HYDROGÉNÉS DU CARBONE
ACÉTYLÈNE — ÉTHYLÈNE OU GAZ OLÉFIANT
GAZ DES MARAIS — BENZINE
GAZ DE L'ÉCLAIRAGE — FLAMME

267. Propriétés générales. — On connaît un grand nombre de carbures d'hydrogène naturels qui existent tout formés dans les végétaux. Il s'en produit d'ailleurs dans la décomposition des matières organiques, soit à la température ordinaire, soit à une température élevée.

Tous les carbures d'hydrogène sont décomposables par la chaleur, en carbone qui se dépose, et en hydrogène qui se dégage. Tous brûlent avec une flamme assez éclairante, en donnant de l'acide carbonique et de la vapeur d'eau. Ceux qui sont très riches en carbone brûlent avec une flamme très fumeuse, parce que, l'oxygène de l'air n'arrivant pas en assez grande quantité, l'hydrogène brûle d'abord, et une partie du carbone devient libre.

La plupart de ces carbures seront étudiés en chimie organique; nous n'examinerons ici que les types qui correspondent aux formules les plus simples, C^2H, C^2H^2, C^2H^4, c'est-à-dire l'acétylène, l'éthylène et le gaz des marais. On double ordinairement la formule des deux premiers (C^4H^2 et C^4H^4) pour que cette formule représente 4 volumes.

ACÉTYLÈNE ($C^4H^2 = 26 - 4$ vol.)

SYNTHÈSE — PRÉPARATION A L'AIDE DU GAZ DE L'ÉCLAIRAGE

ACTION DE LA CHALEUR — OXYDATION — RÉACTIF

268. Acétylène (C^2H ou C^4H^2). — Découvert par Ed. Davy, il a été étudié par M. Berthelot, qui en a fait la synthèse.

269. Production. — Le carbone, en se combinant directement avec l'hydrogène, produit de l'*acétylène* C^4H^2. M. Berthelot a le premier réalisé cette combinaison directe sous l'influence de l'arc voltaïque d'une pile d'environ 40 éléments, jaillissant entre deux charbons c, c', dans un ballon O traversé par un courant de gaz hydrogène (fig. 152).

Ce même corps se forme dans les combustions incomplètes de plusieurs carbures d'hydrogène. Il en existe dans le gaz de l'éclairage.

Il se produit de l'acétylène dans les combustions incomplètes : si, par exemple, dans une large éprouvette on verse un peu d'éther, puis du protochlorure de cuivre ammoniacal, et qu'on enflamme, on peut, en tournant l'éprouvette maintenue presque horizontale, constater la production sur ses parois, d'un dépôt d'*acétylure de cuivre*.

270. Préparation. — On le prépare fréquemment en faisant passer des vapeurs d'éther dans un tube de porcelaine chauffé au rouge ; les

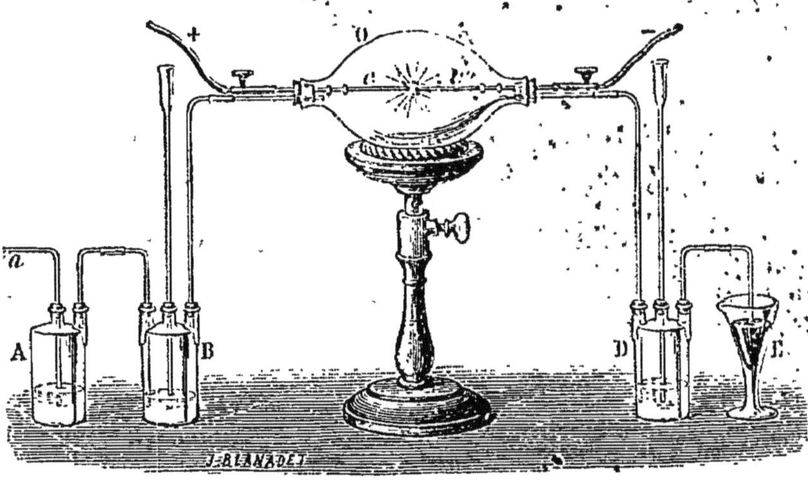

Fig. 152. — Synthèse de l'acétylène, par M. Berthelot.

gaz qui se dégagent traversent des éprouvettes contenant du protochlorure de cuivre ammoniacal : il s'y forme un précipité rouge d'*acétylure de cuivre* qui, décomposé par l'*acide chlorhydrique*, donnera l'*acétylène*.

On le prépare plus économiquement par la combustion incomplète du gaz de l'éclairage, dans un bec surmonté d'une cheminée communiquant avec des éprouvettes contenant du protochlorure de cuivre ammoniacal. Un aspirateur, placé à la suite de ces éprouvettes, force les gaz produits dans cette combustion incomplète à traverser le protochlorure ammoniacal.

271. Propriétés physiques. — C'est un gaz incolore, ayant l'odeur caractéristique du gaz de l'éclairage ; il est un peu soluble dans l'eau ; il a été liquéfié sous la pression de 48^{atm} à $1°$ (M. Cailletet). Sa densité est 0,92.

272. Propriétés chimiques. — Soumis à l'action de la chaleur dans une cloche courbe (fig. 153), par exemple, il donne des produits de condensation parmi lesquels on reconnaît la benzine $C^{12}H^6$:

$$3C^4H^2 = C^{12}H^6.$$
Acétylène.   Benzine.

Les étincelles électriques donneraient des résultats analogues.

Hydrogène. — L'acétylène, chauffé

Fig. 153. — Acétylène chauffé seul ou avec de l'hydrogène.

dans une cloche courbe avec de l'hydrogène (fig. 153), donne de l'éthylène C^4H^4 et de l'hydrure d'éthylène C^4H^6 mêlés aux produits de l'action de la chaleur sur l'acétylène.

Oxygène. — L'*oxygène* donne avec l'acétylène des produits qui varient suivant la manière dont on le fait agir. Ainsi l'acétylène, enflammé au contact de l'air, brûle avec une flamme éclairante et fuligineuse; il se produit de l'eau et de l'acide carbonique. 4 volumes d'acétylène, mêlés avec 10 volumes d'oxygène, détonent au contact d'une flamme :

$$C^4H^2 \ + \ 10\,O \ = \ 2HO \ + \ 4CO^2.$$

Acétylène.   Oxygène.   Eau.   Ac. carbonique.

La réaction est différente, si l'on fait agir sur l'acétylène des corps oxydants, comme le *permanganate de potasse.*

Une solution de permanganate, versée dans un flacon contenant de l'acétylène, se décolore par l'agitation, et donne un dépôt brun d'hydrate de bioxyde de manganèse; il se forme de l'*acide oxalique* dont on peut reconnaître la présence en filtrant la liqueur, et la traitant par du *sulfate de cuivre* : il se produit un précipité blanc d'*oxalate de cuivre.*

Le *chlore,* mêlé à l'acétylène, s'y combine souvent avec détonation, sous l'influence de la lumière. Quelquefois la réaction se produit lentement avec production de $C^4H^2Cl^2$ et de C^4HCl.

Le *brome* agit lentement et donne $C^4H^2Br^2$: l'*iode* donne, à 100°, $C^4H^2I^2$.

L'*azote* peut se combiner, à volume égal, avec l'acétylène sous l'influence des étincelles électriques (M. Berthelot) pour donner l'acide cyanhydrique; on dilue le mélange avec 20 volumes de gaz hydrogène :

$$C^4H^2 \ + \ Az^2 \ = \ 2C^2AzH.$$

Acétylène.   Azote.   Ac. cyanhydrique.

273. Réactif. — On reconnaît des traces d'acétylène, soit par le précipité rouge d'acétylure de cuivre que ce gaz donne avec le protochlorure de cuivre ammoniacal, soit par le précipité blanc jaunâtre d'acétylure d'argent qu'il produit dans l'azotate d'argent ammoniacal.

L'acétylène est le premier terme d'une série de corps homologues qui comprend l'*allylène* C^6H^4, le *crotonylène* C^8H^6, etc. [1].

GAZ OLÉFIANT OU ÉTHYLÈNE ($C^4H^4 = 28 — 4$ vol.)

GAZ OLÉFIANT — EXTRACTION DE L'ALCOOL — ACTION DU CHLORE — COMBUSTION

L'éthylène est souvent appelé *gaz oléfiant,* parce qu'il donne en se combinant avec le chlore une matière huileuse appelée *liqueur des Hollandais;* on l'appelle aussi *bicarbure d'hydrogène*

274. Préparation. — On l'obtient en chauffant dans un ballon de l'alcool avec de l'acide sulfurique concentré (fig 154); pour éviter le

[1]. Les corps homologues diffèrent les uns des autres par un certain nombre de fois C^2H^2.

boursouflement qui ne manquerait pas de se produire au milieu de la
réaction, on met au fond du ballon, comme l'a conseillé Wöhler, un peu

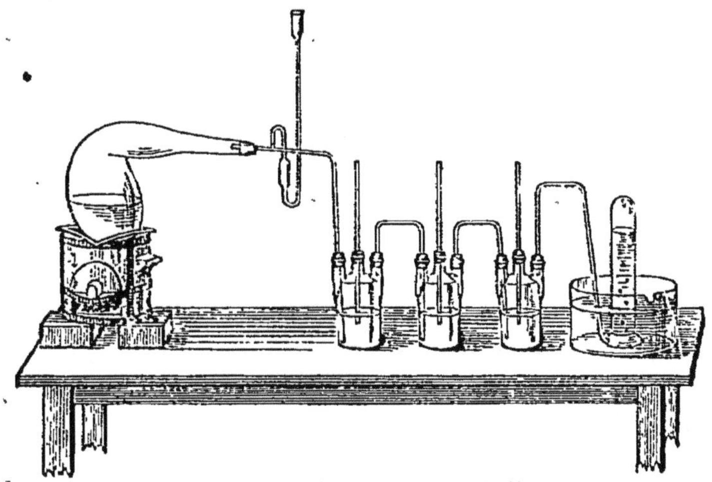

Fig. 151. — Préparation de l'éthylène.

de sable qui rend la décomposition plus régulière. L'alcool, sous l'influence de l'acide sulfurique avide d'eau, se dédouble :

$$C^4H^6O^2 = 2HO + C^4H^4.$$
Alcool.   Eau.   Éthylène.

Il faut élever la température jusqu'à 100° pour que cette réaction se
produise ; au-dessous de cette température, il se formerait de l'éther.

En même temps que l'éthylène se dégage, il se produit un peu d'acide
carbonique et d'acide sulfureux, provenant de l'action de l'éthylène sur
l'acide sulfurique. Les deux premiers flacons laveurs, contenant de la
potasse, retiennent l'acide sulfureux et l'acide carbonique ; un dernier
flacon contenant de l'acide sulfurique retient l'éther et la vapeur d'eau.

275. Propriétés physiques. — L'éthylène ou bicarbure d'hydrogène
est un gaz incolore, d'une odeur légèrement empyreumatique, sans saveur.

Sa densité est 0,97 ; un litre de ce gaz pèse $1^{gr},203 \times 0,07 = 1^{gr},254$.

L'eau en dissout le sixième de son volume à la température ordinaire.
L'alcool en dissout 3 fois son volume dans les mêmes conditions ; l'éther
en dissout encore davantage.

Faraday a liquéfié l'éthylène, sous l'influence d'une forte pression et
du froid produit par un mélange d'acide carbonique solide et d'éther.

276. Propriétés chimiques. — L'éthylène se décompose sous l'influence
de la chaleur ou d'une série d'étincelles ; il donne de l'hydrogène, du
charbon et du gaz des marais C^2H^4.

Il brûle au contact de l'air avec une flamme blanche très éclairante, en
produisant de l'eau et de l'acide carbonique,

$$C^4H^4 + 12O = 4HO + 4CO^2.$$
Éthylène.   Oxygène   Eau.   Ac. carbonique.

Une partie du carbone échappe à la combustion et se dépose, si l'ouverture de l'éprouvette ne laisse pas arriver l'air assez rapidement.

Un mélange de 4 volumes d'éthylène avec 12 volumes d'oxygène détone avec une violence extrême, et le flacon est toujours brisé. Aussi ne doit-on faire cette expérience qu'après avoir entouré le flacon d'un linge épais.

ACTION DU CHLORE. — Le *chlore* donne, en agissant sur l'éthylène, des produits qui varient suivant la température à laquelle on opère :

1° Dans une grande éprouvette à pied pleine d'eau, et renversée sur la cuve à eau, on fait passer d'abord de l'éthylène jusqu'au *tiers* de la hauteur, on achève ensuite de remplir rapidement avec du chlore. L'éprouvette, bouchée avec une lame de verre, est alors retournée; le chlore, plus lourd, descend et se mélange à l'éthylène; on approche immédiatement une bougie allumée de l'orifice de l'éprouvette, le gaz prend feu et l'on voit une flamme rouge se propager régulièrement de haut en bas, accompagnée d'un nuage noir d'acide chlorhydrique mêlé de charbon,

$$C^4H^4 + 4Cl = 4C + 4HCl.$$

Éthylène.   Chlore.   Charbon. Ac. chlorhydrique.

2° A la température ordinaire, le chlore et l'éthylène se combinent à volumes *égaux;* la combinaison se fait lentement à la lumière diffuse, rapidement à la lumière solaire. Il se forme un liquide huileux d'une odeur éthérée, d'une saveur sucrée, connu sous le nom d'*huile des Hollandais,*

$$C^4H^4 + 2Cl = C^4H^4Cl^2.$$

Éthylène. Chlore. Huile des Hollandais.

Pour réaliser l'expérience, on remplit à moitié de chlore une grande cloche sur la cuve à eau, et l'on achève de la remplir avec l'éthylène. La cloche est ensuite placée sur un vase plat en verre (cristallisoir), où l'on verse de temps en temps de l'eau pour remplacer celle qui monte dans la cloche. Le gaz disparaît peu à peu, et il se forme des gouttelettes huileuses, qui grossissent et tombent au fond du vase.

Fig. 155. — Analyse de l'éthylène.

277. Composition. — On fait passer dans l'eudiomètre à mercure (fig. 155) 4 volumes d'éthylène et 20 volumes d'oxygène (l'excès d'oxygène empêche la rupture de l'appareil). Après le passage de l'étincelle, on voit de l'eau ruisseler sur les parois et il reste 16 volumes de gaz. Un fragment de potasse introduit alors en absorbe 8 volumes. Le reste est de l'oxygène. Comme 8 volumes d'acide carbonique contiennent 4 volumes de vapeur de carbone et 8 volumes d'oxygène, il en résulte que 4 volumes d'oxygène ont été employés à former de l'eau, et que, par conséquent, 4 volumes d'éthylène sont formés de 4 volumes de vapeur de carbone et de 8 volumes d'hydrogène.

$$
\begin{array}{lr}
\text{Si à la densité de la vapeur de carbone} \ldots \ldots & 0{,}8284 \\
\text{On ajoute 2 fois la densité de l'hydrogène} \ldots \ldots & 0{,}1584 \\
\hline
\text{On obtient la densité de l'éthylène} \ldots \ldots \ldots & 0{,}9668
\end{array}
$$

L'éthylène est le premier terme d'une série de carbures homologues tels que le *propylène* C^6H^6, le *butylène* C^8H^8, l'*amylène* $C^{10}H^{10}$, etc.

278. Usages. — Ce gaz, qui se produit dans la décomposition de la houille, existe en petite quantité dans le gaz de l'éclairage.

GAZ DES MARAIS OU FORMÈNE OU MÉTHANE ($C^2H^4 = 16 — 4$ vol.)

ÉTAT NATUREL — FEU GRISOU — ACTION DU CHLORE
PRODUITS DE SUBSTITUTION

279. État naturel. — Le *formène*, ou *méthane*, ou *gaz des marais* se produit dans la décomposition spontanée des matières organiques, au fond de la vase des marais et de toutes les eaux stagnantes.

Il se dégage du sol dans plusieurs contrées, où on peut l'enflammer; il brûle alors d'une manière continue, et peut être utilisé, soit pour les usages domestiques, soit pour la fabrication de la chaux et des poteries.

On connaît des sources de cette nature en France dans l'Isère, en Italie, en Angleterre, en Crimée, en Perse et au Mexique.

Le gaz des marais existe encore sous forme de petites bulles emprisonnées, sous une pression considérable, dans les blocs de sel gemme.

280. Préparation. — 1° On obtient du gaz des marais en agitant avec un bâton la vase des marais et recueillant les bulles qui se dégagent dans un flacon rempli d'eau, renversé et muni d'un large entonnoir (fig. 156). Le gaz ainsi recueilli n'est pas pur; il contient un peu d'hydrogène libre, d'azote, d'oxygène et d'acide carbonique. On peut le débarrasser de l'oxygène par le phosphore, et de l'acide carbonique par la potasse. Les deux autres gaz restent dans le mélange.

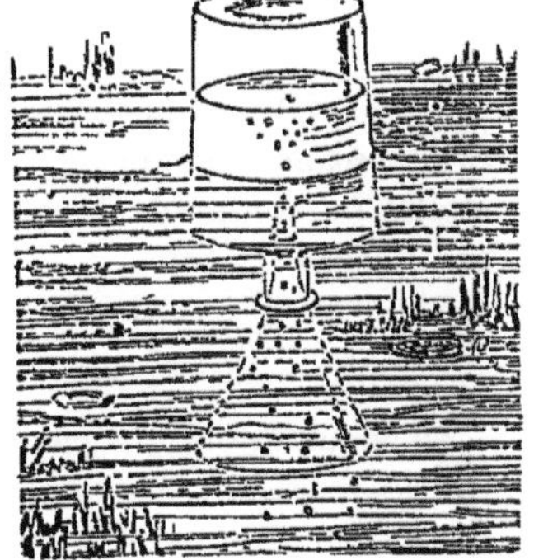

Fig. 156. — Extraction du gaz des marais.

2° On obtient le gaz formène-bien pur, en se fondant sur la propriété que possède le vinaigre ou *acide acétique*, de pouvoir se décomposer en *gaz des marais* et *acide carbonique*.

$$C^4H^4O^4 = C^2H^4 + 2CO^2.$$
Ac. acétique.   Formène. Ac. carbonique.

Pour obtenir cette décomposition, on utilise l'influence des alcalis, qui s'emparent de l'acide carbonique et laissent dégager le formène. L'opération se fait en chauffant dans une petite cornue (fig. 137) un

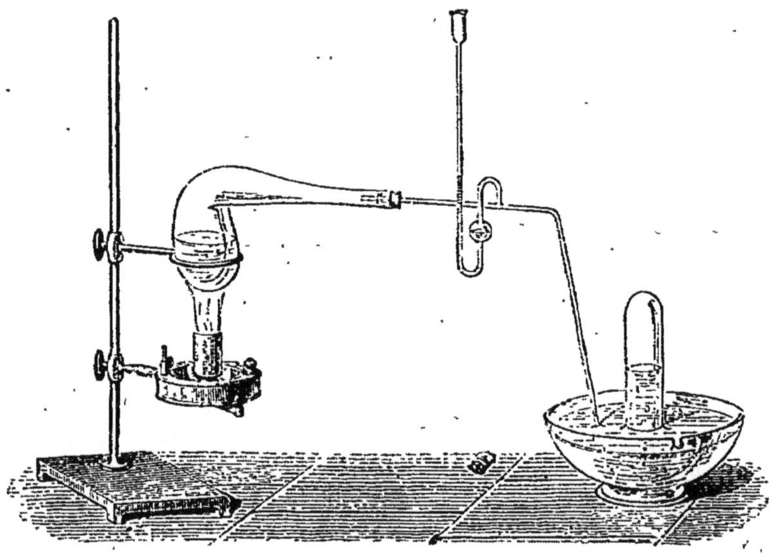

Fig. 137. Préparation du gaz des marais.

mélange intime de 1 partie d'*acétate de soude* fondu avec 4 parties de *chaux sodée* (obtenue en calcinant ensemble de la chaux vive avec la moitié de son poids de soude caustique). La réaction qui se produit est la suivante :

$$NaO,C^4H^3O^3 + NaO,HO = C^2H^4 + 2(NaO,CO^2).$$
Acétate de soude.   Soude.   Formène. Carbonate de soude.

La chaux intervient pour empêcher la fusion de la soude, qui attaquerait le verre. On a longtemps employé, au lieu de chaux sodée, de la baryte, qui ne fond pas et joue le même rôle que la soude.

284. Propriétés physiques. —Ce gaz est incolore, inodore et insipide.

Sa densité est 0,559; par suite, le poids d'un litre de ce gaz est $1^{gr},295 \times 0,559 = 0^{gr},727$. Il est très peu soluble dans l'eau. Il a été liquéfié par M. Cailletet, puis par M. Wroblewski. Le liquide bout à — 164° sous la pression atmosphérique. M. Olszewski l'a solidifié à — 186° sous la pression de 80 millimètres.

282. Propriétés chimiques. — Le formène brûle avec une flamme pâle, en donnant de l'eau et de l'acide carbonique :

$$C^2H^4 + 8O = 2CO^2 + 4HO.$$
Formène.   Oxygène. Ac. carbonique.   eau.

Un mélange de 4 volumes de formène et 8 volumes d'oxygène détone au contact d'une bougie, avec une violence telle, que le flacon est généralement brisé.

Grisou. — Le formène se dégage très abondamment dans quelques mines de houille; il se mêle alors avec l'air des galeries et produit des mélanges détonants, qui s'enflamment au contact de la lampe des mineurs, en produisant des explosions terribles. Les ouvriers, violemment jetés contre les parois de la mine, périssent en grand nombre dans ces explosions, qu'ils désignent sous le nom de *feu grisou*.

Le chlore agit également sur le formène. Le mélange de 4 volumes de ce gaz et de 8 volumes de chlore détone sous l'influence des rayons solaires, et produit de l'acide chlorhydrique et du carbone,

$$C^2H^4 + 4Cl = 4HCl + 2C.$$
Formène.   Chlore. Ac. chlorhydrique. Carbone.

La flamme d'une bougie déterminerait la même réaction.

A la lumière diffuse, l'action est moins vive, il se forme de l'acide chlorhydrique et des produits de substitution C^2H^3Cl, $C^2H^2Cl^2$, C^2HCl^3 (chloroforme) et enfin C^2Cl^4.

283. Composition. — On détermine la composition du gaz des marais en introduisant dans l'eudiomètre à mercure (fig. 155) 4 volumes de ce gaz avec 12 volumes d'oxygène. Après le passage de l'étincelle, on voit de l'eau ruisseler sur les parois, et il reste 8 volumes de gaz. Un fragment de potasse introduit alors dans le résidu gazeux le réduit à 4 volumes; elle a donc absorbé 4 volumes d'acide carbonique; le reste est de l'oxygène. Pour déduire de cette expérience la composition du gaz des marais, on remarque que sur les 8 volumes d'oxygène disparus, il y en a 4 qui ont été employés avec 2 volumes de vapeur de carbone à former les 4 volumes d'acide carbonique obtenus, et que, par suite, les 4 autres volumes ont servi, avec un volume double, c'est-à-dire avec 8 volumes d'hydrogène, à former de l'eau; d'où l'on conclut que 4 volumes de gaz des marais contiennent 2 volumes de vapeur de carbone et 8 volumes d'hydrogène condensés en 4 volumes.

On vérifie ces résultats par la considération des densités :

Si à la demi-densité de la vapeur de carbone. . .	0,4142
On ajoute 2 fois la densité de l'hydrogène	0,1584
On obtient à peu près la densité du gaz des marais.	0,5526

Le gaz des marais, ou formène, ou méthane C^2H^4 est le 1er terme d'une série de corps homologues parmi lesquels nous avons *l'hydrure d'éthy-*

lène ou *éthane* C^4H^6, *l'hydrure de propylène* ou *propane* C^6H^8, l'hydrure de *butylène* ou *butane* C^8H^{10}, etc., qui se trouvent dans le pétrole.

284. Usages. — Le gaz des marais est utilisé, comme nous l'avons dit, lorsqu'il se dégage du sol, pour la cuisson des poteries. Il se trouve en grande quantité dans le gaz de l'éclairage, comme on le verra plus loin.

BENZINE ($C^{12}H^6 = 78 — 4$ vol.)

EXTRACTION DES GOUDRONS — PROPRIÉTÉS DISSOLVANTES
PRODUITS CHLORÉS — NITRO-BENZINE

285. Benzine. ($C^{12}H^6$). — La benzine a été découverte, en 1825, par Faraday, dans les produits de la distillation des huiles. En 1833, Mitscherlich l'a obtenue en distillant du benzoate de chaux avec de la chaux,

$$C^{14}H^6O^4 = C^2O^4 + C^{12}H^6.$$
Ac. benzoïque.   Ac. carbonique.   Benzine.

M. Berthelot en a réalisé la synthèse en chauffant de l'acétylène dans une cloche courbe (fig. 158) :

$$5C^4H^2 = C^{12}H^6.$$
Acétylène   Benzine.

EXTRACTION. — C'est du goudron de houille qu'on retire la benzine. Elle se trouve dans les produits les plus volatils (*huiles légères*)

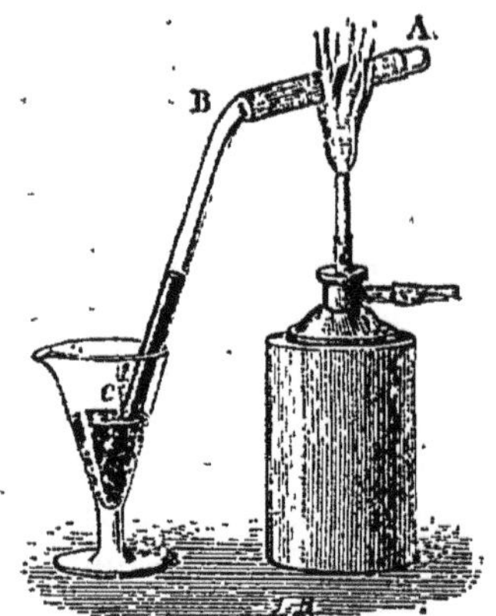

Fig. 158. — Synthèse de la benzine.

que, dans la distillation du goudron, on recueille au-dessous de 150°. On les agite successivement, avec 5 pour 100 d'acide sulfurique, pour enlever les alcalis entraînés (*aniline*, etc.), et avec 2 pour 100 de soude pour les débarrasser des *phénols*. On soumet ensuite le liquide à une distillation fractionnée dans un appareil analogue à celui qui sert pour la rectification de l'alcool, et qui permet de recueillir successivement, suivant leur point d'ébullition, la *benzine*, le *toluène*, le *xylène*, etc. On achève la purification en faisant cristalliser la benzine par refroidissement, et séparant les cristaux de la partie restée liquide. En recommençant plusieurs fois la cristallisation, avec séparation de la partie liquide, on obtient la benzine pure.

286. Propriétés physiques. — La benzine est un liquide incolore, dont la densité à 0° est 0,899. Elle se solidifie à 0°, en octaèdres droits à base rhombe ; elle bout à 80°,4. Elle est insoluble dans l'eau, mais soluble dans l'alcool et l'éther. Elle dissout l'iode, le soufre, le phosphore, le camphre, la cire, les corps gras et le caoutchouc.

287. Propriétés chimiques. — Sous l'influence de la chaleur, elle se décompose en donnant :

$$2C^{12}H^6 = C^{24}H^{10} + H^2. \qquad 3C^{12}H^6 = C^{36}H^{12} + H^6.$$
Benzine.　　Diphényle.　　　　Benzine.　Triphénylène.

Elle brûle au contact de l'air avec une flamme fuligineuse.

L'oxygène libre n'a pas d'action sur la benzine à la température ordinaire, mais les corps oxydants agissent : le permanganate de potasse la transforme en acide oxalique :

$$C^{12}H^6 + 24 O = 3C^4H^2O^8,$$
Benzine.　　Oxygène.　　Acide oxalique.

ACTION DU CHLORE. — L'action du chlore a été étudiée, en 1834, par Mitscherlich et par M. Péligot. Ce corps n'agit pas sur la benzine dans l'obscurité, mais, sous l'influence des rayons solaires directs, il y a réaction immédiate et formation d'*hexachlorure de benzine* $C^{12}H^6Cl^6$. On fait l'expérience en versant quelques gouttes de benzine dans un flacon plein de chlore, et exposant le flacon aux rayons solaires : on voit instantanément se former un nuage, qui se dépose lentement en prismes droits à base rhombe, fondant à 155° et bouillant à 288°. La flamme du magnésium détermine de même la réaction instantanée du chlore.

Ce corps, mis en contact avec une solution alcoolique de potasse, se décompose en acide chlorhydrique et *benzine trichlorée* :

$$C^{12}H^6Cl^6 = 3HCl + C^{12}H^5Cl^3.$$
Hexachlorure de benzine　Ac. chlorhydrique　Benzine trichlorée.

On obtient les dérivés chlorés successifs de la benzine (benzines chlorées $C^{12}H^5Cl$, $C^{12}H^4Cl^2$, $C^{12}H^3Cl^3$, $C^{12}H^2Cl^4$, $C^{12}HCl^5$, $C^{12}Cl^6$), en faisant arriver un courant de chlore dans la benzine où l'on a dissous un peu d'iode ; il se forme du chlorure d'iode, qui réagit sur la benzine avec dépôt d'iode.

Le BROME, en réagissant sur la benzine, donne l'*hexabromure de benzine*.

Il donne aussi des produits de substitution : la benzine monobromée, qui bout à 150°, et la benzine bibromée, qui fond à 89° et bout à 219°

288. Action de l'acide azotique. — La benzine versée peu à peu dans de l'acide nitrique fumant et refroidi, semble se dissoudre ; mais, si l'on étend ensuite d'une grande quantité d'eau, il se précipite un liquide huileux plus dense que l'eau. qui est la *nitrobenzine*.

$$C^{12}H^6 + AzO^5,HO = C^{12}H^5(AzO^4) + H^2O^2.$$
Benzine.　Ac. azotique,　Nitrobenzine.　　Eau.

Une réaction analogue se produit avec les homologues de la benzine : *toluène* $C^{14}H^8$, *xylène* $C^{16}H^{10}$, etc., qui s'extraient du goudron de houille.

289. Usages. — On emploie la benzine pour enlever les taches de corps gras. Le mélange de 3ᵖ de benzine et 1ᵖ d'alcool dissout les matières grasses mieux que la benzine seule. Un liquide formé de 1ᵖ de benzine et 2ᵖ d'alcool, brûle avec une lumière très éclairante et sans fumée.

La plus grande partie de la benzine du commerce est transformée en *nitrobenzine* qui sert à la fabrication de l'*aniline* et de ses composés.

9.

GAZ DE L'ÉCLAIRAGE

PHILIPPE LEBON — DISTILLATION DE LA HOUILLE — ÉPURATION DU GAZ

290. Historique. — L'éclairage au gaz est dû à un ingénieur français, Philippe Lebon. Il annonça, le premier, en 1786, qu'on pouvait obtenir, par la distillation du bois ou de la houille, un gaz combustible propre à donner une belle lumière. Ce procédé fut appliqué par Murdoch, en Angleterre, vers 1802, dans les ateliers de Watt.

L'éclairage public au gaz fut appliqué à Londres en 1810. Vers 1812, on éclaira, à Paris, l'hôpital Saint-Louis. Ce n'est qu'en 1820 que nos rues commencèrent à être éclairées la nuit, par le gaz de la houille.

291. Composition. — Le gaz sortant des cornues de distillation de la houille est surtout formé d'hydrogène et de gaz des marais, mêlés d'éthylène, d'acétylène et de benzine; on y trouve aussi, de l'azote, de l'oxyde de carbone, de l'acide carbonique, avec des traces d'acide sulfhydrique, de sulfure de carbone et de sulfhydrate d'ammoniaque, qui lui communiquent une odeur désagréable. La présence des traces de ces derniers composés, tient à ce que la houille contient quelques matières azotées et du bisulfure de fer (pyrite jaune d'or). Ils sont arrêtés par l'épuration.

100 kilogrammes de houille à longue flamme fournissent, en moyenne, de 28 à 30 mètres cubes de gaz.

292. Préparation. — On chauffe la houille au rouge cerise dans des cornues C de terre réfractaire (fig. 139). (Une température plus élevée, en décomposant les carbures à flamme éclairante, donnerait un dépôt de charbon et un gaz doué d'un moindre pouvoir éclairant.)

Le gaz qui se dégage se rend par un tube, partant de la partie antérieure de la cornue, dans un long cylindre B appelé *barillet*. Ce cylindre, qui reçoit le gaz de toutes les cornues, est à moitié rempli d'eau ; un trop-plein permet d'y maintenir un niveau constant. Les tubes venant des cornues plongent de 1 centimètre dans l'eau ; de cette façon, il n'y a jamais communication entre le gaz combustible, et l'air qui peut rentrer dans la cornue au moment où l'on remplace la houille.

Après avoir abandonné dans le barillet les produits les plus facilement liquéfiables, le gaz se rend dans les appareils, qui lui font subir d'abord une épuration *physique*, pour achever la condensation des produits qui pourraient, en se déposant ultérieurement, obstruer les tuyaux, puis une épuration *chimique* destinée à le débarrasser des produits qui le rendraient insalubre.

L'épuration physique se fait dans le *réfrigérant*. Cet appareil D se compose de plusieurs larges tubes en U renversés (*tuyaux d'orgue*), dont les extrémités aboutissent dans une caisse E qui reçoit les produits abandonnés par le gaz. C'est là que se condensent la vapeur d'eau, les goudrons et la plus grande partie des sels ammoniacaux. A la suite de

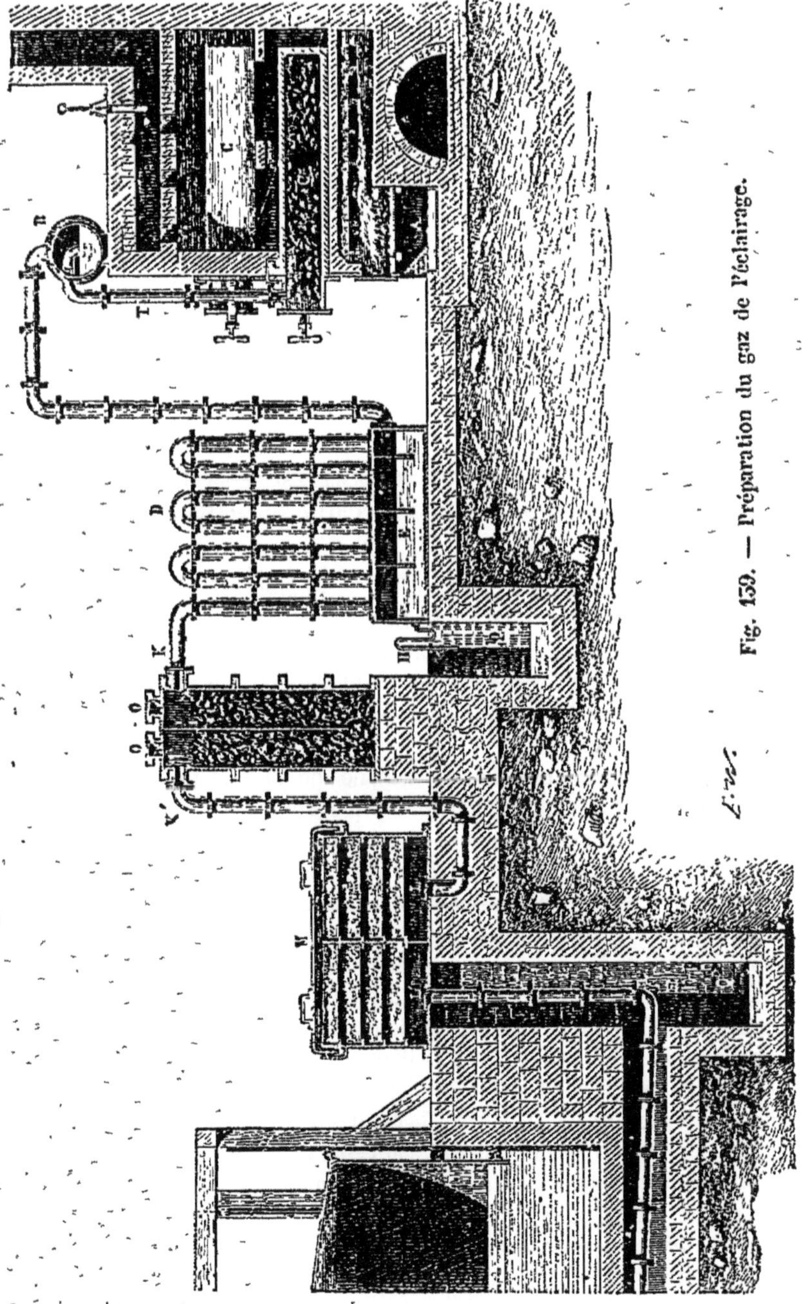

ces tubes se trouve un cylindre de fonte O séparé en deux compartiments et rempli de coke ; le gaz arrivant à la partie supérieure de l'un de compartiments, laisse, en filtrant à travers les interstices, une nouvell quantité de goudron et de sels ammoniacaux.

L'épuration chimique s'obtient en faisant passer le gaz dans les caisses L, L' garnies de claies superposées sur lesquelles on a répandu un mélange de sulfate de chaux et de sesquioxyde de fer, obtenu en précipitant le sulfate de fer en dissolution concentrée par la chaux, et exposant le mélange au contact de l'air. L'ammoniaque passe à l'état de sulfate d'ammoniaque, l'acide carbonique à l'état de carbonate de chaux ; quant à l'acide sulfhydrique, il donne, au contact du sesquioxyde de fer, de l'eau, du soufre et du sulfure de fer.

Le gaz ainsi épuré se rend dans une grande cloche en tôle G appelée gazomètre, où il s'emmagasine pour être distribué aux différents becs.

FLAMME

FLAMME D'UNE BOUGIE — FLAMME DU CHALUMEAU — FEU D'OXYDATION — FEU DE RÉDUCTION — EFFET DES TOILES MÉTALLIQUES — LAMPE DE SÛRETÉ DES MINEURS.

293. Des flammes en général. — *La flamme est toujours un gaz ou une vapeur en combustion.* — La flamme n'est pas un caractère essentiel de la combustion. Le charbon bien calciné, le fer, le cuivre et les métaux difficilement volatils brûlent sans flamme ; au contraire, l'hydrogène, le soufre et les métaux volatils, comme le magnésium et le zinc, brûlent avec flamme.

La température d'une flamme dépend de la chaleur dégagée par la combinaison du corps combustible avec l'oxygène de l'air. Ainsi la flamme de l'hydrogène est plus chaude que celle du charbon ; celle du charbon est plus chaude que celle du phosphore, qui l'emporte elle-même sur celle du soufre. Quant à l'éclat de la flamme, il tient aux matières qui s'y trouvent. Quand elle ne contient pas de corps solide, la flamme est généralement pâle, comme celle de l'hydrogène, du soufre, de l'oxyde de carbone. Au contraire, la présence de corps solides incandescents, au milieu de la flamme, lui donne de l'éclat ; ainsi, le zinc, le magnésium donnent des flammes brillantes, parce que l'oxyde de zinc ou l'oxyde de magnésium solides sont portés à l'incandescence. Si l'huile, la bougie, le gaz de l'éclairage brûlent avec éclat, c'est que, par suite de la combustion incomplète qui s'effectue au milieu de la flamme, il y a du carbone mis en liberté et rendu incandescent avant de brûler dans les parties extérieures. On peut démontrer l'existence du carbone libre dans la flamme, en y introduisant une soucoupe froide : il se forme immédiatement un dépôt de noir de fumée. La flamme pâle de l'hydrogène devient très brillante, dès qu'on y introduit un corps solide, comme de la chaux vive, un fil de platine ou des brins d'amiante.

On augmente l'éclat d'une flamme en élevant sa température (emploi
de gaz chauds); on l'augmente également par la pression : l'hydrogène
brûle avec grand éclat dans l'oxygène, sous une pression de 10 atmosphères.

294. Constitution d'une flamme. — La flamme produite par la combustion d'un corps composé n'est pas homogène. Si nous examinons la
flamme d'une bougie (fig. 140), nous constatons qu'elle présente trois
couches distinctes :

1° Dans son intérieur, tout autour de la mèche, un espace sombre *a*,
où la température est peu élevée ;

2° Autour de cet espace une enveloppe intermédiaire *b, b'*, brillante, qui constitue la partie éclairante
de la flamme ;

3° Enfin l'enveloppe extérieure, *cc'*, mince, peu colorée, jaune vers le haut, bleue vers le bas en *d', d ;*
c'est la partie la plus chaude.

La constitution de ces couches est facile à expliquer ;
la bougie fond par le rayonnement de la flamme ; la
matière fondue qui monte par capillarité dans la mèche y est décomposée par la chaleur. Les gaz combustibles qui en résultent constituent la partie obscure *a*
de la bougie ; ils n'y brûlent pas, faute d'oxygène. —
Dans la partie intermédiaire *b* la combustion commence, mais comme il y a excès de combustible, l'hydrogène brûle seul d'abord et porte à l'incandescence
le charbon réduit qui donne ainsi de l'éclat à la flamme.
Dans l'enveloppe extérieure *c*, la combustion se complète au contact d'un excès d'oxygène ; il y a donc là
plus de chaleur que dans la couche intermédiaire ;
mais comme les produits de la combustion (acide
carbonique et vapeur d'eau) sont gazeux, la flamme y
est peu brillante. La partie inférieure *dd'* de cette
couche extérieure est bleue, parce qu'elle est formée
par la combustion de l'oxyde de carbone et du protocarbure d'hydrogène, premiers produits de la décomposition de la bougie sous l'influence d'une température peu élevée.

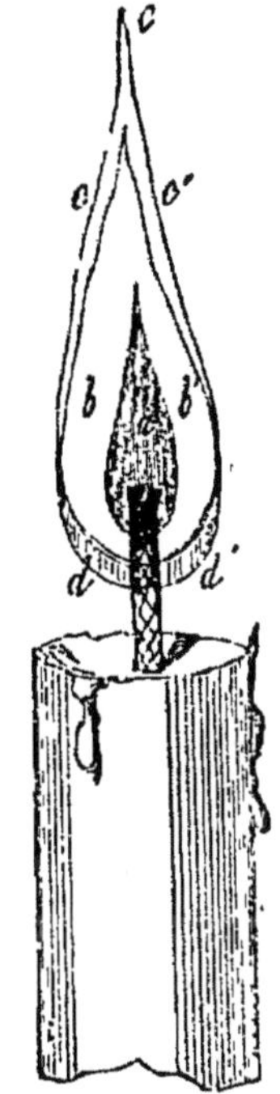

Fig. 140. — Consti-
tution de la flam-
me d'une bougie.

Lorsque l'air en contact avec la flamme n'est pas en quantité suffisante
pour fournir l'oxygène nécessaire à la combustion complète de l'hydrogène et du carbone, l'élément le plus combustible, l'hydrogène, brûle le
premier, avec une partie seulement du carbone, dont le reste se répand
en flocons dans l'atmosphère ; on dit alors que la flamme fume.

La flamme du gaz de l'éclairage et celle des lampes à huile ont la même
constitution ; on en augmente ordinairement l'éclat en déterminant la
combustion dans les becs annulaires à double courant d'air, et à cheminée

de verre. La flamme peut, dans ce cas, être considérée comme la réunion d'une série de flammes dont les mèches, placées au contact, forment un grand anneau. La cheminée de verre, qu'on peut abaisser ou élever, sert, par la position de sa partie rétrécie par rapport à la flamme, à régler le tirage ; s'il est très actif, c'est-à-dire si la partie étroite de la cheminée est descendue très près du niveau de la mèche, la combustion est elle-même très active ; mais comme les gaz brûlent presque au sortir de la mèche, la flamme est peu étendue et peu éclairante. Si le tirage est trop faible, c'est-à-dire si la partie étroite de la cheminée se trouve beaucoup au-dessus de la mèche, le cône s'allonge, mais la température

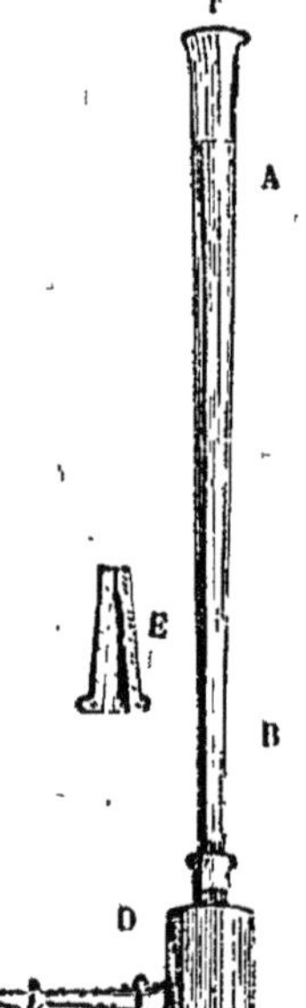

est alors trop peu élevée pour maintenir le charbon à l'incandescence, la flamme devient fumeuse et peu éclairante. On a le maximum d'éclat en réglant le tirage de manière à donner à la couche brillante le plus d'étendue possible, tout en déterminant une combustion complète.

295. Chalumeau. — On augmente beaucoup la chaleur d'une flamme quand on dirige dans son intérieur un courant d'air. Il active la combustion des gaz hydrocarbonés, et brûle les

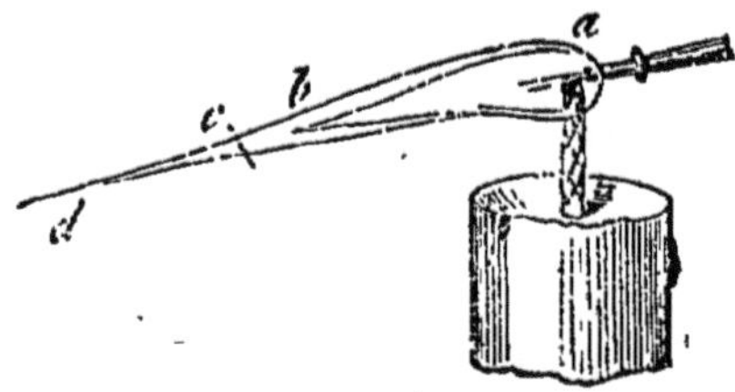

Fig. 141. — Chalumeau.

Fig. 142. — Flamme modifiée par l'air du chalumeau.

corps solides qui, pour se maintenir à l'incandescence, absorbaient une partie de la chaleur. La flamme ainsi modifiée peut être employée pour faire des soudures, et pour produire des phénomènes d'oxydation ou de réduction.

Le courant d'air est amené par un petit instrument appelé *chalumeau*. Cet instrument consiste (fig. 141) en un tube conique AB, muni d'une embouchure en ivoire ou en corne F. Son extrémité B pénètre dans une chambre C, destinée à condenser l'humidité de l'air insufflé. Le bout du tube latéral D, par lequel l'air s'échappe, est recouvert à frottement par un bec en platine qui présente une très petite ouverture E. Il faut un peu d'habitude pour souffler avec la bouche, de manière à obtenir un courant d'air *continu* et d'une vitesse convenable : si l'on souffle trop doucement, l'effet est insuffisant ; si l'on souffle trop fort, l'excès d'air réfroidit la flamme. Celle-ci se termine par un cône incliné présentant trois couches distinctes *a*, *b*, *c* (fig. 142). La couche intérieure est bleue vers son extrémité. La combustion y est complète; elle présente un maximum de température vers sa pointe où il n'y a plus excès d'air. La zone brillante *b* est encore très chaude, mais il y a excès de carbone. Enfin, la couche extérieure et pâle *c* présente encore une combustion complète, avec maximum de température à la pointe *d*.

Pour faire une soudure, on place la pièce dans la pointe bleue de la couche intérieure. — Si l'on veut réduire un composé oxygéné, on le place un peu au delà de ce cône bleu, au commencement de la zone brillante; cette partie constitue le *feu de réduction*. — Pour oxyder ou *griller* les corps, on les chauffe à l'extrémité *d* de la couche extérieure, où il y a à la fois température élevée et excès d'air; c'est le *feu d'oxydation*.

On obtient des effets plus intenses en remplaçant l'air insufflé des poumons par un courant de gaz oxygène; on parvient alors à fondre les corps les plus réfractaires, ainsi que nous le verrons à l'occasion du platine.

296. Moyen d'éteindre une flamme. — Quand on refroidit d'une manière quelconque les gaz qui brûlent dans une flamme, on peut faire cesser la combustion.

Si, par exemple, l'air est mélangé d'une trop forte quantité d'un gaz inerte comme l'acide carbonique, ce gaz prend pour lui une grande partie de la chaleur dégagée par la combustion, et l'on voit la bougie s'éteindre, bien que les animaux y puissent encore respirer.

L'insufflation d'une trop grande quantité d'air ou d'oxygène, éteint de même une bougie, par suite de l'abaissement de température qui résulte de l'absorption d'une partie de la chaleur par le gaz en excès.

Davy a trouvé dans la conductibilité des toiles métalliques un moyen très efficace pour refroidir les gaz combustibles d'une flamme, et faire cesser leur combustion. Si l'on abaisse une toile métallique sur une flamme (fig. 145), on aperçoit à travers la toile un cône tronqué présentant les trois couches des flammes ordinaires, mais la lumière s'arrête sous la toile; les gaz et le car-

Fig. 145. — Effet des toiles métalliques.

bone en excès traversent les mailles, mais leur température a été assez abaissée pour qu'ils ne brûlent plus. Ils n'ont cependant rien perdu de leurs propriétés, car si l'on approche une bougie allumée un peu au-dessus de la toile, ils s'enflamment de nouveau. La toile n'a donc fait que refroidir les gaz, en disséminant sur toute sa surface la chaleur dégagée dans la combustion.

Les toiles métalliques sont d'autant plus efficaces qu'elles sont à mailles plus serrées et d'un métal plus conducteur.

Davy a utilisé, vers 1815, cette importante propriété dans la construction de la *lampe de sûreté*, destinée à éclairer les mineurs, tout en prévenant l'explosion terrible du *feu grisou*.

297. Lampe de sûreté. — Elle se compose, comme le montre la figure 144, d'une lampe à huile A, dont la flamme est entourée d'une toile métallique B fixée sur le réservoir à huile par la cage C, qui la garantit de tout choc. Un fil de fer D recourbé traverse le réservoir et permet d'élever ou d'abaisser la mèche. Dès que le grisou se mêle à l'air, même en très petite proportion, le mineur en est averti par l'augmentation du volume de la flamme. Quand le gaz forme le $\frac{1}{12}$ du volume de l'air, tout le cylindre se remplit d'une flamme d'un bleu pâle. Cette flamme devient éclatante quand ce gaz forme le $\frac{1}{6}$ de l'air, enfin il y a explosion et la flamme s'éteint quand le gaz forme le $\frac{1}{3}$ de l'atmosphère.

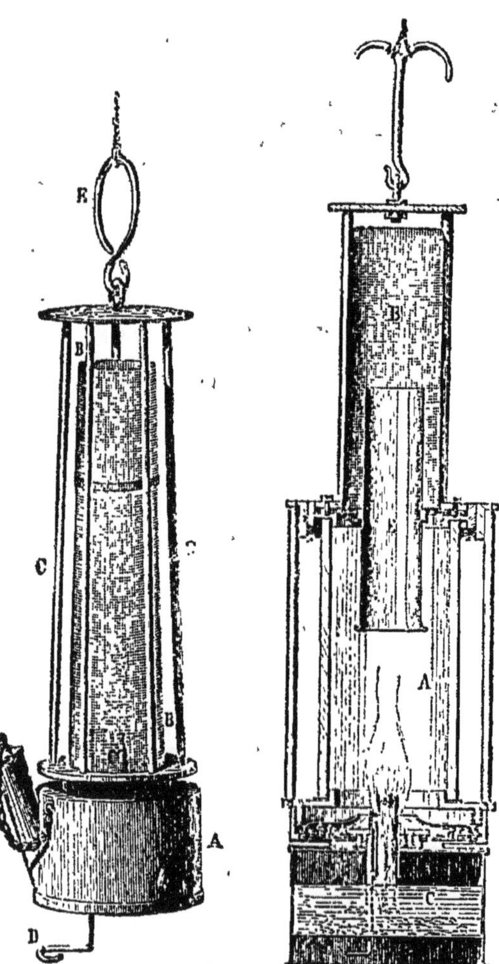

Fig. 144. — Lampe de sûreté (modèle Davy).   Fig. 145. — Lampe de sûreté (modèle Combes).

La lampe de Davy avait l'inconvénient de donner peu de lumière, l'éclat se trouvant considérablement affaibli par la toile métallique qui entoure la flamme. Combes a corrigé ce défaut tout en conservant les avantages du modèle primitif.

La flamme (fig. 145) est entourée d'un épais cylindre de cristal, surmonté d'une cheminée de cuivre, destinée à activer le tirage, et garnie d'une toile métallique. Des ouvertures, munies également de toiles métalliques, permettent à l'air de pénétrer par la partie inférieure.

Les explosions peuvent être évitées grâce à l'emploi de ces appareils, mais comme les mineurs commettent souvent l'imprudence d'enlever la partie supérieure de leur lampe, on compte encore un grand nombre d'accidents. Les explosions ne seront complètement évitées que lorsqu'à l'usage des lampes de sûreté se joindra l'habitude d'un bon système d'aérage, capable d'assainir toute l'étendue des galeries.

SILICIUM (Si = 14)

ANALOGIES PHYSIQUES DU SILICIUM AVEC LE CARBONE

Le silicium a été découvert en 1808 par Berzélius. On ne le connaissait qu'à l'état de poussière amorphe jusqu'en 1854, où H. Sainte-Claire Deville l'a obtenu à l'état cristallin.

298. Propriétés physiques. — Le silicium est un corps solide, qui présente de grandes analogies avec le carbone. Comme lui, il peut exister à l'état amorphe, à l'état graphitoïde et à l'état cristallin :

A l'*état amorphe*, c'est une poussière brune.

Le silicium *graphitoïde* est en lamelles hexagonales gris de plomb.

A l'*état cristallin*, le silicium a la forme d'octaèdres réguliers avec l'éclat métallique. Il fond au rouge vif; le silicium se dissout dans l'aluminium et dans le zinc.

299. Propriétés chimiques. — De même que le charbon ordinaire, le silicium amorphe brûle dans l'oxygène à une température peu élevée. A l'état cristallin, il ne brûle qu'au rouge vif, et encore l'attaque n'est-elle que superficielle, parce qu'il se forme à la surface des cristaux une couche imperméable d'acide *silicique*.

Le silicium est attaqué par le fluor, le chlore, le brome et l'iode.

L'acide fluorhydrique dissout à froid le silicium amorphe, le silicium cristallisé n'est attaqué que par le mélange d'acides azotique et fluorhydrique.

SILICE ou ACIDE SILICIQUE (SiO² = 30)

QUARTZ OU CRISTAL DE ROCHE — GRÈS — SABLE — PIERRE MEULIÈRE
SILEX — AGATE

300. État naturel. — La silice constitue le quartz, le grès, le sable, la pierre meulière, le silex, l'agate. Il en existe dans les eaux courantes; on la trouve dans les jets d'eau chaude qui, sortant des fissures du sol en Islande, constituent les *geysers*, analogues aux *suffioni* de Toscane.

Combinée avec les bases, elle entre dans un grand nombre de roches. On peut reproduire artificiellement la silice en versant un acide; l'acide chlorhydrique par exemple, dans une dissolution de silicate de soude.

301. Propriétés physiques. — Amorphe, c'est une poudre blanche, insoluble, insipide, rude au toucher. Elle ne fond qu'au chalumeau à gaz oxygène et hydrogène. Sa densité est 2,2.

Cristallisée, elle raye le verre. Sa densité est 2,6. On l'appelle quartz ou cristal de roche. Elle se présente en prismes hexagonaux terminés par des pyramides à six faces (fig. 145).

301 bis. Propriétés chimiques. — L'acide silicique n'est attaqué que par l'acide fluorhydrique. La réaction représentée par la formule suivante est utilisée pour la gravure sur verre (448) :

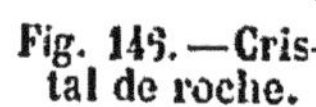

Fig. 145. — Cristal de roche.

$$SiO^2 \quad + \quad 2FHl \quad = \quad SiFl^2 \quad + \quad 2HO,$$

Silice.   Ac. fluorhydrique.   Fluorure de silicium.   Eau.

Les alcalis en dissolution dissolvent la silice gélatineuse à froid, et la silice calcinée à l'ébullition; le quartz est très lentement attaqué.

Au rouge, les carbonates alcalins sont attaqués par l'acide silicique avec dégagement d'acide carbonique.

La silice et les silicates, comme l'acide borique et le borax, dissolvent les oxydes métalliques. Aussi le forgeron qui veut souder deux barres de fer a-t-il soin de les saupoudrer de sable, qui, dissolvant l'oxyde formé, laisse en contact parfait les deux surfaces métalliques à réunir.

Le quartz est employé pour des objets d'ornement. L'agate est utilisée, à cause de sa grande dureté, pour faire des mortiers et des brunissoirs. Les grès servent pour le pavage et pour les meules à aiguiser. Les sables entrent dans la composition des mortiers destinés aux constructions; ils forment un élément indispensable des poteries (faïences ou porcelaines) et de tous les verres, depuis le verre à bouteilles jusqu'au cristal et aux émaux.

BORE (Bo = 11).

Le bore s'obtient à l'état de poudre *amorphe* en décomposant l'acide borique par le potassium (Gay-Lussac et Thenard en 1808), ou par le sodium (H. Deville et Wöhler), ou par le magnésium (Moissan). — H. Deville et Wöhler ont obtenu des *borures d'aluminium*, des *borocarbures d'aluminium* et des *borures de carbone* cristallisés, infusibles et fixes.

302. Propriétés. — Le bore amorphe brûle dans l'oxygène, la vapeur de soufre, le chlore, le brome. Il brûle au rouge sombre dans l'azote et dans le bioxyde d'azote en donnant de l'*azoture de bore* BoAz.

Les borures d'aluminium et les borures de carbone sont attaqués par le chlore au rouge. Les borures de carbone se dissolvent au rouge dans le bisulfate de potasse ainsi que dans la soude caustique ou dans le carbonate de soude.

ACIDE BORIQUE ($BoO^3,3HO$)

SUFFIONI DE LA TOSCANE — BORAX

303. État naturel et préparation. — On trouve, dans certains lacs de l'Inde et de l'Amérique, du borate de soude ou *borax*. Ce sel, traité par l'acide chlorhydrique à la température de l'ébullition, donne de l'acide borique qui cristallise par refroidissement.

$$NaO,2BoO^3 + HCl + 5HO = NaCl + 2(BoO^3,5HO).$$

Borate   Ac. chlor-   Eau   Chlorure de   Ac. borique.
de soude.   hydrique.   sodium.

On extrait également l'acide borique du borate de chaux naturel de l'Asie Mineure et de l'Amérique.

La plus grande quantité de l'acide borique actuellement employée vient de la Toscane, où il sort du sol par des crevasses appelées *suffioni*, avec de la vapeur d'eau et des gaz : azote, acide sulfhydrique, carbure d'hydrogène et hydrogène libre (Ch. Deville et F. Leblanc).

On creuse autour de ces crevasses des bassins ou *lagoni*. L'eau agitée par la vapeur et les gaz qui se dégagent, s'enrichit peu à peu; on la fait passer d'un premier bassin dans un second, puis dans un troisième, et on la concentre ensuite dans des cuves en plomb chauffées par d'autres *suffioni*. Les eaux ainsi obtenues laissent déposer de l'acide borique par refroidissement. Cet acide est impur, il contient jusqu'à 20 % de matières étrangères.

Pour purifier l'acide borique brut, on le traite par le carbonate de soude, qui le transforme en borax. Ce sel, purifié par plusieurs cristallisations, n'a plus besoin que d'être traité par l'acide chlorhydrique pour donner de l'acide borique pur.

304. Propriétés physiques. — Cet acide se présente à l'état de paillettes cristallines, transparentes et incolores. Il est peu soluble à froid, beaucoup plus soluble à chaud.

L'alcool le dissout mieux et il brûle alors avec une flamme *verte* caractéristique, qui permet de le reconnaître partout où on le rencontre.

Chauffé, l'acide borique perd son eau de cristallisation, puis fond au rouge en une masse *vitreuse*, qui se volatilise au rouge blanc. Cette volatilité a été utilisée par Ebelmen pour reproduire des pierres précieuses : l'*alumine*, dissoute dans l'acide borique fondu, cristallise par la volatilisation lente de cet acide dans un four à porcelaine, et donne le *corindon*, etc.

305. Usages. — L'acide borique et le borax possèdent la propriété de dissoudre les oxydes métalliques. Cette propriété les fait employer en bijouterie pour le décapage des métaux précieux que l'on veut souder.

CHAPITRE X

CLASSIFICATION DES MÉTALLOIDES
PROPRIÉTÉS SPÉCIALES DE L'HYDROGÈNE

DIVISION EN FAMILLES

306. Classification de Dumas. — Dumas a divisé les métalloïdes en quatre groupes ou familles naturelles.

La première comprend le *chlore*, le *brome*, l'*iode* et le *fluor*.

La seconde, l'*oxygène*, le *soufre*, le *sélénium* et le *tellure*.

La troisième, l'*azote*, le *phosphore* et l'*arsenic*.

La quatrième, le *carbone*, le *silicium* et le *bore*.

Cette classification, fondée sur la composition et les propriétés des composés que les métalloïdes forment avec l'*hydrogène*, rapproche de la manière la plus heureuse les corps qui présentent des analogies remarquables.

Grâce à cette classification, il suffit de connaître un des corps de chaque groupe pour prévoir les réactions que présenteront les autres corps de la même famille, quand ils seront placés dans les mêmes circonstances.

307. Analogie de l'hydrogène avec les métaux. — L'hydrogène seul reste en dehors des métalloïdes ainsi classés. L'hydrogène ressemble en effet beaucoup plus à un métal qu'à un métalloïde.

1° Nous avons déjà fait observer (18) que l'hydrogène est bon conducteur de la chaleur comme les métaux.

2° L'hydrogène forme, en se combinant avec l'oxygène, un composé, l'eau, qui peut jouer le rôle de *base* vis-à-vis des acides énergiques. C'est ainsi que nous avons vu l'eau entrer, comme base, dans les phosphates ordinaires (129), dans les pyrophosphates et dans les arséniates. Les *acides hydratés* peuvent eux-mêmes être regardés comme des sels d'*hydrogène*. Exemple : l'*acide sulfurique* SO^3,HO ou *sulfate d'hydrogène*.

3° Le zinc, en décomposant le sulfate d'hydrogène SO^3,HO, agit exactement comme il le ferait sur le sulfate de cuivre CuO,SO^3 :

$$Zn + SO^3,HO = H + ZnO,SO^5.$$

Zinc.   Sulfate d'hydrogène.   Hydrogène.   Sulfate de zinc.

$$Zn + CuO,SO^5 = Cu + ZnO,SO^5.$$

Zinc.   Sulfate de cuivre.   Cuivre.   Sulfate de zinc.

M. Stas a fait voir que l'hydrogène, en passant sur du sulfate d'argent légèrement chauffé, le décompose, donne de l'*argent* métallique et de l'acide sulfurique ou sulfate d'hydrogène qui distille. L'hydrogène comprimé décompose même le sulfate d'argent à froid.

4° L'hydrogène forme avec le potassium, le sodium et le palladium, de véritables alliages doués de l'éclat métallique et dont les formules sont K^2H, Na^2H, Pa^2H (L. Troost et P. Hautefeuille).

L'hydrogène se conduisant constamment comme un métal, il n'y a rien d'étrange à admettre l'existence d'un métal gazeux, l'hydrogène, à côté du métal liquide, le mercure.

PREMIÈRE FAMILLE

CHLORE, BROME, IODE, FLUOR

ANALOGIE DES ACIDES CHLORHYDRIQUE, BROMHYDRIQUE ET IODHYDRIQUE
ISOMORPHISME DES CHLORURES, BROMURES ET IODURES

308. Propriétés générales. — Ces quatre corps sont caractérisés par leur grande affinité pour l'hydrogène : 2 volumes de ces corps, en s'unissant à 2 volumes d'hydrogène, donnent 4 volumes d'un hydracide énergique, gazeux, à la température ordinaire, fumant à l'air, très soluble dans l'eau et formant avec elle des hydrates définis.

Bien que le fluor n'ait été isolé que dans ces derniers temps, on l'a classé depuis longtemps dans cette famille, parce que les propriétés de l'acide fluorhydrique rappellent celles de l'acide chlorhydrique.

En agissant sur un même métal, ces corps forment des composés généralement isomorphes : tels sont, par exemple, les chlorure, bromure et iodure de potassium. La solubilité et la plupart des propriétés chimiques de ces composés présentent aussi une grande analogie : ainsi, les chlorure, bromure et iodure de plomb sont peu solubles, surtout à froid. Les chlorure, bromure et iodure d'argent sont insolubles dans l'eau, mais solubles dans l'hyposulfite de soude; ils sont altérables à la lumière.

Le chlore, le brome et l'iode ont peu d'affinité pour l'oxygène; ils ne se combinent jamais directement avec ce gaz, et les composés qu'ils forment indirectement avec lui sont peu stables : on ne connaît pas de composé oxygéné du fluor; les composés oxygénés du chlore sont au nombre de cinq et tous facilement décomposables; le brome forme avec l'oxygène des oxacides moins nombreux et moins stables, en absorbant encore plus de chaleur. Enfin l'iode forme avec l'oxygène des acides oxygénés, qui sont plus stables que les composés correspondants du chlore et du brome.

L'affinité pour l'hydrogène va en décroissant du chlore au brome et du brome à l'iode; ainsi le brome décompose l'acide iodhydrique en s'emparant de son hydrogène; le chlore décompose les acides bromhydrique et iodhydrique.

En ayant égard à l'ordre d'affinité décroissante pour l'hydrogène, on classe ces corps dans l'ordre suivant : fluor, chlore, brome, iode.

Le tableau suivant nous montre que cet ordre est aussi celui que leur assigne l'ensemble de leurs propriétés physiques.

Ces corps ont tous une odeur pénétrante caractéristique ; ils irritent les organes de la respiration.

	FLUOR, Fl.	CHLORE, Cl.	BROME, Br.	IODE, Io.
État physique à la température ordinaire.	Gaz.	Gaz verdâtre.	Liquide rouge.	Solide gris de fer.
Densité à l'etat solide ou liquide	»	1,55	2,97	4,95
Densité de vapeur . .	»	2,44	5,4	8,7
Point d'ébullition. . .	»	—50°	63°	175°
Équivalent en poids. .	19	35,50	80	127
Équivalent en volume.	»	2 vol.	2 vol.	2 vol.

DEUXIÈME FAMILLE

OXYGÈNE, SOUFRE, SÉLÉNIUM, TELLURE

ANALOGIE DES ACIDES SULFHYDRIQUE, SÉLÉNHYDRIQUE ET TELLURHYDRIQUE
ISOMORPHISME DES SULFURES, SÉLÉNIURES ET TELLURURES

309. Propriétés générales. — Ces corps s'unissent à l'hydrogène pour former des corps faiblement acides.

1 volume de ces corps se combine avec 2 volumes d'hydrogène, et donne 2 volumes de vapeur du composé.

Nous avons signalé les analogies du soufre avec l'oxygène, en montrant que le charbon et les métaux brûlent dans la vapeur de soufre comme dans l'oxygène, et qu'ils donnent de l'acide sulfocarbonique ou des sulfures qui présentent la plus grande analogie avec l'acide carbonique ou avec les oxydes correspondants.

Les analogies du soufre, du sélénium et du tellure entre eux sont encore plus évidentes : les acides sulfhydrique, sélénhydrique, tellurhydrique, sont des acides faibles, assez peu solubles dans l'eau et doués d'une odeur désagréable d'œufs ou de choux pourris. Les séléniures et les tellurures sont isomorphes avec les sulfures ; on les rencontre constamment réunis dans la nature.

Le soufre, le sélénium et le tellure donnent, en brûlant dans l'oxygène ou dans l'air, des acides sulfureux, sélénieux, tellureux, formés de 1 volume de vapeur du corps avec 2 volumes d'oxygène, condensés en 2 volumes du composé. — Ces acides se transforment, en présence des corps oxydants, en acides sulfurique, sélénique, tellurique, qui donnent avec les bases des sels isomorphes.

Le tableau suivant nous montre que l'ordre dans lequel nous les avons rangés est justifié par l'ensemble de leurs propriétés.

On y voit que l'équivalent augmente avec la fixité du corps et avec sa tendance à prendre l'aspect métallique.

Ces remarques s'appliquent d'ailleurs aux autres familles.

	OXYGÈNE, O.	SOUFRE, S.	SÉLÉNIUM, Se.	TELLURE, Te.
État.	Gaz incolore.	Solide jaune.	Solide brun rouge.	Solide gris métall.
Densité à l'état solide.	»	2,05	4,8	6,26
Densité à l'état gazeux.	1,1056	2,22	5,6	8,93
Point de fusion.	»	111°	217°	550°
Point d'ébullition.	»	440°	700°	Rouge.
Équivalent en poids.	8	16	39,75	64,5
Équivalent en volume.	1 vol.	1 vol.	1 vol.	1 vol.

TROISIÈME FAMILLE

AZOTE, PHOSPHORE, ARSENIC

ANALOGIE DE L'AMMONIAQUE, DU PHOSPHURE D'HYDROGÈNE ET DE L'ARSÉNIURE
D'HYDROGÈNE — ISOMORPHISME DES PHOSPHATES ET DES ARSÉNIATES

310. Propriétés générales. — Ces corps ont pour caractère essentiel la propriété de former avec l'hydrogène des composés gazeux, qui sont des bases ou des corps neutres. Parmi ces composés, l'ammoniaque AzH^3 est formée de 6 volumes d'hydrogène et 2 volumes d'azote, condensés en 4 volumes ; les phosphure et arséniure d'hydrogène PhH^3 et AsH^3 sont formés de 6 volumes d'hydrogène et de 1 volume de vapeur de phosphore ou d'arsenic, condensés également en 4 volumes.

L'ammoniaque est une base énergique, le phosphure d'hydrogène est une base faible, jouant le même rôle que l'ammoniaque vis-à-vis de l'acide iodhydrique ; enfin l'arséniure d'hydrogène est un corps neutre.

L'azote, le phosphore et l'arsenic forment avec l'oxygène des acides énergiques, qui neutralisent parfaitement les alcalis. L'analogie du phosphore et de l'arsenic se traduit par l'isomorphisme des phosphates et des arséniates que l'on trouve constamment associés dans la nature.

Le tableau suivant nous montre que, pour cette famille comme pour les précédentes, la densité, les points de fusion et d'ébullition s'élèvent en même temps que l'équivalent.

	AZOTE, Az.	PHOSPHORE, Ph.	ARSENIC, As.
État.	Gaz incolore.	Solide incolore.	Solide gris métallique.
Densité à l'état solide.	»	1,84	5,65
Densité à l'état gazeux	0,9713	4,32	10,5
Point de fusion.	»	44°,2	Rouge sombre.
Point d'ébullition.	»	290°	Rouge sombre.
Équivalent en poids.	14	51	75
Équivalent en volume.	2 vol.	1 vol.	1 vol.

QUATRIÈME FAMILLE

CARBONE, SILICIUM

ANALOGIE DE CES CORPS SIMPLES

311. Propriétés générales. — Le carbone et le silicium sont solides, infusibles, et fixes à toutes les températures de nos fourneaux. Ils présentent les mêmes modifications moléculaires; aussi les connaît-on à l'état amorphe, à l'état graphitoïde et à l'état cristallin (système cubique). Facilement attaqués par les réactifs quand ils sont amorphes, ils deviennent presque inattaquables à l'état cristallin.

Le diamant est le plus dur de ces deux corps. Le silicium est seul fusible; cependant Desprez a ramolli et volatilisé un peu de charbon, sous l'influence d'une pile de 600 éléments.

Ces deux corps ne sont solubles que dans les métaux en fusion : le carbone est soluble dans la fonte de fer, le silicium dans l'aluminium et dans le zinc.

Les propriétés chimiques n'établissent pas, entre ces corps, autant d'analogie que leurs propriétés physiques.

Les composés oxygénés du carbone n'offrent pas d'analogie bien saillante avec ceux du silicium.

	CARBONE, C.	SILICIUM, Si.
État.	Cristallin, graphitoïde amorphe.	Cristallin, graphitoïde amorphe.
Densité à l'état cristallin. . . .	3,55	2,49
Équivalent.	6	14

311 bis. Bore. — On a laissé longtemps le *bore* dans la famille du silicium, parce que les acides borique et silicique présentent des propriétés semblables; ils sont fixes, fusibles à haute température et *vitrifiables*. Le *chlore*, le *fluor*, le *soufre*, forment avec le *silicium* et le *bore* des composés très analogues.

OBSERVATION GÉNÉRALE. — Le fluor, l'oxygène, l'azote et le carbone, placés chacun en tête d'une famille naturelle, présentent des propriétés exceptionnelles qui les éloignent, à quelques égards, des autres corps du même groupe. Ces propriétés exceptionnelles, qui nous ont forcé à placer l'hydrogène à part, expliquent le rôle spécial que ces corps jouent dans la nature. Ainsi le fluor paraît être l'agent qui a servi à minéraliser un grand nombre de substances minérales d'origine ignée. L'oxygène, l'azote, le carbone et l'hydrogène entrent dans la composition des matières organisées.

MÉTAUX

CHAPITRE PREMIER

GÉNÉRALITÉS SUR LES MÉTAUX ET LES ALLIAGES

PROPRIÉTÉS DES MÉTAUX

COULEUR — DENSITÉ — FUSION — CONDUCTIBILITÉ POUR LA CHALEUR ET POUR L'ÉLECTRICITÉ — MALLÉABILITÉ — DUCTILITÉ — TÉNACITÉ — PROPRIÉTÉS CHIMIQUES — ACTION DE L'AIR — CLASSIFICATION PRATIQUE

312. Définition. — Les métaux sont des corps simples qui se distinguent des métalloïdes, au point de vue chimique, par la propriété qu'ils possèdent de former, en se combinant avec l'oxygène, un ou plusieurs composés basiques. Au point de vue physique, ils s'en distinguent par un *éclat métallique;* ils sont bons conducteurs de la chaleur et de l'électricité. Réduits en poudre, les métaux perdent leur éclat et leur conductibilité; mais ils reprennent ces propriétés dès qu'ils deviennent plus compacts.

313. Propriétés physiques. — Les propriétés physiques des métaux ont une grande importance au point de vue des applications industrielles.

Les métaux sont solides, à l'exception du mercure, qui est liquide aux températures ordinaires.

Tous sont opaques quand on les prend sous une épaisseur suffisante. Réduits en lames minces, ils deviennent transparents; on le constate pour l'or à l'aide d'une feuille d'or collée sur une lame de verre. La lumière qui traverse est verte, couleur complémentaire de la lumière réfléchie.

COULEUR. — La plupart des métaux sont d'un blanc plus ou moins pur. L'argent est blanc jaunâtre, le zinc blanc bleuâtre, le fer est d'un blanc gris. Il y a cependant quelques métaux colorés, comme l'or, le cuivre. Les couleurs que nous leur connaissons se modifient quand on force les rayons lumineux à se réfléchir plusieurs fois sur le même métal. C'est ce qu'a fait Bénédict Prevost. On trouve alors que l'argent est jaune pur, le zinc bleu indigo, le fer violet, le cuivre rouge écarlate, l'or rouge vif.

On s'explique ces résultats en remarquant que la lumière, en tombant sur les corps, est en partie absorbée, en partie réfléchie régulièrement, et en partie diffusée : or, ce qu'on doit nommer en général *couleur* d'un corps, est la couleur constituée par la lumière diffusée.— Après une seule réflexion, la quantité de lumière réfléchie régulièrement, et non décomposée, prédomine sur la lumière diffusée, et, par suite, lave cette lumière dans une telle quantité de blanc, qu'elle la rend difficilement perceptible. Par des réflexions successives, cette lumière blanche se décompose à son tour, et la quantité de lumière diffusée augmentant sans cesse, la couleur apparaît de plus en plus pure.

DENSITÉ. — Tous les métaux, à l'exception des métaux alcalins, sont plus lourds que l'eau. Pour beaucoup d'entre eux, la densité augmente un peu avec l'écrouissage ; ainsi le platine fondu, qui a pour densité 21,15, peut, par un martelage prolongé, acquérir une densité égale à 25.

TEMPÉRATURE DE FUSION. — La plupart des métaux fondent aux températures de nos fourneaux. Quelques-uns, comme le platine, exigent la chaleur du chalumeau à gaz oxygène et hydrogène.

TEMPÉRATURE D'ÉBULLITION. — Tous les métaux, même le platine (H. Sainte-Claire Deville) ont pu être volatisés. La volatilité de l'argent a été depuis longtemps constatée, dans la fusion de ce métal pour la fabrication des monnaies. L'or, le cuivre, le plomb se vaporisent aussi sensiblement, dès qu'on les chauffe au-dessus de leur point de fusion. Cette volatilité des métaux est utilisée en métallurgie pour l'extraction du zinc, du mercure, du potassium et du sodium.

Le mercure bout à 360°, le cadmium vers 800°. Le potassium et le sodium se vaporisent au rouge, le zinc et le magnésium, à environ 1000°.

CRISTALLISATION. — Les métaux cristallisent en général dans le système cubique ; cependant, le bismuth et l'antimoine donnent des rhomboèdres.

Un certain nombre de métaux se trouvent cristallisés dans la nature ; tels sont l'or, l'argent, le cuivre natifs. — La cristallisation artificielle peut s'obtenir par fusion et décantation ; c'est ainsi qu'on opère pour le bismuth et l'antimoine. — On peut encore faire cristalliser un métal en le séparant lentement de sa dissolution par un courant faible. Ainsi, en plongeant les deux pôles d'un élément de pile dans une dissolution de sulfate de cuivre, on voit au bout de quelque temps apparaître au pôle négatif de petits cristaux de cuivre. On obtient une belle cristallisation de plomb, en suspendant par un fil de cuivre une lame de zinc dans une dissolution très étendue d'acétate de plomb. Le métal se présente alors sous forme de lamelles brillantes, rappelant l'aspect des feuilles de fougères ; c'est l'*arbre de Saturne*.

MALLÉABILITÉ. — On dit qu'un métal est malléable quand il peut se réduire en feuilles minces sous l'action du marteau ou du laminoir.

DUCTILITÉ. — Les métaux sont d'autant plus ductiles qu'ils se laissent étirer en fils plus fins. L'or est le métal le plus ductile comme le plus malléable. L'ordre de ductilité n'est cependant pas toujours le même que l'ordre de malléabilité, ainsi qu'on le verra par le tableau ci-joint.

TÉNACITÉ. — Les métaux sont d'autant plus tenaces qu'il faut un plus grand nombre de kilogrammes pour rompre des fils de même section. Le fer est le plus tenace des métaux usuels.

DENSITÉ	TEMPÉRATURE DE FUSION	CONDUCTIBILITÉ — (Wiedeman et Franz)	CAPACITÉ CALORIFIQUE	MALLÉABILITÉ — Passage au laminoir	DUCTILITÉ — Passage à la filière	TÉNACITÉ — Nombre de kil. nécessaires pour rompre un fil de 2 milim. de diamètre.	DURETÉ
Osmium . . 22,45	Mercure . . —39°,0	1" Pour la chaleur.	Aluminium. 0,2181	Or.	Or.	Cobalt . 432^k	Chrome raye le verre.
Iridium. . . 22,38	Potassium . 62°,5	Argent . . 1000	Potassium . 0,1696	Argent.	Argent.	Nickel . 520^k	
Platine. . . 21,5	Sodium. . . 95°,6	Cuivre. . . 756	Calcium . . 0,1686	Aluminium.	Platine.	Fer. . . 250^k	Nickel.
Or forgé . . 19,55	Lithium . . 180°,0	Or 552	Fer 0,1138	Cuivre.	Aluminium.	Cuivre . 137^k	Cobalt
— fondu. . 19,25	Etain. . . . 228°,0	Laiton . . 256	Nickel . . . 0,1086	Etain.	Fer.	Platine. 125^k	Fer
Mercure solide . 14,40	Bismuth . . 264°,0	Zinc . . . 190	Cobalt. . . 0,1070	Platine.	Nickel.	Argent. 85^k	Antimoine
— liquide. 13,60	Plomb . . . 385°,0	Etain. . . 145	Zinc. . . . 0,0956	Plomb.	Cuivre.	Or. . . 68^k	Zinc } rayés par le verre.
Palladium . 12,0	Cadmium. . 360°,0	Fer. . . . 119	Cuivre. . . 0,0951	Zinc.	Zinc.	Zinc. . 50^k	
Plomb . . . 11,35	Zinc. . . . 410°,0	Plomb . . 85	Ruthénium. 0,0611	Fer.	Etain.	Etain.. 16^k	Platine
Argent fondu. 10,44	Antimoine . 450°,0	Platine. . 84	Palladium . 0,0595	Nickel.	Plomb.	Plomb. 10^k	Cuivre
Bismuth —. 9,8	Aluminium vers. 750°,0	Bismuth . 18	Indium. . . 0,0574				Or
Nickel . . . 8,8	Argent vers. 1,000°	—	Cadmium.. 0,0567				Argent
Cobalt. . . 8,8	Cuivre . . . 1,100°		Etain. . . . 0,0562				Bismuth
Cuivre. . . 8,79	Or . . . . 1,250°	2° Pour l'électricité.	Argent. . . 0,0570				Cadmium
Cadmium. . 8,60	Fonte. . . 1,250°		Antimoine . 0,0508				Etain } rayés par le spath d'Islande.
Fer en barre. 7,79	Fer doux. . 1,500°	Argent . . 1000	Mercure . . 0,0355				
Fer fondu. . 7,21	Nickel . . . 1,500°	Cuivre. . 753	Or 0,0524				Plomb rayé par l'ongle.
Etain fondu . 7,24	Cobalt . . . 1,500°	Or 585	Platine. . . 0,0524				
Manganèse . 7,29	Platine. . . 2,000°	Zinc . . . 240	Plomb. . . 0,0514				Potassium } mous comme la cire.
Chrome. . . 7,..	Iridium. . . 2,300°	Etain. . . 226					Sodium
Zinc fondu. 6,86		Laiton. . . 215					
Gallium. . . 4,7		Fer. . . . 130					Mercure. liquide.
Aluminium. 2,56		Plomb.. . 107					
Magnésium. 1,50		Platine. . 103					
Sodium. . . 0,97		Bismuth.. 19					
Potassium . 0,86							
Lithium . . 0,59							

PROPRIÉTÉS CHIMIQUES DES MÉTAUX

Un métal peut se combiner, soit avec un autre métal, soit avec un métalloïde.

314. Action de l'oxygène et de l'air secs. — L'action de l'air ne diffère de celle de l'oxygène que par son intensité, qui est moindre.

A la température ordinaire, le potassium est le seul corps qui puisse s'emparer de l'oxygène sec. A une température plus ou moins élevée, tous les métaux, à l'exception de l'argent, de l'or et du platine, s'oxydent au contact de l'oxygène ou de l'air secs. Cette combinaison est souvent accompagnée d'un dégagement de chaleur et de lumière ; elle s'effectue d'ailleurs à une température d'autant moins élevée que le métal est plus divisé ; ainsi, le fer en lames a besoin d'être porté au rouge en quelques-uns de ses points pour brûler dans l'oxygène ; le fer pulvérulent provenant de la réduction de son oxyde par l'hydrogène, à une température peu élevée, devient incandescent dès qu'on le projette dans l'oxygène.

La combustion d'un métal sera complète quand il pourra avoir constamment le contact de l'oxygène. C'est ce qui arrive pour la spirale de fer dans l'oxygène (30), parce que l'oxyde fusible se détache peu à peu et laisse à nu le fer porté au rouge. — L'antimoine, qui est fixe, doit sa combustion complète à la volatilité de son oxyde. Si l'on verse dans l'air, d'une assez grande hauteur, de l'antimoine fortement chauffé, le métal, en tombant sur une table, rejaillit en un très grand nombre de gouttelettes incandescentes. — Le zinc, porté à une assez haute température, brûle grâce à sa volatilité ; sa vapeur donne une flamme très brillante dont l'éclat est dû à la présence de l'oxyde de zinc incandescent.

315. Action de l'oxygène et de l'air humides. — A la température ordinaire, l'oxygène humide n'agit que sur les métaux qui décomposent l'eau à froid, c'est-à-dire sur les métaux alcalins ou alcalino-terreux. Mais si l'on fait intervenir un acide, même très faible, ou très dilué, la plupart des métaux s'altèrent. L'air humide contenant de l'acide carbonique se conduit comme l'oxygène humide en présence des acides.

Les métaux de la dernière section résistent seuls.

Dans beaucoup de cas, l'action n'est que superficielle, la couche oxydée protégeant le reste du métal contre l'action de l'oxygène. C'est ce qui arrive pour le *zinc*, le *cuivre* et le *plomb*, qui se recouvrent d'une couche d'hydrocarbonate imperméable.

Quelquefois, au contraire, l'altération est profonde, comme pour le *fer*, qui, exposé à l'air humide, se transforme complètement en *rouille*. Dans ce cas, l'oxydation résulte de ce que le *fer* décompose l'eau en présence de l'acide carbonique dissous dans l'eau ; il en résulte de l'*hydrogène* et du *carbonate de protoxyde de fer*; celui-ci, au contact de l'*air*, se transforme en *acide carbonique* et *sesquioxyde de fer hydraté*. Cette altération du fer ne se produit, dans les premiers moments, qu'avec une extrême lenteur; mais une fois la première tache de rouille formée, l'oxydation marche rapidement. Quant à l'hydrogène, il s'en dégage une partie, tandis que l'autre se combine à l'azote, dissous dans l'eau, pour former de l'*ammoniaque*. Ce dernier composé existe en effet dans presque toutes les taches de rouille.

L'air agit donc ici à la fois par son *oxygène*, par sa *vapeur d'eau* et par son *acide carbonique*. Ces trois influences sont d'ailleurs nécessaires. Si l'on élimine, par exemple, l'acide carbonique, rien ne se produit, comme il est facile de le constater, car le fer se conserve intact dans une dissolution alcaline même aérée.

316. Moyens de prévenir l'oxydation. — Étamage, galvanisation. On préserve le fer de l'oxydation, en le recouvrant d'un métal moins oxydable, l'*étain* (fer étamé), ou le *zinc* (fer galvanisé). Le choix du métal protecteur n'est pas indifférent. Ainsi, l'étain protège bien le fer tant que ce dernier métal n'est mis à nu en aucun de ses points; mais dès qu'il a le contact de l'air, il s'altère rapidement, parce qu'il forme avec l'étain une pile dans laquelle il est l'élément électro-positif, de sorte que l'étain, au lieu de protéger le fer, devient une cause d'altération profonde. Le zinc, qui est électro-positif par rapport au fer, conduit à de bien meilleurs résultats : si le fer est mis à nu en quelque point, il tend encore à se former une pile, mais le fer, électro-négatif, restera intact. Quant au zinc, comme il donne naissance, en s'altérant, à une couche d'hydrocarbonate de zinc imperméable, son oxydation s'arrêtera promptement.

Vernis, peinture. — C'est également pour préserver de l'oxydation les métaux constamment exposés à l'air, qu'on recouvre de couches de vernis ou de peinture les grilles des jardins et les ferrures de toute espèce.

317. Action du soufre sec. — Le soufre sec n'agit sur aucun métal à la température ordinaire; mais, à une température élevée, il se combine avec presque tous les métaux. Cette combinaison du soufre avec les métaux est souvent une véritable combustion : le cuivre et le fer brûlent dans la vapeur du soufre (fig. 147) avec le même éclat que dans l'oxygène.

Les seuls métaux qui résistent à l'action du soufre sont l'aluminium, l'or, le platine et les métaux analogues.

Le zinc, qui s'oxyde facilement, ne se sulfure qu'à haute température.

318. Action du soufre humide. — Une petite quantité d'eau favorise l'action du soufre comme elle favorise celle de l'oxygène. Pour le démontrer, on mélange dans un flacon 1 partie de fleur de soufre pour 2 de limaille de fer et un peu d'eau tiède; si l'on ferme alors le flacon avec un bouchon traversé par un tube ouvert aux deux bouts, on ne tarde pas à voir le mélange s'échauffer et noircir; il s'échappe de la vapeur d'eau, et il reste du sulfure de fer. Cette expérience, faite autrefois par Lémeri sur de grandes quantités de matières enfouies dans le sol, a conservé le nom de *volcan de Lémeri*.

Fig. 147. — Combustion du cuivre dans le soufre.

Fig. 148. — Combustion, dans le chlore, d'une spirale de cuivre chauffée.

319. Action du chlore. — Le chlore se combine à froid avec un grand nombre de métaux. Souvent même la combinaison se fait avec chaleur et lumière, comme par exemple avec le cuivre (fig. 148). Nous avons déjà dit qu'on ne peut pas recueillir le chlore sur le mercure, parce que ce métal est attaqué.

Les métaux qui ne se combinent pas à froid avec le chlore, brûlent dans ce gaz à une température plus ou moins élevée.

CLASSIFICATION DES MÉTAUX

320. Classification pratique. — On a vainement essayé jusqu'ici de trouver pour les métaux une classification naturelle (comprenant tous les métaux), analogue à celle que Dumas a établie pour les métalloïdes. Le problème ne pourra être abordé avec chance de succès que le jour où l'on connaîtra parfaitement les propriétés des métaux *rares*, qui sont en général intermédiaires entre les métaux communs.

Thénard a donné une classification artificielle fondée sur l'*affinité des métaux pour l'oxygène*. Si elle n'est pas complètement satisfaisante au point de vue théorique, elle a du moins le mérite de grouper les corps d'après leurs propriétés les plus importantes pour la pratique. L'affinité des métaux pour l'oxygène est appréciée par trois procédés distincts :

1° Par l'action directe des métaux sur l'air sec ou sur l'oxygène;

2° Par l'action de la chaleur sur les oxydes métalliques;

3° Par l'action décomposante des métaux sur l'eau, aux différentes températures ou en présence des acides.

Le tableau ci-joint présente la classification de Thénard modifiée par Regnault.

1re SECTION	2e SECTION	3e SECTION	4e SECTION	5e SECTION	6e SECTION	7e SECTION
2 GROUPES — Métaux décomposant l'eau à *froid*. Ils s'oxydent dans l'air sec aux températures élevées ; leurs oxydes sont irréductibles par la chaleur. Deux groupes : métaux *alcalins*, métaux *alcalino-terreux*.	2 GROUPES — Métaux décomposant l'eau *au-dessus de 50°*. Ils s'oxydent dans l'air sec aux températures élevées ; leurs oxydes sont irréductibles par la chaleur.	1 GROUPE — Métaux décomposant l'eau *au rouge sombre*, ou *à froid en présence des acides*. Ils s'oxydent dans l'air sec aux températures élevées ; leurs oxydes sont irréductibles par la chaleur.	1 GROUPE — Métaux décomposant l'eau *au rouge vif*, ou à 100° *en présence des bases énergiques*, ils forment des acides. Ils s'oxydent dans l'air sec aux températures élevées ; leurs oxydes sont irréductibles par la chaleur.	1 GROUPE — Métaux ne décomposant l'eau *qu'au rouge blanc*, et ne la décomposant pas en présence des acides même à 100°. Ils s'oxydent dans l'air sec aux températures élevées : leurs oxydes sont irréductibles par la chaleur.	1 GROUPE — Métaux ne décomposant pas l'eau, s'oxydant à peine à l'air aux températures élevées. Oxydes irréductibles par la chaleur.	2 GROUPES — Métaux ne décomposant l'eau *à aucune température*. — 1er groupe ; quatre métaux s'oxydant dans l'air sec aux températures peu élevées. — 2e groupe : quatre métaux ne s'oxydant pas à l'air. Les oxydes de tous ces métaux sont décomposables par la chaleur.
POTASSIUM. SODIUM. LITHIUM. CÆSIUM. RUBIDIUM. — BARYUM. STRONTIUM. CALCIUM.	MAGNÉSIUM. MANGANÈSE. — Métaux *non classés actuellement*. CÉRIUM. ERBIUM. LANTHANE. TERBIUM. DIDYME. THORIUM. YTTRIUM. ZIRCONIUM.	FER. ZINC. NICKEL. COBALT. VANADIUM. CHROME. CADMIUM. INDIUM. URANIUM. THALLIUM.	TUNGSTÈNE. MOLYBDÈNE. OSMIUM. TANTALE. TITANE. ÉTAIN. ANTIMOINE. NIOBIUM.	CUIVRE. PLOMB. BISMUTH.	ALUMINIUM. GLUCINIUM.	MERCURE. PALLADIUM. RHODIUM. RUTHÉNIUM. — ARGENT. OR. PLATINE. IRIDIUM.

ALLIAGES

IMPORTANCE DES ALLIAGES — LIQUATION — ALLIAGES DES MONNAIES
DES BIJOUX — BRONZES — LAITON
MAILLECHORT — CARACTÈRES D'IMPRIMERIE

321. Utilité des alliages. — Un très petit nombre de métaux satisfont aux conditions spéciales exigées par l'industrie. Le fer, le zinc, l'étain, le cuivre, le plomb, le mercure, l'aluminium et le platine, sont à peu près les seuls métaux qu'on emploie purs; les autres ne s'utilisent qu'à l'état d'alliages. Ceux mêmes que nous venons de citer forment encore des alliages très importants.

Certains métaux sont trop mous, ils s'useraient très rapidement; d'autres sont trop cassants, ils se briseraient sous la pression. En unissant convenablement deux métaux, on peut obtenir des alliages qui jouissent de propriétés étrangères aux métaux qui les constituent. — Nous pouvons prendre pour exemple l'alliage des caractères d'imprimerie. Cet alliage doit être assez fusible pour que les caractères puissent se fabriquer par moulage; il doit prendre l'empreinte du moule pour donner des caractères nets; enfin il doit être dur et non cassant, pour résister à l'action de la presse sans s'écraser ou se briser. Aucun métal ne réalise toutes ces conditions à la fois : le fer, le cuivre ne sont pas assez fusibles, il en est de même de l'or, de l'argent, du platine, dont le prix est d'ailleurs trop élevé; le zinc, l'antimoine et le bismuth sont trop cassants; le plomb et l'étain sont trop mous. En mêlant 4ᵖ de plomb avec 1ᵖ d'antimoine, on a un alliage qui jouit de toutes les propriétés demandées; il est très fusible, dur et résistant.

Pour fabriquer les monnaies, on ne peut employer ni l'or ni l'argent à l'état de pureté, ces métaux sont trop mous et par suite s'useraient trop vite. On leur donne de la dureté en y mêlant un dixième de cuivre.

Les alliages sont, pour ainsi dire, de nouveaux métaux qui ont une grande importance pour l'industrie.

322. Préparation. — On fond, en général, les métaux divisés en fragments dans un creuset de terre, en ayant soin de les recouvrir de poussière de charbon, de manière à éviter toute oxydation. Si l'un des métaux est volatil, on ne l'ajoute qu'au moment où l'autre métal est déjà en fusion; on en met d'ailleurs un petit excès pour prévenir la perte qui sera due à la volatilisation. — En coulant ensuite rapidement, on pourra obtenir un alliage homogène s'il est en petite quantité. — Si la masse était considérable, on ne pourrait pas éviter la liquation; c'est ce qui arrive dans la coulée des canons : on est obligé de donner au moule une hauteur beaucoup plus grande que celle du canon, parce que la partie supérieure sera plus riche en étain que la partie inférieure.

323. Constitution des alliages. — On a cru pendant longtemps que les alliages n'étaient que de simples mélanges de métaux; on se fondait sur ce que certains corps, comme l'or et l'argent, paraissent se dissoudre en toute proportion dans le mercure, de même que le plomb et le bismuth disparaissent dans l'étain en fusion. Mais un examen plus approfondi n'a pas tardé à faire reconnaître que les alliages sont de véritables *combinaisons* en proportions définies, souvent dissoutes dans un excès de l'un des métaux qui y entrent.

Ainsi l'or paraît se dissoudre en toute proportion dans le mercure, mais si l'on met l'alliage liquide dans une peau de chamois, et que, par pression, on force l'excès de mercure à filtrer, il reste dans le nouet un alliage cristallisé contenant 1 équivalent de mercure pour 2 équivalents d'or. On utilise cette propriété dans la métallurgie de l'or.

324. Liquation. — Si on laisse refroidir très lentement un alliage fondu, on peut souvent constater à l'aide d'un thermomètre que la température, après s'être abaissée d'une manière continue, reste quelque temps stationnaire; au même moment, une partie du liquide se solidifie et donne un alliage bien défini. Si l'on enlève ce premier alliage, quand la température recommence à s'abaisser, on pourra, au bout de quelque temps, constater sur le thermomètre un nouvel arrêt correspondant à la solidification d'un nouvel alliage. L'alliage fondu, et en apparence homogène, se sépare donc à une température voisine de sa fusion, en plusieurs alliages en proportions définies, qui existaient à l'état de dissolution dans un excès de l'un des métaux ; ce phénomène constitue la *liquation*.

Ce même phénomène se produit également quand on chauffe un peu au-dessous de son point de fusion un alliage en apparence homogène qui, après avoir été fondu, a subi un refroidissement brusque. L'alliage défini le plus fusible, coule le premier ; puis, si l'on continue à chauffer, on obtient un nouvel alliage, et il reste à la fin une espèce d'éponge formée par le corps le moins fusible.

325. Propriétés physiques. — Les alliages sont opaques, doués de l'éclat métallique, bons conducteurs de la chaleur et de l'électricité. La plupart sont blancs, mais ils sont colorés quand ils contiennent une assez grande quantité d'un métal rouge, comme le cuivre, ou jaune, comme l'or.

Les alliages sont, en général, plus durs mais moins tenaces, moins ductiles et moins malléables que les métaux dont ils sont formés : ainsi l'or, le plus ductile et le plus malléable des métaux, devient dur et cassant (*aigre*) quand on l'allie à l'antimoine ou au plomb. Le cuivre perd également sa ductilité en s'unissant à l'étain.

Fusibilité. — Les alliages sont toujours plus fusibles que le moins fusible des métaux qui entrent dans leur composition. Quelques-uns même fondent à une température plus basse que le plus fusible de ces métaux. Ainsi, tandis que le plomb ne fond qu'à 555°, le bismuth à 264° et l'étain à 228°, l'alliage de 8 de bismuth, 5 de plomb, 3 d'étain fond à 94°,5.

Dureté, malléabilité. — Les alliages de cuivre et d'étain présentent la propriété remarquable de perdre leur dureté par la trempe. L'alliage des tam-tams (20 parties d'étain pour 80 parties de cuivre) cassant comme du verre à froid, est malléable comme le fer à chaud.

326. Propriétés chimiques. — La chaleur décompose les alliages qui contiennent un métal volatil. Cette propriété est utilisée dans la métallurgie de l'or et dans celle de l'argent : l'or ou l'argent pulvérulent s'incorpore d'abord au mercure; on extrait l'excès de mercure par filtration à travers une peau de chamois et, en chauffant ensuite l'alliage, on en chasse le reste du métal volatil.

L'oxygène a, en général, beaucoup d'action sur les alliages dans lesquels l'un des métaux est très électro-négatif par rapport à l'autre. C'est ainsi que les alliages d'étain et de plomb, d'antimoine et de potassium légèrement chauffés, brûlent avec incandescence.

327. Principaux alliages usuels. — Le *cuivre* est un des métaux qui entrent dans le plus d'alliages. En combinaison avec les métaux précieux. il leur donne de la dureté, et partant, leur permet de conserver toute la finesse des empreintes, sans altérer leur couleur et leur éclat.

Avec l'*aluminium*, il donne un bronze dur et très malléable. Avec le *zinc*, il donne le *laiton;* avec le *zinc* et le *nickel*, il donne le *maillechort*.

Le *cuivre* forme avec l'*étain* des bronzes très intéressants, et qui montrent bien l'influence de l'un des métaux sur les propriétés de l'alliage. Ainsi, le bronze des canons est remarquable par sa ténacité; le bronze des cloches et des tam-tams, qui ne diffère du premier que par une plus forte proportion d'étain, est cassant; mais il a une sonorité très grande. En augmentant encore la proportion d'étain, on obtient un alliage très blanc, utilisé pour les miroirs des télescopes.

Monnaies d'or	Or	900	Bronze des canons	Cuivre	90,1
	Cuivre	100		Étain	9,9
Vaisselles et médailles	Or	916	Bronze des tam-tams et des cymbales	Cuivre	80
	Cuivre	84		Étain	20
Bijouterie d'or	Or	750	Bronze des miroirs de télescopes	Cuivre	67
	Cuivre	250		Étain	33
Monnaies d'argent (pièces de 5 fr.)	Argent	900	Laiton	Cuivre	67
	Cuivre	100		Zinc	33
Monnaies d'argent (pièces de 2 fr., 1 fr., 50 c., 20 c.)	Argent	835	Maillechort	Cuivre	50
	Cuivre	165		Zinc	25
				Nickel	25
Vaisselles et médailles d'argent	Argent	950	Métal anglais	Étain	100
	Cuivre	50		Antimoine	8
Bijouterie d'argent	Argent	800		Bismuth	1
	Cuivre	200		Cuivre	4
Bronze des monnaies et des médailles	Cuivre	95	Caractères d'imprimerie	Plomb	80
	Étain	4		Antimoine	20
	Zinc	1			
Bronze d'aluminium	Aluminium	10	Mesures d'étain (litre, décilitre, etc.)	Plomb	10
	Cuivre	90		Étain	90

CHAPITRE II

METAUX ALCALINS — POTASSIUM — SODIUM
MÉTAUX TERREUX — MAGNÉSIUM — ALUMINIUM

POTASSIUM (K = 39)   SODIUM (Na = 23)

328. Historique. — Le potassium et le sodium ont été découverts en
1807, par Humphry Davy. Jusque-là, la potasse et la soude avaient été
regardées comme des corps simples. Davy plaça un morceau de potasse
légèrement humecté d'eau, entre deux fils métalliques qui communi-
quaient avec les pôles d'une pile énergique (fig. 149) ; il vit bientôt

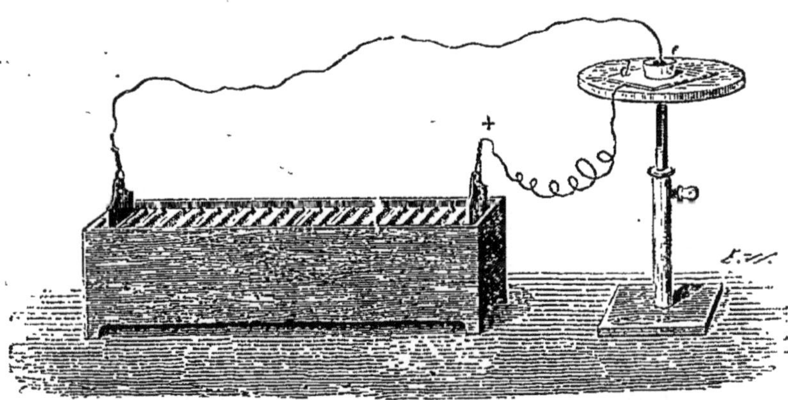

Fig. 149. — Décomposition de la potasse par la pile.

apparaître, au fil négatif, des globules d'un métal brillant qui s'enflam-
mait au contact de l'air et reproduisait l'alcali. — Le nouveau métal
extrait de la potasse reçut le nom de *potassium*.

Davy retira de même de la soude un métal qu'on appela *sodium*.

329. État naturel. — Le potassium et le sodium existent dans la
nature, soit à l'état de chlorures (chlorure de potassium, chlorure de
sodium), comme dans les eaux de la mer ; soit à l'état de sels, tels que
les azotates (azotate de potasse dans les pays chauds, azotate de soude
au Chili), ou les silicates, qui abondent dans les terrains granitiques.

Tous les végétaux *terrestres* contiennent de la potasse combinée avec des acides organiques; aussi retrouve-t-on cette base dans les cendres de tous les bois.

Les végétaux *marins* contiennent surtout de la soude à l'état d'oxalate. La calcination des plantes marines a été pendant longtemps la seule manière d'obtenir la soude du commerce.

330. Préparation du potassium et du sodium. — On a d'abord employé, pour préparer ces métaux, un procédé dû à Gay-Lussac et Thénard, et qui consistait à décomposer *l'hydrate de potasse* ou de *soude*, par la chaleur, en présence du fer chauffé au rouge blanc.

Ce procédé, remarquable pour l'époque où il a été employé, était d'une application très pénible; l'opération, difficile à conduire, ne donnait qu'un rendement très faible. Il est remplacé actuellement par le suivant.

Préparation industrielle du sodium. — Ce procédé, imaginé par Curaudeau, consiste à décomposer le carbonate alcalin par le charbon,

$$NaO,CO^2 \quad + \quad 2C \quad = \quad Na \quad + \quad 3CO.$$
Carbonate de soude.   Charbon.   Sodium.   Oxyde de carbone.

Perfectionné successivement par Brunner, par Donny et Mareska, il été rendu véritablement industriel par H. Sainte-Claire Deville qui,

Fig. 150. — Préparation du sodium par le charbon (H. Sainte-Claire-Deville).

faisant connaître les conditions exactes dans lesquelles la réaction peut réussir, a permis d'obtenir très à bas prix le potassium et le sodium.

Pour cette préparation, on chauffe dans une bouteille ou dans un cylindre de fer (fig. 150), que l'on place horizontalement dans un fourneau, un mélange de

> 20 parties de carbonate de soude ;
> 9 parties de houille ;
> 5 parties de craie.

La *craie* est ici indispensable pour empêcher la fusion de la matière, et, partant, maintenir intime le mélange du *carbonate alcalin* et du *charbon* qui doit réagir sur lui. — Quand on prépare le potassium, on emploie le carbonate de potasse produit par la calcination du *tartre brut*, et comme ce sel contient du *tartrate de chaux* qui, calciné, donne du carbonate de chaux, il est inutile d'y ajouter de la craie.

La bouteille communique avec un tube de fer, de quelques centimètres seulement, dont l'extrémité s'engage dans un récipient plat (fig. 151) en tôle, composé de deux parties dont l'une forme le corps d'une boite plate, et l'autre le couvercle. Ce récipient, ouvert à son extrémité dans toute sa hauteur, laisse échapper par sa partie supérieure les gaz, qui viennent brûler à l'air, tandis que le sodium condensé coule par la partie inférieure, et se réunit dans une marmite contenant de l'huile de schiste.

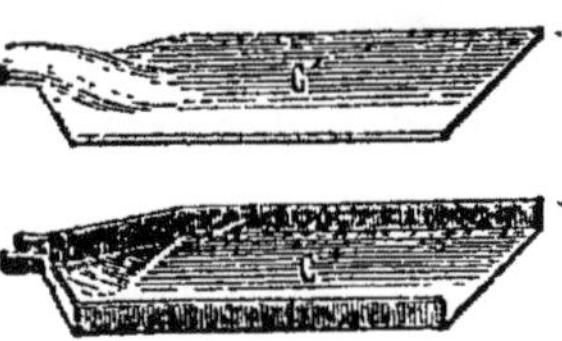

Fig. 151. — Récipient pour le sodium.

Le sodium, ainsi produit, est refondu sous l'huile de schiste et coulé dans des lingotières ; on le conserve dans l'huile de naphte.

331. Propriétés physiques. — Le potassium et le sodium sont des corps solides plus mous et plus malléables que la cire à la température ordinaire ; au-dessous de 0°, ils deviennent durs et cassants. Le potassium fond à 62°,5 et le sodium à 96°, d'après les expériences de M. Bunsen. Ils se volatilisent au rouge.

Fraîchement coupés, ils ont l'éclat et la couleur de l'argent.

La densité du potassium est 0,865 ; celle du sodium est 0,97.

Le potassium et le sodium forment avec l'hydrogène des alliages K^2H et Na^2H (L. Troost et P. Hautefeuille). Ces alliages ont l'éclat de l'amalgame d'argent, ils sont cassants ; on peut les chauffer, dans le vide, au-dessus de leur température de fusion, sans qu'ils se décomposent.

332. Propriétés chimiques. — Dans l'air humide, le potassium et le sodium s'altèrent rapidement à la température ordinaire, et se couvrent d'une couche d'hydrate.

Dans l'air ou dans l'oxygène sec, le potassium seul s'oxyde à la température ordinaire ; à une température élevée, les deux métaux brûlent et donnent des peroxydes.

L'affinité de ces métaux pour l'oxygène est tellement grande, qu'on ne peut les conserver que dans une huile formée uniquement de carbone et d'hydrogène, l'huile de naphte, par exemple.

Ils décomposent l'eau à la température ordinaire : si l'on projette un fragment de *potassium* sur de l'eau contenue (fig. 152) dans une cloche

Fig. 152. — Décomposition de l'eau par le potassium.

à bords élevés, on le voit fondre en un globule brillant entouré d'une flamme pourpre, et se déplacer rapidement à la surface du liquide ; le globule diminue peu à peu, puis la flamme s'éteint, et il reste un petit globule très chaud de potasse, qui bientôt éclate en projetant de l'eau et des fragments de potasse, que les bords élevés de la cloche sont destinés à retenir.

Voici l'explication de cette expérience : le potassium, en arrivant au contact de l'eau, la décompose, s'empare de son oxygène et met l'hydrogène en liberté. La chaleur dégagée est assez grande pour enflammer l'hydrogène, et volatiliser une partie du potassium dont la vapeur communique sa couleur purpurine à la flamme. L'hydrogène, en se dégageant, déplace le globule de potassium et lui imprime le mouvement giratoire que l'on observe. Quand tout le potassium est oxydé, la flamme disparaît, et le globule incandescent de potasse, se refroidissant, peut toucher l'eau ; mais à ce moment, la chaleur propre du globule, jointe à la chaleur de combinaison de la potasse avec l'eau, détermine une vaporisation brusque qui projette de tous côtés des gouttelettes de liquide.

Le *sodium* décompose l'eau dans les mêmes circonstances, mais sans inflammation de l'hydrogène ; la chaleur dégagée étant moindre que dans le cas de potassium, la soude se dissout au fur et à mesure, de sorte qu'il n'y a plus de globule de soude, et, partant, pas d'explosion après que le dégagement de l'hydrogène a cessé. — En employant, dans cette expérience, de l'eau gommée dont la viscosité empêche le déplacement du globule, on détermine l'inflammation de l'hydrogène, qui brûle alors avec une flamme dont la coloration jaune est due à un peu de vapeur de sodium.

Le potassium et le sodium s'unissent directement avec presque tous les métalloïdes.

333. Usages. — Le potassium et le sodium sont des réducteurs énergiques, qu'on emploie pour la préparation d'un grand nombre de corps simples, tels que le bore, le silicium, le magnésium. La plus grande partie du sodium, fabriqué industriellement, est appliquée à la préparation de l'aluminium.

MAGNÉSIUM (Mg)

PRÉPARATION — APPLICATION DE LA LUMIÈRE DU MAGNÉSIUM AUX SIGNAUX ET A LA PHOTOGRAPHIE

334. Propriétés. — C'est un métal blanc d'argent, qu'on obtient en décomposant le chlorure de magnésium par le sodium. — Il fond vers 500° et distille au-dessus de 1000°.

Chauffé au contact de l'air, il brûle avec une flamme blanche très éclatante et très riche en rayons chimiques. Le produit est de la magnésie, MgO, oxyde infusible.

Le magnésium décompose l'eau au-dessus de 50°; le liquide acquiert une réaction alcaline.

Ce métal existe dans la nature à l'état de carbonate et de silicate dans beaucoup de roches; à l'état de sulfate de magnésie et de chlorure de magnésium dans l'eau de la mer et de plusieurs sources minérales.

335. Applications. — La lumière que produit le magnésium en brûlant, a été utilisée pour produire des signaux en mer, et pour la reproduction photographique de l'intérieur des grottes, ou des monuments les plus sombres, comme les chambres des pyramides d'Égypte.

ALUMINIUM (Al)

LÉGÈRETÉ — MALLÉABILITÉ — DUCTILITÉ — INALTÉRABILITÉ — APPLICATIONS : LUNETTES — OBJETS D'ART — BRONZE D'ALUMINIUM

336. Historique. — L'alumine résiste à l'action de la pile. Aussi Davy avait-il vainement essayé d'en extraire un métal. C'est en 1827 que, par l'action du potassium sur le chlorure d'aluminium, Wöhler obtint un nouveau métal qu'on appela *aluminium*. A l'état de poussière et souillé de matières étrangères, l'aluminium parut décomposer l'eau bouillante, et fut rangé parmi les métaux de la seconde section. Ses véritables propriétés ne sont connues que depuis les recherches de H. Sainte-Claire Deville en 1854.

337. Préparation. — Pour obtenir l'aluminium, il faisait agir le *sodium* sur du *chlorure double d'aluminium et de sodium* préparé en faisant passer un courant de chlore sec sur un mélange d'alumine, de charbon et de chlorure de sodium. On mélangeait souvent à ce chlorure double un *fluorure double d'aluminium et de sodium* très abondant au Groënland et connu sous le nom de *cryolithe*.

On prépare actuellement de l'aluminium par l'électrolyse de la cryolithe mêlée à de l'alumine et à du chlorure de sodium, et maintenue en fusion à 1000° environ. La composition du bain est maintenue constante en ajoutant du fluorure d'aluminium et de l'alumine qui retient le fluor; il se dégage de l'oxygène; les électrodes sont en charbon.

On prépare aujourd'hui économiquement des *bronzes d'aluminium* en traitant par de forts courants électriques dans des espèces de grands

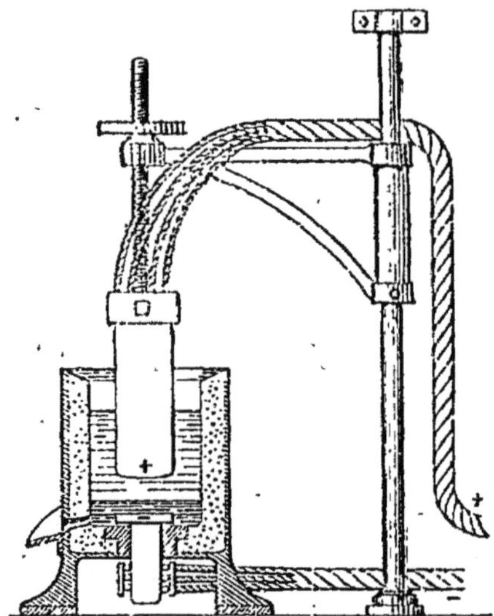

creusets brasqués (*fig.* 152 bis), 70kilogr de cuivre avec 40kilogr de corindon ou de bauxite, mélangés de charbon concassé ; il se dégage de l'oxyde de carbone et l'on obtient un alliage à **14** pour **100** d'aluminium ; cet alliage refondu avec des quantités convenables de cuivre donne des alliages doués de qualités de résistance très supérieures à celles du bronze ordinaire.

En remplaçant dans l'opération le cuivre par la fonte, on obtient le *ferro-aluminium* utilisé par fusion avec le fer ou l'acier pour leur donner une plus grande résistance.

Fig. 152 bis. — Four de MM. Cowles pour la fabrication industrielle de l'aluminium et de ses alliages par l'électricité.

.338. Propriétés. — L'aluminium est un métal blanc légèrement bleuâtre, il fond vers 700°. Sa densité est de 2,55 ; par suite, il est, à volume égal, quatre fois plus léger que l'argent ; il est très sonore. L'aluminium est très malléable et très ductile : on peut l'obtenir en fils fins ou en feuilles minces, comme l'or ou l'argent ; il est bon conducteur de la chaleur et de l'électricité.

L'aluminium est peu altérable à l'air, même aux températures les plus élevées. Il décompose très lentement l'*eau* au rouge, quand il est pur. Les acides *sulfurique* et *azotique* sont presque sans action sur lui à la température ordinaire : ils l'attaquent rapidement à chaud. L'acide *chlorhydrique* et les dissolutions *alcalines* dissolvent l'aluminium à froid.

339. Usages. — L'aluminium est employé dans un grand nombre d'industries où sa faible altérabilité rend d'importants services. Sa légèreté en fait le métal par excellence pour les lunettes, les télescopes, etc.

La bijouterie l'utilise à la place de l'argent pour beaucoup d'objets.

L'alliage de 10p d'*aluminium* et 90p de *cuivre* forme le bronze d'aluminium, doué de l'éclat de l'or et de la ténacité du fer (M. Debray).

Cet alliage refondu avec 1kilogr de cuivre et 1kilogr de zinc donne un *laiton d'aluminium* plus dur et plus tenace que le laiton ordinaire.

Le bronze d'aluminium refondu avec du nickel donne un nouvel alliage facile à mouler et très résistant.

L'alliage de 10p d'*étain* et 100p d'*aluminium* conserve la couleur et à peu près la légèreté de l'aluminium ; il se travaille plus facilement.

CHAPITRE III

NOTIONS DE MÉTALLURGIE — MÉTAUX USUELS
ZINC — FER — ÉTAIN — PLOMB — CUIVRE

MÉTALLURGIE

340. Minerais. — Les métaux se trouvent quelquefois à l'état natif, mais le plus souvent ils existent à l'état de combinaison, soit avec l'oxygène, soit avec le soufre. On appelle *minerais* les composés naturels d'où l'on retire les métaux.

Pour les métaux communs, comme le fer, on ne considère comme minerais que les *oxydes* ou les *carbonates*, dont le traitement est facile et partant peu dispendieux. Pour les métaux d'une grande valeur, comme,

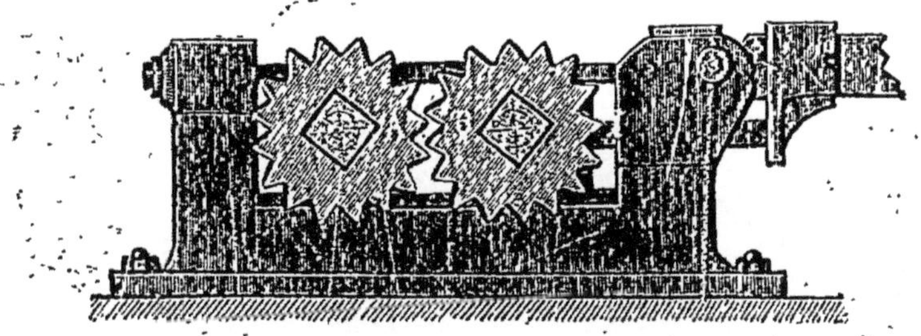

Fig. 153. — Cylindres cannelés pour le broyage des minerais.

le cuivre, le mercure et l'argent, on exploite de plus le *sulfure*, dont le traitement est généralement plus pénible.

341. Traitement. — Le minerai, au sortir de la mine, doit être soumis successivement à deux traitements : l'un mécanique, destiné à le séparer de sa gangue, l'autre chimique, destiné à isoler le métal.

Traitement mécanique. — Il consiste d'abord dans un *triage à la main* qui partage le minerai en trois parties : la première, composée de minerai à peu près pur, et susceptible d'être envoyé à l'usine où se fera le traitement chimique; la seconde, composée à peu près uniquement de gangue, peut être immédiatement rejetée; enfin, la troisième, formée de gangue et de minerai, doit subir un broyage entre des cylindres cannelés (fig. 153) qui divisent les morceaux en fragments plus petits, qu'un triage mécanique sépare en trois parties analogues aux précédentes. — Les nouveaux fragments, composés de gangue et de minerai, sont alors broyés entre des cylindres unis, puis soumis au *bocardage* (fig. 154) ou pulvérisation; et enfin au lavage, qui produit un dernier triage, grâce à l'inégale densité du minerai et de sa gangue.

TRAITEMENT CHIMIQUE. — 1° Les minerais formés par les *oxydes* sont en général décomposés par le charbon. On obtient ainsi le métal, ou un com-

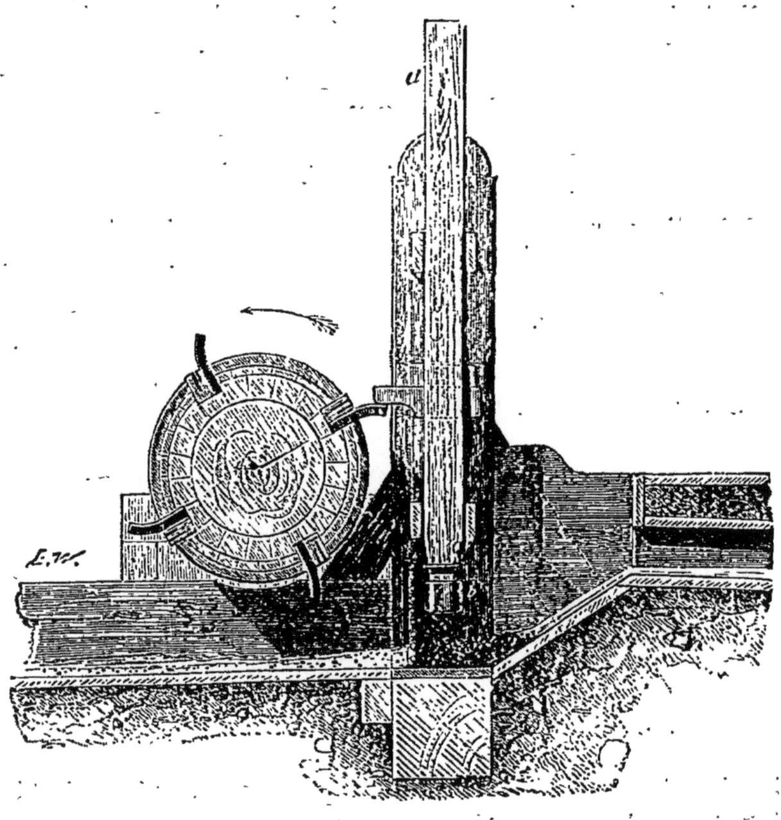

Fig. 154. — Bocardage des minerais.

posé du métal avec le carbone (*fonte*), avec lequel on prépare facilement ensuite le métal lui-même.

Si le minerai est un *carbonate*, on le traite de même, soit immédiatement, soit après une calcination qui chasse l'acide carbonique.

2° Les minerais formés par les *sulfures* sont soumis en général à des *grillages* à l'air, qui leur font perdre une grande partie de leur soufre à l'état d'acide sulfureux. Le plus souvent, le métal, en se désulfurant, se combine avec l'oxygène de l'air; on décompose alors par le charbon, l'oxyde ainsi formé.

Nous allons montrer l'application de ces règles dans quelques-unes des métallurgies les plus importantes.

ZINC (Zn)

ÉTAT NATUREL — BLENDE — CALAMINE — EXTRACTION — MALLÉABILITÉ
TOITURES, GOUTTIÈRES — FER GALVANISÉ

342. État naturel. Extraction. — Le zinc se trouve dans la nature à l'état de sulfure de zinc (*blende*), ou de carbonate de zinc (*calamine*) souvent mêlé avec du silicate. Ces minerais sont abondants en Angleterre, dans la haute Silésie et en Belgique, entre Liége et Aix-la-Chapelle. On en rencontre aussi de petites quantités en France, notamment dans les départements du Lot et du Gard.

Pour extraire le zinc de ces minerais, on commence par leur faire subir un traitement préliminaire, qui les amène à l'état d'oxyde de zinc et les rend plus faciles à diviser :

TRAITEMENT PRÉLIMINAIRE. — La *blende* est d'abord soumise à un grillage qui transforme le soufre en acide sulfureux et le zinc en oxyde.

Le premier traitement de la *calamine* consiste dans une calcination, qui lui enlève son eau et son acide carbonique.

RÉDUCTION. — Le minerai, ainsi préparé, est mélangé avec son volume de houille sèche en petits fragments, et soumis à l'action d'une température élevée; l'*oxyde se réduit* et le *métal distille*. Les procédés employés dans les divers pays ne différent que par la forme des appareils dans lesquels on chauffe ce mélange.

Près de Liége, les cornues sont des cylindres de terre réfractaire *a* fermés par un bout, et ouverts par l'autre; on les place sous une légère inclinaison au nombre de 48 dans les quatre compartiments d'un four, représenté figure 155. Le zinc se condense dans un tuyau en fonte *b*, auquel on adapte une allonge *c*, qui achève la condensation des vapeurs de zinc.

En Silésie, les cornues ont la forme de moufles M (fig. 156) chauffées par un foyer placé au milieu du four. Le métal distillé par une allonge A, et va se condenser dans un récipient inférieur O.

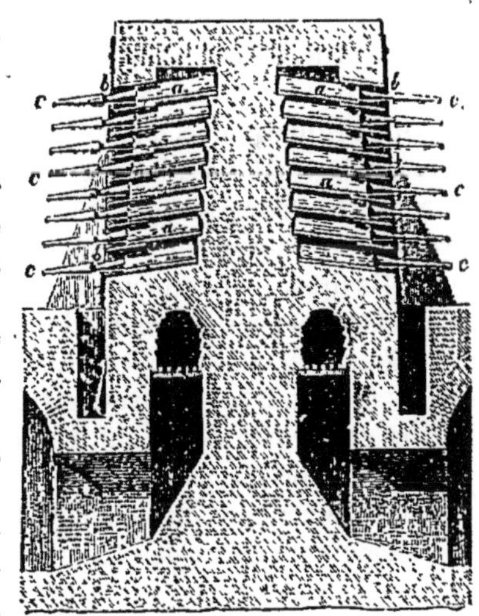

Fig. 155. — Extraction du zinc à la Vieille-Montagne.

343. Propriétés physiques. — Le zinc est un métal blanc bleuâtre, de texture cristalline. Il est cassant à la température ordinaire; mais il devient ductile et malléable entre 100 et 150°. On peut alors le laminer en feuilles minces. Au-dessus de cette température, il redevient cassant; à 200°, il peut être pulvérisé dans un mortier. Le zinc fond vers 410° et bout vers 940°.

Fig. 156. — Extraction du zinc en Silésie.

La densité du zinc fondu est 6,86, elle s'élève à 7,2 par le martelage.

344. Propriétés chimiques. — Le zinc est inaltérable dans l'oxygène et dans l'air sec. Au contact de l'air humide, il se recouvre d'une couche imperméable d'hydrocarbonate de zinc, qui préserve de toute altération le reste du métal.

— Chauffé à sa température d'ébullition, le zinc s'enflamme et brûle avec une flamme blanche très éclatante, en donnant de l'oxyde de zinc qui se répand dans l'air en flocons légers.

Le zinc *pur* décompose l'eau au-dessus de 100°; il ne la décompose que très lentement, à froid, en présence des acides, parce que les bulles d'hydrogène adhèrent au métal et interceptent son contact avec le liquide. Si le zinc ordinaire décompose l'eau à froid en présence de l'acide sulfurique, cela tient à l'existence, dans le zinc du commerce, de métaux étrangers, électro-négatifs par rapport à lui, et sur lesquels les bulles d'hydrogène électro-positif viennent se dégager.

345. Usages. — Le zinc est employé pour la fabrication d'objets d'art par moulage, et pour la préparation du *laiton*. Réduit en feuilles minces, il sert à couvrir les toits, à faire des gouttières, des bassins, des baignoires. Comme il est électro-positif par rapport au fer, on l'utilise pour protéger ce dernier métal, qui, recouvert de zinc par la voie galvanique, prend le nom de *fer galvanisé*.

Le zinc ne peut pas être employé pour les ustensiles de cuisine, parce qu'il forme avec les acides des sels vénéneux.

FER (Fe)

ÉTAT NATUREL — EXTRACTION — FOUR CATALAN — HAUT FOURNEAU

FONTE — FER — TÉNACITÉ

ACTION DE L'AIR — ACIER — MÉTAL BESSEMER

346. État naturel. — **Métallurgie du fer.** — Le fer est le métal le plus répandu sur la surface de la terre; il se rencontre à l'état d'oxyde, de sulfure, de carbonate, sulfate, phosphate et silicate de fer. Il existe à l'état métallique dans certaines pierres météoriques.

Les principaux minerais de fer exploités sont les suivants :

1° L'oxyde de fer magnétique Fe^3O^4, en Suède et Norwège.

2° Le sesquioxyde de fer anhydre Fe^2O^3. Quelquefois il est cristallisé et prend le nom de *fer oligiste*; tel est le minerai de l'île d'Elbe, et celui de Framont dans les Vosges. Souvent il est en masses amorphes, compactes, et constitue alors l'*hématite rouge*.

3° Le sesquioxyde de fer hydraté Fe^2O^3,HO, que l'on trouve en Bourgogne sous forme de masses jaunes ou brunes, constituant la *limonite*, le *fer oolithique* ou l'*hématite brune*.

4° Le carbonate de fer, FeO,CO^2, ou *fer spathique*, que l'on extrait à Saint-Étienne, à Anzin et dans la plupart des mines d'Angleterre, où il se trouve à côté du combustible nécessaire à son exploitation.

347. Traitement du minerai. — Le minerai de fer est toujours mêlé d'un peu d'argile. On peut le traiter par le charbon seul, ou par un mélange de charbon et de carbonate de chaux; de là deux procédés distincts. Dans le premier (*méthode catalane*), la silice de l'argile se combine sous l'influence de la chaleur avec une partie de l'oxyde de fer, et forme une scorie très fusible : on n'obtient, à l'état métallique, qu'une partie du fer contenu dans le minerai. Dans le second procédé (*méthode des hauts fourneaux*), par suite de l'addition du calcaire, l'argile se sépare à l'état

de silicate double d'alumine et de chaux, et l'on obtient tout le fer du minerai; mais comme le silicate double d'alumine et de chaux est bien moins fusible que le silicate double d'alumine et de fer, il faut élever beaucoup plus la température; dans ces conditions, le métal, se combinant avec le charbon, passe à l'état de *fonte*. Une seconde opération est alors nécessaire, c'est l'*affinage* de la fonte qui a pour but de lui enlever son carbone et de la transformer en *fer ductile* ou *fer doux*.

348. Méthode catalane. — Cette méthode expéditive n'est employée que pour les minerais très riches, dans les pays où le bois est abondant et les transports difficiles (Pyrénées, Corse, Catalogne).

Fig. 157. — Fourneau catalan.

Le fourneau catalan (fig. 157) est un creuset carré construit dans un massif en maçonnerie. La tuyère D d'une soufflerie arrive sur l'un des bords du creuset. On commence par remplir le creuset de charbon bien allumé, puis on place au-dessus deux tas distincts, l'un de minerai, l'autre de charbon; ce dernier est en quantité double, et disposé du côté de la tuyère. On fait marcher la soufflerie, d'abord doucement, puis de plus en plus fort. Le charbon brûlant sous le vent de la tuyère donne de l'acide carbonique qui, au contact de l'excès de charbon incandescent, se transforme en oxyde de carbone. Cet oxyde de carbone traversant le minerai, le réduit à l'état de fer métallique, en repassant lui-même à l'état d'acide carbonique. — Une certaine quantité d'oxyde de fer est ramenée seulement à l'état de protoxyde, et se combine avec l'argile pour former le silicate double d'alumine et de fer très fusible qui constitue le *laitier*.

Cinq ou six heures suffisent pour une opération. Le fer, rassemblé dans le creuset sous forme spongieuse, est placé sur une enclume et frappé par un marteau qui lui donne de la compacité. On le chauffe ensuite de nouveau, et on le forge de manière à le réduire en barres.

Cette méthode très anciennement connue et très expéditive, ne donne guère que 55 de fer pour 100 de minerai.

249. Méthode des hauts fourneaux. — Le haut fourneau (fig. 158) se compose de deux troncs de cône réunis par leurs bases; le cône supérieur BC ou la *cuve* est en briques réfractaires. Il se termine supérieurement par une ouverture appelée *gueulard*, par laquelle se fait le chargement. Le gueulard est fermé par un couvercle métallique, que l'on relève au moment du chargement. Des ouvertures latérales donnent issue aux gaz combustibles qui sont recueillis dans un gros tube métallique latéral. On utilisera la chaleur de combustion de l'oxyde de carbone qu'ils contiennent, pour chauffer l'air que l'on doit injecter par les tuyères. Le cône inférieur DE, ou les *étalages*, est en pierres siliceuses infusibles. Au-dessous des étalages, se trouve un cylindre EF en pierres réfractaires, appelé l'*ouvrage*, dans la partie inférieure duquel viennent déboucher les trois tuyères d'une forte machine soufflante. Au-dessous de l'ouvrage se trouve le creuset, qui se termine antérieurement par une paroi nommée *dame*, devant laquelle existe un plan incliné. Le creuset est percé inférieurement d'un *trou de coulée*, qui pendant l'opération est bouché par un tampon d'argile.

La hauteur totale d'un haut fourneau est d'environ dix mètres quand il est alimenté par du charbon de bois; elle peut s'élever à vingt mètres quand il est alimenté par du coke.

Après avoir mis dans le haut fourneau une quantité suffisante de combustible, on ajoute des charges alternatives de *minerai*, de *castine* (calcaire) et de *charbon* dans le rapport d'environ 500 de minerai pour 80 de castine et 110 de charbon. On met ensuite le feu, et on fait jouer la machine soufflante.

Le charbon contenu dans l'ouvrage passe à l'état d'acide carbonique en dégageant beaucoup de chaleur. Cet acide carbonique rencontre en

Fig. 158. — Haut fourneau.

s'élevant du charbon incandescent qui le ramène à l'état d'oxyde de carbone. Celui-ci arrive dans la cuve, où il trouve du minerai chauffé au rouge, et le réduit en repassant à l'état d'acide carbonique. Le fer ainsi réduit, descend peu à peu dans les étalages avec sa gangue, la chaux qui provient de la décomposition de la castine, et le charbon. Là, sous l'influence d'une très haute température, la gangue et la chaux se combinent et donnent du silicate double d'alumine et de chaux (*laitier*), tandis que le fer passe à l'état de fonte. La fonte et le laitier se liquéfient complétement, en traversant l'ouvrage, et tombent dans le creuset, où le laitier, plus léger, reste à la surface; dès qu'il déborde la dame, il s'écoule sur le plan incliné, d'où on l'enlève au fur et à mesure qu'il se solidifie. Au bout de 12 à 24 heures, suivant les dimensions du haut fourneau, le creuset est rempli; on enlève le tampon d'argile, et la fonte coule dans de petits canaux demi-cylindriques creusés sur le sol de l'usine. La fonte se solidifie, et se présente sous forme de demi-cylindres, que l'on appelle *gueuses* ou *gueusets*, suivant leur longueur.

Le haut fourneau, une fois allumé, marche d'une manière continue; on ne l'arrête que pour y faire des réparations, c'est-à-dire en général au bout de 12 à 15 mois.

350. Fontes. — Les fontes sont des carbures de fer qui contiennent de 2 à 5 pour 100 de carbone. Les diverses variétés de fonte peuvent se ramener à deux types : la *fonte grise* et la *fonte blanche*. La fonte grise a une couleur qui varie du gris noir au gris clair, elle est douce, se laisse limer et marteler; la fonte blanche a une couleur argentine, elle est dure, se laisse difficilement attaquer à la lime, et se brise sous le choc.

Usages des fontes. — La *fonte grise* est employée à la fabrication *par moulage* des appareils et ustensiles de fonte, dont on fait usage dans l'industrie et dans l'économie domestique. — Les objets grossiers et de grande dimension, comme tuyaux de conduite, etc., sont obtenus par un moulage de première fusion, c'est-à-dire en recevant la fonte au sortir du haut fourneau dans des moules en sable.

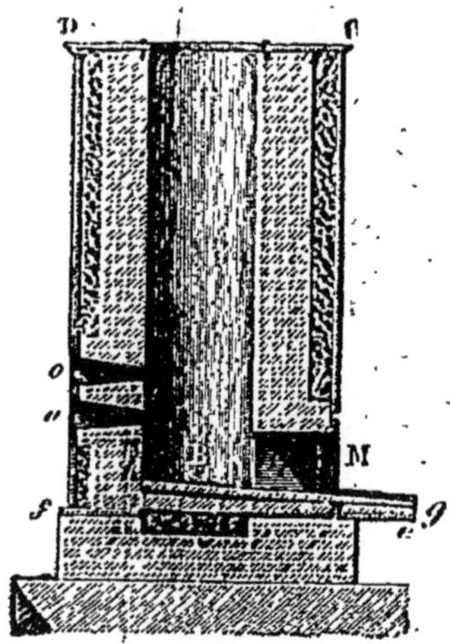

Fig. 159. — Cubilot pour la fonte de seconde fusion

Les petits objets, qui doivent avoir un fini plus grand, sont obtenus en refondant la fonte dans de petits fourneaux à cuve ou *cubilots* (fig. 159), d'où la fonte est prise avec des *pochés* en fer (fig. 160), pour être versée dans des moules convenablement préparés.

Fig. 160. — Poche pour verser la fonte dans les moules.

La *fonte blanche* est utilisée pour préparer le fer doux en barres.

Affinage. — Pour convertir la fonte blanche en fer doux, on la chauffe avec du charbon de bois dans une cavité carrée, où elle se trouve soumise à l'action oxydante d'un fort courant d'air (*affinage comtois*); ou bien on la chauffe à la houille, sur la sole d'un four à réverbère (*puddlage*). L'oxygène lui enlève son carbone, qui se dégage à l'état d'oxyde de carbone, et une partie de son silicium qui, passant à l'état d'acide silicique, se combine avec un peu d'oxyde de fer, pour former un silicate très fusible.

Le fer ainsi obtenu contient encore 0,002 à 0,005 de carbone.

351. Fer. Propriétés physiques. — Le fer est un métal d'un blanc grisâtre, il est ductible et malléable : c'est, après le nickel et le cobalt, le plus tenace de tous les corps; sa densité est 7,7.

Le fer fond vers 1500°. Avant de fondre, il se ramollit et devient pâteux; à cet état, il peut prendre toutes les formes sous le marteau, et se souder à lui-même sans l'intermédiaire d'aucun autre métal.

Le fer a une texture grenue qui, par le martelage, devient *fibreuse*. Cette texture *fibreuse* se modifie lentement avec le temps, ou rapidement sous l'influence des vibrations; elle devient alors *cristalline*. En changeant ainsi de structure, le fer perd de sa ténacité. Aussi est-on obligé de changer les essieux des locomotives au bout d'un certain temps, bien que leur aspect extérieur ne soit pas modifié.

Le fer est, de tous les corps, celui qui possède au plus haut degré les propriétés magnétiques. Cette propriété diminue rapidement quand la température s'élève; elle devient nulle au rouge.

352. Propriétés chimiques. — Le fer peut s'unir directement avec tous les métalloïdes, excepté avec l'azote.

A la température ordinaire, le fer est inaltérable dans l'air sec; dans l'air humide, il se transforme en *rouille* (315). On empêche le fer de se rouiller en recouvrant sa surface d'une légère couche de zinc, *fer galvanisé* (316), ou d'une couche épaisse de peinture.

Chauffé au rouge, le fer brûle en se transformant en oxyde magnétique, Fe^3O^4. C'est cet oxyde (*oxyde des battitures*) qui, sous le choc du marteau, se détache du fer incandescent. C'est encore lui qui se forme quand le fer en poussière impalpable, tel qu'on l'obtient en décomposant le sesquioxyde de fer par l'hydrogène, s'enflamme spontanément au contact de l'air (*fer pyrophorique*); ou quand de petites parcelles métalliques, violemment arrachées d'une lame de fer par le choc d'un silex, brûlent dans l'air en produisant de brillantes étincelles.

Le fer décompose la *vapeur d'eau* au rouge (fig. 4); il se dégage de l'hydrogène et il se forme encore de l'oxyde magnétique.

Les acides attaquent facilement le fer : l'*acide sulfurique* étendu réagit à froid, il donne de l'hydrogène et du sulfate de protoxyde de fer. L'acide concentré n'attaque le fer qu'à l'aide de la chaleur; il produit alors de l'acide sulfureux et du sulfate de fer.

L'*acide chlorhydrique* réagit à froid et donne de l'hydrogène et du protochlorure de fer.

On a vu (101) que l'*acide azotique* monohydraté n'attaque pas le fer, il le rend *passif*. — L'acide azotique ordinaire donne du protoxyde d'azote mêlé de bioxyde, et de l'azotate de protoxyde de fer. — L'acide étendu dissout le fer sans dégagement de gaz; il se forme de l'azotate de protoxyde de fer et de l'azotate d'ammoniaque.

353 Acier. — On désigne sous ce nom, du fer combiné avec 0,007 à 0,015 de carbone; il contient donc moins de carbone que la fonte.

ACIER NATUREL, ACIER DE CÉMENTATION. — On prépare l'acier, soit en décarburant la fonte, ce qui donne *l'acier naturel*, soit en carburant le fer, ce qui donne *l'acier de cémentation*. Pour avoir l'acier naturel, on soumet la fonte dans un fourneau à réverbère à l'action d'un courant d'air soutenu pendant plusieurs heures. Pour avoir l'acier de cémentation, on chauffe fortement le fer avec un cément formé de charbon de bois pulvérisé, de suie et de sel marin. Pour cela, on dispose alternativement des couches de cément, et des barres de fer, dans de grandes caisses chauffées par un foyer dont la flamme les entoure de toutes parts. On chauffe ainsi pendant douze à quinze jours, suivant l'épaisseur des barres. En retirant de temps à autre une barre, on peut reconnaître le moment où l'opération est terminée. — Cet acier n'est pas homogène, les parties superficielles sont toujours plus carburées que l'intérieur.

ACIER FONDU. — On obtient un acier bien homogène et propre à tous les usages de la coutellerie et de la chirurgie, en fondant, dans des creusets *brasqués*, de l'acier de cémentation coupé en petites barres et recouvert de charbon. Quand l'acier est devenu liquide, on le coule dans des lingotières en fonte, puis on le martèle, et on l'étire en barres.

354. Métal Bessemer. — Un ingénieur anglais, Bessemer, a imaginé un mode de préparation rapide et économique d'un fer aciéreux qui rend de grands services. Son procédé consiste à injecter dans de la fonte siliceuse maintenue en fusion dans un grand cubilot appelé *convertisseur* (fig. 161), mobile autour d'un axe horizontal, un fort courant d'air qui brûle les éléments étrangers, tels que carbone et silicium. Quand la combustion est suffisamment avancée, on mêle à la masse incandescente, d'autre fonte riche en manganèse. Cette fonte débarrasse la première du reste de son silicium à l'état de siliciure de manganèse, et fournit le carbone nécessaire : on coule le tout. On fabrique ainsi en une seule fois jusqu'à 10 000 kilogrammes d'acier.

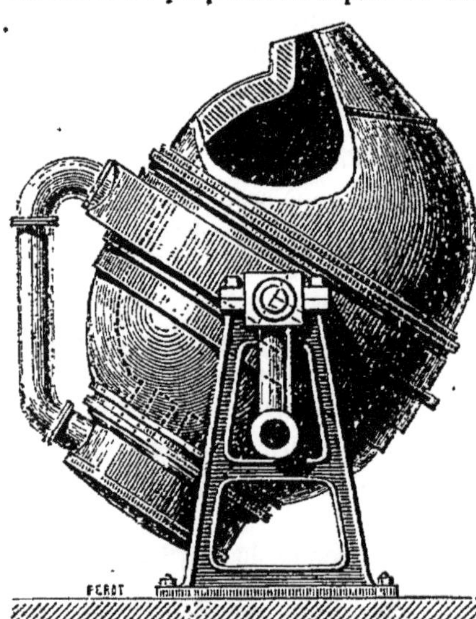

Fig. 161 — Convertisseur Bessemer.

PROPRIÉTÉS. — L'acier est un corps blanc, brillant et susceptible de prendre un très beau poli. Chauffé et refroidi lentement, il est ductile et malléable comme le fer ; mais si on le refroidit brusquement en le *trempant* dans une grande masse d'un liquide froid (eau, huile, mercure), il devient dur, cassant et possède une grande élasticité. Pour donner à l'acier le degré de *trempe* convenable aux différents usages, on lui donne d'abord une trempe très forte, puis on le recuit, et l'on juge de la trempe par les colorations que présente, aux différentes températures, l'acier ainsi chauffé.

355. Usages des aciers. — L'*acier naturel* et l'*acier puddlé* sont employés pour la fabrication des sabres, des épées et des scies; on les utilise également pour la grosse coutellerie, les ressorts de voiture et les instruments aratoires. L'*acier de cémentation* sert à la fabrication des limes, cisailles, lames de rabot, couteaux de poche et autres objets de quincaillerie. Soudé au fer, il sert à faire les marteaux, enclumes, etc.

L'*acier fondu*, plus homogène et susceptible d'acquérir par la trempe une plus grande dureté et une plus grande ténacité, sert à faire les burins, les coins de monnaies, les laminoirs. Comme il est susceptible d'acquérir un très beau poli, on l'emploie de préférence pour la coutellerie fine, la bijouterie d'acier, les ressorts de montre et les instruments de chirurgie. Le recuit qui convient à ces diverses applications est indiqué par la couleur que prend l'acier.

ÉTAIN (Sn)

MALLÉABILITÉ, FEUILLES D'ÉTAIN — ÉTAMAGE — FER-BLANC

356. Métallurgie de l'étain. — Le seul minerai d'étain est le bioxyde d'étain (*cassitérite*). Il est abondant en Angleterre, en Saxe et aux Indes.

Le traitement de ce minerai est le suivant : Après l'avoir bocardé et lavé, on le soumet à un grillage, et à un nouveau lavage pour le débarrasser des oxydes étrangers qui, étant plus légers, sont entraînés par l'eau. L'oxyde ainsi purifié est mêlé avec du charbon de bois, et chauffé dans un fourneau à manche (fig. 162), où il se réduit. L'étain coule dans un premier bassin extérieur où il s'accumule, et d'où on le fait passer ensuite dans un second récipient pour le séparer de la scorie.

Fig. 162. — Fourneau à manche.

357. Propriétés physiques. — L'étain est un métal blanc à reflet légèrement jaunâtre; frotté entre les doigts, il acquiert une légère odeur. Sa densité est 7,29.

L'étain est le plus fusible des métaux usuels, il fond à 228°; on peut le fondre sur une feuille de papier placé sur une plaque de tôle légèrement chauffée par sa face inférieure. Ce métal cristallise en se solidifiant ; il n'est pas volatil.

L'étain est flexible ; quand on le plie, il fait entendre un bruit particulier qui paraît provenir de ruptures produites dans l'intérieur du métal.

— Il est malléable, on peut le réduire en feuilles très minces ; dans cette opération, il ne *s'écrouit pas*, c'est-à-dire qu'il reste mou et flexible. Cette propriété lui est commune avec le plomb. Tous les autres métaux s'écrouissent par le martelage ou le laminage. La ténacité de l'étain est très faible, elle est cependant un peu supérieure à celle du plomb.

358. Propriétés chimiques. — L'étain ne s'altère pas sensiblement à l'air, à la température ordinaire ; mais, quand on le chauffe à environ 200°, on le voit s'oxyder à la surface, en donnant un mélange de protoxyde et de bioxyde d'étain. Une température très élevée le transformerait en bioxyde avec incandescence.

L'étain se combine directement avec presque tous les métalloïdes.

Il décompose l'*eau* au rouge en donnant de l'hydrogène et du bioxyde d'étain.

L'acide *sulfurique* n'attaque l'étain que très lentement.

L'acide *chlorhydrique*, au contraire, le dissout facilement, surtout à chaud ; de l'hydrogène se dégage, et il se forme du protochlorure d'étain.

L'acide *azotique* ordinaire le convertit en bioxyde d'étain avec dégagement de bioxyde d'azote.

Les dissolutions *alcalines* concentrées dissolvent l'étain ; il se forme un oxyde d'étain qui se combine avec l'alcali.

359. Usages. — Nous avons déjà indiqué l'application de l'étain à la production d'un certain nombre d'*alliages* importants (327).

Nous avons vu également qu'on l'emploie pour protéger le fer (*fer-blanc*). Ce fer-blanc, traité par une dissolution très étendue d'eau régale, laisse apparaître des lamelles cristallisées d'étain qui donnent le *moiré métallique*. Son inaltérabilité à l'air et l'innocuité de ses sels, quand ils sont en très petite quantité, le fait employer pour la confection des plats, des couverts, des mesures pour les boissons. On profite de sa malléabilité pour faire les *feuilles* minces qui servent à envelopper le chocolat et le thé. Enfin il sert à l'*étamage* des vases de cuivre et de fer employés pour la cuisine.

PLOMB (Pb = 104)

MALLÉABILITÉ — CHAMBRES DE PLOMB — RÉACTION DE L'EAU
TUYAUX DE CONDUITE POUR L'EAU ET LE GAZ — COLIQUES DE PLOMB
CONTREPOISON

360. État naturel. — Le plomb se trouve dans la nature à l'état de sulfure (*galène*), de carbonate, de phosphate et d'arséniate. C'est de la galène qu'on extrait le plomb du commerce.

361. Métallurgie du plomb. — Le mode de traitement du minerai de plomb varie avec sa richesse et la nature de la gangue qui l'accompagne.

Quand le minerai bocardé est très impur, et que la gangue est très siliceuse, on emploie la méthode de *réduction* ; quand, au contraire, le minerai est riche et peu siliceux, on opère par la méthode de *réaction*.

MÉTHODE PAR RÉDUCTION. — Le *minerai* est mêlé dans un fourneau à cuve avec de *vieilles ferrailles* ou avec de la *fonte grenaillée*. Le fer enlève le soufre au plomb ; il en résulte du plomb métallique et du sulfure de fer qui surnage et s'écoule dans un bassin latéral.

MÉTHODE PAR RÉACTION. — Le *minerai* grillé lentement dans un four à réverbère (fig. 165) se transforme partiellement en oxyde et en sulfate ;

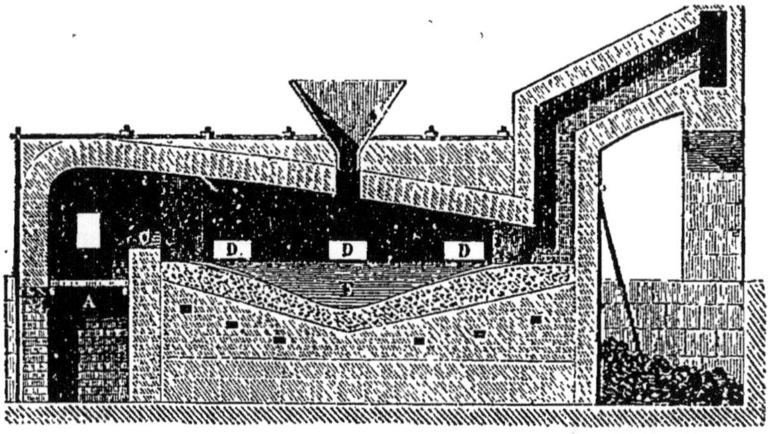

Fig. 165. — Four à réaction pour le traitement du minerai de plomb.

il se dégage de l'acide sulfureux. On ferme alors toutes les ouvertures du fourneau, et l'on élève la température. L'oxyde et le sulfate réagissant sur le sulfure, donnent de l'acide sulfureux et du plomb métallique, ainsi que l'expriment les formules suivantes :

$$2PbO + PbS = SO^2 + 3Pb.$$
Oxyde de plomb.   Sulfure de plomb.   Ac. sulfureux.   Plomb

$$PbOSO^3 + PbS = 2SO^2 + 2Pb.$$
Sulfate de plomb.   Sulfure de plomb.   Ac. sulfureux.   Plomb.

362. Coupellation du plomb argentifère. — Le plomb ainsi obtenu est généralement *argentifère*. On en retire l'argent par une *coupellation* effectuée dans un fourneau dont la sole est creusée en forme de calotte sphérique. Le plomb s'oxyde (**384**) et se transforme en litharge qui coule par des ouvertures latérales ; l'argent reste sur la coupelle.

363. Propriétés physiques. — Le plomb est un métal gris bleuâtre, assez mou pour qu'on puisse le rayer avec l'ongle. Quand on le frotte sur du papier, il laisse une trace grise. Sa densité est 11,35. Il fond vers 335°, et donne au rouge des vapeurs sensibles.

Le plomb est très malléable. Il ne s'*écrouit* ni par le laminage ni par le martelage. Il est très peu tenace ; aussi ne peut-on que difficilement l'étirer en fils de petit diamètre.

364. Propriétés chimiques. — Le plomb est très brillant quand il vient d'être coupé ; mais il se ternit rapidement au contact de l'air par suite de la formation d'une couche de sous-oxyde de plomb Pb^2O. — Chauffé au-dessus de sa température de fusion, il se recouvre d'une pellicule irisée qui, absorbant peu à peu l'oxygène de l'air, se transforme en protoxyde de plomb, PbO, de couleur jaune (*massicot*).

Au contact de l'eau pure *aérée* (eau pluviale ou eau distillée), le plomb absorbe l'oxygène de l'air et forme un oxyde qui, se combinant avec l'eau et l'acide carbonique de l'air, donne une croûte blanche d'hydrate et de carbonate de plomb. C'est une des causes de la détérioration rapide des toitures de plomb. L'*eau pluviale* qui tombe sur les toits dissout un peu d'oxyde de plomb et acquiert des propriétés toxiques. — L'*eau de rivière* ou de *source* n'attaque ce métal que très lentement ; aussi se sert-on, pour la conduite des eaux potables, de tuyaux de plomb qui seraient dangereux pour les eaux de pluie.

Les acides *sulfurique* et *chlorhydrique* n'attaquent pas sensiblement le plomb à l'abri du contact de l'air ; aussi peut-on commencer la concentration de l'acide sulfurique dans des bassines de plomb. La concentration ne peut cependant pas y être terminée, car l'acide sulfurique concentré et bouillant attaque le plomb en donnant de l'acide sulfureux et du sulfate de plomb.

365. Action physiologique. — Le plomb est extrêmement *vénéneux :* tous les ouvriers qui manient ce métal ou ses composés sont exposés à en ressentir les effets : tels sont les plombiers, les étameurs, les potiers de terre, les peintres, les broyeurs de couleurs et les ouvriers qui préparent la céruse et le minium. Les effets du plomb ne se font généralement sentir qu'au bout d'un temps plus ou moins long, par un amaigrissement, par la décoloration de la peau, et enfin par des coliques appelées *coliques saturnines* ou *coliques de plomb*. M. Melsens conseille comme remède, l'emploi de l'iodure de potassium qui, dissolvant peu à peu le plomb et ses combinaisons, les entraîne dans les urines.

366. Usages. — Le plomb entre dans la composition d'*alliages* importants (**327**) ; il sert à la fabrication du *plomb de chasse* et des balles de fusil. Réduit en lames, il est employé pour la couverture des toits, pour former les murs des chambres qui servent à la fabrication de l'acide sulfurique, et pour garnir l'intérieur des réservoirs où l'on conserve l'eau ordinaire. Les tuyaux de conduite pour l'eau et le gaz de l'éclairage sont également en plomb. Les jardiniers emploient des fils de plomb pour fixer les branches à leurs supports. La mollesse de ce métal, la facilité avec laquelle il se plie et prend la forme des surfaces, le rendent très propre à ces usages.

CUIVRE (Cu = 31,5)

MALLÉABILITÉ : CHAUDIÈRES, ALAMBICS — DUCTILITÉ : FILS TÉLÉGRAPHIQUES
ALLIAGES : LAITON, BRONZE, MAILLECHORT

367. État naturel. — Métallurgie du cuivre. — Le cuivre existe dans la nature, soit à l'*état natif*, comme dans l'Amérique du Nord, sur les bords du lac Supérieur; soit à l'état de *sous-oxyde* Cu^2O, ou de *carbonate* CuO,CO^2, comme au Pérou, au Chili et dans les monts Ourals; soit enfin à l'état de *sulfure*, presque toujours combiné à du sulfure de fer et constituant la *pyrite cuivreuse*, Cu^2S,Fe^2S^3.

Le cuivre s'extrait facilement du *sous-oxyde* et du *carbonate*. Il suffit de fondre ces minerais avec du charbon dans des fourneaux à cuve. Le charbon, se combinant à l'oxygène de l'oxyde, passe à l'état d'acide carbonique, et le cuivre est ramené à l'état métallique. — Le cuivre brut ainsi obtenu est ensuite purifié par un *raffinage*.

TRAITEMENT DE LA PYRITE CUIVREUSE. — Les *pyrites cuivreuses* exigent un traitement plus pénible. Pour éliminer le soufre et le fer, on se fonde :

1° sur ce que, par le *grillage*, une partie du *soufre* passe à l'état d'acide *sulfureux*, tandis que les métaux désulfurés passent à l'état d'*oxydes* ;

2° sur ce qu'un mélange d'*oxyde de cuivre* et de *sulfure de fer* donne, en présence de la silice à haute température, du *sulfure de cuivre* et de l'*oxyde de fer* qui, s'unissant à la *silice*, forme un silicate de fer très fusible se séparant facilement du reste de la matière.

Un premier grillage de la pyrite cuivreuse, suivi d'une fusion en présence des matières siliceuses, donne une scorie renfermant une grande partie du fer de la pyrite, et une *matte* qui contient la plus grande partie du cuivre du minerai avec le reste du fer, le tout à l'état de sulfure. Cette matte constitue un véritable minerai, plus riche en cuivre que le minerai primitif.

De nouveaux grillages, suivis de nouvelles fusions en présence de matières siliceuses, donnent de nouvelles scories riches en fer et des mattes plus riches en cuivre. On arrive ainsi à une dernière matte composée presque uniquement de sulfure de cuivre qui, par un dernier grillage, donne de l'acide sulfureux et un cuivre impur appelé *cuivre noir*. Ce dernier renferme environ 95 pour 100 de cuivre, avec des traces de *soufre* et de *fer*.

RAFFINAGE DU CUIVRE NOIR. — On le soumet à un raffinage qui consiste à exposer le cuivre en fusion, à un courant d'air oxydant, en présence d'argile et de charbon. Il se dégage encore un peu d'acide *sulfureux*, et il se forme du *silicate de fer*. Quand l'affinage est terminé, on solidifie une partie de la surface, en y jetant un peu d'eau froide, et l'on enlève à l'aide d'un ringard la partie solidifiée ou *rosette*. Le cuivre ainsi obtenu est livré au commerce.

368. Liquation du cuivre argentifère. — Quand le minerai de cuivre est *argentifère*, tout l'argent se trouve dans le cuivre noir. On l'en retire par la méthode de *liquation :* on mêle au cuivre une certaine quantité de plomb, et l'on refroidit brusquement l'alliage coulé en disques, de manière à obtenir un mélange ternaire. Il suffit de réchauffer très lentement ces disques pour que le plomb s'en écoule, entraînant avec lui tout l'argent. Le cuivre, bien dépouillé du plomb, est ensuite raffiné comme à l'ordinaire, tandis que le plomb argentifère est soumis à la coupellation (**381**).

369. Propriétés physiques. — Le cuivre est un métal rouge, susceptible de prendre un très bel éclat. Frotté, il exhale une odeur particulière et désagréable.

La densité du cuivre fondu est 8,8 ; elle augmente par le laminage et peut s'élever à 8,95. Le cuivre fond vers 1,100° et se vaporise lentement à une température plus élevée, en colorant la flamme en vert.

C'est un des métaux les plus ductiles et les plus malléables ; il est, après le fer, le métal usuel le plus tenace. Il est bon conducteur de la chaleur et de l'électricité. Ces propriétés expliquent ses nombreux usages (**374**).

370. Propriétés chimiques. — Le cuivre ne s'altère ni dans l'oxygène ni dans l'air sec ; mais dans l'air humide il se recouvre d'une couche verdâtre d'hydrocarbonate de cuivre, connue sous le nom de *vert-de-gris*. Cette couche, qui se forme également sur les alliages de cuivre et d'étain (bronze), protège le métal contre toute altération ultérieure.

La présence d'un acide (*vinaigre, corps gras*) susceptible de former avec l'oxyde de cuivre un sel soluble, accélère beaucoup l'oxydation ; de là, le danger de conserver des aliments dans des vases de cuivre : il se forme un sel vénéneux.

L'ammoniaque détermine également l'oxydation du cuivre au contact de l'air ; il se forme dans ce cas de l'oxyde de cuivre et de l'azotite d'ammoniaque qui, avec l'excès d'ammoniaque, constituent une liqueur bleue susceptible de dissoudre la *cellulose*.

Chauffé au contact de l'*air*, le cuivre s'oxyde en donnant d'abord du sous-oxyde Cu^2O, puis du protoxyde noir, CuO.

L'acide *sulfurique* concentré attaque le cuivre à chaud ; nous avons utilisé cette réaction (**152**) dans la préparation de l'acide sulfureux.

L'acide *azotique* l'attaque à froid ; c'est par cette réaction que nous avons obtenu le bioxyde d'azote (**84**).

L'acide *chlorhydrique* n'attaque le cuivre qu'à chaud et très lentement ; il donne du protochlorure de cuivre, Cu^2Cl, et de l'hydrogène.

371. Usages. — Le cuivre, malléable et bon conducteur de la chaleur, sert à faire des chaudières d'évaporation pour les sucreries, des alambics pour les distillateurs, des réfrigérants pour les brasseurs et des ustensiles de cuisine. Bon conducteur de l'électricité, il est employé pour transmettre les courants électriques dans les câbles sous-marins.

CHAPITRE IV

MÉTAUX PRÉCIEUX — MERCURE — ARGENT
OR — PLATINE

MERCURE (Hg = 100)

EXTRACTION — VOLATILITÉ — RÉACTIF DE SES VAPEURS — EMPOISONNEMENT
TREMBLEMENT MERCURIEL — CONTRE-POISON — APPLICATIONS

372. Métallurgie du mercure. — Le mercure se rencontre quelquefois à l'état natif en globules disséminés, dans des couches de bitume; mais son minerai ordinaire est le *cinabre* ou sulfure de mercure. Les principales mines de cinabre sont celles d'Almaden, en Espagne, d'Idria, en Illyrie, et du duché de Deux-Ponts, en Bavière.

Dans les deux premières localités, on extrait le mercure du cinabre par un simple grillage. On obtient du mercure en vapeur que l'on condense, et de l'acide sulfureux qui se dégage.

$$HgS \quad + \quad 2O \quad = \quad SO^2 \quad + \quad Hg.$$
Sulfure de mercure. Oxygène. Ac. sulfureux. Mercure.

La seule différence que présentent les deux procédés employés, consiste dans la disposition des appareils où se produit la condensation.

Dans le duché de Deux-Ponts, où le sulfure de mercure est mêlé de calcaire, on chauffe le minerai avec sa gangue dans des cornues de terre munies d'allonges, et placées les unes à côté des autres dans le fourneau.

Le sulfure de mercure est décomposé par la chaux, et donne du mercure en même temps que du sulfure de calcium et du sulfate de chaux :

$$4HgS \quad + \quad 4CaO \quad = \quad 3CaS \quad + \quad CaOSO^3 \quad + \quad 4Hg.$$
Sulfure de mercure. Chaux Sulfure de calcium. Sulfate de chaux. Mercure.

373. Propriétés physiques. — Le mercure est blanc et très brillant (*vif-argent*) : c'est le seul métal qui soit liquide à la température ordinaire. Il se solidifie à — 40°; il est alors solide, blanc, malléable. Il entre en ébullition vers 350°. Sa densité à 0° est 13,596.

Le mercure émet des vapeurs à la température ordinaire. L'atmosphère des ateliers où l'on emploie ce métal est saturée de vapeurs mercurielles. M. Merget le démontre en y exposant des bandes de papier imprégnées d'azotate d'argent ammoniacal ou de chlorure d'or ; les vapeurs, au contact de ces réactifs, en réduisent le métal, qui colore le papier en noir.

374. Propriétés chimiques. — Le mercure s'altère lentement au contact de l'air, à la température ordinaire; sa surface se recouvre d'une pellicule grise de sous-oxyde Hg^2O, qui peut se dissoudre partiellement dans le métal, et s'attacher aux parois du verre.

L'oxydation du mercure se fait très rapidement à la température de 350°; il se produit alors de l'oxyde rouge HgO (précipité *per se*). Cette propriété a permis à Lavoisier (39) de découvrir la composition de l'air.

Le *chlore* attaque le mercure même à froid, et forme avec lui un sous-chlorure, Hg^2Cl, si le métal est en excès ; il forme un chlorure, $HgCl$, si le chlore domine.

L'acide *sulfurique* n'a pas d'action à froid sur le mercure. A chaud et concentré, il agit en donnant de l'acide sulfureux (152) et du sulfate de mercure.

L'acide *azotique*, étendu et froid, donne du bioxyde d'azote et de l'azotate de sous-oxyde de mercure Hg^2O,AzO^5; à chaud, il produit de l'azotate d'oxyde de mercure HgO,AzO^5, en dégageant toujours du bioxyde d'azote.

375. Action physiologique. — Le mercure est un poison violent. Absorbé à forte dose, il peut occasionner une mort rapide ; absorbé lentement, sous forme de vapeurs répandues dans l'atmosphère à la température ordinaire, il occasionne un empoisonnement chronique, qui se manifeste d'abord par une salivation abondante (*salivation mercurielle*), puis par le *tremblement mercuriel*. Tous les ouvriers qui séjournent longtemps dans les salles où l'on manie du mercure (*étamage* des glaces, etc.), sont sujets à ces affections. Souvent, à la suite de l'usage de pommades mercurielles, il se manifeste sur la peau des rougeurs, des éruptions. M. Melsens emploie avec succès l'*iodure de potassium*, à faible dose, souvent répétée, comme contrepoison du mercure et de ses composés, qui se trouvent rapidement entraînés hors de l'organisme.

On tend à remplacer l'*étamage* des glaces au mercure par leur *argenture*. On supprime ainsi l'intoxication des ouvriers.

376. Usages. — Le mercure est utilisé pour la construction d'un grand nombre d'appareils de physique ou de chimie : tels que *baromètres, manomètres, thermomètres, cuves* à mercure, etc. Il est employé dans l'étamage des glaces. C'est surtout à l'extraction de l'*or* et de l'*argent* qu'est appliquée la plus grande partie du mercure retiré du cinabre.

ARGENT (Ag = 108)

MÉTALLURGIE — L'ARGENT DISSOUT L'OXYGÈNE — ALLIAGES D'ARGENT

MONNAIES — BIJOUX — ESSAI PAR COUPELLATION — ESSAI PAR VOIE HUMIDE

377 · Métallurgie de l'argent. — L'argent existe dans la nature, soit à l'*état natif*, soit à l'état de *sulfure*, de *chlorure* ou d'*arséniure*. Le *sulfure d'argent* est le principal minerai. Les mines les plus riches sont celles du Mexique et du Pérou, dans le Nouveau Monde, celles de Saxe et celles de Norwège, dans l'ancien continent.

Quand le sulfure d'argent est intimement associé aux minerais de cuivre ou de plomb, on traite l'ensemble comme s'il ne contenait que le cuivre ou le plomb, et ce n'est qu'après l'extraction qu'on sépare l'argent de l'autre métal par *coupellation* (362) ou *liquation* (368).

Quand le sulfure et le chlorure d'argent sont libres ou mélangés à de petites quantités seulement de pyrite, on emploie généralement la méthode de *chloruration* et *amalgamation*. Cette méthode consiste à faire passer tout l'argent à l'état de chlorure, que l'on dissout dans du chlorure de sodium; d'où l'on précipite ensuite l'argent à l'aide d'un autre métal plus chlorurable. L'argent pulvérulent, agité avec du mercure, se rassemble en formant un amalgame. Cet amalgame est ensuite décomposé par la chaleur et donne l'argent métallique.

Les moyens de chloruration et d'amalgamation varient avec les conditions de l'exploitation, de là deux procédés complètement distincts :

1° PROCÉDÉ DE FREIBERG.—Le minerai formé de *sulfure d'argent*, disséminé dans de la pyrite, est bocardé, et mêlé ensuite avec $\frac{1}{10}$ de son poids de sel marin. On grille ce mélange dans un fourneau à réverbère ; les sulfures combustibles passent à l'état d'oxydes, en dégageant de l'acide sulfureux ; il se forme en même temps du sulfate d'argent qui, réagissant sur le sel marin, fournit du sulfate de soude et du chlorure d'argent. — La masse ainsi obtenue est pulvérisée, lavée et introduite avec 30 kil. d'eau et 6 kil. de fer pour 100 kil de matières, dans des tonneaux (fig. 164) qui peuvent tourner autour d'un

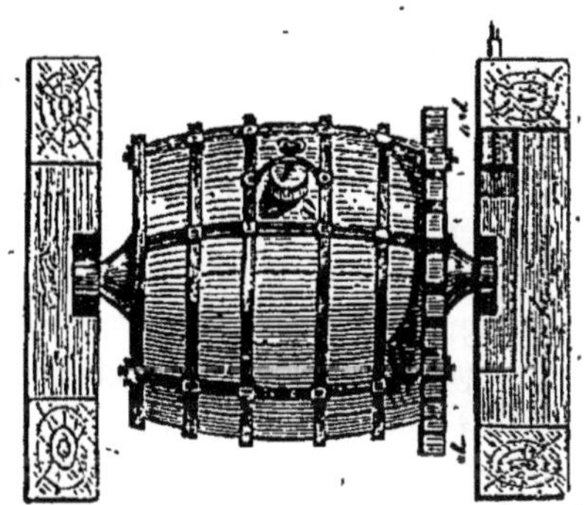

Fig. 164. — Réduction et amalgamation de l'argent.

axe horizontal. Après les avoir fait tourner pendant une heure, on ajoute 50 kil. de mercure, et l'on fait tourner de nouveau pendant seize heures.

Le chlorure d'argent dissous dans l'eau chargée de sel marin est d'abord attaqué par le fer, qui donne du protochlorure de fer et de l'argent métallique très divisé; le mercure s'amalgame ensuite avec l'argent pulvérulent. Cet amalgame, recueilli et filtré, est soumis à l'action de la chaleur : le mercure se volatilise, l'argent reste.

2° PROCÉDÉ AMÉRICAIN. — Au Mexique et au Chili, la rareté du combustible force à opérer à froid. Le minerai, composé de *sulfo-arséniure* et de *sulfo-antimoniure* d'argent, mêlé de *chlorure d'argent* et d'argent natif, est réduit en poudre impalpable, puis mélangé avec 2 à 5 pour 100 de sel marin. On porte le tout dans une aire circulaire pavée de dalles inclinées, où on le fait piétiner par des mules. Quelques heures après, on ajoute au mélange environ 1 pour 100 de pyrite de cuivre grillée à l'air (*magistral*), consistant principalement en sulfate de cuivre, et l'on fait piétiner de nouveau. Il se forme alors du sulfate de soude et du chlorure de cuivre, qui, par son action sur le sulfure d'argent, donne du chlorure d'argent et du sulfure de cuivre. On ajoute en même temps du mercure qui, réagissant à la fois sur le chlore et sur l'argent du chlorure d'argent, produit du chlorure de mercure et un amalgame d'argent. Au bout de quinze jours, le mercure a dissous assez d'argent pour former une masse solide; on fait une seconde addition de mercure, puis une troisième : on continue ainsi jusqu'à ce qu'on ait employé environ huit parties de mercure pour une d'argent. Au bout de quelques mois, l'opération est terminée; on lave à grande eau; les matières salines et terreuses sont entraînées : l'amalgame, plus dense, reste seul au fond des vases. On en retire l'argent par l'action de la chaleur, comme dans le procédé saxon.

378. Propriétés physiques. — L'argent est le plus blanc des métaux; c'est celui qui, par le poli, acquiert le plus d'éclat. Sa densité est 10,5. Il fond vers 1000°, et se volatilise à une température plus élevée en donnant des vapeurs vertes. — A l'état liquide, il jouit de la propriété de dissoudre 22 fois son volume d'oxygène, et de laisser dégager ce gaz au moment où il se solidifie. Ce dégagement brusque détermine souvent la projection d'un peu de métal, et la production d'une espèce de champignon à la surface du bouton métallique; on dit alors que l'argent *roche*.

L'argent est très ductile, très malléable et assez tenace. Il est bon conducteur de la chaleur et de l'électricité.

379. Propriétés chimiques. — L'argent ne s'oxyde pas à l'air; il se combine directement avec la plupart des métalloïdes, à une température plus ou moins élevée.

L'acide *azotique* le dissout à froid, même quand il est étendu, et donne du bioxyde d'azote avec de l'azotate d'oxyde d'argent.

L'acide *sulfurique* ne l'attaque que lorsqu'il est concentré et bouillant.

L'acide *chlorhydrique* ne l'attaque que superficiellement, parce qu'il se produit un chlorure insoluble qui protège le reste du métal.

L'acide *sulfhydrique* le noircit en formant une couche de sulfure d'argent.

Les *alcalis* ne sont pas attaqués par l'argent, aussi se sert-on toujours de creusets et de bassines d'argent pour la préparation de la potasse (409) et de la soude, ainsi que pour l'attaque des silicates par ces alcalis.

380. Alliages. — Nous avons indiqué (327) la composition des principaux alliages d'argent et de cuivre, employés dans la fabrication des *monnaies*, des *médailles*, de la *vaisselle d'argent* et des objets de bijouterie. Pour déterminer le *titre* exact de ces alliages, on peut avoir recours à deux procédés différents : la *coupellation* et la *voie humide*.

381. Essai des alliages par coupellation. — La coupellation est fondée : 1° sur ce que l'argent maintenu en fusion ne s'oxyde pas à l'air, tandis que les autres métaux, et notamment le cuivre, s'oxydent à cette température ; 2° sur ce que le plomb, en s'oxydant, donne un oxyde (*litharge*) fusible, capable de pénétrer par imbibition dans les terres poreuses, et susceptible de dissoudre et d'entraîner avec lui l'oxyde de cuivre, infusible à la température à laquelle on opère.

La coupellation permet de tirer des traces d'argent du plomb argentifère. Cependant, employée pour essayer un alliage, elle ne donne pas un résultat rigoureusement exact, par suite de la vaporisation d'une très faible quantité d'argent, ou de la pénétration d'une petite quantité de ce métal dans la coupelle. L'erreur peut être quelquefois de 3 à 4 millièmes.

382. Essai par voie humide. — Gay-Lussac a donné une méthode qui permet d'obtenir à un demi-millième près le titre d'un alliage de cuivre et d'argent.

Cette méthode repose sur ce fait, qu'une dissolution d'un chlorure alcalin versée dans une dissolution d'un mélange d'azotate d'oxyde d'argent et d'azotate d'oxyde de cuivre, précipite l'argent à l'état de chlorure très dense, qui se réunit, et laisse une dissolution parfaitement limpide retenant tout le cuivre.

OR (Au = 98)

EXTRACTION DES SABLES AURIFÈRES — COULEUR — FEUILLES D'OR
BOIS DORÉ — DORURE GALVANIQUE — ALLIAGES D'OR — ESSAI AU TOUCHAU

383. Métallurgie de l'or. — L'or est un des métaux les plus répandus dans la nature, mais on ne le trouve toujours qu'en très petites quantités ; il existe tantôt à l'état natif, tantôt en combinaison avec l'argent, le plomb et le cuivre. On le rencontre généralement sous forme de paillettes, disséminées, soit dans les sables d'alluvions anciennes, comme en Californie, dans les monts Ourals et en Australie, soit dans les roches dont la désagrégation a produit ces sables d'alluvion.

Pour extraire l'or des sables aurifères, on les soumet à un *traitement mécanique* qui consiste à éliminer, par un lavage, la plus grande partie des matières terreuses, et à ne laisser que peu de sable avec l'or.

Le *traitement chimique* consiste à agiter l'or (mêlé d'un peu de sable) avec du mercure ou avec un amalgame de sodium (procédé Calvert) qui dissout l'or et laisse le sable.

L'amalgame ainsi obtenu est comprimé dans une peau de chamois. L'excès de mercure filtre à travers les pores de la peau, et il reste un amalgame solide que l'on soumet à l'action de la chaleur ; le mercure se vaporise, l'or reste dans la cornue.

Quand l'or est associé aux minerais de plomb, de cuivre ou d'argent, on traite ces minerais comme si l'on voulait en extraire seulement le plomb, le cuivre ou l'argent ; l'or est entraîné avec le métal, on l'en sépare ensuite par *coupellation*.

384. Propriétés. — L'or est un métal doué d'une belle couleur jaune caractéristique. Sa densité est 19,5. Il fond vers 1200°, et se volatilise à une température plus élevée, en donnant des vapeurs vertes. — C'est le plus ductible et le plus malléable de tous les métaux ; on peut le réduire en feuilles de $\frac{1}{10000}$ de millimètre d'épaisseur, utilisées pour dorer le bois, le carton (cadres de glaces, de tableaux). — Ces feuilles laissent passer la lumière verte.

385. Dorure galvanique. — Le courant d'une pile permet de recouvrir d'or un objet plongé dans une dissolution de 1 gramme de cyanure d'or et 10 grammes de cyanure de potassium dans 100 grammes d'eau. On chauffe d'abord l'objet en cuivre pour détruire les matières grasses. On le plonge ensuite, encore chaud, dans de l'acide sulfurique étendu, pour dissoudre l'oxyde de cuivre qui peut s'être formé au contact de l'air sous l'influence de la chaleur. Après ce *décapage*, la pièce est soumise au *dérochage*, qui se fait à l'aide d'acide nitrique faible ; on la retire et on l'essuie. La pièce ainsi préparée est fixée au pôle négatif de la pile et plongée dans le bain de cyanure. Le pôle positif est formé d'une lame d'or, en sorte qu'au fur et à mesure que l'or de la dissolution se dépose sur la pièce, il s'en dissout une quantité équivalente de la lame positive, et le bain conserve une composition à peu près constante.

L'or est inaltérable à l'air à toutes les températures.

Le *chlore* et le *brome* sont les seuls métalloïdes qui l'attaquent à froid.

Le *mercure* le dissout facilement à toute température.

Les acides *sulfurique*, *azotique* et *chlorhydrique* employés isolément sont sans action sur lui.

L'*eau régale* le dissout en donnant du sesquichlorure d'or (Au^2Cl^3).

L'or est surtout employé à l'état d'alliage (327).

386. Essai par coupellation. — L'essai des alliages d'or se fait par la *coupellation* ; mais, pour arriver à des résultats exacts, il faut commencer par ajouter à l'alliage une quantité d'argent triple de celle de l'or qu'il est supposé contenir.

387. Essai au touchau. — L'essai des bijoux se fait en frottant l'objet sur une pierre siliceuse noire très dure, nommée *pierre de touche*. De part et d'autre de la trace métallique laissée par l'alliage, on fait un trait avec des alliages en proportions connues, et entre lesquelles on suppose que le titre du bijou se trouve compris ; puis on passe sur ces trois traits un bouchon de verre imprégné d'un mélange d'acide azotique avec très peu d'acide chlorhydrique. La couleur des traces permet à un essayeur expérimenté de reconnaître le titre à 1 centième près.

PLATINE (Pt = 99,5)

EXTRACTION — DENSITÉ — POROSITÉ — RÉSISTANCE AUX ACIDES
FUSION AU CHALUMEAU

388. État naturel. — Le platine existe à l'état natif dans les sables d'alluvions anciennes. On le trouve en Colombie, dans la Nouvelle-Grenade, au Brésil, en Californie et dans les monts Ourals. Il se présente d'ordinaire en grains rugueux ou en paillettes mélangées avec de l'or et d'autres métaux.

389. Extraction. — Pour extraire le platine de son minerai, on sépare d'abord l'or par le mercure ou par l'eau régale très faible, puis on attaque la matière, à chaud, par l'eau régale concentrée. Le platine se disssout en laissant un résidu insoluble. La dissolution, traitée par le chlorhydrate d'ammoniaque, donne un précipité jaune de chlorure double de platine et d'ammonium. Ce précipité lavé, séché et calciné au rouge, donne la mousse de platine. Pendant longtemps, cette mousse, réduite en poudre et délayée avec de l'eau, était fortement comprimée dans un cylindre creux de fer, de manière à acquérir un peu de cohésion, puis chauffée au rouge blanc et martelée. H. Sainte-Claire Deville et Debray ont substitué à ce mode d'agrégation long et pénible le mode de fusion (391).

390. Propriétés physiques. — Le platine est un métal d'un blanc grisâtre dont la densité est 22. Il est très malléable, très ductile et très tenace. Il ne fond qu'aux feux de forge les plus violents, ou à la température du chalumeau à gaz d'éclairage alimenté par l'oxygène.

Le platine fondu absorbe l'oxygène comme l'argent, et *roche* comme ce métal par refroidissement.

Porosité du platine. — Le platine est très poreux, et s'échauffe en condensant les gaz. — Cette propriété est surtout remarquable dans la *mousse* ou *éponge* de platine, que l'on obtient par la calcination du chlorure double de platine et d'ammoniaque, et dans le *noir* de platine qui se précipite quand on traite la dissolution de chlorure de platine par une dissolution alcoolique de potasse. — Le noir de platine détermine l'oxydation de l'alcool absolu, et souvent avec inflammation.

Nous avons vu (57) que l'éponge de platine, introduite dans un mélange de gaz oxygène et hydrogène, y devient incandescente et détermine la combinaison des deux gaz avec explosion. Un courant d'hydrogène dirigé sur la mousse de platine dans l'air (24) y produit également une incandescence qui enflamme l'hydrogène (*briquet à hydrogène*).

Le platine forgé ou fondu présente encore ces propriétés, quoique à un moindre degré. A la température ordinaire, il ne paraît pas poreux; mais à une température plus élevée, il condense les gaz en s'échauffant, et détermine alors la combustion des gaz combustibles au contact de l'air.

C'est ce que l'on constate de la manière suivante : On suspend une spirale de platine au-dessus de la mèche d'une lampe à alcool, puis, après

Fig. 165.—Lampe sans flamme.

avoir allumé la lampe de manière à rougir la spirale, on l'éteint en soufflant dessus; le fil de platine reste lumineux, la vapeur d'alcool se combine dans les pores du platine avec l'oxygène de l'air, et cette combustion dégage assez de chaleur pour maintenir le métal à l'incandescence. Un phénomène analogue se produit quand on suspend (fig. 165), dans un verre contenant un peu d'éther et d'alcool, une spirale de platine préalablement portée au rouge. La spirale reste incandescente tant qu'il y a de l'air susceptible de brûler la vapeur d'éther.

391. Fusion du platine. — MM. H. Sainte-Claire Deville et Debray ont donné un procédé pour obtenir de très grandes masses de platine fondu.

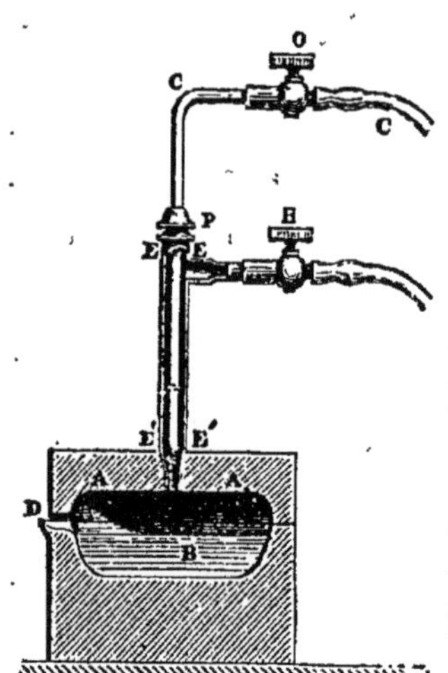
Fig. 166.—Fusion du platine.

Ils introduisent peu à peu le métal en lames dans une grande coupelle de chaux vive (fig. 166), fermée par un couvercle de même matière. Un chalumeau à gaz de l'éclairage alimenté par de l'oxygène pénètre dans la partie centrale de la voûte de cette espèce de fourneau à réverbère. — Le métal, une fois fondu, peut être coulé dans une lingotière en fer, recouverte de plombagine. — La chaux joue dans ces fours un rôle chimique important; elle agit sur toutes les impuretés dont on a intérêt à débarrasser le platine. Ce n'est donc pas une simple fusion que l'on fait éprouver au platine, c'est un affinage très complet.

392. Propriétés chimiques. — Le platine ne s'oxyde à aucune température au contact de l'oxygène ou de l'air. — Le *soufre*, le *phosphore*, l'*arsenic*, le *bore* et le *silicium* peuvent se combiner directement avec lui.

Il faut éviter de chauffer les creusets de platine au contact des charbons; car la silice que contient toujours le charbon se *réduit*, sous la double influence du charbon et du platine qui se combine avec le *silicium*.

Les acides *chlorhydrique*, *sulfurique* et *azotique*, isolés, sont sans action sur le platine. Ce métal se dissout dans l'*eau régale*, en donnant du *bichlorure*, $PtCl^2$. — Le platine est facilement attaqué par les alcalis en présence de l'oxygène, avec lequel il forme un *oxyde acide* (PtO^2).

CHAPITRE V

OXYDES MÉTALLIQUES — POTASSE — SOUDE
CHAUX — BARYTE
ALUMINE — OXYDE DE ZINC — OXYDES DE PLOMB

OXYDES MÉTALLIQUES

ACTION DE LA CHALEUR, DE L'OXYGÈNE — RÉDUCTION PAR L'HYDROGÈNE,
PAR LE CHARBON, PAR L'ACTION SIMULTANÉE DU CHLORE ET DU CHARBON
— CLASSIFICATION

393. État naturel. — On trouve dans la nature un grand nombre d'oxydes, soit à l'état anhydre, comme les oxydes anhydres de fer, de manganèse, de cuivre, etc., soit à l'état d'hydrates, comme les hydrates de sesquioxyde de fer ou de manganèse.

394. Préparation des oxydes. — On peut employer plusieurs procédés pour préparer les oxydes métalliques.

1°. OXYDATION DU MÉTAL. — Ce procédé direct s'emploie dans l'industrie pour la préparation de *l'oxyde de zinc* ZnO, de la *litharge* PbO, et du *minium* Pb^5O^4. On prépare de même l'oxyde noir de *cuivre* CuO.

2° DÉCOMPOSITION D'UN SEL PAR VOIE SÈCHE. — On prépare un certain nombre d'oxydes en décomposant, sous l'influence de la chaleur, un carbonate ou un azotate. C'est ainsi qu'on prépare la *baryte* anhydre BaO.

3° DÉCOMPOSITION D'UN SEL PAR VOIE HUMIDE. — On peut précipiter l'oxyde d'un sel à l'aide d'un alcali. L'oxyde se dépose généralement à l'état d'hydrate; mais une légère élévation de température suffit pour le déshydrater : c'est par ce procédé que l'on prépare *l'oxyde d'argent* AgO.

395. Propriétés physiques. — Les oxydes métalliques sont des corps solides cassants, souvent même friables. Ils sont inodores, dénués d'éclat métallique et conduisent mal la chaleur et l'électricité.

Leur densité est plus grande que celle de l'eau, mais elle est inférieure à celle du métal correspondant, sauf pour les métaux alcalins.

COULEUR. — La plupart des oxydes sont blancs, comme la chaux, la magnésie, l'oxyde de zinc; il y en a cependant plusieurs qui sont colorés, comme le sesquioxyde de fer (rouge brique), le minium (rouge orange), l'oxyde de cuivre (noir). Un même oxyde peut avoir des couleurs qui varient avec son état moléculaire : l'oxyde de mercure, obtenu par voie humide, est jaune; obtenu par voie sèche (calcination de l'azotate), il est rouge orangé. Ce même oxyde, chauffé vers 400°, devient brun foncé; il reprend sa couleur rouge en revenant à la température ordinaire.

12.

Fusibilité. — Beaucoup d'oxydes fondent à la température de nos four-neaux ; cependant l'*alumine* et la *baryte* exigent la température du cha-lumeau à gaz oxygène et hydrogène. La *chaux* et la *magnésie* résistent même longtemps à la chaleur dégagée par le chalumeau. — Quelques oxydes sont volatils, comme l'*oxyde d'antimoine*, l'*acide osmique*.

Solubilité. — Les oxydes des métaux des cinq dernières sections sont insolubles dans l'eau, à l'exception des oxydes de plomb, d'argent et de magnésium, qui communiquent une réaction alcaline à l'eau, dans laquelle ils se dissolvent en petite quantité.

Les oxydes des métaux alcalins sont très solubles.

396. Propriétés chimiques. — Les oxydes peuvent exister anhydres ou en combinaison avec l'eau à l'état d'hydrates. Quelques hydrates sont indécomposables par la chaleur, comme la potasse et la soude ; les autres se réduisent facilement ; l'hydrate d'oxyde de cuivre se réduit au milieu de l'eau quand on porte celle-ci à l'ébullition. C'est ce que l'on reconnaît facilement, car l'hydrate bleu devient noir en passant à l'état d'oxyde anhydre.

La chaleur réduit à l'état métallique les oxydes des métaux de la sixième section. Tous les autres, ou sont complètement indécomposables, ou peuvent seulement être ramenés à un degré moindre d'oxydation. L'oxyde auquel on arrive alors par décomposition, est précisément celui auquel on serait arrivé par oxydation directe du métal à la même tempé-rature. *Ex. :* Le bioxyde de manganèse donne l'oxyde salin,

$$5MnO^2 \quad = \quad Mn^5O^4 \quad + \quad 2O.$$
Bioxyde de manganèse   Oxyde salin de manganèse   Oxygène.

C'est la réaction que nous avons utilisée pour la préparation de l'oxygène.

L'*électricité* de la pile décompose tous les oxydes, à l'exception de l'alumine et de ses analogues.

397. Action de l'oxygène. — A la température ordinaire, l'oxygène n'agit que sur les oxydes hydratés : si, par exemple, on traite par un alcali un sel de protoxyde de fer, il se forme d'abord un précipité blanc d'hydrate de protoxyde de fer qui, s'altérant rapidement au contact de l'air, devient vert, brun, puis enfin jaune de rouille.

A une température peu élevée, l'oxygène fait passer certains oxydes à un degré supérieur d'oxydation : ainsi, la baryte (BaO), chauffée au rouge sombre, au contact de l'oxygène, se transforme en bioxyde de baryum (BaO²). Le protoxyde de plomb (PbO) se change, dans les mêmes condi-tions, en minium (Pb⁵O⁴).

A une température très élevée, la suroxydation ne se produit que lors-qu'elle peut conduire à celui des oxydes qui est le plus stable. La baryte et la litharge ne s'oxydent pas dans ces conditions, parce que ces oxydes sont plus stables que les oxydes supérieurs. Mais le protoxyde d'étain gris brun (SnO) passe à l'état de bioxyde blanc (SnO²), et l'oxydation se fait même avec incandescence. Le protoxyde de fer (FeO) passe à l'état d'oxyde magnétique (Fe³O⁴).

398. Action des autres métalloïdes sur les oxydes. — Les métalloïdes autres que l'oxygène tendent à décomposer les oxydes. Ils agissent, les uns, comme l'*hydrogène*, par exemple, en s'emparant de l'oxygène; d'autres, comme le *chlore*, prennent le métal; quelques-uns enfin, comme le *soufre*, se combinent à la fois avec le métal et l'oxygène. Nous allons examiner successivement ces différents cas.

1° MÉTALLOÏDES S'EMPARANT DE L'OXYGÈNE.

Hydrogène. L'hydrogène décompose les oxydes des métaux des quatre

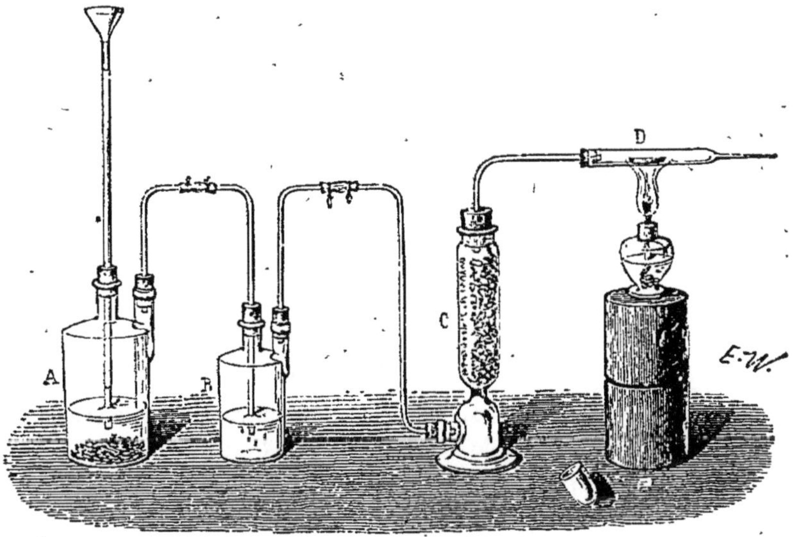

Fig. 167. — Réduction des oxydes métalliques par l'hydrogène.

dernières sections, en donnant de l'eau qui se dégage et laissant le métal libre. L'appareil employé est représenté dans la figure 167. L'hydrogène desséché par du chlorure de calcium passe sur l'oxyde contenu dans un tube de verre, et chauffé avec une lampe à alcool. Si l'on décompose de cette façon le *bioxyde noir de cuivre*, on voit la réduction se faire avec chaleur et lumière, la vapeur d'eau se dégage abondamment par l'extrémité effilée du tube, et il reste du cuivre *rouge* pulvérulent dénué d'éclat, mais susceptible de redevenir brillant par le frottement d'un corps dur.

Le *sesquioxyde de fer*, réduit de la même façon, donne le *fer pyrophorique*.

Le *bioxyde de baryum*, chauffé dans un courant d'hydrogène, est ramené à l'état de *protoxyde* avec incandescence.

Carbone. Le charbon réduit les oxydes des quatre dernières sections ainsi que la potasse et la soude.

Si l'oxyde est facile à réduire, comme l'*oxyde de cuivre*, on obtient le métal et de l'acide carbonique. — Si l'oxyde est difficile à réduire, c'est-à-dire s'il ne se réduit qu'à une température élevée, comme l'*oxyde de zinc*, le métal est encore mis en liberté, mais il se dégage de l'oxyde de carbone.

Métaux. Un métal réduit généralement les oxydes des métaux qui sont d'une section plus élevée. Le potassium et le sodium sont les plus employés : ils réduisent tous les oxydes, sauf ceux des métaux de la seconde section.

2° MÉTALLOÏDES SE COMBINANT AVEC LE MÉTAL.

Chlore. Le chlore et ses analogues, le brome et l'iode, sont les seuls métalloïdes qui décomposent les oxydes, pour s'emparer du métal; il y a alors dégagement d'oxygène.

Quand le chlore agit en présence de l'eau, il donne naissance à des réactions qui ont été étudiées à propos du chlore (193).

3° MÉTALLOÏDES SE COMBINANT AVEC L'OXYGÈNE ET AVEC LE MÉTAL.

Soufre. Le soufre décompose tous les oxydes, sauf l'alumine et ses analogues. Il donne naissance à des *sulfures* et à des *sulfates*, toutes les fois que les sulfates sont indécomposables à la température à laquelle on opère. C'est ce qui arrive avec les oxydes alcalins et avec l'oxyde de plomb,

$$4BaO + 4S = 3BaS + BaOSO^3.$$
Baryte.   Soufre.   Sulfure de baryum.   Sulfate de baryte.

Avec les oxydes dont les sulfates sont décomposables par la chaleur, il se forme des *sulfures* et de l'*acide sulfureux* :

$$2CuO + 3S = 2CuS + SO^3.$$
Oxyde de cuivre.   Soufre.   Sulfure de cuivre.   Ac. sulfureux.

Phosphore. Le phosphore agit à peu près comme le soufre : avec les oxydes des métaux de la première section, il donne des phosphures et des phosphates ; il donne des phosphures et de l'acide phosphorique avec les oxydes des métaux des dernières sections.

Action simultanée du chlore et du charbon. En utilisant à la fois l'action du charbon sur l'oxygène, et celle du chlore sur le métal, on arrive à réduire tous les oxydes, même l'alumine. Pour faire l'expérience, on fait un mélange intime d'alumine et de charbon, par exemple, puis, après avoir placé ce mélange dans un tube de porcelaine (fig. 168), on le chauffe au rouge blanc au milieu d'un courant de chlore sec. Il se dégage de l'oxyde de carbone, et il se forme du chlorure d'aluminium. Cette réaction est employée pour tous les composés analogues à l'alumine, qui tous résistent aux autres agents de réduction.

399. Action de l'eau. — L'eau se combine avec certains oxydes en dégageant de la chaleur; ainsi, quand on verse quelques gouttes d'eau sur de la baryte, on entend un sifflement aigu analogue à celui que produit un fer rouge qu'on plonge dans l'eau; il s'est formé de l'hydrate de baryte BaO,HO. La *chaux vive* s'échauffe également quand on l'humecte d'une petite quantité d'eau, la *chaux éteinte* qui résulte de cette combinaison est de l'hydrate de chaux CaO,HO.

La *potasse* et la *soude* caustiques sont des hydrates d'oxyde de potas-

Fig. 168. — Décomposition de l'alumine par le chlore et le charbon.

sium ou de sodium. L'eau y est retenue si énergiquement que ces corps sont indécomposables par la chaleur. Les autres hydrates, sauf celui de baryte, sont ramenés à l'état d'oxydes anhydres par l'action de la chaleur.

400. Classification des oxydes. — Les oxydes métalliques ont été groupés en cinq classes bien caractérisées :

1° Les oxydes basiques;
2° — indifférents;
3° — acides;
4° — salins;
5° — singuliers.

401. Oxydes basiques. — Les oxydes basiques jouissent de la propriété de s'unir aux acides pour former des sels. La plupart de ces oxydes contiennent un équivalent d'oxygène pour un de métal.

Exemple : *Chaux*, CaO; *oxyde de fer*, FeO.

Quelques-uns contiennent deux équivalents de métal pour un seul d'oxygène.

Exemple : *Sous-oxyde de mercure*, Hg^2O.

402. Oxydes indifférents. — Les oxydes indifférents sont ceux qui peuvent jouer indifféremment le rôle de base ou d'acide. Ils jouent le rôle de *base* vis-à-vis des *acides forts*, et le rôle d'*acide* vis-à-vis des *bases énergiques*.

C'est ainsi que l'*alumine*, Al^2O^3, forme, avec l'acide sulfurique, du sulfate d'alumine ($Al^2O^3,3SO^3$), et avec la soude, de l'alumi nate de soude (NaO,Al^2O^3).

L'*oxyde de zinc*, ZnO, est également un oxyde indifférent. La formule de ces oxydes est quelquefois MO, mais plus généralement M^2O^3.

403. Oxydes acides. — Ces oxydes jouent constamment le rôle d'acides vis-à-vis des oxydes basiques. Tels sont le *bioxyde d'étain* ou *acide stannique*, SnO^2, qui forme avec la potasse du stannate de potasse, KO,SnO^2; l'*acide chromique*, CrO^3, qui forme avec la potasse du chromate neutre, KO,CrO^3, et du bichromate, $KO,2CrO^3$.

Remarque. — Les différents oxydes formés par un métal ont une tendance d'autant plus grande à acquérir les propriétés acides, qu'ils contiennent plus d'oxygène ; c'est ainsi que le *protoxyde de manganèse*, MnO, est basique, le *bioxyde*, MnO^2, est indifférent, et le *tritoxyde*, MnO^3, est un acide énergique.

404. Oxydes salins. — Ces oxydes peuvent être regardés comme le résultat de la combinaison d'un oxyde acide et d'un oxyde basique.

Tels sont : l'*oxyde magnétique de fer*, $Fe^3O^4 = FeO,Fe^2O^3$;

L'*oxyde salin de manganèse*, $Mn^3O^4 = 2MnO,MnO^2$.

Le *minium* ou *oxyde salin de plomb*, $Pb^3O^4 = 2PbO,PbO^2$.

405. Oxydes singuliers. — Ces oxydes, mis en présence des acides forts, perdent en général de l'oxygène, et se transforment en oxydes basiques. En présence des bases, ils tendent à se suroxyder en donnant des oxydes acides.

POTASSE ($KO,HO = 56$)   SOUDE ($NaO,HO = 40$)

POTASSE A LA CHAUX — POTASSE A L'ALCOOL

APPLICATION A LA FABRICATION DES SAVONS — PROPRIÉTÉS CAUSTIQUES

PIERRE A CAUTÈRE

406. Préparation. — On prépare la potasse et la soude caustiques en décomposant par la chaux leur carbonate en dissolution. Il se forme un précipité de carbonate de chaux insoluble, et l'alcali reste dissous :

$$KO,CO^2 \; + \; CaO,HO \; = \; KO,HO \; + \; CaO,CO^2.$$
Carbonate de potasse.   Chaux.   Potasse   Carbonate de chaux.

407. Potasse à la chaux. — Pour faire cette préparation, on dissout dans une bassine en fonte une partie de carbonate de potasse, par exemple, dans dix parties d'eau ; on y ajoute une partie de chaux, et l'on fait bouillir la dissolution en remplaçant l'eau au fur et à mesure qu'elle s'évapore, parce que la potasse en dissolution concentrée réagirait à son tour sur le carbonate de chaux, et donnerait une réaction inverse de celle qu'on veut produire. L'ébullition ne doit être arrêtée que lorsque, en filtrant une petite portion de la liqueur, on obtient une dissolution qui ne fait plus effervescence avec les acides.

On retire alors la bassine du feu, on laisse le liquide se clarifier par le repos, puis on le décante dans une bassine de cuivre ou d'argent, et on l'évapore rapidement. Quand la liqueur a pris une consistance sirupeuse, on la coule sur une plaque de cuivre où elle se solidifie. La masse concassée doit être enfermée dans des flacons secs que l'on bouche immédiatement.

La potasse ainsi obtenue est la *potasse à la chaux*. Elle est généralement impure, et contient les chlorures et sulfates qui se trouvent dans le carbonate de potasse du commerce. Elle contient d'ailleurs un peu de carbonate de potasse qui s'est produit pendant l'évaporation, sous l'influence de l'acide carbonique de l'air.

408. Potasse à l'alcool. — On purifie la potasse à la chaux en la mettant en contact avec de l'alcool qui dissout la potasse sans dissoudre les sels. On voit, au bout de quelque temps, la liqueur se partager en deux couches : l'inférieure contient les sels, la supérieure est une dissolution alcoolique de potasse pure; on décante cette dernière et on l'évapore, d'abord dans un alambic pour recueillir la plus grande partie de l'alcool, puis dans une bassine d'agent, où on la chauffe jusqu'à sa température de fusion, pour la couler sur une plaque d'argent. La potasse ainsi obtenue est la *potasse à l'alcool*.

On obtient de la même façon la *soude à la chaux* et la *soude à l'alcool*.

409. Potasse pure. — Au lieu de purifier la potasse ou la soude à la chaux, par l'*alcool* dont le prix est très élevé, on prépare la potasse ou la soude pure, en traitant le carbonate pur par de la chaux pure.

410. Propriétés. — La potasse KO,HO et la soude NaO;HO caustiques sont des substances solides, blanches, fusibles au-dessous du rouge, et volatiles au rouge sans altération. — Elles sont caustiques, déliquescentes et solubles dans l'eau avec dégagement de chaleur.

Leur dissolution, même très étendue, verdit le sirop de violette; brunit le papier de curcuma et ramène au bleu le tournesol rougi.

Un morceau de potasse ou de soude, exposé à l'air humide, se transforme peu à peu en un liquide sirupeux; puis, l'acide carbonique de l'air intervenant, la potasse donne un carbonate déliquescent lui-même; la soude donne un carbonate pulvérulent qui n'est pas déliquescent.

411. Usages. — La potasse et la soude sont employées dans les laboratoires comme réactifs; ex. : pour précipiter les oxydes insolubles.

Dans l'industrie, ils servent pour la fabrication des savons ; les *savons durs* sont à base de soude, les *savons mous* sont à base de potasse.

En médecine, on utilise les propriétés caustiques de la potasse pour ronger les chairs. La potasse coulée en bâtons est alors connue sous le nom de *pierre à cautère*.

CHAUX (CaO = 28)

CHAUX VIVE — CHAUX ÉTEINTE — LAIT DE CHAUX — EAU DE CHAUX
APPLICATION A LA PRÉPARATION
DE LA POTASSE, DE LA SOUDE ET DE L'AMMONIAQUE

412. Propriétés. — La chaux est une matière blanche, amorphe, très caustique, dont la densité est 2,3. Elle est fusible et indécomposable par la chaleur. La chaux a une grande affinité pour l'eau ; quand on verse un peu d'eau sur des fragments de chaux anhydre, le liquide est d'abord absorbé, mais bientôt la chaux s'échauffe et réduit en vapeur une partie de l'eau qui avait pénétré dans ses pores ; en même temps elle se gonfle, se fendille et tombe en poussière. La chaleur dégagée dans cette combinaison suffit pour élever à 300° la température d'un corps plongé au milieu de la chaux. Le produit formé est de l'hydrate de chaux, CaO,HO.

Cette chaux hydratée est appelée communément *chaux éteinte* : la chaux anhydre est désignée sous le nom de *chaux vive*. — En délayant la chaux éteinte dans une petite quantité d'eau, on obtient une bouillie blanche, qui, à cause de son aspect, est appelée *lait de chaux*. — Une très grande quantité d'eau agitée avec de la chaux, puis laissée en repos, donne une dissolution incolore : *l'eau de chaux*.

L'eau de chaux possède une réaction alcaline, et verdit le sirop de violette. — Elle absorbe facilement l'acide carbonique de l'air en donnant un carbonate de chaux insoluble ; aussi doit-on la conserver dans des flacons bien bouchés.

La chaux vive, exposée au contact de l'air, *se délite*, c'est-à-dire se réduit peu à peu en poussière, en absorbant de la vapeur d'eau et de l'acide carbonique ; elle est alors transformée en *hydrate et carbonate* de chaux.

413. Préparation. — **Usages.** — La chaux s'obtient d'ordinaire par la calcination du carbonate de chaux ; elle est employée dans les laboratoires pour la préparation de la potasse, de la soude et de l'ammoniaque ; ses applications les plus importantes, ainsi que son mode de préparation, vont être indiqués à propos des *chaux* et *mortiers*.

CHAUX — MORTIERS

FOURS A CHAUX — FOURS INTERMITTENTS — FOURS COULANTS — CHAUX
MAIGRE — CHAUX GRASSE — CHAUX HYDRAULIQUE — CIMENT — MORTIERS
ORDINAIRES — MORTIERS HYDRAULIQUES — BÉTONS

414. Cuisson de la chaux. — La chaux se prépare en décomposant par la chaleur le carbonate de chaux naturel.

FOURS INTERMITTENTS. — Les *fours à chaux* les plus simples ont la forme d'une cuve ovoïde (fig. 167), dont les parois sont formées de briques réfractaires. Ils ont 3 à 4 mètres de hauteur. Pour charger le four, on commence par établir une voûte avec de grosses pierres calcaires, puis on achève de remplir la cuve avec des morceaux de moins en moins gros, de manière à ce que les gaz puissent passer librement. On allume ensuite sous la voûte un feu de broussailles ou de tourbe, et l'on élève la température jusqu'au rouge. La chaleur décompose peu à peu le carbonate;

Fig. 169. — Four à chaux intermittent.   Fig. 170. — Four coulant.

cette décomposition est facilitée par le dégagement des gaz du foyer et de la vapeur d'eau, provenant des pierres que l'on a eu soin d'employer pendant qu'elles contenaient encore leur *humidité de carrière*. Quand la cuisson est achevée, on retire la chaux par des ouvertures placées à la partie inférieure du four.

FOURS COULANTS. — Ces fours *intermittents* sont aujourd'hui remplacés avantageusement par des fours à calcination continue, ou *fours coulants* (fig. 168). Ces fours sont formés dè deux cônes réunis à leur base, ils ont 8 à 10 mètres de hauteur; la chaleur est fournie par un foyer latéral, où l'on peut brûler de la houille, du bois ou de la tourbe; du côté opposé au foyer, une large ouverture sert au défournement de la chaux. Après avoir formé une voûte avec de gros morceaux de calcaire, on remplit le four avec des fragments moindres, puis on commence par faire du feu sous la voûte, afin de cuire tout le calcaire jusqu'à la hauteur du foyer;

la chaleur fournie par ce dernier est la seule employée à partir de ce moment. Toutes les douze heures, on retire les pierres qui se trouvent au bas du foyer, et l'on en introduit de nouvelles par la partie supérieure.

415. Propriétés des chaux. — Les propriétés des chaux dépendent de la composition des calcaires qui ont servi à les préparer. On les distingue en *chaux ordinaires* ou *aériennes, chaux hydrauliques* et *ciments*.

416. Chaux aériennes. — On appelle *chaux aériennes* celles que l'on emploie dans les constructions ordinaires, par opposition aux chaux qui doivent être employées dans les constructions hydrauliques. Elles se divisent en *chaux grasses* et *chaux maigres*.

La *chaux grasse* provient de la calcination de calcaires purs. Elle est blanche; en s'éteignant, elle produit un grand dégagement de chaleur et augmente beaucoup de volume, on dit qu'elle *foisonne;* elle est douce et onctueuse au toucher; elle forme avec l'eau une pâte liante et grasse.

La *chaux maigre* provient de calcaires impurs, contenant un peu d'argile, de la magnésie et de l'oxyde de fer. Elle est grise; en s'éteignant, elle dégage peu de chaleur, et augmente très peu de volume ; elle forme avec l'eau une pâte courte et peu liante.

417. Chaux hydrauliques. — On appelle *chaux hydrauliques* des chaux qui font *prise* sous l'eau, c'est-à-dire s'y solidifient au bout de quelques jours, et acquièrent peu à peu une très grande dureté.

Ces chaux résultent de la calcination d'un calcaire contenant de 10 à 25 pour 100 d'argile.

418. Ciment. — On appelle *ciment* une chaux hydraulique qui, mélangée à l'eau, se solidifie en quelques instants, soit à l'air, soit sous l'eau. Le ciment peut être *gâché* et appliqué comme le plâtre.

Le ciment s'obtient par la calcination des calcaires, qui contiennent de 50 à 60 pour 100 d'argile. — On peut faire des mélanges de calcaire et d'argile, qui par la cuisson produisent de bons ciments artificiels.

Le *ciment romain* provient de calcaires qui existent en grande quantité à Boulogne-sur-Mer, et à Vassy, dans la Haute-Marne. Il acquiert en se solidifiant une consistance supérieure à celle des ciments artificiels.

419. Mortiers. — On appelle *mortiers* des substances destinées à unir entre eux les matériaux de construction ; ils durcissent avec le temps, et contractent une forte adhérence pour les pierres avec lesquelles ils sont en contact. On les distingue en *mortiers ordinaires* et en *mortiers hydrauliques*.

Le MORTIER ORDINAIRE est un mélange de chaux éteinte et de sable ; il durcit lentement au contact de l'air, et soude les pierres de nos maisons.

Le MORTIER HYDRAULIQUE durcit sous l'eau; il est constamment employé dans la construction des canaux, des ponts, etc. Il est formé soit par le mélange de chaux hydraulique et de sable, soit par le mélange de chaux grasse avec des matières argileuses *cuites*, telles que tuiles, poteries, briques pilées ou roches volcaniques, comme les *pouzzolanes*. C'est de cette dernière roche que se servaient les Romains pour former les mortiers qui ont résisté pendant des siècles.

420. Bétons. — Le béton est formé par un mélange de matières hydrauliques avec des cailloux et de petites pierres anguleuses. Ce béton, fabriqué sur place, et appliqué en couches successives sur un terrain humide, s'y solidifie, et forme un sol imperméable sur lequel on peut établir des fondations. On emploie le béton pour poser les piles des ponts, et pour faire de gros blocs de pierres factices, employés dans la construction des digues à la mer.

421. Théorie de la solidification des chaux et des mortiers. — Les *mortiers aériens* acquièrent peu à peu une très grande dureté, parce que l'acide carbonique de l'air transforme lentement leur chaux en carbonate insoluble, qui contracte une grande adhérence pour les grains de sable, dont le rôle est ici purement physique. — La chaux, employée seule, ne peut réunir les pierres d'un édifice, parce qu'en se solidifiant elle subit un retrait qui laisse un vide entre ses différentes parties. Le sable fait disparaître cet inconvénient, et détermine une adhérence parfaite entre le mortier et les matériaux qu'il doit réunir. Comme cette transformation ne s'effectue que dans les parties où l'air peut avoir accès, il est important que la dessiccation ne se fasse que très lentement, afin que l'acide carbonique puisse agir à une plus grande profondeur, et donner par suite une plus grande adhérence aux matériaux.

La solidification de la *chaux* et des *mortiers hydrauliques* est due à une cause toute différente, ainsi que l'a reconnu Vicat, dont les travaux ont permis de reproduire à volonté, des chaux et des mortiers remplissant les conditions nécessaires pour des constructions déterminées.

L'argile très divisée qui existe dans les chaux et les mortiers hydrauliques a été privée d'eau pendant la calcination. Au contact de l'eau et de la chaux, elle tend non seulement à s'hydrater, mais à s'emparer de la chaux pour former un silicate double d'alumine et de chaux, ou un silicate de chaux et un aluminate de chaux, composés complètement insolubles, et qui acquièrent une grande dureté.

On comprend, d'après cela, pourquoi on peut former des chaux hydrauliques en calcinant un mélange intime d'argile et de calcaire (par exemple d'argile de Vanves et de craie de Meudon), ou encore en mêlant intimement de la chaux grasse avec des argiles cuites ou des roches volcaniques bien pulvérisées.

BARYTE (BaO = 76,5)

BARYTE ANHYDRE. — HYDRATE DE BARYTE — BIOXYDE DE BARYUM

APPLICATION A LA PRÉPARATION

DE L'OXYGÈNE, DE L'OZONE ET DE L'EAU OXYGÉNÉE

422. Préparation. — On a la baryte anhydre, en calcinant au rouge l'azotate de baryte dans une cornue de porcelaine; l'acide azotique se décompose en oxygène et acide hypoazotique qui se dégagent; la baryte reste dans la cornue sous forme de masse boursouflée et poreuse.

La baryte anhydre est d'un blanc grisâtre, d'une saveur très caustique. — Sa densité est de beaucoup supérieure à celle de toutes les matières terreuses; de là, le poids considérable de tous les composés barytiques.

La baryte anhydre a une grande affinité pour l'eau; quelques gouttes de ce liquide projetées sur des morceaux de baryte produisent une élévation de température considérable; une partie de l'eau est vaporisée avec un sifflement aigu. — L'acide sulfurique concentré se combine avec la baryte en dégageant assez de chaleur pour porter la masse à l'incandescence. La baryte anhydre doit être conservée dans des flacons bien bouchés; à l'air humide, elle tombe en poussière en absorbant peu à peu la vapeur d'eau.

La baryte forme avec l'eau un hydrate très soluble à chaud, et qui par refroidissement cristallise avec 10 équivalents d'eau : $BaO + 10HO$.

Cet hydrate chauffé perd 9 équivalents d'eau, et donne BaO,HO indécomposable par la chaleur.

423. Bioxyde de baryum. — La baryte anhydre BaO, chauffée à 400° dans un tube de verre, absorbe de l'*oxygène* et se transforme en *bioxyde* BaO^2. — Ce corps conserve l'aspect de la baryte; chauffé au rouge vif, il cède la moitié de son oxygène. Cette propriété a, comme nous l'avons dit (26), été utilisée par M. Boussingault pour la préparation de l'oxygène

Le bioxyde de baryum pulvérisé, et versé dans de l'acide chlorhydrique concentré, maintenu à 0°, donne du chlorure de baryum et de l'*eau oxygénée* HO^2.

ALUMINE ($Al^2O^3 = 52$)

CORINDON — ÉMERI — LAQUES — ARGILES — APPLICATIONS
FABRICATION DES ALUNS ET DE L'ALUMINIUM

424. État naturel. — L'alumine existe dans la nature à l'état cristallin, sous forme de *rhomboèdres*. Elle constitue alors des pierres précieuses : on l'appelle *corindon* quand elle est pure et incolore; *rubis* quand elle est colorée en rouge; *topaze orientale* quand elle est colorée en jaune; *saphir oriental* quand sa teinte est bleue.

L'*émeri* est de l'alumine souillée d'oxyde de fer, qu'on emploie à cause de sa grande dureté pour polir les corps durs, comme les glaces et l'acier.

L'alumine est la base de toutes les argiles, qui ne sont que des silicates d'alumine hydratés, et mélangés de matières étrangères.

Elle est employée à la fabrication de l'aluminium et des aluns.

425. Propriétés. — L'alumine *calcinée*, obtenue en chauffant au rouge l'alun ammoniacal, est une matière blanche, pulvérulente, sans odeur ni saveur, et ne fondant qu'au chalumeau à gaz oxygène et hydrogène. Elle est insoluble dans l'eau, et se dissout difficilement dans les acides.

L'alumine, obtenue en précipitant la dissolution d'un sel d'alumine par l'ammoniaque, forme une gelée translucide, soluble dans les acides vis-à-vis desquels elle joue le rôle de base, et dans les alcalis avec lesquels elle se conduit comme un acide ; c'est le type des *oxydes indifférents.*

L'alumine en gelée se combine avec les matières colorantes, et forme des composés insolubles, connus en teinture sous le nom de *laques.*

OXYDE DE ZINC (ZnO = 41)

BLANC DE ZINC — SES AVANTAGES EN PEINTURE

426. Préparation. — On prépare l'oxyde de zinc par la combustion, au contact de l'air, du zinc chauffé à sa température d'ébullition. On peut encore l'obtenir par la calcination du carbonate ou de l'azotate de zinc.

427. Propriétés. — L'oxyde de zinc, appelé autrefois *fleur de zinc* ou *pompholix*, ou *lana philosophica*, est un corps blanc, pulvérulent, infusible et fixe.

Le charbon le réduit, au rouge blanc, en donnant de la vapeur de zinc et de l'oxyde de carbone.

Combiné aux acides, il forme des sels isomorphes des sels de magnésie. Précipité par la potasse, il se dissout dans un excès de réactif, et joue le rôle d'acide vis-à-vis de l'alcali ; c'est un oxyde *indifférent.*

Usages. — L'oxyde de zinc est employé dans la peinture à l'huile ; il est alors connu sous le nom de *blanc de zinc.* Il présente sur la *céruse* ou *blanc de plomb* l'avantage de ne pas noircir sous l'influence des émanations sulfureuses, ce qui tient à ce que le sulfure de zinc est blanc, tandis que le sulfure de plomb est noir. De plus, il n'est pas nuisible aux ouvriers qui l'emploient ; tandis que la céruse occasionne des coliques dites *coliques de plomb.*

La peinture au blanc de zinc, très bonne pour la décoration du bois, des pierres ou des métaux, dans l'intérieur des bâtiments, ne résiste pas aussi bien que la céruse aux intempéries de l'air.

L'oxyde de zinc, délayé dans du chlorure de zinc additionné d'un peu de carbonate de soude, donne un oxychlorure qui couvre autant que la céruse, et qui est employé dans la peinture du bois et des toiles.

OXYDES DE PLOMB

LITHARGE — MASSICOT — MINIUM — OXYDE PUCE — APPLICATION DU MINIUM A LA FABRICATION DU CRISTAL

428. Composition. — Le plomb forme trois oxydes importants :

Le protoxyde. . PbO appelé, suivant son aspect, *litharge* ou *massicot;*

Le bioxyde. . . PbO^2 appelé oxyde *puce* ou acide plombique ;

L'oxyde salin. . Pb^3O^4 connu sous le nom de *minium.*

Il existe encore un sous-oxyde Pb^2O, mais qui n'a pas d'application.

429. Protoxyde de plomb (PbO). — Le protoxyde de plomb obtenu soit par la calcination d'un sel de plomb (azotate ou carbonate), soit par l'oxydation directe du plomb fondu, à une température inférieure au rouge, se présente sous forme de poudre jaune, très lourde, qu'on appelle *massicot.* — Cet oxyde fond au rouge et donne, en se refroidissant, des écailles cristallines dont la couleur varie du jaune au rouge, suivant la rapidité du refroidissement; c'est la *litharge.* Ce corps se produit en grand dans la coupellation du plomb argentifère **(362).**

Le protoxyde de plomb se combine facilement avec les acides pour former des sels; chauffé longtemps dans un creuset de terre, il le perce en s'unissant à la silice et à l'alumine. — L'oxyde de plomb est soluble dans les alcalis; il est également soluble, quoique en très petite quantité, dans l'eau *pure.*

Le charbon et l'hydrogène réduisent facilement l'oxyde de plomb.

Usages. — Le *massicot* n'est utilisé que pour la préparation du minium.

La *litharge* sert à préparer les sels de plomb; elle est la base des emplâtres employés en pharmacie. Elle sert à rendre l'huile de lin plus siccative. On l'utilise pour produire plusieurs belles couleurs jaunes (*jaune minéral, jaune de Turner, jaune de Cassel, jaune de Paris*), qui sont en général des oxychlorures de plomb, dont la composition varie avec le procédé de fabrication.

430. Minium (Pb³O⁴ = 2PbO,PbO²). — Le minium résulte de l'oxydation du *massicot* à une température peu élevée (500° environ). C'est une poudre lourde et d'un rouge orangé.

Le minium sert à colorer les papiers de tenture et la cire à cacheter; il est surtout employé dans la fabrication du cristal, verre auquel il communique beaucoup de fusibilité et une grande puissance réfringente. On ne peut pas le remplacer pour cet usage par la litharge, qui serait ramenée à l'état métallique par des traces de matières organiques.

On l'emploie encore pour former le vernis des poteries; mêlé avec du bioxyde d'étain, il forme l'émail des faïences. Délayé avec un peu d'huile et de la céruse, il donne un mastic rouge employé pour luter les joints dans les pompes, les chaudières à vapeur, etc.

431. Bioxyde de plomb (PbO²). — Ce corps, appelé souvent *oxyde puce* à cause de sa couleur, s'obtient en chauffant le minium avec de l'acide azotique étendu, qui dissout le protoxyde contenu dans le minium et laisse le bioxyde sous forme de poussière brune. Cet oxyde est facilement décomposé par la chaleur; c'est un oxydant énergique.

Il ne se combine pas avec les acides, mais il se dissout dans les alcalis, et produit des sels cristallisés; de là son nom *d'acide plombique.*

CHAPITRE VI

SULFURES MÉTALLIQUES — SULFURES DE POTASSIUM
SULFURES D'AMMONIUM

SULFURES MÉTALLIQUES

PROPRIÉTÉS GÉNÉRALES — ACTION DE LA CHALEUR — OXYDATION
RÉDUCTION PAR LES MÉTAUX — CLASSIFICATION — PRÉPARATION

432. État naturel. — Presque tous les métaux se rencontrent dans la nature à l'état de sulfures ; aussi les alchimistes appelaient-ils le soufre le grand minéralisateur des métaux.

433. Préparation. On peut préparer les sulfures par divers procédés :

1° *Par sulfuration directe.* On peut ainsi former les sulfures de fer, de cuivre et de mercure.

2° *Par la décomposition des sulfates à l'aide du charbon.* On prépare ainsi les monosulfures de potassium, de sodium et de baryum :

$$BaO,SO^3 \quad + \quad 4C \quad = \quad 4CO \quad + \quad BaS.$$

Sulfate de baryte.   Charbon.   Oxyde de carbone. Sulfure de baryum.

3° *Par l'action de l'acide sulfhydrique ou des sulfures alcalins sur les sels en dissolution dans l'eau.* L'acide sulfhydrique donne des sulfures quand on le fait agir sur les sels d'or, d'étain, de mercure, etc. (fig. 171) :

$$HgCl \quad + \quad HS \quad = \quad HgS \quad + \quad HCl.$$

Chlorure de mercure. Ac. sulfhydrique. Sulfure de mercure.   Ac. chlorhydrique.

Les sulfures alcalins sont employés pour préparer les sulfures de fer et de zinc :

$$ZnO,SO^3 \quad + \quad AzH^4S \quad = \quad ZnS \quad + \quad AzH^4O,SO^3.$$

Sulfate de zinc.   Sulfhydrate d'ammoniaque. Sulfure de zinc.   Sulfate d'ammoniaque.

434. Propriétés physiques. — Les sulfures sont des corps solides généralement inodores. La plupart sont opaques, cassants, doués de l'éclat métallique, et assez bons conducteurs de la chaleur et de l'électricité. Quelques-uns cependant, comme le sulfure de zinc (*blende*) et le sulfure de mercure (*cinabre*), sont translucides, dénués de l'éclat métallique et mauvais conducteurs.

Un grand nombre de sulfures sont fusibles, quelques-uns même sont volatils, comme le sulfure d'arsenic et le sulfure de mercure.

Les sulfures sont insolubles dans l'eau, à l'exception des sulfures des métaux alcalins et des métaux alcalino-terreux.

Ils sont généralement colorés : le sulfure de zinc est blanc, le sulfure de cadmium est jaune, les sulfures de plomb, de cuivre, etc., sont noirs. Quelques sulfures se présentent sous deux états allotropiques : ainsi, le sulfure d'antimoine naturel est cristallisé, gris métallique, tandis que le sulfure obtenu par l'action de l'acide sulfhydrique sur les sels d'antimoine est amorphe, rouge orangé. Le sulfure de mercure obtenu par voie

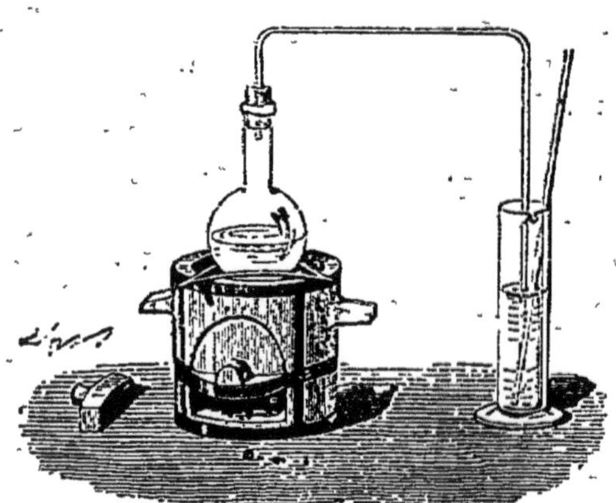

Fig. 171. — Décomposition d'une dissolution métallique par l'acide sulfhydrique

Fig. 172. — Extraction du soufre des pyrites.

sèche est rouge comme le sulfure naturel ; il est noir quand on l'obtient par voie humide.

435. Propriétés chimiques. — La chaleur agit sur les sulfures comme sur les oxydes correspondants ; les seuls sulfures réductibles par la chaleur sont ceux dont les oxydes sont eux-mêmes réductibles. Elle ramène d'ailleurs les polysulfures à un degré moindre de sulfuration. On utilise cette propriété pour extraire le soufre de la pyrite ; la réaction peut s'exprimer par la formule :

$$3FeS^2 \quad = \quad 2S \quad + \quad Fe^3S^4,$$

Bisulfure de fer.   Soufre.   Sulfure salin de fer.

La pyrite est placée dans des cornues de grès de forme conique (fig. 172), placées transversalement, au nombre de 12 ou 24, dans un fourneau de galère. L'une des extrémités de chaque cornue porte un tube à dégagement qui conduit le soufre dans un récipient en fonte.

436. Action de l'oxygène. — *Oxygène sec.* L'oxygène tend à transformer les sulfures en sulfates, quand on opère à une température à laquelle ces sulfates ne sont pas décomposables. C'est ce qui se produit à toute température avec les sulfures alcalins et alcalino-terreux, et à une température peu élevée, avec les sulfures de plomb et d'argent :

$$KS \quad + \quad 4O \quad = \quad KOSO^3.$$

Sulfure de potassium.   Oxygène.   Sulfate de potasse.

Si le sulfure est très divisé, l'oxydation se fait avec chaleur et lumière. C'est ce qui arrive quand on projette dans l'air le sulfure de potassium (*pyrophore de Gay-Lussac*), obtenu en réduisant dans une cornue de grès 2 parties de sulfate de potasse par 1 partie de noir de fumée.

L'oxygène donne des oxydes et de l'acide sulfureux quand on opère à une température où l'oxyde est stable, mais où le sulfate serait décomposé; c'est ce qui arrive pour le zinc et le cuivre :

$$ZnS \;+\; 5O \;=\; ZnO \;+\; SO^2.$$

Sulfure de zinc.   Oxygène.   Oxyde de zinc.   Acide sulfureux.

Si enfin on opère à une température où l'oxyde lui-même ne peut exister, on obtient le métal et de l'acide sulfureux. C'est ainsi qu'on extrait le mercure par le grillage du sulfure de mercure :

$$HgS \;+\; 2O \;=\; Hg \;+\; SO^2.$$

Sulfure de mercure.   Oxygène.   Mercure.   Acide sulfureux.

Oxygène humide. L'oxygène humide réagit plus facilement que l'oxygène sec. Ainsi, le sulfure de fer, qui se trouve très divisé au milieu des lignites ou de la houillle, s'oxyde rapidement à l'air humide en dégageant beaucoup de chaleur.

437. Action des métaux. — Les métaux peuvent décomposer les sulfures des métaux moins sulfurables. Ainsi, le fer décompose le sulfure de plomb en donnant **(361)** du plomb métallique et du sulfure de fer.

On a rangé les sulfures les plus communs dans un ordre tel, que le métal de chacun d'eux puisse déplacer celui des sulfures suivants :

Sulfure de cuivre,   Sulfure de zinc,
    — de fer,   — de plomb,
    — d'étain.   — d'argent.

438. Classification. — Les sulfures peuvent être partagés en classes analogues à celles des oxydes.

Les sulfures des métaux de la première section sont en général basiques. Les sulfures acides sont ceux des métaux dont les oxydes sont eux-mêmes des acides : tels sont les sulfures d'or, de platine, d'antimoine.

Il existe enfin des sulfures singuliers, comme la pyrite ou bisulfure de fer FeS^2; et des sulfures salins, comme le sulfure de fer, $Fe^5S^4 = FeS, Fe^2S^3$.

SULFURES DE POTASSIUM

COMPOSITION — SULFHYDRATE DE SULFURE DE POTASSIUM

439. Composition. — Ils sont au nombre de cinq, représentés par les formules suivantes :

Protosulfure de potassium . . . . KS
Bisulfure . . . . KS^2
Trisulfure . . . . KS^3
Tétrasulfure . . . . KS^4
Pentasulfure . . . . KS^5

13.

440. Protosulfure. — Pour l'obtenir pur, on prend une dissolution de potasse caustique dont on fait deux parts égales. On sature l'une par un courant d'acide sulfhydrique, et l'on y ajoute ensuite l'autre dissolution. Il s'est produit, sous l'influence de l'acide sulfhydrique, du sulfhydrate de sulfure de potassium :

$$KO,HO \quad + \quad 2HS \quad = \quad KS,HS \quad + \quad 2HO.$$
Potasse.   Ac. sulfhydrique.   Sulfhydrate de potasse.   Eau.

La potasse, ajoutée ensuite, a ramené le sulfhydrate à l'état de proto-sulfure :

$$KS,HS \quad + \quad KO,HO \quad = \quad 2KS \quad + \quad 2HO.$$
Sulfhydrate de potasse.   Potasse.   Sulfure de potassium.   Eau.

Cette dissolution est incolore, sa saveur est alcaline. Exposée à l'air, elle en absorbe peu à peu l'oxygène, et se colore en jaune par suite de la formation de potasse et de sulfures plus sulfurés. Elle joue le rôle de *sulfobase*, et dissout les *sulfures acides*, tels que les sulfures d'or, d'étain et d'antimoine, avec lesquels elle forme des *sulfosels* solubles et cristallisables.

SULFHYDRATES D'AMMONIAQUE

SULFHYDRATE NEUTRE ET BISULFHYDRATE

441. Composition et propriétés. — L'ammoniaque forme, avec l'acide sulfhydrique, un premier composé $AzH^3,HS = AzH^4S$, sulfure d'ammonium, analogue au sulfure de potassium KS. Avec une quantité double d'acide sulfhydrique, elle forme un sulfhydrate de sulfure $AzH^3,2HS = AzH^4S,HS$ analogue au sulfhydrate de potassium KS,HS.

Le sulfhydrate d'ammoniaque, versé dans une dissolution saline, produit une double décomposition toutes les fois qu'il peut se former un composé insoluble.

442. Application. Le sulfhydrate d'ammoniaque est employé pour précipiter de leurs dissolutions salines les métaux de la troisième section qui ne précipitent pas par l'acide sulfhydrique. La couleur du précipité suffit quelquefois pour faire reconnaître la base du sel.

NATURE DU SEL.	COULEUR DU PRÉCIPITÉ.
Sels de zinc.	Blanc.
— de manganèse	Rose.
— de fer.	Noir.
— de nickel.	Id.
— de cobalt.	Id.

Le sulfhydrate d'ammoniaque jouant le rôle de sulfure basique, sert aussi pour séparer les sulfures acides des sulfures neutres. Ainsi, il dissout les sulfures d'or, de platine, d'étain et d'antimoine, et permet ainsi de les séparer des sulfures de cuivre, de mercure ou de plomb.

CHAPITRE VII

CHLORURES MÉTALLIQUES — CHLORURE DE POTASSIUM — SEL MARIN — SEL AMMONIAC — BICHLORURE D'ÉTAIN — CALOMEL — SUBLIMÉ CORROSIF — CHLORURE D'ARGENT — CHLORURE D'OR — CHLORURE DE PLATINE

CHLORURES

PRÉPARATION DES CHLORURES MÉTALLIQUES — PROPRIÉTÉS GÉNÉRALES — ACTION DE L'OXYGÈNE — ACTION DES MÉTAUX ALCALINS SUR LE CHLORURE D'ALUMINIUM ET SES ANALOGUES

443. État naturel. — Préparation. — Certains chlorures existent dans la nature, tels sont le chlorure d'argent, le chlorure de sodium (sel gemme), le chlorure de potassium, le chlorure de magnésium.

On peut préparer les chlorures par l'un des procédés suivants :

1° *Par l'action directe du chlore* — On prépare de cette manière les

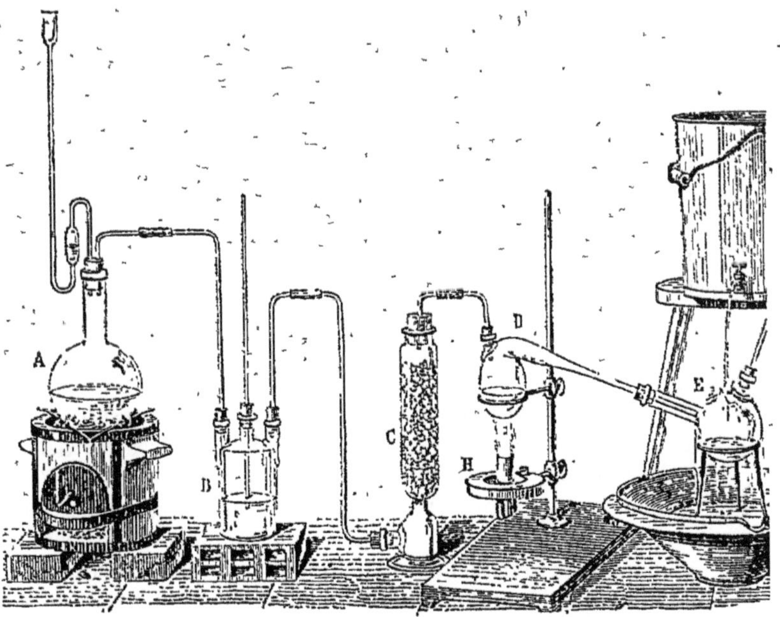

Fig. 175. — Préparation du bichlorure d'étain.

chlorures volatils, tels que le *bichlorure d'étain* ou le *sesquichlorure de fer*. Le métal est chauffé dans une cornue tubulée (fig 175) où arrive un courant de chlore sec. Le chlorure produit se condense dans un ballon refroidi.

On peut rattacher à l'action du chlore, celle de l'*eau régale*.

2° *Par l'action simultanée du chlore et du charbon*. C'est en faisant passer un courant de chlore sec sur un mélange d'alumine et de charbon chauffé au rouge dans un tube de porcelaine (fig. 144) ou dans une cornue de grès, qu'on prépare le *chlorure d'aluminium* et ses analogues :

$$Al^2O^3 + 3C + 3Cl = Al^2Cl^3 + 3CO.$$

Alumine.   Charbon.   Chlore.   Chlorure d'aluminium.   Oxyde de carbone.

5° *Par l'action de l'acide chlorhydrique* sur le métal, l'oxyde, le sulfure ou le carbonate. Un grand nombre des chlorures métalliques peuvent être obtenus de cette manière.

444. Propriétés physiques.—La plupart des chlorures sont solides; cependant il y en a de liquides, comme le bichlorure d'étain.

Presque tous les chlorures sont volatils, et quand un métal donne naissance à plusieurs chlorures, le composé qui contient le plus de chlore est celui qui se réduit le plus facilement en vapeurs. C'est ainsi que le *bichlorure d'étain* est plus volatil que le *protochlorure*.

Presque tous les chlorures sont solubles dans l'eau. Il n'y a d'exception que pour le *chlorure d'argent* et le *sous-chlorure de mercure*, qui sont insolubles; le *chlorure de plomb* est peu soluble.

445. Propriétés physiques. — La *chaleur* décompose les chlorures d'or, de platine et des métaux analogues.

La *lumière* attaque le chlorure d'argent, lui enlève une partie de son chlore, et donne un corps insoluble dans l'ammoniaque et les hyposulfites. Cette réaction est utilisée en photographie.

L'*électricité* peut décomposer tous les chlorures; plusieurs métaux, tels que le baryum et le strontium, n'ont encore été obtenus que par l'action de la pile sur leurs chlorures maintenus en fusion.

446. Action des métalloïdes et des métaux. — Ces divers corps peuvent décomposer les chlorures, en agissant soit sur le métal seul, soit sur le chlore seul, soit enfin à la fois sur le chlore et le métal.

1° Action sur le métal seul. — L'*oxygène* agit sur un certain nombre de chlorures, comme le chlorure d'aluminium, par exemple, mais il ne décompose pas les chlorures des métaux de la première section, qui sont très stables; il ne décompose pas non plus les chlorures des métaux de la dernière section, parce que ces métaux ont peu d'affinité pour l'oxygène.

2° Action sur le chlore seul. — L'*hydrogène* et les *métaux* décomposent un certain nombre de chlorures pour s'emparer du chlore.

L'*hydrogène* réduit facilement les chlorures des métaux des quatre dernières sections; le métal reste libre, et il se dégage de l'acide chlorhydrique. Pour répéter l'expérience, on chauffe légèrement le chlorure d'argent dans l'appareil représenté (fig. 174), les fumées d'acide chlorhydrique apparaissent bientôt à l'extrémité du tube.

Les *métaux* d'une section réduisent en général les chlorures des métaux des sections supérieures. C'est ainsi que Wöhler a préparé pour la première fois l'aluminium et les autres métaux analogues, en faisant réagir le potassium sur leur chlorure.

447. Classification. — On peut diviser les chlorures en chlorures *basiques*, chlorures *indifférents*, chlorures *acides* et chlorures *salins;* on ne connaît pas de chlorures *singuliers.*

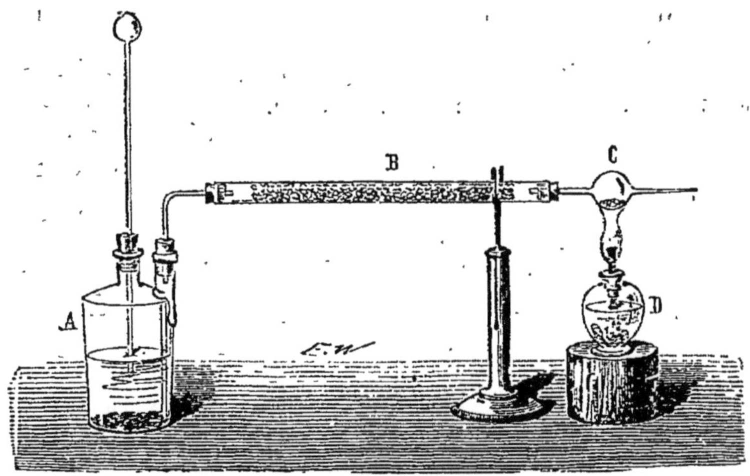

Fig. 174. — Réduction du chlorure d'argent par l'hydrogène.

Les chlorures alcalins jouent toujours le rôle de chlorures basiques.

Les chlorures acides sont formés par les métaux qui donnent avec l'oxygène des oxydes acides : tels sont les chlorures d'étain, d'or et de platine.

CHLORURE DE POTASSIUM (KCl)

EXTRACTION ET APPLICATIONS : PRÉPARATION DU CHLORATE DE POTASSE
ET DU NITRE

448. État naturel. — Extraction. — On trouve depuis quelques années le chlorure de potassium à l'état pur, et à l'état de chlorure double de potassium et de magnésium (*carnallite*), avec du sel marin, du sulfate de chaux, etc., dans les mines de Stassfurt en Prusse et de Kalucz dans la Gallicie orientale. Dans ces mines, l'ordre de superposition des diverses couches montre qu'elles résultent du desséchement d'anciens lacs salés, longtemps alimentés par l'eau de la mer.

La carnallite pulvérisée est dissoute dans de grandes cuves en fonte chauffées par de la vapeur d'eau. Quand toutes les matières solubles sont dissoutes, on laisse reposer, puis on décante et l'on fait cristalliser. Le chlorure de potassium cristallise, entraînant avec lui un peu de chlorure de sodium et de chlorure de magnésium. On le débarrasse du chlorure de magnésium par des lavages à l'eau froide.

On retire encore du chlorure de potassium dans certaines opérations industrielles, telles que le *raffinage des cendres de varechs*, le traitement des *vinasses de betteraves*, et celui des *eaux mères des marais salants.*

449. Propriétés. — Le chlorure de potassium cristallise anhydre, en cubes incolores et transparents. Il fond au rouge et se volatilise au rouge.

Il se dissout dans trois fois son poids d'eau à 15°, et dans moins d'une fois son poids d'eau bouillante. — Traité par l'acide sulfurique, il donne du sulfate de potasse et de l'acide chlorhydrique.

450. Applications. — C'est par lui que les azotates de soude, de chaux et de magnésie qu'on trouve dans la nature sont transformés en *azotate de potasse*, destiné à la fabrication de la poudre.

C'est par l'électrolyse de la dissolution du chlorure de potassium, qu'on obtient presque tout le *chlorate de potasse* du commerce.

CHLORURE DE SODIUM OU SEL MARIN (NaCl)

MINES DE SEL GEMME — MARAIS SALANTS — APPLICATION À L'ALIMENTATION
À LA FABRICATION DU SULFATE ET DU CARBONATE DE SOUDE

451. État naturel. — Le chlorure de sodium est très abondant dans la nature ; il existe à l'état solide en masses considérables dans l'intérieur de la terre, comme à Vielizcka en Pologne, à Cardona en Espagne, et dans le nord-est de la France ; il est alors connu sous le nom de *sel gemme*. Il existe avec du chlorure de potassium à Stassfurt et à Kalucz (448). — Il se trouve à l'état de dissolution dans les eaux de la mer et dans un très grand nombre de sources, dites sources salées, dont les eaux ont traversé des terrains salifères.

452. Extraction. — On se procure le chlorure de sodium soit en exploitant les mines de sel gemme, soit en déterminant l'évaporation des eaux de la mer ou des sources salées.

453. Mines de sel gemme. — Quand le sel gemme forme des masses compactes et pures, on l'exploite, soit à ciel ouvert, soit à l'aide de galeries souterraines. C'est le procédé suivi à Vielizcka. Les blocs de sel extraits de la mine sont pulvérisés sous des meules et livrés au commerce.

Quand le sel gemme est mêlé de matières étrangères, comme dans les mines de la Souabe, de la Bavière et du Wurtemberg, il faut le dissoudre dans l'eau et évaporer sa dissolution. Pour cela, on creuse un trou de sonde qui descend jusqu'au milieu de la mine, et dans l'axe de ce puits on place un long tube percé d'ouvertures à son extrémité inférieure. On fait ensuite arriver l'eau de sources voisines, dans la partie annulaire qui reste entre le tube et le trou de sonde. Cette eau dissout le sel gemme, et donne une liqueur dont les parties inférieures, saturées, pénètrent dans le tube central et s'y élèvent à une hauteur qui, à raison de leur densité, est un peu moindre que la hauteur extérieure. Des pompes aspirantes amènent cette dissolution dans des bassins, d'où elle passera dans les chaudières d'évaporation. Comme la liqueur contient environ 27 pour 100 de sel, on peut, sans trop de frais, employer la chaleur pour cette dernière opération. Le sel ainsi obtenu est très pur.

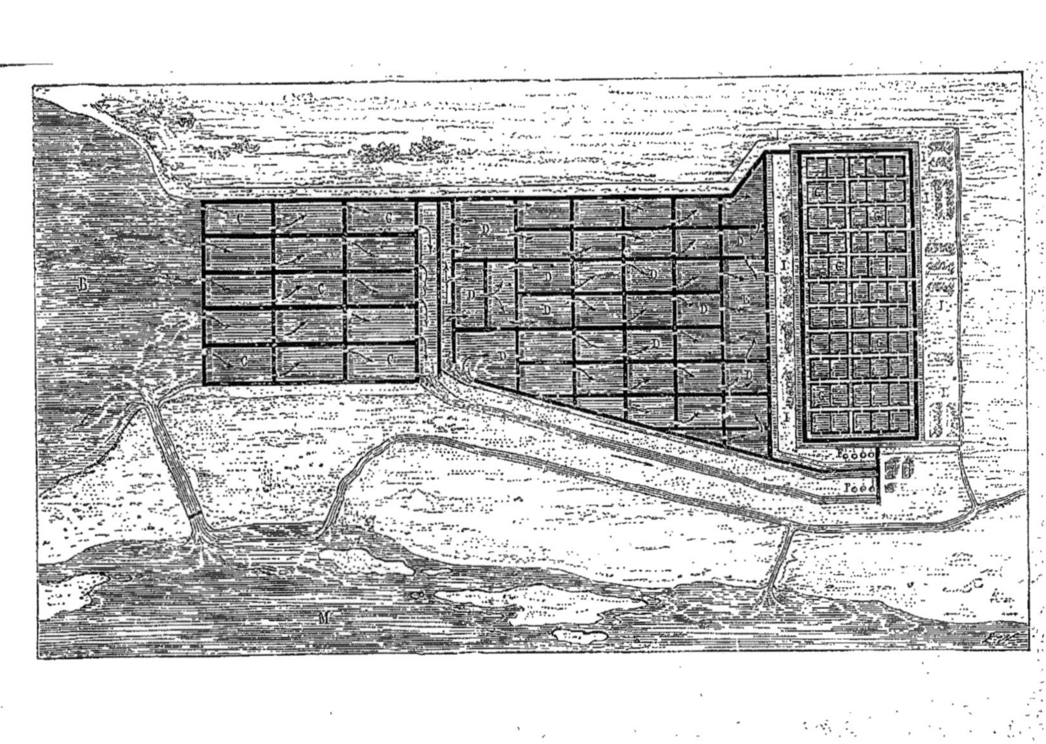

454. Marais salants. — L'eau de mer contient en moyenne :

Chlorure de sodium	2,60	
— de potassium	0,06	
— de magnésium	0,35	
Sulfate de magnésie	0,60	= 100,00
— de chaux	0,01	
Carbonate de magnésie et de chaux	0,02	
Eau	96,56	

Pour extraire le chlorure de sodium de cette eau, on la fait arriver, soit par une pente convenable, soit en profitant des marées, dans un grand réservoir où se déposent les matières étrangères tenues en suspension ; l'eau se répand ensuite dans une série de bassins C (fig. 175) peu profonds et rendus imperméables par une couche d'argile. Ces bassins sont divisés en une série de compartiments qui communiquent entre eux, et dans lesquels l'évaporation se fait rapidement.

L'eau abandonne, dans les premiers bassins, du sulfate et du carbonate de chaux ; puis elle se rend dans un réservoir, d'où on l'extrait à l'aide de pompes, pour la porter dans d'autres bassins D où elle se concentre, pour cristalliser enfin dans les compartiments G, appelés *tables salantes*.

Le sel est réuni en pyramides quadrangulaires I, pour qu'il puisse s'égoutter ; le chlorure de magnésium déliquescent est peu à peu entraîné : le sel qui reste est assez pur pour être livré au commerce.

455. Propriétés. — Le chlorure de sodium ou *sel marin* est solide, blanc, d'une saveur salée caractéristique. Sa solubilité dans l'eau varie peu avec la température. 100 grammes d'eau dissolvent 56^{gr} de sel à la température de 18°, et 40^{gr},4 à la température de 109°. — Ce sel est déliquescent dans l'air très humide.

Une dissolution saturée de sel marin donne par évaporation des cris-

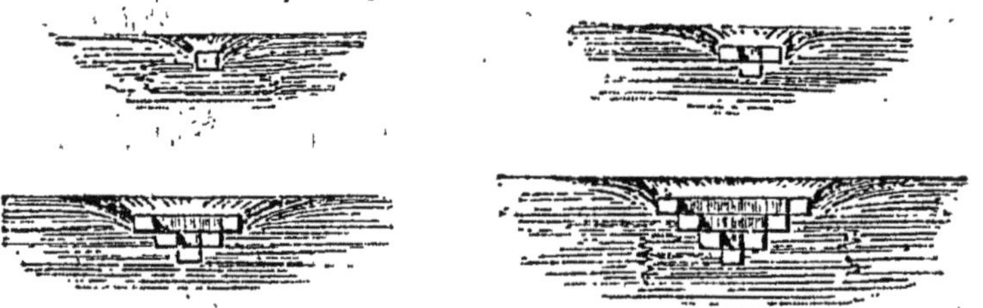

Fig. 176. — Formation des trémie, de sel marin.

taux cubiques qui s'accolent fréquemment, de manière à former des *trémies*, petites pyramides (fig. 176) quadrangulaires creuses.

Les cristaux de sel marin sont anhydres, mais ils retiennent d'ordinaire un peu de liquide interposé entre leurs lamelles, c'est ce qui fait qu'ils décrépitent quand on les projette sur des charbons incandescents.

Le chlorure de sodium fond au rouge, et se vaporise ensuite si l'on continue à élever la température.

456. Applications. — Indépendamment de son application à l'*alimentation* de l'homme et des animaux, le sel marin sert dans de nombreuses industries, parmi lesquelles nous citerons la fabrication de l'acide *chlorhydrique*, du *sulfate de soude* et du *carbonate de soude*.

CHLORHYDRATE D'AMMONIAQUE ($AzH^3, HCl = AzH^4Cl$)

SEL AMMONIAC — APPLICATIONS : PRÉPARATION DU GAZ AMMONIAC, DÉCAPAGE
DES MÉTAUX — ANALOGIE DES SELS AMMONIACAUX AVEC LES COMPOSÉS
CORRESPONDANTS DU POTASSIUM.

457. Préparation. — 1° On a longtemps retiré le *sel ammoniac* de l'Égypte, où on l'extrait de la fiente des chameaux qui le renferme.

La fiente desséchée et brûlée, donne une fumée épaisse contenant une grande quantité de sel ammoniac qui se condense avec la suie. Cette suie, recueillie et distillée dans de grands ballons de verre, produit le sel ammoniac du commerce.

2° On prépare le *sel ammoniac* en chauffant avec du sel marin le sulfate d'ammoniaque obtenu dans l'épuration du gaz de l'éclairage (292). Il se forme du sulfate de soude, et le sel ammoniac se sublime :

$$AzH^3, HO, SO^3 \quad + \quad NaCl \quad = \quad NaO, SO^3 \quad + \quad AzH^3, HCl.$$
Sulfate d'ammoniaque.   Chlorure de sodium.   Sulfate de soude.   Chlorhydrate d'ammoniaque.

458. Propriétés. — Le chlorhydrate d'ammoniaque ou *sel ammoniac* est incolore et sans odeur ; il a une saveur salée, piquante. Il est très soluble dans l'eau, surtout à chaud, et cristallise en octaèdres groupés en longues aiguilles réunies sous la forme de barbes de plume.

459. Application. — Le sel ammoniac est employé dans les laboratoires pour la préparation du *gaz ammoniac*. Dans l'industrie, il sert à *décaper* les métaux, dont il transforme les oxydes en chlorures volatils.

460. Analogie des composés ammoniacaux et des composés correspondants de la potasse. — Le gaz ammoniac forme avec les hydracides, et avec les oxacides hydratés, des sels qui sont *isomorphes* des composés correspondants de la potasse.

Cependant la constitution des sels ammoniacaux paraît, au premier abord, très différente de celle des sels de potasse.

Ainsi l'ammoniaque, en agissant sur l'acide chlorhydrique, donne naissance au *sel ammoniac* AzH^3, HCl, dont la formule diffère de KCl, qui se forme par l'action de la potasse sur le même acide.

De même aussi, le sulfate d'ammoniaque $(AzH^3, HO), SO^3$ a une formule très différente de celle du sulfate de potasse KO, SO^3.

Cette anomalie disparaît si l'on admet avec Ampère que, dans les sels ammoniacaux, il entre le composé AzH^4, jouant le rôle de métal semblable au potassium. Le chlorhydrate d'ammoniaque, AzH^3, HCl, devient alors du chlorure d'ammonium, AzH^4Cl, dont l'isomorphisme avec le chlorure de potassium n'a plus rien que de très naturel. Le sulfate d'ammoniaque, AzH^3,HO,SO^3, devient du sulfate d'oxyde d'ammonium, AzH^4O,SO^3, analogue au sulfate d'oxyde de potassium.

L'ammonium n'a pas encore été isolé, mais on a préparé son amalgame. En mettant une dissolution de chlorure d'ammonium en présence d'un amalgame de sodium, on voit le mercure gonfler rapidement et prendre la consistance du beurre. Il s'est formé du chlorure de sodium et de l'amalgame d'ammonium. — Cet amalgame, abandonné à lui-même, se décompose peu à peu en hydrogène et en gaz ammoniac.

L'existence d'un composé jouant le rôle d'un *métal* n'a rien d'extra-ordinaire, car nous avons vu un autre corps composé, le *cyanogène*, C^2Az, jouer le rôle d'un métalloïde.

BICHLORURE D'ÉTAIN (SnCl²)

BICHLORURE ANHYDRE — BICHLORURE HYDRATÉ — APPLICATION EN TEINTURE

461 Bichlorure d'étain. — On le prépare en faisant passer un courant de chlore sec sur de l'étain légèrement chauffé dans une cornue de verre tubulée, et communiquant avec un récipient refroidi (fig. 173).

Le bichlorure d'étain, ou *liqueur fumante de Libavius*, est un liquide incolore très mobile, bouillant vers 120°. Sa densité est 2,28. Il répand à l'air des fumées blanches très épaisses. Au contact d'une petite quantité d'eau, il produit un sifflement aigu, en dégageant beaucoup de chaleur. Il forme dans ces conditions un hydrate $SnCl^2 + 5HO$. Mêlé avec une très grande quantité d'eau, il se décompose partiellement en acide chlorhydrique et en bioxyde d'étain.

Le bichlorure d'étain forme avec les chlorures alcalins des chlorures doubles bien cristallisés. — Il est employé en teinture pour rehausser l'éclat de certaines couleurs.

CHLORURES DE MERCURE

CALOMEL — ACTION DU SEL MARIN — APPLICATION EN MÉDECINE
SUBLIMÉ CORROSIF — POISON VIOLENT
EMPLOI DE L'ALBUMINE COMME CONTREPOISON
APPLICATION A LA CONSERVATION DES PIÈCES D'HISTOIRE NATURELLE

462. Sous-chlorure ou calomel (Hg^2Cl). — On obtient le calomel en chauffant du sulfate de sous-oxyde de mercure avec du sel marin :

$$Hg^2O,SO^3 + NaCl = Hg^2Cl + NaO,SO^3$$

Sulfate de sous-oxyde   Chlorure   Sous-chlorure   Sulfate
de mercure.   de sodium.   de mercure.   de soude.

Le sous-chlorure volatilisé est reçu dans un grand récipient, en même temps qu'un jet de vapeur d'eau qui le divise, et détermine sa condensation sous forme d'une poussière blanche, impalpable (*calomel à la vapeur*). Cette poussière doit être lavée jusqu'à ce que l'eau de lavage ne précipite plus par l'acide sulfhydrique.

Ce corps, appelé aussi *calomel, sublimé doux*, ou *mercure doux*, est solide, transparent et incolore. Il est volatil, et cristallise par sublimation en prismes droits à base carrée. La lumière le décompose lentement.

Fig. 177. — Préparation du chlorure de mercure.

Le sous-chlorure de mercure est insoluble dans l'eau. Aussi prend-il naissance quand on verse, dans un sel de sous-oxyde, de l'acide chlorhydrique, même très étendu. Mis en présence des chlorures alcalins à une température peu élevée, il se décompose en mercure et en chlorure HgCl. — Une réaction semblable peut se produire dans l'estomac, grâce à la présence du sel marin; c'est pourquoi il faut éviter de prendre du calomel peu de temps après avoir absorbé des aliments salés.

Le calomel est employé en médecine comme vermifuge et purgatif.

463. Chlorure de mercure (HgCl). — On l'obtient en chauffant du sulfate d'oxyde de mercure avec du sel marin, dans une fiole à fond plat (fig. 177) chauffée au bain de sable :

$$HgO,SO^3 \quad + \quad NaCl \quad = \quad HgCl \quad + \quad NaO,SO^3.$$

Sulfate de mercure. Chlorure de sodium. Chlorure de mercure. Sulfate de soude.

Ce corps, connu sous le nom de *sublimé corrosif*, est solide et transparent. Il se sublime et cristallise en octaèdres droits à base rectangle. Il est soluble dans l'eau. C'est un poison extrêmement violent; il corrode les membranes et détermine très rapidement la mort.

L'albumine, ou blanc d'œuf, forme avec le chlorure de mercure un composé complètement insoluble, aussi est-ce le contrepoison le plus efficace du sublimé corrosif. — Ce chlorure forme de même, avec la plupart des matières organiques, végétales ou animales, des composés insolubles et imputrescibles; de là son emploi pour conserver les pièces d'anatomie, les objets d'histoire naturelle.

CHLORURE D'ARGENT (AgCl)

ACTION DE LA LUMIÈRE — APPLICATION A LA PHOTOGRAPHIE

464. Propriétés. — Le chlorure d'argent s'obtient en traitant une dissolution d'azotate d'oxyde d'argent par l'acide chlorhydrique ou par un chlorure alcalin ; il se précipite sous forme d'une masse blanche, *caillebottée*, très dense, insoluble dans l'eau et dans les acides étendus. — Il est très soluble dans l'ammoniaque, ainsi que dans les hyposulfites alcalins et dans le cyanure de potassium.

Ce chlorure, chauffé, fond vers 400°, en un liquide qui, refroidi, présente l'aspect de la corne (*argent corné*).

Le chlorure d'argent est décomposé par la lumière ; il perd une partie de son chlore et laisse un résidu violet noirâtre, insoluble dans l'ammoniaque et l'hyposulfite. Cette propriété est utilisée en *photographie.*

On peut décomposer le chlorure d'argent en chauffant ce corps, dans une capsule de porcelaine, avec de la *soude caustique* et du *sucre* à la température de l'ébullition. On utilise cette réaction pour obtenir de *l'argent pur*, et pour retirer l'argent des *résidus de la photographie.*

CHLORURE D'OR (Au^2Cl^3)

DORURE SUR PORCELAINE — POURPRE DE CASSIUS

465. Propriétés. — Le sesquichlorure d'or est jaune brun ; il joue le rôle d'acide vis-à-vis des chlorures alcalins. Il est réduit par l'acide sulfureux et par l'acide oxalique avec précipitation d'or métallique. Le sulfate de protoxyde de fer décompose le chlorure d'or en donnant de l'or extrêmement divisé, qui est employé pour la dorure sur porcelaine.

Le chlorure d'or, traité par un mélange de protochlorure et de bichlorure d'étain, en présence d'un grand excès d'eau, donne le *pourpre de Cassius*, formé de bioxyde d'étain coloré par de l'or pulvérulent. Ce pourpre de Cassius sert à colorer la porcelaine et le verre en pourpre, en grenat et en rose.

BICHLORURE DE PLATINE ($PtCl^2$)

EMPLOI POUR SÉPARER LA POTASSE DE LA SOUDE

466. Bichlorure de platine ($PtCl^2$). — On prépare le bichlorure de platine en dissolvant le platine dans l'eau régale, et évaporant à une douce chaleur, de manière à chasser l'excès d'acide. C'est une masse brune cristalline et déliquescente.

Ce corps forme, avec le chlorure de potassium et avec le chlorhydrate d'ammoniaque, des *chlorures doubles* très peu solubles ; il forme avec le chlorure de sodium un chlorure double très soluble. On utilise cette propriété pour distinguer la potasse de la soude. Le bichlorure de platine forme un *précipité* quand on le verse dans un *sel de potasse*, il ne donne rien dans les sels de soude.

CHAPITRE VIII

SELS EN GÉNÉRAL — LOIS DE BERTHOLLET
COMPOSITION DES SELS — ÉQUIVALENTS

GÉNÉRALITÉS SUR LES SELS

SELS NEUTRES — LOI DE BERZÉLIUS — PHÉNOMÈNES DE SURSATURATION — DÉLIQUESCENCE — EFFLORESCENCE — EAU BASIQUE — MÉLANGES RÉFRIGÉRANTS — DÉCOMPOSITION PAR LA PILE — DÉCOMPOSITION PAR LES MÉTAUX

467. Définition. — Lavoisier a le premier donné le nom de *sel* au produit de la combinaison d'*un acide* avec *une base*.

Cette définition ne s'applique qu'aux composés qui contiennent un acide et une base oxygénés ; or, nous avons vu que le soufre peut former des sulfacides, comme l'*acide sulfo-carbonique* CS^2, susceptibles de se combiner avec d'autres sulfures, tels que le *sulfure de potassium* KS, jouant le rôle de sulfobases. Le produit de ces combinaisons est aussi considéré quelquefois comme un *sel ;* on évitera toute confusion en appelant ces composés des *sulfosels.* Les sels oxygénés sont des *oxysels.*

Bien que la définition de Lavoisier ne soit pas générale, elle nous suffit ici, car nous ne nous occuperons que des *oxysels*, qui sont de beaucoup les plus importants. D'après cette définition, le sel marin (chlorure de sodium) n'est pas un sel ; mais, en présence de l'eau, les chlorures et sulfures solubles se conduisent comme de véritables sels ; et ce que nous dirons dans la suite leur sera parfaitement applicable.

468. Sels neutres. — SULFATES. — En versant avec précaution une dissolution de *potasse* dans l'acide *sulfurique* étendu (fig. 178), on peut obtenir un liquide qui ne manifeste plus ni réaction acide, ni réaction alcaline sur la teinture de tournesol. Un papier rouge et un papier bleu y gardent chacun leur couleur. Les propriétés de l'acide et celles de la base se

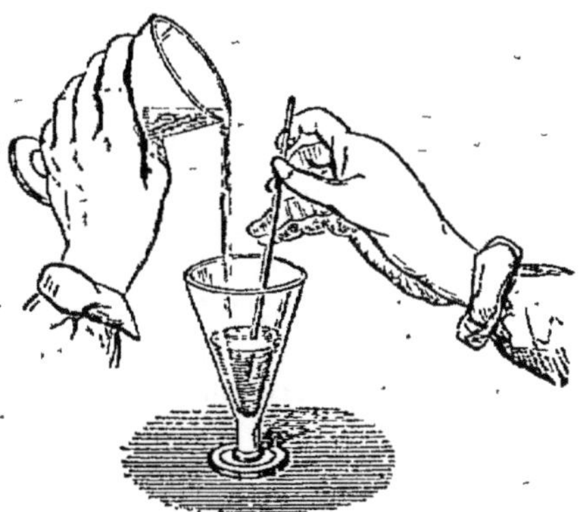

Fig. 178. — Saturation de l'acide sulfurique par la potasse.

sont donc *neutralisées*; nous appelons *sulfate neutre* le sel ainsi produit. — On obtient des résultats analogues en employant la soude, la magnésie ou l'oxyde d'argent, pour neutraliser l'acide sulfurique.

Il n'en est plus de même quand on traite l'acide sulfurique par l'oxyde de *fer*, l'oxyde de *zinc* ou l'oxyde de *cuivre*; on obtient des sels rougissant toujours la teinture bleue de tournesol. Si donc on ne considérait que la réaction sur la teinture de tournesol, on ne trouverait de sulfates neutres que dans les combinaisons de l'acide sulfurique avec un petit nombre de bases. Or Berzelius, en analysant les sulfates ordinaires de *fer*, de *zinc*, de *cuivre*, a trouvé qu'ils ont exactement la même composition que les sels de *potasse* ou de *soude*, où la neutralité est évidente; dans tous ces sels, *la quantité d'oxygène de l'acide est triple de la quantité d'oxygène de la base*. Comme ces divers sulfates, quelle que soit d'ailleurs leur action sur la teinture de tournesol, se conduisent de la même manière dans toutes les réactions chimiques, on est convenu d'appeler *sulfates neutres, tous les sulfates dans lesquels la quantité d'oxygène de l'acide est triple de la quantité d'oxygène de la base*.

Azotates. — Si, au lieu de l'acide sulfurique, on emploie l'acide *azotique*, on obtient encore, avec la potasse, la soude, la magnésie et l'oxyde d'argent, des sels neutres au papier de tournesol. Ces sels contiennent cinq fois plus d'oxygène dans l'acide que dans la base; aussi est-on convenu d'appeler *azotates neutres, les azotates dans lesquels la quantité d'oxygène de l'acide est quintuple de celle de la base*.

Sulfites, carbonates. — S'il est facile de définir les sels neutres dans le cas où l'acide est *énergique*, comme l'acide sulfurique ou l'acide azotique, il n'en est plus de même quand le sel contient un acide *faible*, comme l'acide *carbonique* ou l'acide *sulfureux*, car alors la combinaison de l'acide avec la potasse ou la soude a toujours une réaction alcaline. Pour lever la difficulté, il faut une convention nouvelle, qui consiste à prendre pour composition du sel neutre, celle qui est donnée par l'analyse du plus grand nombre des composés bien définis que présente la nature ou qu'on obtient artificiellement. Ainsi, les carbonates naturels de chaux, de magnésie, de manganèse, de fer et de zinc, contenant deux fois plus d'oxygène dans leur acide que dans leur base, on est convenu d'appeler *carbonates neutres tous les carbonates dans lesquels la quantité d'oxygène de l'acide est double de celle de la base*.

Par une raison analogue, on appelle *sulfites neutres, les sulfites dans lesquels la quantité d'oxygène de l'acide est double de celle de la base*.

Le tableau suivant donne le rapport de la quantité d'oxygène de l'acide à la quantité d'oxygène de la base dans les principaux sels neutres.

Genre du sel.	Rapport de la quantité d'oxygène de l'acide à celle de la base.	Formules.
Azotates	5 à 1	MO,AzO^5
Métaphosphates	5 à 1	MO,PhO^5

Pyrophosphates. . . .	5 à 2	$2MO,PhO^5$
Phosphates ordinaires. .	5 à 3	$5MO,PHO^5$
Sulfites.	2 à 1	MO,SO^2
Sulfates	5 à 1	MO,SO^5
Borates.	5 à 1	MO,BoO^3
Carbonates.	2 à 1	MO,CO^2
Silicates	2 à 1	MO,SiO^2

469. Loi de Berzelius. — Les rapports inscrits dans le tableau précédent nous montrent toute l'exactitude de la loi suivante, connue sous le nom de *loi de composition des sels* ou *loi de Berzelius* :

Dans tous les sels neutres, il y a un rapport constant et simple entre le poids de l'oxygène de l'acide et le poids de l'oxygène de la base.

470. Propriétés physiques des sels. — Tous les sels sont solides à la température ordinaire ; ils sont inodores, à l'exception de quelque sels ammoniacaux.

Saveur. — La *saveur* des sels solubles dépend de la nature de la base :

Les sels de soude. . . . . . . ont une saveur salée ;
  — de magnésie. . . .   —   amère ;
  — d'alumine. . . . .   —   astringente ;
  — de plomb. . . . . .   —   sucrée d'abord, puis styptique ;
  — de fer, de cuivre, etc. —   métallique.

Couleur. — Les sels *anhydres* sont généralement blancs ou incolores quand leur acide est incolore.

Les sels *hydratés* ont des couleurs qui dépendent de la base, ainsi :

Les sels hydratés de protoxyde de fer sont verts ;
  —   de sesquioxyde   — jaune rougeâtre ;
  —   de cuivre   — bleus ;
  —   d'or   — jaune clair ;
  —   de platine   — jaune orangé.

Les acides colorés, comme l'acide chromique, par exemple, donnent des sels qui, anhydres ou hydratés, sont toujours colorés.

470 *bis*. Solubilité dans l'eau. — L'eau dissout à peu près tous les sels à base de potasse, de soude ou d'ammoniaque. Elle dissout tous les azolates et presque tous les sulfates. — Les carbonates et les phosphates des bases autres que les alcalis, sont au contraire insolubles.

La solubilité d'un sel dans l'eau augmente en général avec la température, et souvent très rapidement, comme cela arrive pour l'azolate de potasse ; quelquefois cependant il en est tout autrement : ainsi la solubilité du sel marin est sensiblement la même à toute température ; le sulfate de lithine est moins soluble à chaud qu'à froid ; enfin, le sulfate de soude a une solubilité qui va en augmentant jusqu'à la température de 55° ; au-dessus de cette température, sa solubilité diminue.

Quand l'eau a dissous toute la quantité de sel qu'elle peut contenir, elle est dite *saturée*.

Solubilité dans les dissolutions salines. — L'eau saturée d'un sel n'en dissout plus de nouvelles quantités, mais elle peut dissoudre un autre sel.

Si le nouveau sel ne diffère du premier que par son acide, il sera moins soluble dans la dissolution salée que dans l'eau pure : l'eau saturée de chlorure de potassium dissout moins d'azotate de potasse que l'eau pure.

Si le nouveau sel diffère du premier par son acide et par sa base, il sera plus soluble dans la dissolution saline que dans l'eau pure ; ainsi l'eau saturée de chlorure de sodium dissout plus d'azotate de potasse que l'eau pure. Nous verrons bientôt une application de cette solubilité.

471. Phénomène de sursaturation. — Une dissolution saturée d'un sel plus soluble à chaud qu'à froid, abandonne d'ordinaire, en se refroidissant, une partie du sel qu'elle contenait, de manière à ne retenir que la quantité de matière qui s'y serait dissoute à cette température. Cependant, quand le liquide n'est pas en contact avec un excès de sel cristallisé, il arrive souvent que le refroidissement n'amène pas de cristallisation ; la liqueur est alors dite sursaturée. — C'est le phénomène que présente le sulfate de soude : on met dans une fiole (fig. 179) une dissolution saturée à chaud de sulfate de soude, on fait bouillir quelques instants la liqueur pour qu'il ne puisse pas rester

Fig. 179. — Dissolution sursaturée du sulfate de soude.

de cristaux adhérents aux parties supérieures de la fiole, puis on la recouvre avec un peu de papier humide. Le liquide peut alors être refroidi sans qu'il y ait cristallisation, mais si l'on vient à introduire, à l'aide d'une baguette de verre (fig. 180), une parcelle cristalline de sulfate de soude dans la liqueur, on voit la cristallisation se produire, et se propager rapidement de la surface du liquide au fond de la fiole. — Cette solidification rapide permet d'apprécier facilement, à l'aide de la main, le *dégagement de chaleur* qui accompagne ce passage du sulfate de l'état liquide à l'état solide[1].

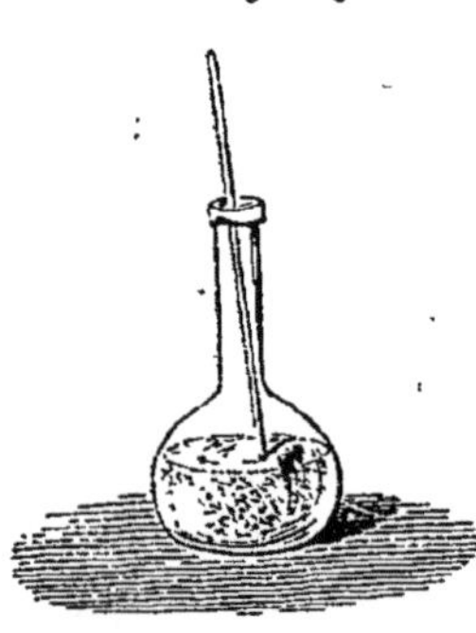

Fig. 180. — Cristallisation de la dissolution sursaturée.

472. Décrépitation. — Les sels anhydres, quand ils se déposent en gros cristaux, emprisonnent, entre leurs lamelles, de petites quantités

---

1. Il arrive quelquefois que la cristallisation se produit au moment où l'on enlève le papier qui recouvrait la fiole ; c'est qu'il est tombé alors une parcelle du sulfate de soude qui existe d'ordinaire en suspension dans l'atmosphère (Gernez).

d'eau, qui, se réduisant en vapeur dès qu'on chauffe les cristaux, produisent de petites explosions connues sous le nom de *décrépitation* ; tels sont le sel marin, l'azotate de plomb, etc..

473. Propriétés chimiques. — L'eau n'agit pas seulement comme dissolvant sur les sels ; elle peut aussi produire des phénomènes chimiques.

EAU DE CRISTALLISATION. — Un certain nombre de sels cristallisent avec un nombre d'équivalents d'eau, qui est toujours le même dans les mêmes conditions, mais qui varie avec la température. Ainsi, le sulfate de magnésie cristallise avec 7 équivalents d'eau à la température ordinaire, et avec 12 équivalents au-dessous de 0º.

474. Déliquescence. — Efflorescence. — Certains sels très avides d'eau absorbent la vapeur contenue dans l'atmosphère, et se dissolvent dans cette eau ; cela tient à ce que la tension de la vapeur d'eau émise par le liquide ainsi formé (*tension de dissociation de ce liquide*) est inférieure à la tension de la vapeur d'eau qui existe dans l'atmosphère ; on les appelle sels *déliquescents ;* tels sont le chlorure de calcium, l'azotate de chaux, etc. — D'autres sels *hydratés* émettent, au contraire, de la vapeur d'eau dont la tension est supérieure à la tension de la vapeur d'eau qui existe dans l'atmosphère ; ils abandonnent peu à peu de l'eau à l'air ambiant ; leur surface perd sa transparence, devient blanche, farineuse ; on les appelle sels *efflorescents ;* tel est le carbonate de soude.

475. Eau basique. — L'eau joue dans certains sels le rôle de base. C'est ce que nous avons déjà constaté à propos des pyrophosphates et des phosphates ordinaires. Le phosphate de soude du commerce a pour formule

$$2NaO,HO,PhO^5 + 24HO.$$

En chauffant ce sel vers 200º, on lui fait perdre 24 équivalents d'eau de cristallisation sans altérer ses propriétés, car, redissous dans l'eau, il cristallise par évaporation avec sa constitution primitive. Mais si l'on chauffe le sel au rouge, il perd son équivalent d'eau basique, et alors sa constitution est complètement changée. Si en effet on redissout le sel dans l'eau, il cristallise par évaporation en donnant un pyrophosphate

$$2NaO,PhO^5 + 10HO.$$

Ce nouveau sel précipite, comme nous l'avons dit (130), les sels d'argent en *blanc,* tandis que le phosphate ordinaire les précipitait en *jaune.*

476. Mélanges réfrigérants. — L'eau pouvant agir à la fois physiquement et chimiquement, il nous est facile de comprendre comment, quand un sel se *dissout* dans l'eau, on observe tantôt un abaissement, tantôt une élévation de température. Si le sel est *très avide d'eau,* il y a, par le fait de sa combinaison avec l'eau, dégagement de chaleur et *élévation de température.* Si le sel contient toute la quantité d'eau qu'il peut renfermer en cristallisant dans les conditions de l'expérience (ceci comprend le cas où le sel cristallise *anhydre*), le changement d'état du corps produit au contraire un *abaissement de température*. Dans le cas enfin où le sel, qui se dissout, a une faible affinité pour l'eau, on peut constater une élévation ou un abaissement de température, suivant que c'est l'effet physique ou l'effet chimique qui prédomine.

L'absorption de chaleur qui accompagne la dissolution de certains sels est utilisée pour la production des *mélanges réfrigérants*.

1 partie de neige. . . . .) mélangées abaissent
1 partie de sel marin . . . . . . }   la température de   0° à — 17°,7
2 parties de neige. . . . .) mélangées abaissent
5 parties de chlorure de calcium . }   la température de   0° à — 45°
5 parties de sel ammoniac. . . .)
5 parties d'azotate de potasse . . } mélangées abaissent
16 parties d'eau. . . . .)   la température de 10° à — 12°,2

477. Action de la chaleur. — Quand on chauffe un sel *hydraté*, il fond, si l'eau de cristallisation suffit pour dissoudre le sel anhydre; c'est ce qu'on appelle *la fusion aqueuse*. Si l'on continue à chauffer, l'eau s'évapore, le sel devient anhydre et reprend l'état solide pour fondre

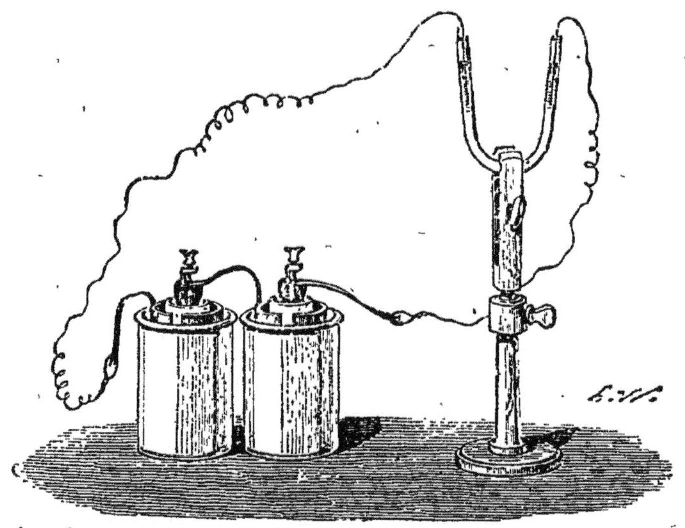

Fig. 181. — Décomposition du sulfate de cuivre par la pile.

de nouveau à une température plus élevée, s'il n'est pas décomposable par la chaleur; il subit alors la *fusion ignée*.

La chaleur décompose les sels qui contiennent un acide volatil uni à une base fixe, ou une base volatile combinée à un acide fixe; tel est le cas du carbonate de chaux (414), qui, chauffé, se dissocie en donnant de l'acide carbonique et de la chaux vive. Tel est aussi le cas du phosphate d'ammoniaque, qui, sous l'influence de la chaleur, dégage de l'ammoniaque et donne de l'acide phosphorique vitreux (134).

478. Action de l'électricité. — L'électricité de la pile décompose tous les sels; l'acide, et l'oxygène de l'oxyde, se portent au pôle positif, tandis que le métal se porte au pôle négatif. C'est ce que l'on démontre en plongeant deux lames de platine formant les pôles d'une pile dans une dissolution de sulfate de cuivre (fig. 181); la lame négative se recouvre de cuivre, tandis que l'oxygène et l'acide sulfurique viennent au pôle positif. La *galvanoplastie*, la *dorure* et l'*argenture* sont fondées sur cette décomposition des sels par la pile.

Si la décomposition des sels alcalins, comme le sulfate de soude par exemple, donne des résultats en apparence différents : *soude* et *hydrogène* au pôle négatif (au lieu de *sodium métallique*), cela tient à l'action secondaire du métal alcalin qui, décomposant l'eau, y produit de la soude avec dégagement d'hydrogène.

479. Action de l'oxygène et de l'air. — L'*oxygène* et l'*air* n'ont pas d'action sur les sels à la température ordinaire, sauf lorsque l'acide ou la base peuvent se *suroxyder ;* ainsi les sulfites passent à l'état de sulfates, les sels de protoxyde de fer passent peu à peu à l'état de sels de sesquioxyde. — Le *chlore* agit de même en présence de l'eau, parce qu'en la décomposant, il met l'oxygène en liberté.

480. Action des métaux. — Une lame de cuivre plongée dans une dissolution d'un sel d'argent (fig. 182) décompose ce sel; le cuivre dé-

Fig. 182. — Décomposition
d'un sel d'argent par le
cuivre.

Fig. 183. — Décomposition d'un sel de plomb
par le zinc (arbre de Saturne).

place et remplace l'argent qui se dépose. Une lame de fer plongée dans la dissolution de cuivre ainsi obtenue déplacerait de même ce dernier métal. Ces réactions peuvent s'expliquer par les formules :

$$AgO,AzO^5 + Cu = Ag + CuO,AzO^5.$$
Azotate d'argent. Cuivre. Argent. Azotate de cuivre.

$$CuO,AzO^5 + Fe = Cu + FeO,AzO^5.$$
Azotate de cuivre. Fer. Cuivre. Azotate de fer.

Une lame de zinc plongée dans la dissolution d'un sel de plomb, détermine la précipitation du plomb sous forme de lamelles brillantes, qui se groupent de manière à figurer des feuilles de fougère; c'est ce qui constitue l'*arbre de Saturne*. — Pour avoir un bel arbre de Saturne, on plonge dans une dissolution très étendue d'acétate de plomb (fig. 183) une lame de zinc Z, reposant sur plusieurs fils de laiton qui forment les branches de l'arbre. Le plomb se dépose peu à peu sur ces fils et figure des rameaux et des feuilles.

Une goutte de mercure au fond d'un vase contenant de l'azotate d'argent décompose ce sel, et donne lieu à un dépôt d'argent qui, s'amalgamant avec le mercure, cristallise en longues aiguilles, figurant encore un arbre, connu sous le nom d'*arbre de Diane*.

ANCIENNES LOIS DE BERTHOLLET

INFLUENCE DE LA VOLATILITÉ OU DE L'INSOLUBILITÉ — ACTION DES ACIDES SUR LES SELS — ACTION DES BASES SUR LES SELS — ACTION DES SELS SUR LES SELS — EXPLICATION GÉNÉRALE : L'ACTION DES ACIDES, DES BASES ET DES SELS SUR LES SELS, EST TOUJOURS ACCOMPAGNÉE D'UN DÉGAGEMENT DE CHALEUR

481. Influence des propriétés physiques. — Berthollet croyait que dans l'action des acides, des bases ou des sels sur les sels, certaines propriétés physiques, telles que la *volatilité* ou l'*insolubilité* des produits qui peuvent prendre naissance dans les conditions où l'on opère, suffisaient pour déterminer le sens des réactions. Cette influence attribuée aux circonstances physiques sur les phénomènes chimiques, a été résumée dans un petit nombre de lois désignées sous le nom de LOIS DE BERTHOLLET.

482. Action des acides. — L'action des acides sur les sels est, d'après Berthollet, soumise aux trois lois suivantes :

1re LOI. UN ACIDE DÉCOMPOSE COMPLÈTEMENT UN SEL DONT L'ACIDE EST PLUS VOLATIL DANS LES CIRCONSTANCES OÙ L'ON OPÈRE.

L'acide *carbonique* s'obtient (238) en faisant réagir un acide plus fixe que lui, l'acide chlorhydrique, par exemple, sur un carbonate :

$$CaO.CO^2 \quad + \quad HCl \quad = \quad CO^2 \quad + \quad CaCl \quad + \quad HO.$$

Carbonate de chaux. Ac. chlorhydrique. Ac. carbonique. Chlorure de calcium. Eau.

L'acide *chlorhydrique* s'obtient (204) en faisant réagir un acide plus fixe, l'acide sulfurique, par exemple, sur un chlorure en présence de l'eau :

$$NaCl \quad + \quad HO,SO^3 = \quad HCl \quad + \quad NaO,SO^3$$

Chlorure de sodium. Ac. sulfurique. Ac. chlorhydrique. Sulfate de soude.

L'acide *azotique* s'obtient aussi (97) par l'action de l'acide sulfurique, plus fixe que lui, sur un azotate :

$$NaO,AzO^5 + 2(SO^3,HO) = AzO^5,HO + NaO,HO,2SO^3$$

Azotate de soude. Ac. sulfurique. Ac. azotique. Bisulfate de soude.

L'acide *sulfurique* lui-même peut être chassé de ses combinaisons par un acide plus fixe, l'acide silicique, par exemple, à haute température.

$$NaO,SO^3 \ + \ SiO^2,HO \ = \ SO^3,HO \ + \ NaO,SiO^2$$

Sulfate de soude.   Silice.   Ac. sulfurique.   Silicate de soude.

2ᵉ LOI. UN ACIDE DÉCOMPOSE COMPLÈTEMENT UN SEL DONT L'ACIDE EST INSOLUBLE OU PEU SOLUBLE DANS LES CIRCONSTANCES OU L'ON OPÈRE.

Exemple : On prépare l'acide *borique*, qui est peu soluble dans l'eau froide, en versant un acide très soluble, l'acide chlorhydrique, par exemple, dans une dissolution chaude de borate de soude (300). L'acide borique cristallise par refroidissement :

$$NaO,2BoO^3 \ + \ HCl \ + 5HO = 2(BoO^3,3HO) \ + \ NaCl.$$

Borate de soude.· Ac. chlorhydrique.   Eau.   Ac. borique.   Chlorure de sodium.

L'acide *silicique* insoluble se sépare, sous forme gélatineuse, quand on verse de l'acide sulfurique dans une dissolution d'un silicate alcalin :

$$NaO,SiO^2 \ + \ (SO^3,HO) = SiO^2,HO \ + \ NaO,SO^3.$$

Silicate de soude.   Ac. sulfurique.   Silice.   Sulfate de soude.

3ᵉ LOI. UN ACIDE DÉCOMPOSE COMPLÈTEMENT UN SEL, QUAND IL PEUT FORMER AVEC SA BASE UN COMPOSÉ INSOLUBLE DANS LES CIRCONSTANCES OU L'ON OPÈRE.

Exemple : L'acide sulfurique, versé dans une dissolution d'azotate de baryte, détermine un précipité de sulfate de baryte insoluble, et met l'acide azotique en liberté :

$$BaO,AzO^5 \ + \ SO^3.HO \ = \ BaO,SO^5 \ + \ AzO^5,HO.$$

Azotate de baryte.   Ac. sulfurique.   Sulfate de baryte.   Ac. azotique.

Une réaction semblable est utilisée, en chimie organique, pour préparer des acides solubles, mais non volatils, tels que l'acide tartrique

483. Action des bases sur les sels. — Cette action est, d'après Berthollet, soumise à trois lois analogues aux précédentes.

1ʳᵉ LOI. UNE BASE FIXE DÉCOMPOSE COMPLÈTEMENT UN SEL DONT LA BASE EST VOLATILE DANS LES CIRCONSTANCES OU L'ON OPÈRE.

Exemple : L'*ammoniaque* s'obtient (109) en faisant réagir la chaux, par exemple, sur un sel ammoniacal :

$$AzH^3,HO,SO^3 \ + CaO = AzH^3 \ + \ HO + CaO,SO^3.$$

Sulfate d'ammoniaque.   Chaux.   Ammoniaque.   Eau.   Sulfate de chaux.

2ᵉ LOI. UNE BASE SOLUBLE DÉCOMPOSE COMPLÈTEMENT UN SEL DONT LA BASE EST INSOLUBLE DANS LES CIRCONSTANCES OU L'ON OPÈRE.

Exemple : L'*oxyde d'argent* s'obtient en versant de la potasse dans un sel d'argent :

$$AgO,AzO^5 \ + \ KO,HO \ = \ AgO,HO \ + \ KO,AzO^5.$$

Azotate d'argent.   Potasse.   Oxyde d'argent.   Azotate de potasse.

3ᵉ LOI. UNE BASE DÉCOMPOSE COMPLÈTEMENT UN SEL QUAND ELLE PEUT FORMER AVEC SON ACIDE UN COMPOSÉ INSOLUBLE DANS LES CIRCONSTANCES OU L'ON OPÈRE.

Exemple : La *potasse* se prépare (406) en faisant réagir la chaux sur une dissolution étendue de carbonate de potasse :

$$KO,CO^2 \quad + \quad CaO,HO = KO,HO \quad + \quad CaO,CO^2.$$

Carbonate de potasse.   Chaux.   Potasse.   Carbonate de chaux.

484. Action des sels sur les sels. — Cette action est résumée, d'après Berthollet, dans les deux lois suivantes.

1re LOI. DEUX SELS SE DÉCOMPOSENT COMPLÈTEMENT, QUAND DE L'ÉCHANGE DE LEURS ACIDES ET DE LEURS BASES, PEUT RÉSULTER UN SEL PLUS VOLATIL QUE CEUX DU MÉLANGE DANS LES CIRCONSTANCES OU L'ON OPÈRE.

Exemple : Le *carbonate d'ammoniaque* se prépare en chauffant dans une cornue du carbonate de chaux avec du sulfate d'ammoniaque :

$$CaO.CO^2 \quad + \quad AzH^3,HO,SO^3 = AzH^3,HO,CO^2 \quad + \quad CaO,SO^3.$$

Carbonate de chaux.   Sulfate d'ammoniaque.   Carbonate d'ammoniaque.   Sulfate de chaux.

2e LOI. DEUX SELS, EN DISSOLUTION SE DÉCOMPOSENT COMPLÈTEMENT, QUAND DE L'ÉCHANGE DES BASES ET DES ACIDES PEUT RÉSULTER UN COMPOSÉ INSOLUBLE DANS LES CIRCONSTANCES OU L'ON OPÈRE.

Nous avons appliqué cette loi pour reconnaître, par exemple, la nature des sels tenus en dissolution (11) par les eaux courantes.

Exemple : La présence des *sulfates* a été reconnue par l'emploi d'un sel soluble de baryte; il s'est produit du sulfate de baryte insoluble :

$$NaO,SO^3 + BaO,AzO^5 = BaO,SO^3 + NaO,AzO^5.$$

Sulfate de soude.   Azotate de baryte.   Sulfate de baryte.   Azotate de soude.

La présence des *chlorures* a été reconnue par l'emploi de l'azotate d'argent; le chlorure d'argent insoluble s'est immédiatement précipité :

$$NaCl \quad + AgO,AzO^5 = AgCl \quad + NaO,AzO^5.$$

Chlorure de sodium.   Azotate d'argent.   Chlorure d'argent.   Azotate de soude.

La présence des *sels de chaux* a été mise en évidence à l'aide de l'oxalate d'ammoniaque, qui donne un précipité d'oxalate de chaux insoluble :

$$CaO.SO^3 \quad + AzH^3,HO,C^2O^3 = CaO,C^2O^3 \quad + AzH^3,HO,SO^3.$$

Sulfate de chaux.   Oxalate d'ammoniaque.   Oxalate de chaux.   Sulfate d'ammoniaque.

485. Explication générale. PRINCIPE DU TRAVAIL MAXIMUM. — En reprenant les différentes lois de Berthollet, on a constaté qu'il existe un certain nombre de réactions qui sont en contradiction avec ces lois, et l'on reconnaît que les résultats qui sont en contradiction avec les lois de Berthollet, de même que les réactions qu'elles font prévoir, satisfont toutes à une même condition générale qui les domine : *elles s'effectuent avec dégagement de chaleur.* De sorte que dans tous les cas les réactions obéissent à ce principe général (principe du travail maximum) :

Tout changement chimique accompli sans l'intervention d'une énergie étrangère (chaleur, électricité, lumière) tend vers la production du corps ou du système de corps qui dégage le plus de chaleur (M. Berthelot).

Exemple : La décomposition du carbonate de chaux par l'acide sulfurique avec dégagement d'acide carbonique, *conforme aux lois de Berthollet*, est accompagnée d'un *dégagement de chaleur;* mais elle est complète, même dans le cas où la dissolution est assez étendue pour que tout l'acide carbonique reste en dissolution, *ce qui est en opposition avec les lois de Berthollet;* elle n'est donc pas déterminée par la volatilité de l'acide carbonique; elle obéit au principe du travail maximum.

ÉQUIVALENTS

ÉQUIVALENTS DES ACIDES — ÉQUIVALENTS DES BASES
ÉQUIVALENTS DES MÉTAUX — LOI DE RICHTER — ÉQUIVALENTS
DES MÉTALLOÏDES

L'étude des sels et des réactions qu'ils présentent va nous permettre de comprendre comment on peut déterminer l'équivalent d'un corps.

486. Équivalents des acides et des bases. — Avant Berzelius, la composition des sels avait déjà été l'objet d'expériences importantes qui nous montrent la justesse des idées que l'on se formait de la constitution des sels; elles ont conduit aux premières notions exactes sur les équivalents. *Glauber* paraît avoir remarqué le premier qu'un alcali fixe peut dans un sel, remplacer l'ammoniaque sans que la neutralité soit altérée *Wenzel* et *Richter* ont étendu cette observation.

En mélangeant deux dissolutions salines, neutres et susceptibles de se décomposer mutuellement, comme, par exemple, de l'azotate de baryte et du sulfate de potasse, Wenzel obtint deux nouveaux sels neutres : du sulfate de baryte et de l'azotate de potasse :

$$BaO,AzO^5 + KO,SO^3 = BaO,SO^3 + KO,AzO^5,$$

ou en poids : $(76 + 54)$　$(47 + 40)$　$(76 + 40)$　$(47 + 54)$.

Azotate de baryte.　Sulfate de potasse.　Sulfate de baryte,　Azotate de potasse.

La quantité 47^{gr} de potasse, par exemple, qui neutralise 40^{gr} d'acide sulfurique, peut donc aussi neutraliser 54^{gr} d'acide azotique. De même, le poids 76^{gr} de baryte, qui neutralisait d'abord 54^{gr} d'acide azotique, neutralise ensuite 40^{gr} d'acide sulfurique.

En opérant avec d'autres sels, pouvant également donner une double décomposition, on a pu : 1° déterminer les poids B,B′,B″... des diverses bases qui peuvent neutraliser un même poids A d'acide, et 2° constater que les différents poids A,A′,A″... d'acides, capables de saturer le poids B de la première base, sont ceux qui peuvent saturer les poids B′,B″... des autres bases.

On a été ainsi conduit à regarder les poids B,B′,B″... comme étant les équivalents des bases. Si, par exemple, on détermine les poids des diverses bases qui saturent un même poids, 40^{gr} d'acide sulfurique, on trouve, pour les *équivalents des bases :*

Potasse.	47	Magnésie	20
Soude	51	Oxyde de plomb . .	112
Chaux	28	Oxyde d'argent. . .	116

Mais puisque les poids A,A′,A″... d'acide saturent un même poids de base, on peut en conclure que ce sont les *équivalents des acides*, et, en cherchant les poids qui saturent 47^{gr} de potasse, on trouve les équivalents :

Acide sulfurique.	40
— azotique.	54
— chlorique	75,5

487. Équivalents des métaux. Loi de Richter. — Après ces expériences qui conduisent aux équivalents des acides et des bases, *Richter* publia, en 1792, des expériences donnant les équivalents des métaux.

Richter remarqua que si l'on plonge une lame de cuivre dans une dissolution d'azotate neutre d'argent (fig. 182), l'argent se précipite, tandis que le cuivre se dissout, sans qu'il y ait d'ailleurs dégagement de gaz ; et à la fin de l'expérience, 108^{gr} d'argent ont été déplacés et remplacés par 31,5 de cuivre. Une lame de zinc, placée dans la nouvelle dissolution d'azotate de cuivre ainsi formée, perd 33^{gr}, qui se dissolvent en précipitant les 31^{gr},5 de cuivre.

Cette même lame de zinc, plongée dans une dissolution de plomb, précipite 104^{gr} plomb pour 33^{gr} de zinc, et ces 104^{gr} de plomb précipitent 108^{gr} d'argent, si on les plonge dans une dissolution d'azotate d'argent.

Ces nombres : 108, 33, 31,5 et 104 représentent donc les *équivalents des métaux.*

Loi de Richter. — Richter, remarquant que, dans l'azotate employé, la quantité d'oxygène contenu dans la base et la quantité d'acide restent les mêmes, résuma ses expériences par la loi suivante :

DANS TOUS LES SELS D'UN MÊME GENRE, IL Y A UN RAPPORT CONSTANT ENTRE LE POIDS DE L'ACIDE ET LE POIDS DE L'OXYGÈNE CONTENU DANS LA BASE.

Cette loi a été vérifiée de la manière la plus complète, par l'analyse des différents sels. C'était un premier pas vers la loi de Berzelius (469).

488. Équivalents des métalloïdes. — De même que nous avons déduit les équivalents des métaux de l'analyse des oxydes basiques, nous pouvons déduire les équivalents des métalloïdes de l'analyse des acides.

L'*équivalent d'un métalloïde* sera la quantité de ce métalloïde qui entre dans un *équivalent d'acide.*

En analysant les acides, on arrive aux résultats suivants :

40 d'acide sulfurique	contiennent	16 de soufre.	
54 — azotique	—	14 d'azote.	
22 — carbonique	—	6 de carbone.	
75,5 — chlorique	—	35,5 de chlore.	
71 — phosphorique	—	31 de phosphore.	

Ces poids . 16, 14, 6, 35, 5 et 31 sont par définition les équivalents du soufre, de l azote, du carbone, du chlore et du phosphore.

CHAPITRE IX

CARACTÈRES GÉNÉRAUX DES CARBONATES — CARBONATES DE POTASSE, DE SOUDE, DE CHAUX, DE PLOMB

CARBONATES

CARBONATES SOLUBLES — ACTION DE LA CHALEUR — DÉCOMPOSITION PAR LE CHARBON — ÉTAT NATUREL

489. Composition. — Les carbonates neutres contiennent, comme nous l'avons dit, deux fois plus d'oxygène dans l'acide que dans la base ; tels sont les carbonates naturels, de chaux (CaO,CO^2), de magnésie (MgO,CO^2), de fer (FeO,CO^2), etc.

Il existe aussi des bicarbonates, tels que le bicarbonate de soude, $NaO,HO,2CO^2$, et des carbonates basiques ou hydrocarbonates, $2CuO,HO,CO^2$.

490. État naturel. — On trouve dans la nature un grand nombre de carbonates, tels que ceux de soude, de chaux, de baryte, de magnésie, de fer, de zinc et de cuivre. — Le carbonate de chaux forme une grande partie de l'écorce terrestre.

491. Préparation. — On prépare les carbonates insolubles par la voie des doubles décompositions, que font prévoir les lois de Berthollet (484).

Les bicarbonates alcalins s'obtiennent en faisant passer un courant d'acide carbonique dans le carbonate neutre. — Le bicarbonate cristallise quand il est moins soluble que le carbonate neutre.

492. Propriétés physiques. — Les carbonates sont des corps solides ils sont inodores, sauf le carbonate d'ammoniaque.

Ils sont *insolubles* dans l'eau pure, à l'exception des carbonates alcalins. — L'eau chargée d'acide carbonique dissout un grand nombre de carbonates insolubles dans l'eau pure, comme le carbonate de chaux ; cette solubilité permet aux eaux courantes de transporter au loin les carbonates de chaux, de magnésie, de fer, etc.

493. Propriétés chimiques. — Tous les carbonates solubles ont une réaction alcaline.

La *chaleur* décompose tous les carbonates, à l'exception des carbonates alcalins et du carbonate de baryte. Dans cette décomposition, il se dégage de l'acide carbonique et l'oxyde reste. Les résultats sont un peu différents quand la base peut se combiner avec une nouvelle quantité d'oxygène ; ainsi, dans le cas du carbonate de fer, il se dégage un mélange d'acide carbonique et d'oxyde de carbone, il reste de l'oxyde magnétique de fer.

La *vapeur d'eau* facilite la décomposition de tous les carbonates ; elle détermine même la décomposition des carbonates indécomposables par la chaleur seule. Ainsi, la vapeur d'eau, passant (fig. 184) sur du carbo-

Fig. 184. — Décomposition du carbonate de potasse par la vapeur d'eau.

nate de potasse chauffé dans un tube de porcelaine, donne de l'acide carbonique et un hydrate de potasse :

$$KO,CO^2 \quad + \quad HO = \quad CO^2 \quad + \quad KO,HO.$$

Carbonate de potasse.   Eau.   Ac. carbonique   Potasse.

494. Action des métalloïdes. — Les métalloïdes n'agissent pas à froid sur les carbonates. On peut prévoir comment ils agiront à chaud, en se rappelant leur mode d'action sur l'acide carbonique et sur les oxydes :

1° *Oxygène.* L'oxygène n'aura d'action que sur les carbonates, dont l'oxyde peut se suroxyder; ainsi, on aura avec le carbonate de fer une température peu élevée :

Exemple : $2(FeO,CO^2) + O = 2CO^2 + Fe^2O^3.$

Carbonate de fer. Oxygène. Ac. carbonique. Sesquioxyde de fer

2° *Carbone.* Le charbon donne, avec les carbonates, de l'oxyde de carbone, et la base, si elle est irréductible par le carbone;

Exemple : $BaO,CO^2 + C = 2CO + BaO.$

Carbonate de baryte. Charbon. Oxyde de carbone. Baryte.

Si l'oxyde est réductible par le carbone on obtient le métal;

Exemple : $KO,CO^2 + 2C = K + 3CO.$

Carbonate de potasse. Charbon. Potassium. Oxyde de carbone.

C'est par cette même réaction que se produit le sodium (330). Le zinc et le fer peuvent aussi s'obtenir de la même manière.

Si l'oxyde était très facilement réductible, comme l'oxyde de cuivre, on pourrait avoir le métal et de l'acide carbonique :

$$2CuO,CO^2 + C = 2Cu + 3CO^2$$

Carbonate de cuivre. Charbon. Cuivre. Ac. carbonique.

495. Action des acides, des bases. — Les *acides* décomposent généralement les carbonates avec effervescence. C'est sur cette propriété qu'est fondée la préparation de l'acide carbonique :

Les *bases* solubles qui peuvent former avec l'acide carbonique des composés solubles, décomposent les carbonates solubles. Ainsi, le carbonate de potasse en dissolution étendue est décomposé par la chaux :

$$KO,CO^2 + CaO,HO = KO,HO + CaO,CO^2$$

Carbonate de potasse   Chaux.   Potasse.   Carbonate de chaux.

C'est sur cette propriété que repose la préparation de la potasse caustique (**406**). Cette action des acides et des bases sur les carbonates a déjà été indiquée dans les lois de Berthollet (**482** et **483**).

CARBONATE DE POTASSE (KO,CO^2)   CARBONATE DE SOUDE (NaO,CO^2)

POTASSE NATURELLE — CARBONATE DE POTASSE — APPLICATIONS : FABRICATION DU SALPÊTRE, DE L'ALUN ET DES SAVONS MOUS — SOUDE NATURELLE — SOUDE ARTIFICIELLE — PROCÉDÉ LEBLANC — PROCÉDÉ A L'AMMONIAQUE — APPLICATIONS : FABRICATION DU VERRE, DU BORAX ET DES SAVONS DURS.

496. Composition. — La potasse et la soude naturelles sont des carbonates de potasse et de soude, obtenus généralement par l'incinération des végétaux. Aussi y trouve-t-on toujours un grand nombre d'impuretés telles que sulfate de potasse ou de soude, chlorure de potassium ou de sodium, phosphate de chaux, silice et alumine.

497. Potasse brute. — Pour obtenir la *potasse naturelle*, on entasse dans une fosse des arbres, et toutes espèces de plantes qui croissent loin de la mer; on y met le feu et on laisse brûler; les cendres traitées par l'eau lui abandonnent du *carbonate de potasse*, avec d'autres sels solubles : sulfates, chlorures. La lessive, ainsi obtenue, est évaporée, puis calcinée au rouge. Le produit est la potasse brute, qui, suivant son origine, prend les noms de *potasse d'Amérique*, *potasse de Russie*, etc. Indépendamment de la potasse naturelle, on trouve dans le commerce, de la potasse brute provenant du lessivage des *salins de betterave*, ou de la calcination du résidu laissé par l'évaporation des eaux du lavage à froid des laines en *suint* (toisons de moutons). On obtient de la potasse par un procédé analogue à celui que donne la soude artificielle.

498. Carbonate de potasse. — En traitant la potasse brute pulvérisée par une très petite quantité d'eau, on peut dissoudre le carbonate et laisser les sels étrangers, qui sont bien moins solubles que le carbonate. Cette dissolution, évaporée, donne du carbonate neutre contenant un peu de carbonate de soude.

En saturant la liqueur à froid par un courant d'acide carbonique, on obtient un *bicarbonate de potasse* ($KO,HO,2CO^2$), moins soluble que le carbonate neutre, et qui cristallise peu à peu.

499. Usages des potasses du commerce. — La potasse du commerce est employée dans la fabrication du *salpêtre*, de l'*alun*, du *bleu de Prusse*. — Rendue caustique par la chaux, elle est utilisée pour la fabrication des *savons mous*.

500. Soude naturelle. — Pendant longtemps on a extrait la soude des cendres des végétaux qui croissent au bord de la mer. Ces plantes, telles que le *salsola soda*, le *salicornia Europæa*, les *varechs*, contiennent de l'oxalate de soude. On les dessèche, puis on les brûle. Il reste une masse gris noirâtre, c'est la soude brute connue sous les noms de *soude de Narbonne*, *soude d'Alicante*, etc.

501. Soude artificielle. — **Procédé Leblanc.** — On prépare aujourd'hui une partie de la soude du commerce par un procédé imaginé au commencement du siècle, à l'époque du blocus continental, par un médecin français nommé *Leblanc*.

Ce procédé, qui reste encore aujourd'hui tel qu'il a été donné par son auteur, consiste à décomposer à une température élevée, par un mélange de *carbonate de chaux* et de *charbon*, le *sulfate de soude* produit par l'action de l'acide sulfurique sur le sel marin (204).

Vainement on avait essayé d'utiliser la décomposition du sulfate de soude par le carbonate de chaux seul. Il se fait bien à une température élevée du carbonate de soude et du sulfate de chaux, mais, quand on reprend par l'eau, la décomposition inverse se produit. La présence du carbone et d'un excès de carbonate de chaux a permis de parer à cet inconvénient en réduisant le sulfate de chaux, et déterminant la formation d'un composé insoluble. La formule de la réaction est la suivante :

$$CaO,CO^2 + NaO,SO^5 + 2C = NaOCO^2 + CaS + 2CO^2.$$

Carbonate de chaux.	Sulfate de soude.	Charbon.	Carbonate de soude.	Sulfure de calcium.	Acide carbonique.

Le mélange qu'on emploie est formé de : 1000ᵖ de *sulfate de soude*, 1040ᵖ de *carbonate de chaux*, 520ᵖ de *charbon*.

On introduit le tout sur la sole B d'un four à réverbère (fig. 185) où il se dessèche; on le fait ensuite passer sur la sole, A où la température est plus élevée et où la réaction s'accomplit. La flamme traversant toute la longueur du four échauffe la matière, qui se ramollit et laisse échapper beaucoup d'acide carbonique. On remue la masse avec des ringards jusqu'à ce que le gaz cesse de se dégager. L'opération est alors terminée : la matière retirée du feu constitue la *soude brute*. Cette masse traitée par l'eau donne une dissolution qui, évaporée en C à siccité, donne le *sel de soude*, carbonate de soude contenant un peu de sulfate de soude et de sel marin.

502. Carbonate de soude. — Quand on évapore lentement en D, jusqu'à 51° Baumé, la lessive préparée à l'aide de la soude brute, on obtient par refroidissement le carbonate de soude *neutre*, qui constitue ce qu'on appelle les *cristaux de soude*. Leur composition est : $NaO, CO^2 + 10HO$.

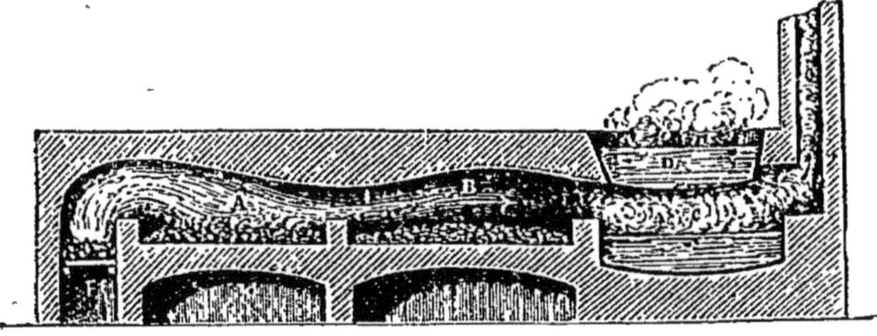

Fig. 185. — Four à soude artificielle avec chaudières pour évaporation des lessives de soude.

Ces cristaux s'effleurissent à l'air et peuvent perdre jusqu'à 9 équiv. d'eau.

L'évaporation des eaux de certains lacs de l'Égypte donne des incrustations de *sesquicarbonate de soude*, appelé *natron*.

L'acide carbonique, passant en excès dans une dissolution de carbonate neutre, donne du *bicarbonate* $(NaO, HO, 2CO^2)$, qui est employé pour la fabrication de l'eau de Seltz artificielle. — Ce sel existe dans les eaux de Vichy et dans celles de Carlsbad.

503. Préparation du carbonate de soude par le procédé à l'ammoniaque. — On applique aujourd'hui industriellement un procédé de fabrication de la soude, dont le principe est connu depuis 1838 (Dyar, Hemmeng, Gray et Harrisson) et qui a déjà été expérimenté en 1855 par MM. Rolland et Schlœsing. C'est M. Solvay qui l'a fait entrer définitivement dans la pratique industrielle. Il consiste à traiter le *chlorure* de *sodium* en solution saturée par le *bicarbonate d'ammoniaque*; il se forme du bicarbonate de soude et du chlorhydrate d'ammoniaque :

$$NaCl + AzH^4O, HO, 2CO^2 = NaO, HO, 2CO^2 + AzH^4Cl.$$

Chlorure de sodium.	Bicarbonate d'ammoniaque.	Bicarbonate de soude.	Chlorhydrate d'ammoniaque.

Une légère calcination transforme le bicarbonate de soude en carbonate neutre. Le chlorydrate d'ammoniaque traité par la chaux (**109**) redonne de l'ammoniaque. Cette ammoniaque est transformée en bicarbonate par un courant d'acide carbonique, provenant de la calcination du bicarbonate de soude, et de fours à chaux. Ceux-ci fournissent la chaux nécessaire à la régénération de l'ammoniaque, qui est passée à l'état de chlorhydrate d'ammoniaque. Ce procédé remplace le procédé Leblanc dans un très grand nombre d'usines. Il donne du carbonate de soude pur. Il n'exige pas de sulfate de soude, et, partant, pas d'acide sulfurique (c'est-à-dire pas de *chambres de plomb*, pas de *fours à pyrite*).

504. Usages. — La soude du commerce est employée pour la fabrication du *verre ordinaire* et du *verre à bouteilles*. — Rendue caustique par la chaux, elle sert à la fabrication des *savons durs*.

CARBONATE DE CHAUX (CaO,CO^2).

SOURCES INCRUSTANTES — STALACTITES — STALAGMITES — SPATH D'ISLANDE
ARRAGONITE — MARBRES — ALBATRE — CALCAIRES — CRAIE

505. Propriétés. — Le carbonate de chaux est un corps solide, blanc, insoluble dans l'eau pure, mais soluble dans l'eau chargée d'acide carbonique. — Toutes les eaux courantes contiennent un peu de carbonate de chaux, grâce à la présence de l'acide carbonique.

Certaines sources, très riches en acide carbonique, tiennent en dissolution une si grande quantité de carbonate de chaux, qu'en arrivant au contact de l'air et perdant de l'acide carbonique, elles laissent déposer une partie de ce carbonate, qui *incruste* alors tous les corps sur lesquels il tombe. Des objets exposés pendant quelques jours à l'action de ces eaux se trouvent complètement recouverts d'une couche calcaire. — Ces sources sont improprement appelées *pétrifiantes;* telle est la source de Sainte-Allyre, à Clermont, et celle de Saint-Philippe, en Toscane.

506. Stalactites. — Stalagmites. — Un phénomène semblable donne naissance aux *stalactites* et aux *stalagmites* que l'on rencontre dans certaines grottes. Les eaux, après avoir filtré lentement à travers les terrains

Fig. 183. — Stalactites et stalagmites.

placés au-dessus de la grotte, viennent y suinter goutte à goutte; mais comme ces gouttes restent pendant un certain temps suspendues à la voûte, elles déposent une partie de leur carbonate de chaux, qui forme un anneau. De nouvelles gouttes arrivant successivement, prolongent cet anneau, et en font un cylindre creux à l'intérieur, pendant que d'autres gouttes, s'évaporant à la surface extérieure de ce cylindre, augmentent son diamètre et constituent peu à peu le cône renversé que l'on appelle *stalactite* (fig. 180). L'eau qui tombe sur le sol dépose, en s'évaporant, le reste de son carbonate de chaux, et forme un autre cône droit appelé *stalagmite*. Ces deux cônes peuvent, avec le temps, se rejoindre et constituer une colonne.

C'est encore au carbonate de chaux que sont dues les *incrustations* que présentent souvent les tuyaux de conduite de certaines eaux, et les chaudières des machines à vapeur.

Soumis à l'action de la chaleur à l'air libre, le carbonate de chaux se décompose en chaux vive et en acide carbonique. Mais quand la calcination se fait dans un canon de fusil, hermétiquement fermé (*expérience de Hales*), de manière à empêcher le dégagement de l'acide carbonique, le carbonate de chaux se ramollit et prend en se refroidissant la texture cristalline du marbre.

507. État naturel. — Le carbonate de chaux est le composé le plus répandu dans la nature; il se présente sous des aspects très variés : tantôt cristallisé, comme dans le *spath d'Islande* et l'*arragonite*; tantôt amorphe, comme dans la *craie* et les différents *calcaires*.

À l'état cristallin, il est dimorphe, il peut affecter deux formes incompatibles, le *rhomboèdre* et le *prisme droit à base rectangle.*

508. Spath d'Islande. — Le carbonate de chaux *rhomboédrique* est appelé *spath d'Islande*; il est incolore et parfaitement transparent; des facettes de modification peuvent lui donner toutes les formes du prisme droit à base hexagonale, mais un clivage toujours facile, suivant trois directions constantes, ramène à la forme type (*rhomboèdre*).

509. Arragonite. — Le carbonate de chaux *prismatique* est connu sous le nom d'*arragonite*; il est compact et d'un blanc laiteux. Sa densité est 2,9; celle du spath d'Islande est 2,7.

On peut reproduire artificiellement le carbonate de chaux sous l'une ou l'autre forme, à volonté : les sels de chaux, en solution étendue, précipités à froid par un carbonate alcalin, donnent des *rhomboèdres*; précipités à la température de 100°, ils donnent des *prismes droits à base rectangle.*

510. Marbres. — Les MARBRES sont des variétés de carbonate de chaux à texture cristalline (marbre blanc, marbre statuaire); souvent ils sont colorés par des matières étrangères. Ils paraissent être le résultat d'une modification moléculaire des calcaires amorphes sous l'influence d'une température élevée (comme dans l'expérience de Hales, que nous avons citée).

511. Albâtre calcaire. — L'ALBÂTRE CALCAIRE est un carbonate translucide et à structure cristalline. On le taille de manière à en faire des coupes et des vases d'ornement. On trouve de belles carrières d'albâtre près de Grenade, en Espagne, à Trapani, en Sicile, etc.

512. Calcaires. — Les CALCAIRES forment la plus grande partie des terrains de sédiment; ils sont constitués par les débris de test d'animaux qui vivaient au fond des eaux. Partout où on les rencontre en bancs d'une assez grande épaisseur, soit à la surface du sol, soit à une petite profondeur, on les emploie comme pierre à bâtir; tel est le calcaire grossier des environs de Paris (Vaugirard, Issy).

513. Craie. — La CRAIE est blanche, à grains très fins, constituée par des débris d'animaux microscopiques; sous les noms de *blanc d'Espagne* ou *blanc de Meudon;* elle sert pour nettoyer les métaux et le verre.

CARBONATE DE PLOMB — CÉRUSE

BLANC DE PLOMB — PRÉPARATION : PROCÉDÉ DE CLICHY — PROCÉDÉ HOLLANDAIS
ACTION DE L'ACIDE SULFHYDRIQUE — COLIQUES DE PLOMB

514. Le carbonate de plomb du commerce, connu sous les noms de *céruse*, *blanc de plomb*, *blanc d'argent*, est une combinaison de carbonate et d'hydrate : $PbO,HO + 2(PbO,CO^2)$.

515. Préparation. — 1° PROCÉDÉ DE CLICHY. — Ce procédé, imaginé par Thénard en 1801, *n'est plus appliqué*, il consistait à faire passer un courant d'acide carbonique dans une dissolution d'acétate *tribasique* de plomb; il se produisait de la céruse qui se précipitait, et la liqueur ne contenait plus que de l'acétate *neutre* de plomb. La céruse, séparée par décantation, n'avait besoin que d'être lavée et séchée. Quant à la dissolution, il suffisait de la mettre en digestion avec une nouvelle quantité d'oxyde de plomb pour reproduire de l'acétate tribasique.

2° PROCÉDÉ HOLLANDAIS. — Ce procédé est le plus anciennement connu; il est suivi en Hollande, en Angleterre et en France.

Des bandes de plomb P roulées en spirale (fig. 187) sont placées dans des pots de grès A, où elles reposent sur un rebord B, à quelques centimètres du fond. Sur ce fond, on verse un peu de vinaigre C de qualité inférieure. Le pot est lui-même recouvert d'un disque de plomb D, qui le ferme incomplètement. On

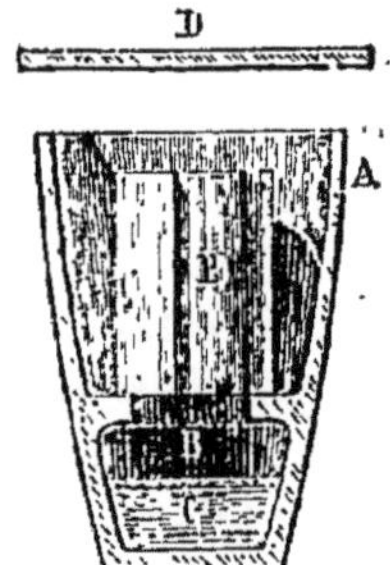

Fig. 187. — Pot à céruse.

Fig. 188. — Grille de plomb.

remplace souvent les pots à *rebord* par des pots ordinaires, sur lesquels on place des *grilles* (fig. 188).

Les pots ainsi préparés sont placés les uns à côté des autres dans de grandes chambres en maçonnerie (fig. 189) et l'on en forme plusieurs rangées que l'on superpose jusqu'à une hauteur de 5 à 6 mètres, en les séparant par des couches épaissse de fumier ; on a soin de laisser à l'air une libre circulation dans l'intérieur. Au bout de deux à trois mois, l'opération est terminée ; le plomb se trouve transformé, sur une grande épaisseur, en carbonate, qu'on détache du métal et qu'on pulvérise.

Voici les phénomènes qui se sont produits : la fermentation du fumier dégage de l'acide carbonique avec élévation de température. Par suite de la chaleur développée, l'acide acétique se vaporise, et les lames de plomb, sous la double influence de l'air et de l'acide acétique, se transforment en acétate tribasique de plomb, que l'acide carbonique décompose en acétate neutre et en céruse ; l'opération se continue de proche en proche.

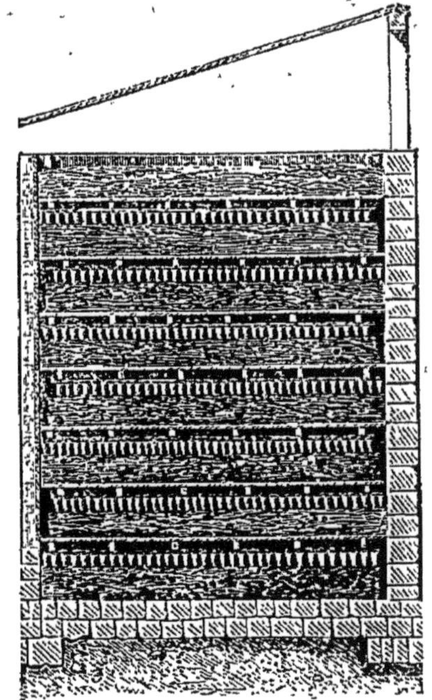

Fig. 189. — Fabrication de la céruse (procédé hollandais).

Remarque. La céruse obtenue par ce procédé est moins blanche que la céruse de Clichy, mais elle est plus opaque et *couvre mieux.*

516. Propriétés. Usages. — La céruse du commerce est blanche, pulvérulente ou compacte, insipide, insoluble dans l'eau pure, mais légèrement soluble dans l'eau chargée d'acide carbonique ; elle se dissout avec effervescence dans les acides énergiques.

Soumise à l'action de la chaleur, au contact de l'air, elle se décompose, perd son eau et son acide carbonique, et, absorbant de l'oxygène, donne du minium Pb^3O^4.

La céruse est employée en peinture ; elle forme avec l'huile une couleur blanche qui s'applique au pinceau et *couvre* bien les surfaces. Elle sert aussi pour étendre les autres couleurs et leur donner de l'opacité.

La céruse a l'inconvénient de noircir sous l'influence de l'acide sulfhydrique. Elle est d'ailleurs d'un maniement dangereux. — L'absorption de la poussière de céruse occasionne les *coliques de plomb* ou *coliques saturnines* (362).

CHAPITRE X

GÉNÉRALITÉS SUR LES SULFATES — SULFATE DE CHAUX
SULFATE DE MAGNÉSIE — ALUNS
VITRIOL BLANC — VITRIOL VERT — VITRIOL BLEU

SULFATES

516 *bis*. Composition. — Les sulfates neutres contiennent trois fois plus d'oxygène dans l'acide que dans la base. Ex : Sulfate de chaux (CaO,SO^3). On connaît aussi des bisulfates ; leur formule est $MO,HO,2SO^3$.

517. État naturel. — Il existe un grand nombre de sulfates dans la nature : sulfates de *chaux*, de *baryte*, d'*alumine* et de *magnésie*.

518. Préparation. — On prépare les sulfates :

1° Par l'action du métal sur l'acide sulfurique étendu ou concentré ; c'est le cas des sulfates de *zinc* et de *mercure* :

2° Par le grillage des sulfures naturels ; c'est le cas des sulfates de *fer* et de *cuivre* ;

3° Par l'action de l'acide sulfurique sur l'oxyde métallique ou sur un de ses sels à acide volatil ; c'est ainsi qu'on prépare le sulfate de *soude* par l'action de l'acide sulfurique sur le chlorure de sodium ;

4° Enfin, on prépare les sulfates insolubles ou peu solubles, par double décomposition ; c'est ainsi qu'on obtient les sulfates de *plomb*, de sous-oxyde de *mercure*, d'*argent*.

519. Propriétés physiques. — Les sulfates sont des corps solides, inodores, solubles dans l'eau, à l'exception du sulfate de *baryte* et du sulfate de *plomb*. — Les sulfates de *sous-oxyde de mercure* et d'*oxyde d'argent* sont peu solubles.

520. Propriétés chimiques. — La chaleur n'a pas d'action sur les sulfates de potasse, de soude, de chaux, de baryte et de plomb. Tous les autres sont décomposables. Si la décomposition se fait à une assez basse température, comme pour les sulfates des métaux de la dernière section, il peut se dégager de l'acide *sulfurique anhydre*, généralement mêlé d'acide sulfureux et d'oxygène, provenant de la décomposition d'une partie de l'acide sulfurique par la chaleur. — Dès que la température s'élève, il ne se dégage plus que de l'acide *sulfureux* et de l'*oxygène*.

La base reste généralement inaltérée, à moins qu'elle ne soit susceptible de se suroxyder, comme cela se présente pour le sulfate de fer.

$$2FeO,SO^3 = Fe^2O^3 + SO^2 + SO^3.$$
Sulfate de fer. Sesquioxyde de fer. Ac. sulfureux. Ac. sulfurique.

521. Action du charbon. — Le charbon décompose tous les sulfates à une température élevée : mélangé avec les sulfates alcalins ou alcal noterreux, il donne, au rouge blanc, de l'oxyde de carbone et un sulfure.

$$KO,SO^3 + 4C = KS + 4CO:$$

Sulfate de potasse.   Charbon.   Sulfure de potassium.   Oxyde de carbone.

On utilise cette réaction pour préparer le monosulfure de potassium bien divisé par un excès de carbone, et s'enflammant spontanément quand on le projette dans l'air ; c'est le *pyrophore* de Gay-Lussac.

En décomposant le sulfate de baryte naturel par le charbon, on obtient le sulfure de baryum soluble, qui sert à préparer tous les sels de baryte.

522. Action des acides, des bases. — Les sulfates sont décomposés à une température élevée par les acides plus fixes que l'acide sulfurique, tels que l'acide phosphorique, l'acide borique et l'acide silicique. — Les sulfates en dissolution sont décomposés par les acides qui peuvent former avec la base un composé insoluble. Ces réactions sont indiquées dans les lois de Berthollet (**482**). Les bases agissent sur les sulfates comme sur les autres sels, en obéissant aux lois indiquées au § **483**.

SULFATE DE CHAUX $(CaO,SO^3 + 2HO)$

GYPSE — PIERRE A PLATRE — FOUR A PLATRE — EMPLOI DU PLATRE DANS
LES CONSTRUCTIONS — PLATRE ÉVENTÉ — STUC — PLATRE ALUNÉ

523. Propriétés. — Le sulfate de chaux existe, à l'état anhydre, dans la nature, CaO,SO^3 (*anhydrite*) ; mais il est beaucoup plus abondant à l'état hydraté $CaO,SO^3 + 2HO$, et constitue alors le *gypse, pierre à plâtre*, que l'on rencontre en amas considérables dans le voisinage du sel gemme, ou dans les terrains tertiaires des environs de Paris (Pantin, Montmartre).

Le gypse se présente quelquefois en cristaux, groupés sous la forme de fers de lance (fig. 190) ou de lentilles plus ou moins aplaties. Ces cristaux peuvent être rayés par l'ongle ; on peut les cliver en lames minces, incolores, transparentes.

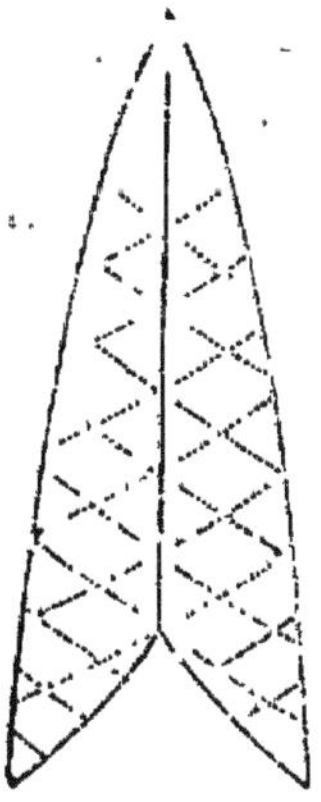

Le plus souvent, le gypse se présente en masses compactes de couleur blanc jaunâtre, formées par l'enchevêtrement de petits cristaux microscopiques ; il est alors appelé communément *pierre à plâtre*.

Fig. 190. — Gypse en fer de lance.

SOLUBILITÉ. — Le sulfate de chaux est très peu soluble dans l'eau ; un litre d'eau ne dissout guère que 2 grammes de sulfate. Cette dissolution, appelée *eau séléniteuse*, est, comme nous l'avons vu (**13**), impropre à la cuisson des légumes et au savonnage ; elle est indigeste ; telle est l'eau des *puits* de Paris.

524. Plâtre. — Le gypse chauffé perd son eau de cristallisation vers 150° ; il constitue alors le *plâtre*. Cette matière, réduite en poudre et mélangée (*gâchée*) avec de l'eau, de manière à former une pâte fluide, se *prend* en une masse solide, composée de cristaux de sulfate hydraté, enchevêtrés les uns dans les autres. Cette propriété permet d'employer le plâtre comme mortier dans les constructions et pour le moulage.

Cuisson du platre. — On prépare le plâtre en chauffant la pierre à plâtre (gypse) dans des fours appelés *fours à plâtre* (fig. 191), établis à

Fig. 191. — Four à plâtre.

l'entrée des carrières. On construit avec de grosses pierres à plâtre, une série de petites voûtes sur lesquelles on dispose d'autres pierres, de manière que les plus grosses soient toujours à la partie inférieure; des feux de fagots, ou de broussailles, allumés sous les voûtes, élèvent peu à peu la température; au bout de 10 à 12 heures en moyenne, la calcination est terminée, ce que l'on reconnaît d'ailleurs à l'aspect de la matière. On démolit alors le tas, et l'on pulvérise tous les morceaux bien cuits.

Ce plâtre, réduit en poudre fine, doit être conservé à l'abri de l'humidité; car s'il s'est peu à peu hydraté, il ne fait plus *prise* avec l'eau, on dit qu'il est *éventé*.

Le plâtre ne doit pas être trop fortement calciné, sans quoi il ne reprend que très lentement son eau de cristallisation.

Stuc. — Le plâtre, gâché avec une dissolution de colle forte, *fait prise* beaucoup moins vite qu'avec l'eau, mais il acquiert plus de dureté et est susceptible d'acquérir un beau poli : il constitue alors le *stuc*. En ajoutant des oxydes métalliques à la pâte, on a des stucs colorés qui imitent le marbre, et avec lesquels on fait des lambris, des colonnes, etc.

Platre aluné. — On obtient une matière jouissant des mêmes propriétés que le stuc, et résistent mieux aux intempéries de l'air, en cuisant un mélange intime de *pierre à plâtre* et d'alun.

SULFATE DE MAGNÉSIE ($MgO,SO^3 + 7HO$)

EAU DE SEDLITZ — EAU DE PULLNA — EAU D'EPSOM — MAGNÉSIE BLANCHE DES PHARMACIENS

325. Sulfate de magnésie ($MgO,SO^3 + 7HO$). — Le sulfate de magnésie existe en dissolution dans les eaux minérales d'Epsom en Angleterre, de Sedlitz et de Pullna, en Bohême. — Le sulfate de magnésie (*sel de Sedlitz, sel d'Epsom*) est incolore et d'une saveur très amère. Il cristallise à la température ordinaire avec 7 équivalents d'eau.

Chauffé, il perd successivement toute son eau, puis fond au rouge, et se décompose au rouge blanc en laissant de la magnésie.

Le sulfate de magnésie est très soluble dans l'eau, sa solubilité augmente avec la température.

Une dissolution bouillante de *sulfate de magnésie*, traitée par une dissolution de *carbonate neutre de soude*, donne un précipité gélatineux qui, en se desséchant, laisse une matière blanche, très légère, connue sous le nom de *magnésie blanche* des pharmaciens; sa composition est représentée par la formule $5(MgO,CO^2) + MgO,HO$.

ALUN ($KO,SO^3 + Al^2O^3,3SO^3 + 24HO$)

ALUNS EN GÉNÉRAL — PRÉPARATION DE L'ALUN PAR L'ALUNITE, PAR LES ARGILES, PAR LES SCHISTES PYRITEUX — PROPRIÉTÉS ASTRINGENTES — APPLICATION A LA MÉDECINE, A LA TEINTURE, AU TANNAGE DES CUIRS, AU COLLAGE DU PAPIER.

526. Aluns en général. — L'alun ordinaire est un sulfate double d'alumine et de potasse; il cristallise en octaèdres réguliers (fig. 192), ou en cubes, et contient 24 équivalents d'eau. L'alun est toujours octaédrique, quand il cristallise dans une dissolution acide; il donne des cubes en présence d'un excès d'alumine. C'est le type d'un groupe de corps isomorphes qu'on appelle *aluns*, et qui ne diffèrent de l'alun ordinaire qu'en ce que la potasse peut y être remplacée par un des autres alcalis, et l'alumine par un autre sesquioxyde, comme le sesquioxyde de chrome ou le sesquioxyde de fer. — Tous contiennent 24 équivalents d'eau de cristallisation; tous cristallisent en octaèdres réguliers; ils peuvent exister en toute proportion dans un même cristal sans en altérer la forme.

527. Préparation. — On prépare l'alun dans l'industrie par des procédés qui varient, suivant les produits naturels dont on dispose.

1° PAR L'ALUNITE. — Dans les environs de Rome et en Hongrie, on trouve une pierre naturelle, *l'alunite*, qui contient les éléments de l'alun ordinaire, avec un excès d'alumine, une petite quantité de silice

et de sesquioxyde de fer. Pour détruire cette combinaison insoluble et
en extraire de l'alun, il suffit de calciner modérément l'*alunite* et de la
traiter ensuite par l'eau. Cette
eau est saturée d'alun; on la
sépare par décantation de l'excès d'alumine, et on l'abandonne dans des cristallisoirs,

Fig. 192. — Alun octaédrique.

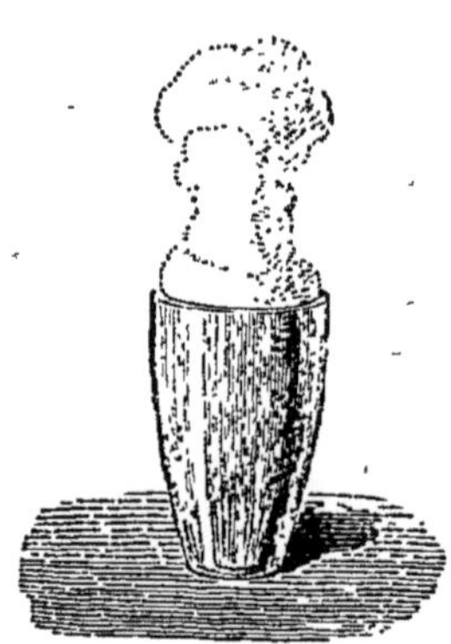

Fig. 193. — Alun calciné.

où elle fournit des cristaux *cubiques* légèrement colorés en rose par
des traces de sesquioxyde de fer *insoluble*. C'est l'*alun de Rome*. — Cet
alun, formé en présence d'un excès d'alumine, est très pur; aussi a-t-il
été longtemps recherché pour la teinture, où la présence de quantités,
même très petites, de *sulfate de fer*, altère les couleurs.

Actuellement, l'alunite des environs de Rome est traitée en France
dans les grandes fabriques de produits chimiques, comme à Rouen, par
exemple. Après avoir été calcinée, elle est chauffée avec de l'acide sulfurique à 50° Baumé, qui transforme l'alumine libre qu'elle contenait,
en sulfate d'alumine. On ajoute ensuite le sulfate de potasse nécessaire
pour produire avec ce sulfate d'alumine de l'alun. On obtient ainsi la
quantité d'alun correspondant à toute l'alumine qui existait dans la roche.

2° PAR LES ARGILES. — En France, en Angleterre et en Allemagne, on
prépare de l'alun en traitant les argiles par l'acide sulfurique. Les argiles
pures, formées de silicate d'alumine, sont d'abord légèrement calcinées;
elles perdent ainsi leur eau, et deviennent plus facilement attaquables
par les acides. On les mêle ensuite avec de l'acide sulfurique étendu, de
manière à avoir une densité à peu près égale à 1,5, et l'on maintient le
mélange pendant plusieurs jours à une température d'environ 60° à 80°.
La silice se dépose; l'alumine se dissout et forme du sulfate d'alumine
qui, mélangé avec du sulfate de potasse, donne de l'alun *octaédrique*.

3° PAR LES SCHISTES PYRITEUX. — Dans quelques endroits, on utilise des schistes alumineux qui contiennent du bisulfure de fer, FeS² (*pyrite blanche*). Ces schistes, exposés à l'air humide, en absorbent peu à peu l'oxygène, et se transforment en *sulfate de fer* et *sulfate d'alumine*. Ces sels, dissous et soumis à l'évaporation, donnent du sulfate de fer qui se dépose, et du sulfate d'alumine qui reste en dissolution. En ajoutant à ces eaux mères du sulfate de potasse, on obtient de l'alun que l'on purifie par une seconde cristallisation.

528. Propriétés. — L'alun est un sel d'une saveur d'abord sucrée, puis astringente. Il est beaucoup plus soluble à chaud qu'à froid; aussi peut-il cristalliser soit par refroidissement, soit par évaporation.

L'alun fond dans son eau de cristallisation à 92°. Si l'on continue à élever la température, il perd peu à peu de l'eau et devient anhydre au rouge sombre. Pendant cette dessiccation, l'alun se boursoufle et forme une espèce de champignon blanc et spongieux d'*alun calciné* (fig. 103) qui s'élève beaucoup au-dessus des bords du creuset.

Chauffé à une température encore plus élevée, l'alun se décompose en donnant de l'acide sulfureux et de l'oxygène qui se dégagent; il reste dans le creuset un mélange d'alumine et de sulfate de potasse.

L'alun calciné avec du charbon très divisé, donne un mélange très poreux d'alumine, de sulfure de potassium et de charbon qui s'enflamme spontanément à l'air humide (*pyrophore de Homberg*).

529. Usages. — L'alun est employé dans la teinture, à cause de la propriété que possède l'alumine de former des *laques* avec les matières colorantes. Il sert également pour le *tannage* des cuirs, pour le *collage* du papier, pour *clarifier* le suif et pour *apprêter* les étoffes; il communique au plâtre des qualités spéciales (524).

On l'emploie en médecine comme astringent et comme caustique.

SULFATE DE ZINC (ZnO,SO³ + 7HO)

VITRIOL BLANC — ISOMORPHISME AVEC LE SULFATE DE MAGNÉSIE ET AVEC LE SULFATE DE FER — SA PRODUCTION DANS LA PRÉPARATION ORDINAIRE DU GAZ HYDROGÈNE — EMPLOI EN MÉDECINE COMME ANTISEPTIQUE.

530. Préparation. — Le sulfate de zinc s'obtient dans les laboratoires comme résidu de la préparation de l'hydrogène. — Dans l'industrie, on le prépare par le grillage à basse température du sulfure de zinc naturel (*blende*). Le produit de ce grillage est du *sulfate de zinc* mêlé d'un peu de sulfate de fer. On calcine le mélange pour décomposer le sulfate de fer en acide sulfurique, acide sulfureux et sesquioxyde de fer insoluble; on reprend par l'eau et on fait cristalliser le sulfate de zinc.

531. Propriétés. — Le sulfate de zinc ou *vitriol blanc* est un sel d'une saveur métallique et désagréable. Il cristallise à la température ordinaire avec 7 équiv. d'eau; ses cristaux sont isomorphes avec ceux du sulfate de magnésie. Chauffé, il fond dans son eau de cristallisation.

puis se déshydrate et se décompose au rouge vif, en donnant de l'oxyde de zinc, de l'acide sulfurique, de l'oxygène et de l'acide sulfureux.

Le sulfate de zinc est employé en teinture et pour l'impression.

Il sert en médecine comme *antiseptique*.

SULFATE DE PROTOXYDE DE FER (FeO,SO³ + 7HO)

VITRIOL VERT — OXYDATION A L'AIR — EMPLOI EN TEINTURE ET DANS LA FABRICATION DU BLEU DE PRUSSE, DE L'ENCRE, DE L'ACIDE DE NORD-HAUSEN, DU COLCOTAR.

532. Préparation. — On prépare le sulfate de protoxyde de fer, soit par l'attaque directe du fer au moyen de l'acide sulfurique étendu, soit par le grillage ou l'altération spontanée des pyrites. Ces sulfures naturels absorbent peu à peu l'oxygène de l'air humide, et forment du sulfate de fer qui cristallise. Comme il contient souvent un peu de cuivre et un excès d'acide, on fait chauffer la dissolution avec de la limaille de fer; celle-ci précipite le cuivre et donne, avec l'acide en excès, de l'hydrogène qui ramène à l'état de protoxyde, le sesquioxyde formé à l'air.

533 Propriétés. — Ce sulfate appelé *vitriol vert* ou *couperose verte*, a une saveur styptique et astringente. Il est très soluble dans l'eau, surtout à chaud, et cristallise, à la température ordinaire, en prismes obliques à base rhombe, de couleur vert émeraude, qui contiennent 7 équivalents d'eau. Ces cristaux, exposés à l'air humide, absorbent peu à peu de l'oxygène, et se recouvrent d'une couche ocreuse de sous-sulfate de sesquioxyde de fer. L'oxygène est encore plus rapidement absorbé quand le sel est en dissolution; la coloration devient d'un brun jaunâtre.

Le sulfate de protoxyde de fer réduit les sels d'or, s'empare de leur oxygène et précipite, à l'état pulvérulent, l'or, qui est employé pour la dorure sur porcelaine.

Chauffé, le sulfate perd 6 équivalents d'eau à 100°; il perd son dernier équivalent d'eau à 300° et devient blanc; au rouge, il se décompose en acide sulfureux, acide sulfurique et sesquioxyde de fer (*colcotar*)

534. Usages. — Le sulfate de fer est employé en teinture pour produire du noir ou du gris, et pour préparer la cuve à indigo. Il sert à la fabrication du bleu de Prusse, de l'encre, de l'acide de Nordhausen, du colcotar; il sert comme désinfectant des matières fécales, etc.

SULFATE DE CUIVRE (CuO,SO³ + 5HO)

VITRIOL BLEU — COUPEROSE BLEUE — EMPLOI EN TEINTURE ET POUR LA PRÉPARATION DU VERT DE SCHEELE — DÉCOMPOSITION PAR LA PILE : GALVANOPLASTIE.

535. Préparation. — On peut préparer le sulfate de cuivre en chauffant du cuivre avec de l'acide sulfurique concentré, comme si l'on voulait préparer de l'acide sulfureux; mais la plus grande partie du sulfate de cuivre du commerce s'obtient en grillant à l'air les sulfures de cuivre naturels. L'oxygène absorbé les transforme en sulfate que l'on dissout dans l'eau, et qui cristallise par évaporation.

536. Propriétés. — Le sulfate de cuivre, *vitriol bleu* ou *couperose bleue* cristallise en gros prismes obliques à base parallélogramme, d'un très beau bleu. Ces cristaux se dissolvent dans l'eau, et lui donnent une saveur styptique et astringente. Chauffés, ils perdent quatre équivalents d'eau à la température de 100° environ, puis deviennent anhydres vers 200°. C'est alors une poussière blanche qui redevient bleue au contact de l'eau. A une température plus élevée, ils se décomposent en oxyde de cuivre, oxygène, acide sulfureux et acide sulfurique anhydre.

537. Usages. — Le vitriol bleu est employé en teinture pour obtenir

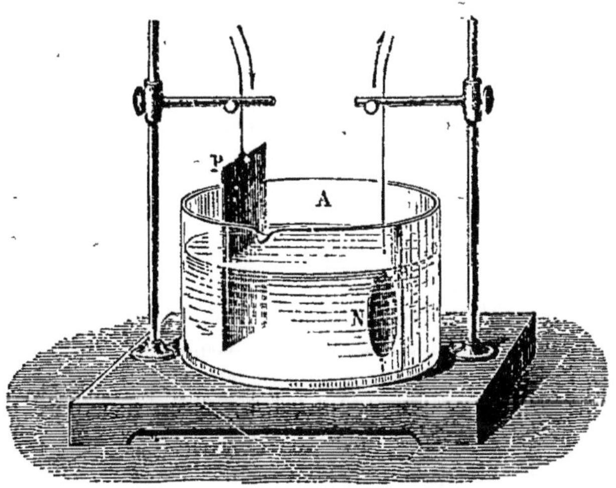

Fig. 194. — Décomposition du sulfate de cuivre par la pile (galvanoplastie).

du noir ou du violet. Il sert en médecine pour cautériser; on l'utilise en agriculture pour *chauler* le blé.

Décomposé par le courant de la pile, il donne au pôle négatif, sur un moule conducteur N (fig. 194), un dépôt de cuivre métallique qui reproduit tous les détails du moule (*galvanoplastie*).

Traité à l'ébullition par l'arsénite de soude, il donne un précipité vert d'arsénite de cuivre, connu sous le nom de *vert de Scheele*.

C'est un très bon antiseptique, il tue les microbes des fermentations et des maladies contagieuses.

On emploie différentes dissolutions cuproammoniacales, et, entr'autres, un sous-sulfate double de cuivre et d'ammoniaque, soluble dans l'eau, pour combattre la maladie de la vigne appelée le *mildew*.

CHAPITRE XI

GÉNÉRALITÉS SUR LES AZOTATES — AZOTATE DE POTASSE POUDRE — AZOTATE D'ARGENT

AZOTATES

538. Composition. — Dans les azotates neutres, la quantité d'oxygène de l'acide est quintuple de celle de la base. — La formule est MO,AzO^5.

539. État naturel. — On trouve dans la nature les azotates de potasse, de soude, de chaux et de magnésie. L'azotate de potasse *s'effleurit* à la surface du sol dans les pays chauds. Les azotates de chaux et de magnésie se produisent dans les lieux humides et habités. L'azotate de soude se trouve en bancs épais au Pérou.

540. Préparation. — On prépare en général les azotates :

1° Par l'action de l'*acide azotique* sur le *métal; ex. :* azotate de cuivre, azotate de mercure, azotate d'argent;

2° Par l'action de l'*acide* sur un *oxyde* ou un *carbonate; ex. :* azotate de chaux, azotate de baryte, azotate de plomb.

541. Propriétés physiques. — Les azotates neutres sont solides, inodores; ils sont tous solubles dans l'eau.

542. Propriétés chimiques. — La chaleur décompose tous les azotates. Les azotates alcalins fondent, puis se décomposent au rouge; ils donnent d'abord de l'*oxygène* et un *azotite;* chauffés davantage, ils se décomposent complètement en oxygène, azote et oxyde. Ce procédé est utilisé pour la préparation de la baryte. — Les autres azotates donnent de l'oxygène et de l'acide hypoazotique ou du bioxyde d'azote. C'est ainsi que par la décomposition de l'azotate de plomb nous avons pu obtenir l'acide hypoazotique (94).

543. Action des métalloïdes. — Les azotates étant réductibles par la chaleur, cèdent facilement leur oxygène aux corps combustibles.

Le *soufre*, en présence des azotates alcalins, donne, s'il est en quantité suffisante, un sulfate avec production d'azote et d'acide sulfureux :

$$KO,AzO^5 \quad + \quad 2S \quad = \quad KO,SO^3 \quad + \quad SO^2 \quad + \quad Az.$$

Azotate de potasse. Soufre. Sulfate de potasse. Ac. sulfureux Azote.

Le *charbon*, mélangé en proportion convenable avec les azotates alcalins, donne un carbonate, de l'acide carbonique et de l'azote :

$$2KO,AzO^5 \quad + \quad 5C \quad = \quad 2KO,CO^2 \quad + \quad 5CO^2 \quad + \quad 2Az.$$

Azotate de potasse. Charbon. Carbonate de potasse. Ac. carbonique. Azote.

Avec les autres azotates, le résultat dépend de l'action du charbon sur les oxydes.

L'action du charbon sur les azotates explique la propriété qu'ils ont de *fuser* quand on les projette sur des charbons ardents. Ceux-ci s'emparant rapidement de l'oxygène de l'acide azotique, brûlent avec une extrême rapidité, en dégageant de grandes quantités d'acide carbonique.

544. Action des acides, des bases. — Les acides sulfurique, phosphorique, etc., plus fixes que l'acide azotique, le chassent de ses combinaisons comme l'indiquent les lois de Berthollet (482). L'acide chlorhydrique tend à former un chlorure et de l'eau régale. Les bases solubles déplacent les bases insolubles des azotates comme des autres sels (483).

AZOTATE DE SOUDE (NaO,AzO⁵)

AZOTATE DE SOUDE DU PÉROU. — EMPLOI POUR LA PRÉPARATION DE L'ACIDE NITRIQUE ET DU NITRE

545. Propriétés. — **Usages.** — L'azotate de soude existe en grande abondance au Pérou. Il est solide, et cristallise en rhomboèdres ; il a une saveur fraîche et est déliquescent dans l'air humide. Il se décompose, au rouge, en azotite de soude et oxygène ; chauffé davantage, il donne de l'azote et un mélange de protoxyde et de peroxyde de sodium.

On l'emploie pour préparer l'acide azotique. La propriété qu'il possède d'attirer l'humidité de l'air ne permet pas de l'utiliser directement pour la fabrication de la poudre, mais on le transforme en azotate de potasse.

AZOTATE DE POTASSE (KO,AzO⁵)

NITRE — SALPÊTRE — EFFLORESCENCES DE SALPÊTRE AUX INDES — PRÉPARATION A L'AIDE DU NITRATE DE SOUDE DU PÉROU — RAFFINAGE — PHÉNOMÈNES DE LA NITRIFICATION — FERMENT DE LA NITRIFICATION — RAPPORT ENTRE LA NITRIFICATION ET LA FERTILITÉ DU SOL — NITRIFICATION DANS LES ÉCURIES, LES ÉTABLES, LES CAVES — PRODUCTION DE NITRATE DANS LES ORAGES.

546. État naturel. — **Extraction.** — Le salpêtre est très abondant dans la nature. On emploie, pour l'extraire, des procédés qui varient avec les conditions où on le rencontre.

547. Salpêtre des Indes. — Dans les pays chauds, comme le Bengale, l'Égypte, l'île de Ceylan, etc., on voit se former à la surface du sol, pendant la période de sécheresse qui suit la saison des pluies, des efflorescences cristallines presque entièrement formées d'azotate de potasse.

Pour recueillir ce salpêtre, on enlève la terre sur une profondeur de quelques centimètres et on la lessive. La liqueur ainsi obtenue, est placée dans de grands bassins, où elle s'évapore rapidement, sous l'influence de la chaleur solaire, en laissant déposer de gros cristaux d'azotate de potasse, qui constituent le *salpêtre brut des Indes*.

548. Emploi du nitrate de soude. — Une grande partie de l'azotate de potasse employé en Europe, est actuellement obtenue à l'aide du nitrate de soude du Pérou. Il suffit de le traiter par le *chlorure de*

potassium pour déterminer, par concentration à chaud, la formation du chlorure de sodium qui, n'étant pas plus soluble à chaud qu'à froid, cristallise à la température d'ébullition :

$$NaO,AzO^5 \ + \ KCl \ == \ KO,AzO^5 \ + \ NaCl.$$

Azotate de soude.   Chlorure de potassium.   Azotate de potasse.   Chlorure de sodium.

Il se dépose en partie dans un chaudron suspendu au milieu de la dissolution (fig. 195). On reprend avec un écumoir celui qui se dépose au fond de la chaudière. L'azotate de potasse, beaucoup plus soluble à chaud qu'à la température ordinaire, se dépose ensuite par refroidissement.

549. Raffinage. — Le salpêtre brut contient toujours des chlorures, dont la déliquescence rend ce salpêtre impropre à la fabrication de la poudre. On le purifie par le *raffinage*. Cette opération consiste à traiter le salpêtre dans une chaudière en cuivre, à la température d'ébullition

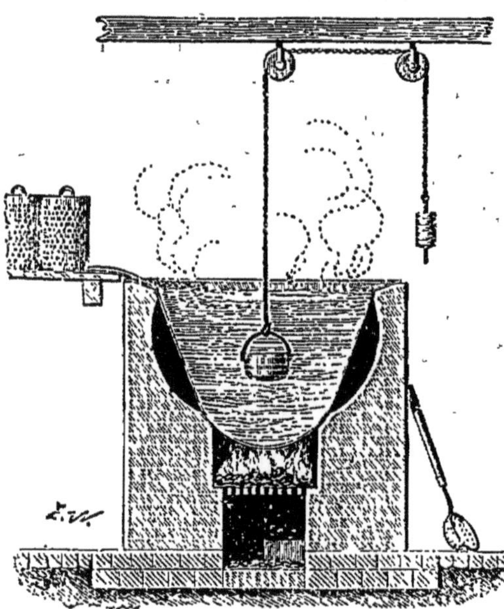

Fig. 195. — Préparation et concentration du nitre.

par une quantité d'eau suffisante pour dissoudre l'azotate de potasse, mais insuffisante pour dissoudre le chlorure de potassium et le chlorure de sodium, qui, à cette température, sont moins solubles que l'azotate. Ces deux sels restent au fond de la chaudière; on les enlève avec des râteaux. On clarifie ensuite la liqueur avec de la colle, et on la fait refroidir dans des bassines, où on l'agite sans cesse de manière à empêcher la formation de gros cristaux qui emprisonneraient de l'eau mère. Les cristaux, mis à égoutter dans des vases coniques, sont arrosés avec une dissolution saturée d'azotate de potasse pur, qui déplace les dernières traces de chlorure. Le séchage du salpêtre se fait sur les fours qui servent au raffinage.

550. Phénomènes de la nitrification. — La nitrification est corrélative de l'existence des ferments organisés (MM. Schlœsing et Müntz), qui déterminent l'oxydation lente de l'ammoniaque et des matières organiques azotées, analogues à l'*humus* et aux acides bruns des terres fertiles et du terreau. On a constaté une connexité constante entre la fertilité et la nitrification. En Amérique, comme sur les bords du Gange, ou en Algérie et en Espagne, les pays les plus fertiles sont les seuls qui donnent du salpêtre. A ces matières humiques, doivent d'ailleurs être mêlés des détritus de roches feldspathiques, qui apportent la potasse nécessaire à la fabrication du nitre.

Le terrain doit de plus être très léger, c'est-à-dire tel que l'air puisse y circuler facilement. La nitrification a surtout lieu dans l'obscurité.

L'oxydation des matières organiques intervient non seulement dans les pays chauds, mais encore dans nos contrées, dans les écuries, les étables et les caves; il s'y forme du nitrate de chaux et du nitrate de magnésie. — Il est certain qu'à ces causes de production du nitre, vient encore s'ajouter l'action de l'acide azotique et des autres composés oxygénés de l'azote, produits dans les orages si fréquents des pays chauds. Ces corps, entraînés par les pluies, se combinent avec les bases qu'ils rencontrent dans le sol.

551. Propriétés. — L'azotate de potasse, connu aussi sous les noms de *nitre* ou de *salpêtre*, cristallise en prismes droits à base rhombe, groupés de manière à former des cannelures. Il a une saveur fraîche. — Il est beaucoup plus soluble à chaud qu'à froid. Ainsi 100^{gr} d'eau peuvent dissoudre 250^{gr} de nitre, à 97°,7, tandis qu'ils n'en dissolvent que 10^{gr} à 0°. Soumis à l'influence de la chaleur, le nitre fond à 340°, puis se décompose d'abord en azotite de potasse et en oxygène, et ensuite en azote et en protoxyde de potassium mêlé de peroxyde.

Par suite de la facilité avec laquelle il cède son oxygène, l'azotate de potasse est un oxydant énergique (**543**) : au contact des charbons ardents, il fuse en activant la combustion.

552. Usages. — L'azotate de potasse est principalement employé pour la fabrication de la poudre. On l'utilise aussi en médecine.

POUDRE

PROPRIÉTÉS DE LA POUDRE — COMPOSITION DE LA POUDRE DE GUERRE
FABRICATION — COMBUSTION DE LA POUDRE DANS LES ARMES

553. Propriétés. — La poudre est un mélange de *soufre*, de *charbon* et d'*azotate de potasse*.

Elle donne, en brûlant dans un espace limité, des gaz qui, portés à une très haute température par la chaleur dégagée dans la combustion, acquièrent une grande force expansive, et par suite exercent sur les parois une pression considérable qu'on utilise pour lancer des projectiles.

On obtient une *poudre* à la fois très combustible et douée d'une grande force explosive, en mélangeant le *nitre*, le *soufre* et le *charbon* dans les proportions qui satisfont à la formule suivante :

$$KO,AzO^5 + S + 5C = Az + 5CO^2 + KS,$$

ou en poids : $101 + 16 + 18 = 14 + 66 + 55.$

Azotate de potasse. Soufre. Charbon. Azote. Ac. carbonique. Sulfure de potassium.

Le soufre augmente l'inflammabilité. Le charbon donne la puissance de projection, grâce au volume de gaz qu'il produit, et à la haute température que développe sa combustion. — La poudre ainsi formée s'enflamme vers 300°, et produit un volume de gaz qui, à 0° et sous la pression ordinaire, serait au moins 300 fois le volume de la poudre employée. Comme d'ailleurs la température développée dépasse 1200°, le volume devient au moins quadruple de ce qu'il serait à 0°.

554. Composition de la poudre de guerre. — Les différents essais faits pour arriver à la meilleure composition de la poudre, ont conduit à admettre des mélanges qui s'éloignent peu du mélange théorique que nous venons d'indiquer. C'est ce que nous pouvons constater en comparant la composition de la poudre de guerre à la composition de la poudre théorique, que donne la formule précédente :

POUDRE DE GUERRE.	POUDRE THÉORIQUE.	POUDRE DE CHASSE.
Salpêtre. . 75,0	Salpêtre. . 74,8	Salpêtre. . 76.9
Soufre. . 12,5	Soufre. . 11,9	Soufre. . 9,6
Charbon. . 12,5	Charbon. . 13,3	Charbon. . 13,5
100,0	100,0	100,0

En augmentant un peu la proportion théorique du soufre, on a donné à la poudre une inflammabilité un peu plus grande ; quant à sa force explosive, elle ne se trouve pas diminuée, parce que le charbon employé contient toujours un peu d'hydrogène qui, en brûlant, produit une température très élevée. La présence de l'hydrogène explique comment le dosage de la poudre peut varier dans certaines limites, suivant la composition du charbon. La composition de la poudre de chasse s'éloigne peu de celle de la poudre de guerre.

555. Fabrication de la poudre. — Le *salpêtre* employé doit être raffiné, et parfaitement exempt de chlorures qui le rendraient déliquescent. Le *soufre en canons* est préféré à la fleur de soufre, qui peut retenir un peu d'acide sulfureux ou d'acide sulfurique. Enfin le *charbon* doit être très léger et préparé à basse température, soit dans des cylindres chauffés à 400°, soit dans des fosses. L'emploi des cylindres a l'avantage de fournir un charbon de composition constante, qui donne à la poudre une force explosive toujours la même, tandis que la composition du charbon dans les fosses, varie avec la température.

Le charbon et le soufre pulvérisés sont mêlés au salpêtre, puis soumis à l'action des pilons (fig. 193), dans des mortiers en bois, où on les arrose de temps en temps avec un peu d'eau. Quand la matière a été triturée pendant quatorze heures environ, en passant dans les divers mortiers successifs, on en forme une galette que l'on réduit en grains, en la brisant convenablement sur un crible, puis on la porte au séchoir.

La poudre doit être conservée à l'abri de l'humidité.

556 Combustion de la poudre. — La poudre réduite en poussière brûle très lentement, la flamme ne se propageant qu'avec difficulté, Quand, au contraire, la poudre est en grains, la flamme pénètre facilement

dans tous les interstices, et met le feu très rapidement à toute la masse. Les grains doivent d'ailleurs être assez petits, pour que la combustion qui se propage de la surface au centre, soit complète dans le temps que le projectile met à sortir de l'arme. Cette grosseur dépend donc de la composition de la poudre, et de l'arme à laquelle elle est destinée.

La meilleure poudre pour une arme donnée, est celle qui brûle complètement dans le temps que le projectile met à parcourir l'âme de la pièce, de manière à lui imprimer, non instantanément, mais progressivement, toute la force de projection dont elle est susceptible.

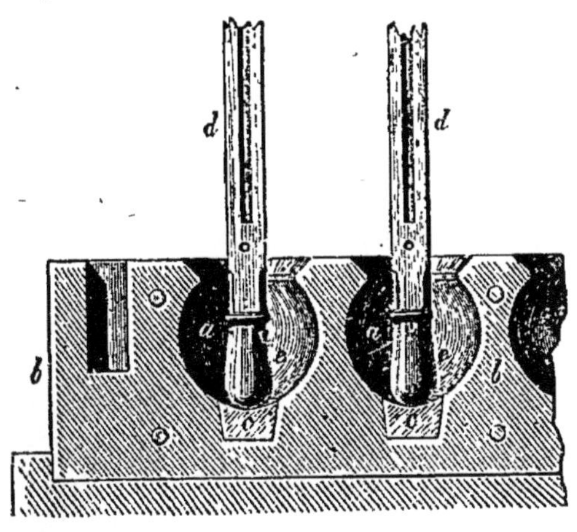

Fig. 190. — Trituration de la poudre dans les mortiers.

AZOTATE D'ARGENT (AgO,AzO^5)

PRÉPARATION A L'AIDE DES MONNAIES — PIERRE INFERNALE

557. Préparation. — On prépare l'azotate d'argent, en dissolvant dans l'acide nitrique l'argent des monnaies. Il se forme de l'azotate d'argent et de l'azotate de cuivre. Si l'on chauffe le mélange au rouge sombre, l'azotate de cuivre se décompose seul, et laisse de l'oxyde de cuivre insoluble, mêlé à l'azotate d'argent fondu. Il suffit de reprendre par l'eau pour dissoudre le sel d'argent qui cristallise par évaporation.

558. Propriétés. — C'est un sel anhydre, cristallisé en lamelles qui appartiennent au prisme droit à base rhombe. Il est soluble dans son poids d'eau froide. — Chauffé au rouge sombre, il fond sans se décomposer; au rouge vif, il se décompose en laissant pour résidu de l'argent.

L'azotate d'argent est un caustique énergique; il corrode la peau en y laissant une tache noire. — Fondu et coulé en bâtons dans une lingotière, il constitue la *pierre infernale* employée pour ronger les chairs.

La propriété que possède l'azotate d'argent d'être réduit par les matières organiques fait employer sa dissolution pour marquer le linge.

CHAPITRE XII

CHLORURE DE CHAUX — ARGILES — POTERIES — VERRES

CHLORURE DE CHAUX

PRÉPARATION INDUSTRIELLE — PROPRIÉTÉS DÉCOLORANTES ET DÉSINFECTANTES

559. Préparation. — On prepare le chlorure de chaux en faisant arriver un courant de chlore dans des chambres en maçonnerie (fig. 197) où

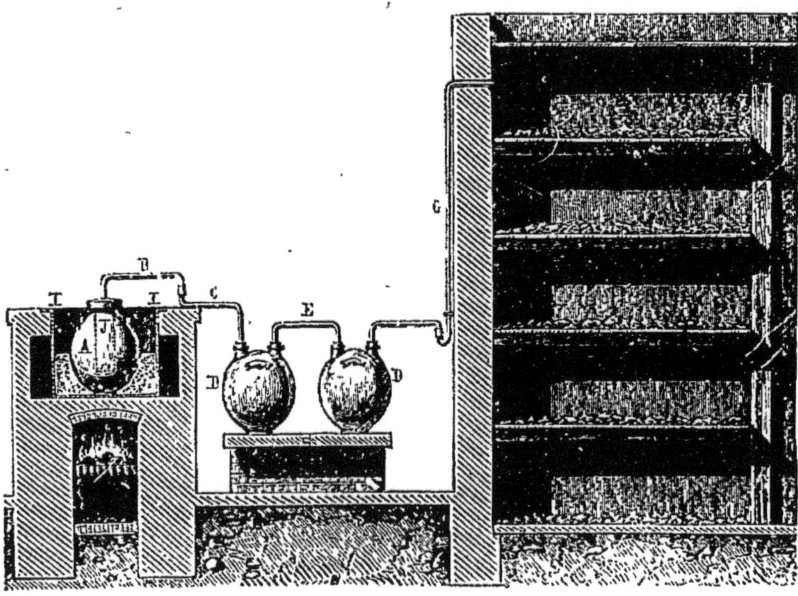

Fig. 197. — Préparation du chlorure de chaux.

l'on a disposé des tablettes recouvertes de chaux hydratée et pulvérulente. Le produit obtenu est renfermé dans des tonneaux et livré au commerce.

560. Propriétés. — **Usages.** — Le chlorure de chaux est un corps solide, blanc, amorphe et pulvérulent qui répand à l'air une odeur analogue à celle du chlore. C'est un mélange d'*hypochlorite de chaux*, de chlorure de calcium et de chaux hydratée. Traité par l'eau, ce corps donne une dissolution d'hypochlorite de chaux et de chlorure de calcium.

Les acides les plus faibles mettent en liberté l'acide hypochloreux, qui décolore les matières organiques, en agissant par son chlore et son oxygène sur l'hydrogène des substances colorantes.

Le chlorure de chaux est employé dans l'industrie pour le *blanchiment* des toiles, pour *décolorer* les chiffons destinés à la fabrication du papier.

On l'utilise pour *désinfecter* les fosses d'aisances et pour *détruire les miasmes*, pour *assainir* les amphithéâtres de dissection, les hôpitaux, etc.

ARGILES

KAOLIN OU TERRE A PORCELAINE — ARGILES PLASTIQUES DE DREUX, DE MONTEREAU — FAIENCE — TERRE A FOULON — ARGILES FIGULINÉS DE VANVES, DE VAUGIRARD, POTERIES GROSSIÈRES ET TERRE CUITE.

561. L'argile pure est un silicate d'alumine hydraté $Al^2O^3, 2SiO^2 + 2HO$. C'est une matière blanche, compacte, douce au toucher et difficilement fusible. Elle est plastique, c'est-à-dire qu'elle forme avec l'eau une pâte liante, facile à pétrir et à façonner. Cette pâte, en se desséchant, se contracte et se fendille; le retrait devient considérable quand on chauffe fortement l'argile. — Les argiles, après calcination, happent à la langue.

562. Origine. — **État naturel.** — L'argile provient de la décomposition du *feldspath* (silicate double d'alumine et de potasse), qui, sous l'influence prolongée de l'eau, se dédouble en silicate de potasse soluble, et en silice et silicate d'alumine insolubles.

L'argile pure, appelée aussi *kaolin* ou *terre à porcelaine*, se trouve en grande abondance à Saint-Yrieix, près Limoges, et en Saxe

Les argiles ordinaires contiennent, outre la silice et l'alumine, des oxydes de fer ou de manganèse, ainsi que de la chaux et des alcalis; elles sont alors plus ou moins colorées en vert ou en jaune; leur fusibilité est d'autant plus grande qu'elles contiennent plus de matières étrangères.

On nomme argiles *plastiques* celles qui, délayées avec l'eau, donnent une pâte liante; sous l'influence de la chaleur, elles acquièrent une grande dureté sans fondre; telles sont celles de Dreux, de Montereau, etc. Elles servent à la fabrication de la faïence et des poteries réfractaires.

On appelle *smectiques* les argiles qui ne forment avec l'eau qu'une pâte peu liante, et qui fondent à une température élevée; on les emploie pour le dégraissage et le foulage des draps, sous le nom de *terre à foulon*.

Les argiles *figulines* doivent leur extrême fusibilité à la chaux et à l'oxyde de fer qu'elles contiennent. Ces argiles forment avec l'eau une pâte peu liante, elles servent à la fabrication des poteries grossières et des terres cuites. Elles constituent la *terre glaise* des sculpteurs. On les rencontre à Vanves et à Vaugirard.

Les *marnes* sont des mélanges d'argile et de craie, employées en agriculture pour l'amendement des terres.

POTERIES

ARGILE PLASTIQUE — SUBSTANCE DÉGRAISSANTE DIMINUANT LE RETRAIT

563. Composition. — L'argile forme la base de toutes les poteries, grâce à sa plasticité et à la dureté qu'elle acquiert par la cuisson; mais elle ne peut pas être employée seule, parce qu'elle subit un retrait en se desséchant ; on est obligé d'ajouter à l'argile du ciment, substance *dégraissante*, qui, diminuant sa plasticité, diminue en même temps son retrait.

On recouvre en général les poteries d'un enduit fusible, espèce de vernis, destiné tantôt à rendre la poterie imperméable aux liquides, tantôt à lui donner une surface plus polie.

On divise les poteries en deux groupes : 1° les poteries dont la pâte a subi un commencement de ramollissement pendant la cuisson, et qui sont imperméables aux liquides : telles sont les *porcelaines* et les *grès* ; 2° les poteries à pâte poreuse, telles que les *faïences* et les *poteries communes* ou *terres cuites*.

POTERIE DEMI-VITRIFIÉE

PORCELAINE : KAOLIN, SABLE, FELDSPATH — TRAVAIL : ÉBAUCHAGE, TOURNASSAGE, MOULAGE — PORCELAINE DÉGOURDIE — BARBOTINE — FOUR A PORCELAINE — CAZETTES — GRÈS CÉRAMES.

564. Porcelaines. — La porcelaine est fabriquée avec du *kaolin* (argile pure) mêlé avec du *sable* qui en diminue le retrait, et du *feldspath* appelé *fondant*, qui lui fait éprouver un commencement de fusion et rend la masse translucide. Ces matières, finement pulvérisées, sont délayées dans l'eau, de manière à former une pâte, que l'on malaxe pendant longtemps, afin de la rendre parfaitement homogène.

565. Travail de la pâte. — La pâte est employée à la confection de divers objets ; le travail se fait soit *au tour*, ébauchage, tournassage (fig. 198), soit par le *moulage* ou par le *coulage*. Les pièces façonnées sont ensuite soumises à une première cuisson, ou *dégourdi*, qui les dessèche et leur donne un certain degré de consistance, tout en leur laissant une grande porosité. C'est alors qu'on les enduit de la *couverte*, qui doit s'étendre à la surface de la porcelaine demi-vitrifiée, et y former une *glaçure*. Ce vernis est formé par la *pegmatite*, mélange de quartz et de feldspath, qu'on réduit en poudre impalpable, et qu'on délaye dans l'eau de manière à faire une bouillie claire ou *barbotine*. On plonge dans cette bouillie l'objet à vernir, et on l'en retire aussitôt ; l'eau est absorbée par la pâte, et laisse à la surface une couche mince d'une poudre vitrifiable.

Les pièces doivent alors subir la seconde cuisson. Pour cela, on les place dans des *cazettes* ou cylindres en terre réfractaire (fig. 199) que l'on empile les uns au-dessus des autres dans le four. Ces cazettes protègent la surface de la porcelaine contre l'action de la fumée et des poussières.

Le four à porcelaine est à trois étages. L'étage supérieur, où la température est la moins élevée, sert à dégourdir les pièces ; les deux autres étages, où s'opère la cuisson, sont chauffés par quatre foyers extérieurs ou *alandiers*. Lorsque la cuisson est terminée, on laisse le four se refroidir lentement, puis on y pénètre par des ouvertures que l'on avait murées avec des briques réfractaires, au commencement de l'opération.

Fig. 198. — Ébauchage et tournassage de la pâte.

Fig. 199. — Pièces dans leurs cazettes disposées dans le four à porcelaine.

566. Grès cérames. — Les grès cérames diffèrent de la porcelaine en ce qu'ils ne sont pas translucides; ils sont d'ailleurs, comme elle, demi-vitrifiés, durs et imperméables.

Les grès sont formés avec des matériaux un peu moins purs que la porcelaine, aussi sont-ils en général légèrement colorés par de l'oxyde de fer. On les cuit à une très haute température, et pour les vernir, on projette dans le four, lorsque la chaleur est maximum, une certaine quantité de sel marin humide. Le sel, réduit en vapeur, se décompose en présence de l'eau au contact des parois argileuses; il se dégage de l'acide chlorhydrique, et il se forme un silicate de soude qui, combiné au silicate d'alumine, produit un vernis fusible, donnant aux grès leur lustre ordinaire.

POTERIE A PATE POREUSE

FAÏENCES FINES — VERNIS INCOLORES — FAÏENCES COMMUNES COUVERTES D'UN ÉMAIL BLANC — POTERIES COMMUNES — TERRES CUITES

567. Faïences. — Les faïences sont formées avec de l'argile plastique et du quartz réduit en poussière impalpable. Après avoir façonné les pièces, on les soumet à une première cuisson à haute température pour leur donner de la dureté, puis on les recouvre d'un vernis fusible, formé de quartz de carbonate de potasse et d'oxyde de plomb. Ce vernis fond pendant la seconde cuisson, et recouvre la surface d'une couche vitreuse et imperméable de silicate double de potasse et d'oxyde de plomb. Ce vernis transparent ne convient que pour les faïences fines, dont la pâte est blanche. Pour les faïences communes, dont la pâte est colorée par de l'oxyde de fer, on emploie le même vernis rendu opaque par de l'oxyde d'étain.

568. Poteries communes. — Les poteries communes employées dans les usages culinaires sont faites avec des argiles ferrugineuses mêlées de sable et de marne. Leur couverte est formée par un silicate double d'alumine et de plomb.

569. Terres cuites. — Les briques, les tuiles, les fourneaux portatifs, les moules à sucre, les pots à fleurs, etc., sont faits avec des argiles marneuses mêlées de sable. La matière, réduite en pate, est façonnée dans des moules, ou sur le tour, puis soumise à la cuisson à une température peu élevée.

VERRES

VERRES ORDINAIRES : VERRE A VITRE, VERRE DE BOHÈME, VERRE A BOUTEILLES — VERRES A BASE DE PLOMB : CRISTAL, FLINTGLASS, STRASS, ÉMAIL — FOUR DE VERRERIE — TRAVAIL DU VERRE — VERRE TREMPÉ, — LARMES BATAVIQUES — FLACONS DE BOLOGNE — VERRE RECUIT — ACTION D'UNE TEMPÉRATURE ÉLEVÉE — ACTION DE L'AIR HUMIDE — DES ACIDES — DES ALCALIS.

570. Caractères. Composition. — Les verres sont des corps transparents, doués d'un éclat caractéristique appelé *éclat vitreux*. Ils sont durs et cassants. — Chauffés, ils se ramollissent, passent par tous les états de viscosité, et peuvent alors être travaillés comme de la cire.

Les verres sont des silicates doubles résultant de l'union d'un silicate alcalin (de potasse ou de soude) avec un silicate de chaux pour les *verres ordinaires*, ou un silicate de plomb pour le *cristal*. Le silicate alcalin serait fusible, soluble dans l'eau, et partant, très altérable ; en le mêlant à du silicate de chaux, on a un mélange peu fusible, qui n'a plus la solubilité du silicate de potasse, ni la tendance à la cristallisation du silicate de chaux. Le silicate de plomb augmente la fusibilité, et communique un *pouvoir réfringent* qui fait rechercher le cristal.

571. Verres ordinaires :

1° VERRE A VITRES. — C'est un silicate double de soude et de chaux obtenu en fondant ensemble 10 parties de *sable* fin avec 4 parties de *craie blanche* et 5 parties de *carbonate de soude*. Il a une couleur verdâtre quand on le regarde dans sa tranche ; on l'emploie comme verre à vitres et comme verre à glaces.

2° VERRE DE BOHÊME. — Le verre de Bohême est un silicate double de potasse et de chaux ; on l'obtient par le mélange de 12 parties de *quartz pur*, avec 6 parties de *carbonate de potasse* et 2 parties de *chaux vive* ; il est parfaitement incolore et transparent, léger, peu fusible et peu altérable. Il sert à fabriquer les objets de gobeletterie tels que verres à boire, carafes, etc.

5° CROWN-GLASS. — Le crown-glass est un verre analogue au verre de Bohême ; il est plus riche que ce dernier en *potasse* et en *chaux :* il est employé dans la fabrication des instruments d'optique.

4° VERRE A BOUTEILLES. — Le verre à bouteilles est fabriqué avec de l'argile, du *sable ferrugineux*, des *cendres* et des *débris de verre* de toute nature. Ce verre est fusible et altérable, même par le bitartrate de potasse que contient le vin. Il est coloré en vert par l'oxyde de fer.

572. Verres à base de plomb :

1° CRISTAL. — C'est un silicate double de potasse et d'oxyde de plomb. On l'obtient en fondant ensemble 50 parties de *sable* pur, 20 parties de *minium* et 10 parties de *carbonate de potasse*. Il est d'une limpidité parfaite. Il est plus dense et plus réfringent que les verres ordinaires ; on ne l'emploie que pour la verrerie de luxe.

2° FLINT-GLASS. — Le flint-glass est une espèce de cristal ; il est plus riche en *oxyde de plomb*. On le prépare en fondant 10 parties de *sable* pur avec 10 parties de *minium* et 5 parties de *carbonate de potasse*. Il est employé, avec le *crown-glass*, pour produire des lentilles achromatiques.

5° STRASS. — Le strass contient encore plus de plomb que les deux verres précédents ; c'est le plus dense et le plus réfringent de tous les verres. Il sert à imiter le diamant et les pierres précieuses.

4° ÉMAIL. — L'émail est un cristal rendu opaque par du bioxyde d'étain ou du phosphate de chaux.

573. Préparation du verre. — Les matières qui doivent entrer dans la composition du verre, mélangées en général avec des débris de verre semblable, sont soumises sous les arches EE d'un fourneau circulaire (fig. 200), à une première calcination appelée *fritte*, qui détermine

Fig. 200. — Four de verrerie.

un commencement de combinaison. La masse frittée est introduite chaude dans des creusets en terre réfractaire, chauffés au rouge vif, dans la partie centrale A du fourneau circulaire.

Le mélange fond peu à peu ; on a soin d'enlever au fur et à mesure les matières étrangères qui viennent à la surface former une écume connue sous le nom de *fiel du verre*. Si la masse est un peu colorée par de l'oxyde de fer, on réussit à la décolorer par l'addition d'un peu de bioxyde de manganèse (*savon des verriers*). Au bout de 5 à 6 heures l'affinage est terminé.

Le verre, une fois affiné, est travaillé par *soufflage* ou par *moulage*, et le plus souvent par les deux procédés à la fois.

RECUIT. — L'objet, une fois fabriqué, est soumis au *recuit* ; c'est-à-dire qu'on le réchauffe au rouge sombre, dans un four où il met 12 heures à se refroidir ; on évite ainsi le phénomène de la trempe.

574. Trempe. — Le verre, chauffé fortement, et refroidi d'une manière brusque, se *trempe* et devient très dur ; *il résiste aux chocs beaucoup mieux que le verre ordinaire* (M. de la Bastie). Au moment de sa rupture, le verre trempé se réduit en poudre. C'est ce que l'on démontre à l'aide des *larmes bataviques*. Ce sont des larmes de verre (fig. 201) terminées par une queue effilée ; on les obtient en faisant tomber dans l'eau froide des gouttes de verre fondu. Si l'on vient à casser la pointe de ces larmes, toute la masse se réduit en poussière. Cet effet provient de ce que les parties superficielles, ayant été brusquement refroidies, ont empêché le retrait qu'éprouve naturellement le verre, pendant le refroidissement lent ; les molécules intérieures sont restées écartées d'une manière anormale. Cet équilibre instable se détruit, dès que la résistance, opposée par l'enveloppe extérieure, cesse en un point quelconque.

Les *fioles philosophiques* ou *flacons de Bologne* (fig. 201 *bis*) sont des flacons très épais, dont le refroidissement a de même été très rapide. Frappées extérieurement, elles résistent ; mais elles se réduisent en poussière quand on laisse tomber dans leur intérieur un corps dur capable de les rayer. Lorsque la trempe ne se produit que sur une partie de l'objet en verre, il en résulte un défaut d'homogénéité qui donne au verre une grande fragilité. C'est pour éviter les inconvénients de la trempe partielle qu'on prend la précaution de *recuire* le verre (573).

Fig. 201.
Larme
batavique.

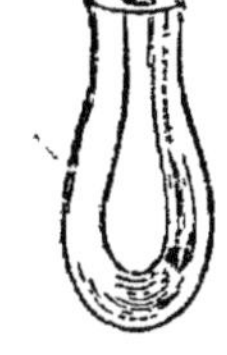

Fig. 201 *bis*.
Fiole
philosophique

575. Propriétés chimiques. — Les verres maintenus longtemps à une température voisine de celle de leur fusion, perdent peu à peu leur transparence, ils se dévitrifient. Cette propriété est surtout très développée dans le verre à bouteilles. Il devient rapidement opaque, blanc, très dur et à peu près infusible ; il ressemble alors à de la *porcelaine*, de là le nom *de porcelaine de Réaumur*, qu'on lui donne souvent.

L'oxygène et l'air secs n'ont pas d'action sur le verre.

Les corps réducteurs, comme le charbon, n'ont d'action que sur les verres à base de plomb.

L'eau froide agit à la longue sur le verre et lui enlève de l'alcali ; l'eau bouillante agit plus rapidement, aussi peut-on facilement constater une réaction alcaline, dans l'eau que l'on a fait bouillir quelques instants avec du verre pulvérisé.

L'air humide agit à la longue sur le verre, ainsi que le prouve l'altération des vitres dans les vieux bâtiments.

Les *alcalis* agissent lentement ; ils dissolvent la silice du verre ordinaire.

Les *acides* s'emparent des alcalis du verre, et mettent en liberté de la silice gélatineuse.

L'attaque du verre par l'acide fluorhydrique est utilisée dans les arts pour la gravure (217).

CHAPITRE XIII

CARACTÈRES GÉNÉRIQUES DES SELS

576. Azotates. — Les azotates fusent sur les charbons incandescents. Chauffés avec de l'acide sulfurique dans un tube fermé par un bout, ils dégagent des vapeurs blanches d'acide azotique. Mêlés avec de l'acide sulfurique et de la tournure de cuivre, ils donnent du bioxyde d'azote, qui, au contact de l'air, produit des vapeurs rutilantes.

577. Sulfates. — Les sulfates solubles donnent avec l'azotate de baryte un précipité blanc de sulfate de baryte, insoluble dans l'eau et dans les acides azotique et chlorhydrique.

578. Carbonates. — Lorsqu'on traite un carbonate par un acide, il se produit une vive effervescence : le gaz incolore qui se dégage éteint les bougies et trouble l'eau de chaux

579. Phosphates. — Les phosphates neutres à base alcaline, sont seuls solubles. Les dissolutions neutres donnent avec l'azotate d'argent un précipité jaune, soluble dans l'acide azotique.

580. Borates. — Les borates alcalins sont seuls solubles dans l'eau; lorsqu'on verse de l'acide sulfurique dans leurs dissolutions concentrées et chaudes, il se produit de l'acide borique en petites paillettes nacrées, qui se déposent par refroidissement. L'alcool dans lequel on délaye ces paillettes brûle avec une flamme verte.

581. Silicates. — Les silicates alcalins sont solubles dans l'eau; ils donnent avec l'acide chlorhydrique un dépôt de silice gélatineuse. Les silicates, chauffés avec du fluorure de calcium et de l'acide sulfurique, dégagent un gaz fumant (fluorure de silicium) qui, au contact de l'eau, se décompose et produit un dépôt de silice gélatineuse.

582. Chlorures. — Les chlorures solubles donnent avec l'azotate d'argent un précipité blanc, qui devient violet à la lumière. Ce précipité, insoluble dans l'acide azotique, se dissout dans l'ammoniaque et dans l'hyposulfite de soude.

583. Bromures. — Les bromures solubles, traités par une dissolution de chlore, se colorent en jaune foncé. Le brome mis en liberté se rassemble, quand on agite la liqueur avec un peu d'éther.

584. Iodures. — Les iodures forment avec l'azotate d'argent un précipité jaune, insoluble dans l'acide azotique et dans l'ammoniaque.

Quelques gouttes d'eau de chlore, versées dans une dissolution d'un iodure, mettent en liberté l'iode que bleuit l'empois d'amidon.

585. Fluorures. — Les fluorures, chauffés avec l'acide sulfurique concentré, dégagent des vapeurs d'acide fluorhydrique qui attaquent le verre.

586. Sulfures. — Les sulfures solubles, traités par les acides, dégagent du gaz acide sulfhydrique. Ils précipitent les sels de plomb en noir.

RÉACTIONS A EMPLOYER POUR RECONNAITRE LE GENRE D'UN SEL USUEL

Le sel solide traité par l'acide sulfurique

- donne à la température ordinaire un gaz ou une vapeur
  - incolore ou légèrement rougeâtre, acide fumant à l'air.
    - Ce gaz attaque le verre . . . . FLUORURE.
    - Ce gaz n'attaque pas le verre. Si l'on ajoute du bioxyde de manganèse au mélange de l'acide et du sel, il se dégage
      - un gaz vert . . . . CHLORURE.
      - une vapeur jaune verdâtre . . BROMURE.
      - une vapeur violette . . . . . IODURE.
  - incolore acide, et ne fumant pas à l'air.
    - Le gaz a l'odeur des œufs pourris . . . . SULFURE.
    - Le gaz a une odeur suffocante rappelant celle du soufre qui brûle . . . . SULFITE.
    - Le gaz est inodore, il trouble l'eau de chaux . . . . . CARBONATE.
- donne, sous l'influence de la chaleur, une vapeur incolore fumant à l'air. Si l'on ajoute du cuivre au mélange du sel et de l'acide, les vapeurs sont rouges. . . . . AZOTATE.
- ne se décompose pas; on le dissout dans l'eau[1] et l'on ajoute à la dissolution concentrée de l'acide chlorhydrique.
  - Il se forme un précipité cristallin. BORATE.
  - Il se forme un précipité gélatineux. SILICATE.
  - Il ne se forme pas de précipité; on reprend la dissolution du sel, et au lieu d'acide chlorhydrique on y verse du chlorure de baryum.
    - Il se produit un précipité insoluble dans l'acide azotique. SULFATE.
    - Il se produit un précipité soluble dans l'acide azotique. PHOSPHATE.

1. Si le sel est insoluble dans l'eau, on le calcine avec du carbonate de soude; l'alcali forme avec l'acide du sel un composé soluble avec lequel on opère.

CHAPITRE XIV

CARACTÈRES SPÉCIFIQUES DES SELS DES PRINCIPAUX MÉTAUX — DÉTERMINATION DE LA BASE D'UN SEL USUEL

587. Sels de potasse et de soude. — Les sels de potasse et de soude ne précipitent ni par l'acide sulfhydrique, ni par le sulfhydrate d'ammoniaque, ni par les carbonates alcalins. Les sels de potasse en dissolution concentrée, donnent avec l'acide *tartrique* ou le *sulfate d'alumine*, des précipités cristallins de *bitartrate de potasse* ou d'*alun*. Ils donnent avec le *bichlorure de platine* un précipité jaune de *chlorure double de platine et de potassium*. Les sels de soude ne précipitent par aucun des réactifs que nous venons d'indiquer, mais ils donnent avec le *biméta-antimoniate de potasse* un précipité de *méta-antimoniate de soude*.

588. Sels ammoniacaux. — Les sels ammoniacaux, isomorphes des sels de potasse, donnent avec le *bichlorure de platine* un précipité jaune.

On les distingue facilement des sels de potasse, parce que, chauffés avec un alcali fixe, ils dégagent du gaz ammoniac, reconnaissable à son odeur et à son action sur le papier de tournesol rouge et humide.

589. Sels de chaux. — Les sels de chaux se distinguent des sels des métaux terreux, en ce qu'ils ne précipitent pas par l'ammoniaque, par suite de la solubilité de la chaux. Ils se distinguent des sels alcalins en ce qu'ils précipitent par les *carbonates alcalins*.

L'acide *sulfurique* précipite seulement les dissolutions *concentrées*, ce qui distingue les sels de chaux de ceux de baryte.

L'*oxalate d'ammoniaque* donne, même dans les liqueurs très étendues, un précipité d'*oxalate de chaux* insoluble dans les acides faibles.

Les sels de chaux colorent en rouge orangé la flamme de l'alcool.

590. Sels de magnésie. — Les sels de magnésie ne précipitent ni par l'acide sulfhydrique, ni par les sulfures alcalins. Ils précipitent par les carbonates de potasse ou de soude, ainsi que par la potasse ou la soude caustique. L'ammoniaque et le carbonate d'ammoniaque ne précipitent que partiellement les sels de magnésie pure ; ils ne donnent pas de précipité quand la dissolution du sel magnésien est additionnée d'une assez grande quantité de chlorhydrate d'ammoniaque.

Les sels de magnésie peuvent toujours être précipités par le *phosphate de soude* en présence du chlorhydrate d'ammoniaque.

591. Sels d'alumine. — Les sels d'alumine ont une saveur douce et astringente ; ils donnent un précipité d'*alumine gélatineuse* quand on les traite par l'ammoniaque ou par un carbonate alcalin. La potasse et la soude y produisent un précipité *soluble* dans un excès de réactif.

Quand on ajoute du *sulfate de potasse* à une dissolution concentrée et chaude d'un sel d'alumine, il se dépose pendant le refroidissement des cristaux octaédriques d'*alun*.

592. Sels de zinc. — Les sels de zinc sont incolores ou blancs. Leurs dissolutions, traitées par la potasse, la soude ou l'ammoniaque, donnent un précipité blanc d'*hydrate d'oxyde de zinc*, soluble dans un excès de réactif. Ils précipitent aussi en blanc par les carbonates alcalins. Ils donnent par le sulfhydrate d'ammoniaque un *précipité blanc* de sulfure.

593. Sels de protoxyde de fer. — Les sels de protoxyde de fer sont verts quand ils sont hydratés, blancs quand ils sont anhydres. Leurs dissolutions s'oxydent au contact de l'air, en donnant un sel basique jaunâtre de sesquioxyde, qui se dépose sur les parois du vase.

Dans les sels de protoxyde de fer, les *alcalis* produisent un précipité *gris verdâtre*, qui, à l'air, se transforme en *rouille*. Les *sulfures alcalins* et le sulfhydrate d'ammoniaque donnent un précipité *noir* de sulfure de fer. Le *cyanure jaune* donne un précipité *blanc* qui bleuit à l'air. Le *cyanure rouge* donne un précipité *bleu*.

594. Sels de sesquioxyde de fer. — Les sels de sesquioxyde de fer sont jaunes ou rouges. Les *alcalis* y donnent un précipité *jaune rougeâtre* d'hydrate de sesquioxyde de fer. L'acide sulfhydrique les ramène à l'état de sels de protoxyde avec dépôt de soufre. Les sulfures alcalins produisent un précipité noir. Le *cyanure jaune* donne un précipité *bleu*. Le cyanure rouge ne donne pas de précipité.

595. Sels de cuivre. — Les sels de cuivre sont bleus ou verts ; ils ont une saveur métallique très désagréable et sont vénéneux.

La *potasse* et la *soude* y déterminent un précipité *bleu* d'hydrate.

L'*ammoniaque* donne un précipité *bleu* qui se dissout dans un excès de réactif, en produisant une belle couleur bleue (*eau céleste*).

Le *cyanure jaune* donne un précipité *brun*, même dans les dissolutions très étendues. L'acide sulfhydrique et les sulfures alcalins donnent un précipité noir de sulfure de cuivre. Enfin une lame de *fer*, plongée dans une dissolution d'un sel de cuivre, se recouvre d'une couche de *cuivre* métallique.

596. Sels de plomb. — La plupart des sels de plomb sont insolubles ; l'azotate et l'acétate sont très solubles.

L'acide *sulfurique* et les *sulfates solubles* y produisent un précipité *blanc* de sulfate de plomb insoluble ; l'acide *chlorhydrique* et les *chlorures* y donnent un précipité *blanc* soluble dans l'eau bouillante.

L'*iodure de potassium* fournit un précipité *jaune* d'iodure de plomb. Avec l'acide sulfhydrique et les sulfures, on obtient un précipité noir.

Le *zinc* précipite le plomb en lames *cristallines* brillantes. Chauffés sur des charbons, les sels insolubles donnent du plomb métallique.

597. Sels d'étain. — La *potasse* produit dans les sels de protoxyde ou de bioxyde un précipité *blanc*, soluble dans un excès de réactif.

Le zinc réduit le sel, et détermine un dépôt d'étain métallique.

Pour distinguer les sels de protoxyde des sels de bioxyde, on emploie l'acide *sulfhydrique*. Ce gaz donne dans les sels de *protoxyde* un précipité *brun marron*, et dans ceux de *bioxyde*, un précipité *jaune* clair.

598. Sels de mercure. — Les sels de mercure sont incolores quand ils sont neutres, et colorés en jaune quand ils sont basiques.

Une lame de *zinc* ou de *cuivre*, plongée dans une dissolution d'un sel de mercure, se recouvre d'une *tache blanche* d'amalgame.

LES SELS DE SOUS-OXYDE donnent avec la *potasse* et la *soude* un précipité *noir*. L'*iodure de potassium* y donne un précipité *vert*.

L'acide *chlorhydrique* et les chlorures donnent un précipité *blanc* de sous-chlorure insoluble (calomel).

LES SELS D'OXYDE donnent avec la *potasse* un précipité *jaune* d'oxyde de mercure; avec l'*iodure de potassium*, ils produisent un précipité *rouge* d'iodure de mercure, soluble dans un excès de réactif.

L'acide sulfhydrique, versé lentement, produit d'abord un précipité blanc qui passe successivement au jaune, au brun et enfin au noir.

599. Sels d'argent. — Les sels d'argent sont incolores. Ils sont décomposés par les matières organiques, et laissent un résidu noir.

La *potasse* et la *soude* donnent dans les sels d'argent un précipité brun, *insoluble* dans un excès de réactif. L'*ammoniaque* donne un précipité brun, *soluble* dans un excès de réactif.

L'acide *sulfhydrique* et les sulfures alcalins donnent un précipité noir.

L'acide *chlorhydrique* et les chlorures donnent un précipité *blanc*.

Le *fer*, le *zinc* et le *cuivre* précipitent de ses dissolutions l'*argent* en poudre grise. Le *mercure* le précipite et produit un *amalgame* cristallisé.

600. Sels d'or. — Les sels d'or donnent avec le *sulfate de protoxyde de fer* un précipité pulvérulent d'*or* métallique.

Un mélange de *protochlorure* et de *bichlorure d'étain* y détermine un précipité violet, appelé *pourpre de Cassius*.

601. Sels de platine. — Les sels solubles de platine, se reconnaissent par l'action du *chlorure de potassium*, qui donne un précipité *jaune* de chlorure double de platine et de potassium, tandis que les sels de soude ne donnent pas de précipité.

REMARQUE. — Dans le tableau suivant, la liqueur a été acidulée par l'acide chlorhydrique, qui donne un précipité blanc avec les sels de *plomb*, de *sous-oxyde de mercure* ou d'*argent*. Ce précipité est soluble dans une grande quantité d'eau si c'est un chlorure de plomb. Insoluble dans l'eau, il se dissout dans l'ammoniaque si c'est du chlorure d'argent. Il noircit sans se dissoudre si c'est un sous-chlorure de mercure.

Dans la liqueur acidulée par HCl, on verse de l'acide sulfhydrique.

- **Il se forme un précipité coloré; on le lave par décantation dans le tube, et on le traite par AzH³,HS.**
  - **Il se dissout (sulfacide). Le sulfure était**
    - noir. La liqueur primitive traitée par le sulfate de fer donne un précipité. . . . . . **SEL D'OR.**
    - brun marron. . . . . . **SEL DE PROTOXYDE D'ÉTAIN.**
    - jaune, chauffé sur une lame de verre
      - il laisse un résidu fixe. . . . . . **SEL DE BIOXYDE D'ÉTAIN.**
      - il ne laisse pas de résidu. Le sulfure traité par le carbonate d'ammoniaque.
        - ne se dissout pas. . . . . . **SEL D'ANTIMOINE.**
        - se dissout. La liqueur primitive traitée par AgOAz0⁵ donne un précipité
          - jaune. . . . . . **ARSÉNITE.**
          - rouge brique. . . . . . **ARSÉNIATE.**
  - **Il ne se dissout pas (sulfure neutre).**
    - Le sulfure était jaune. . . . . . **SEL DE CADMIUM.**
    - Le sulfure était noir; traité par l'acide azotique étendu,
      - il ne se dissout pas. Chauffé
        - il se sublime. . . . . . **SEL D'OXYDE DE MERCURE.**
        - il laisse un résidu. . . . . . **SEL DE PLATINE.**
      - il se dissout. La solution primitive, traitée par un grand excès d'eau,
        - devient laiteuse. . . . . . **SEL DE BISMUTH.**
        - ne se trouble pas. On traite la liqueur par l'acide sulfurique.
          - Il ne se produit pas de précipité. . . . . . **SEL DE CUIVRE.**
          - Il se produit un précipité blanc. . . . . . **SEL DE PLOMB.**
- **Il ne se forme pas de précipité, ou le précipité est blanc [1]. La liqueur neutralisée et traitée par AzH³HS**
  - **donne un précipité [2]. La liqueur primitive, traitée par AzH⁴Cl, puis par AzH³ en excès,**
    - donne un précipité d'oxyde.
      - Le précipité est couleur de rouille. . . . . . **SEL DE SESQUIOXYDE DE FER.**
      - — — vert. . . . . . **SEL DE SESQUIOXYDE DE CHROME.**
      - — — blanc. . . . . . **SEL D'ALUMINE.**
    - ne donne pas de précipité. La liqueur traitée par AzH⁴S donne un précipité de sulfure
      - blanc. . . . . . **SEL DE ZINC.**
      - couleur chair. . . . . . **SEL DE MANGANÈSE.**
      - noir, la liqueur primitive donne avec KO,HO un précipité
        - verdâtre jaunissant à l'air. . . . . . **SEL DE PROTOXYDE DE FER.**
        - vert-pré. . . . . . **SEL DE NICKEL.**
        - bleu. . . . . . **SEL DE COBALT.**
  - **ne donne pas de précipité. La liqueur primitive est traitée par le carbonate de soude et portée à l'ébullition.**
    - Il y a un précipité; on le redissout dans HCl, et on ajoute du carbonate d'ammoniaque.
      - Pas de précipité. . . . . . **SEL DE MAGNÉSIE.**
      - Précipité. On traite la liqueur primitive par une solution de sulfate de chaux.
        - Précipité immédiat. . . . . . **SEL DE BARYTE.**
        - Précipité non immédiat. . . . . . **SEL DE STRONTIANE.**
        - Pas de précipité. . . . . . **SEL DE CHAUX.**
    - Pas de précipité. On fait bouillir la liqueur primitive avec de la potasse.
      - Il se dégage de l'ammoniaque. . . . . . **SEL AMMONIACAL.**
      - Il ne se dégage rien. On traite la liqueur primitive par PtCl².
        - Précipité jaune. . . . . . **SEL DE POTASSE.**
        - Pas de précipité. . . . . . **SEL DE SODE.**

1. Les sels de sesquioxyde de fer donnent un léger précipité blanc de soufre, facile à distinguer du précipité lourd des sulfures.
2. Le précipité se produit avec effervescence (dégagement de HS), s'il est formé par un oxyde, tandis qu'il n'y a pas effervescence s'il est formé par un sulfure.

CHIMIE ORGANIQUE

CHAPITRE PREMIER
NATURE DES MATIÈRES ORGANIQUES
ANALYSE ÉLÉMENTAIRE

NATURE DES MATIÈRES ORGANIQUES

SUBSTANCES ORGANIQUES — SUBSTANCES ORGANISÉES — ANALYSE IMMÉDIATE — ANALYSE ÉLÉMENTAIRE — ISOMÉRIE — MÉTHODES ANALYTIQUES — MÉTHODE SYNTHÉTIQUE — CLASSIFICATION D'APRÈS LES FONCTIONS CHIMIQUES.

602. Définitions. — On a donné le nom de matières organiques aux nombreux composés que l'on rencontre dans les organes des végétaux et des animaux. Ce nom a été ensuite étendu aux produits artificiels que l'on a pu obtenir en faisant réagir des matières organiques les unes sur les autres, ou sur les matières minérales.

603. Substances organiques. — On appelle plus spécialement *substances organiques*, celles de ces matières qui sont de véritables espèces chimiques; elles peuvent former des combinaisons cristallines, fondre ou se volatiliser à une température fixe, en un mot, présenter des propriétés physiques bien définies qui les rapprochent des composés minéraux. Tels sont l'*alcool*, le *sucre*, l'*acide oxalique*, la *quinine*, etc.

Les procédés de la chimie minérale permettent de faire entrer dans les substances organiques soit des *métalloïdes*, comme le *chlore*, l'*arsenic* ou le *silicium*, soit des *métaux*, comme le *zinc*, et d'obtenir ainsi un nombre considérable de composés nouveaux.

Enfin, on est parvenu à reproduire, à l'aide d'éléments minéraux, un grand nombre de ces espèces chimiques bien définies qui se trouvent dans les êtres organisés. Ces *synthèses* ont établi que les substances appelées *substances organiques*, parce qu'on les rencontre dans les organes des êtres vivants, sont, en réalité, des *substances minérales*, et que les distinctions admises jusqu'ici entre ces deux groupes de substances sont destinées à disparaître.

604. Substances organisées. — On réserve le nom de *substances organisées* pour celles qui servent aux fonctions vitales; ce ne sont souvent pas des espèces chimiques, mais des mélanges; elles ne cristallisent jamais et ne peuvent pas, sans s'altérer, passer de l'état solide à l'état liquide, ou de l'état liquide à l'état de vapeur.

605. Composition. — Les substances végétales et animales présentent cette propriété remarquable, de ne renfermer dans leur plus grand état de complexité, que du *carbone*, de l'*hydrogène*, de l'*oxygène* et de l'*azote*. Un grand nombre même, comme l'alcool, le sucre, etc., ne contiennent que du *carbone*, de l'*oxygène* et de l'*hydrogène*. Quelques-unes enfin, comme l'acétylène, le gaz des marais, l'essence de térébenthine, sont formées uniquement de *carbone* et d'*hydrogène*.

A ces éléments viennent se joindre, mais rarement, et en petite quantité, d'autres substances minérales, comme le *soufre* et le *phosphore*.

606. Analyse immédiate. — Les substances organiques existent rarement isolées dans les organes végétaux ; elles y sont soit combinées, soit mélangées les unes aux autres. Si l'on veut les analyser, ou déterminer leurs propriétés physiques et chimiques, il faut nécessairement les séparer les unes des autres, et les obtenir à l'état de pureté. C'est le but que se propose ce que l'on a appelé l'*analyse immédiate*. Cette analyse est très délicate ; elle nécessite l'emploi de procédés et de réactifs qui n'altèrent pas les principes immédiats que l'on veut isoler. On y arrive quelquefois par un *triage mécanique*, ou par l'*écrasement* et la *compression*, comme pour l'extraction des huiles contenues dans les graines oléagineuses, ou des sucs contenus dans divers végétaux.

L'emploi ménagé de la *chaleur*, permet de séparer les substances inégalement volatiles. L'usage de *dissolvants* neutres comme l'*eau*, l'*alcool*, l'*éther*, les *huiles essentielles*, le *sulfure de carbone*, permet de séparer les substances résineuses. les corps gras, les matières colorantes. On emploie des *bases étendues* pour extraire les substances acides, et des *acides étendus* pour retirer les composés jouant le rôle de bases.

Pour s'assurer de la pureté des principes immédiats; on peut employer la constance dans la *température de fusion* ou d'*ébullition*. La *forme cristalline* fournit, dans beaucoup de cas, des renseignements précieux,

Lorsqu'on a acquis la certitude que le corps isolé est une véritable espèce chimique, on procède à son analyse élémentaire.

607. Analyse élémentaire. — Elle a pour but de faire connaître la nature et la proportion des corps simples, de la matière à analyser.

ANALYSE D'UNE SUBSTANCE NON AZOTÉE. — Si la substance contient seulement du *carbone* et de l'*hydrogène*, ou du *carbone*, de l'*hydrogène* et de l'*oxygène*, on dose le carbone et l'hydrogène en chauffant la substance avec un corps oxydant, comme l'*oxyde de cuivre*, qui, cédant de l'oxygène, donne, avec le *carbone*, de l'*acide carbonique*. et, avec l'*hydrogène*. de la *vapeur d'eau*, qui se dégagent et traversent d'abord un tube taré contenant de la ponce imbibée d'*acide sulfurique*, puis un autre tube, également taré, contenant de la *potasse*. Le premier tube retient la vapeur d'eau, le second retient l'acide carbonique. De l'augmentation de poids du premier tube, on déduit le poids de la vapeur d'eau formée ; le $\frac{1}{9}$ de ce poids représente le poids de l'*hydrogène* de la substance soumise à l'analyse; car 9^{gr} d'eau renferment 1^{gr} d'hydrogène. De l'augmentation du second, on déduit le poids de l'acide carbonique dégagé; les $\frac{6}{22} = \frac{3}{11}$ de ce poids représentent le poids du *carbone* de cette substance; car 22^{gr} d'acide carbonique renferment 6^{gr} de carbone. Si la substance contient de l'*oxygène*, le poids de cet élément se déduit par différence.

ANALYSE D'UNE SUBSTANCE AZOTÉE. — Si la substance contient de l'*azote*, ce que l'on reconnait à ce que, chauffée dans un petit tube avec de la potasse, elle dégage de l'ammoniaque; on dose encore le *carbone* et l'*hydrogène* à l'état d'acide carbonique et de vapeur d'eau; l'*azote* se dose à l'état libre ou à l'état d'ammoniaque; l'*oxygène* s'obtient toujours par différence.

608. Isomérie. — L'identité de composition centésimale ne suffit pas pour établir l'identité de propriétés physiques ou chimiques. Ainsi l'essence de térébenthine et l'essence de citron, qui ont des propriétés si différentes, ont même composition centésimale. On appelle *isomères* les substances qui ont ainsi même composition. Parmi les substances isomères, celles qui ont même formule sont appelées *métamères;* tels sont l'acide acétique et le formiate de méthyle C^{4}H^{4}O^4; on appelle *polymères* les substances dont les formules sont des multiples les unes des autres; tels sont, par exemple, l'acide acétique C^{4}H^{4}O^4 et le glucose C^{12}H^{12}O^{12}.

609. Méthodes analytiques. — Les méthodes analytiques consistent à ramener, par des transformations successives, les matières complexes élaborées par les végétaux, en produits de moins en moins complexes. Ces transformations, qui s'effectuent constamment dans l'organisme, se réalisent également dans les laboratoires.

610. Méthodes synthétiques. — Les méthodes analytiques reproduisent, au moyen des éléments, les substances organiques plus ou moins complexes; les progrès réalisés dans cette application sont dus surtout à M. Berthelot.

611. Classification des substances organiques d'après leurs fonctions chimiques. — On a pu, par ces méthodes générales, arriver à grouper des corps dont les propriétés présentent de telles analogies, qu'il suffit d'étudier avec détails l'un d'eux, pris comme type, pour connaitre les propriétés les plus importantes de tous les corps du même groupe. C'est ainsi qu'on a pu classer les substances organiques d'après leurs fonctions chimiques, en un certain nombre de groupes : les *carbures d'hydrogène*, les *alcools*, les *éthers*, les *aldéhydes*, les *acides organiques*, les *ammoniaques composées*, les *amides* et les *phénols*.

Les *phénols* ont une fonction distincte de celle des alcools, mais forment, comme eux, des éthers en se combinant aux acides avec élimination d'eau.

Nous avons déjà étudié les premiers types des carbures d'hydrogène : *acétylène* (**268**), *éthylène* (**274**), *gaz des marais* (**279**), *benzine* (**285**); l'étude de l'alcool et de ses dérivés va nous fournir des exemples des autres fonctions chimiques les plus répandues.

CHAPITRE II

ALCOOL — ÉTHERS — ALDÉHYDE — ACIDE ACÉTIQUE
ÉTHYLAMINE — ACÉTAMIDE

ALCOOL $C^4H^6O^2 = C^4H^4(H^2O^2)$

ALCOOL — ESPRIT-DE-VIN — EAU-DE-VIE — FERMENTATION ALCOOLIQUE
VIN — BIÈRE — CIDRE

612. L'alcool est un des corps les plus importants de la chimie organique ; il doit cette importance, non seulement à ses applications multiples, mais encore à ce fait qu'il est le type d'une classe tout entière de corps auxquels on rattache aujourd'hui soit directement, soit par leurs dérivés, presque tous les composés de la chimie organique.

613. Propriétés. — L'alcool pur ou absolu est un liquide incolore, très fluide, d'une odeur agréable, d'une saveur caustique et brûlante. Sa densité est 0,79 à la température de 15°. Celle de sa vapeur est 1,589.

Il bout à 78° ; il se solidifie à — 130°,5.

L'alcool est un dissolvant précieux des résines et des corps gras.

Il agit sur l'économie animale comme caustique énergique ; il coagule le sang ; injecté dans les veines, il cause instantanément la mort.

614. Action de l'oxygène. — L'alcool brûle au contact de l'air avec une flamme bleuâtre, en produisant de l'eau et de l'acide carbonique :

$$C^4H^6O^2 \ + \ 12O \ = \ 4CO^2 \ + \ 6HO.$$
Alcool.   Oxygène   Ac. carbonique.   Eau.

Un mélange d'alcool et d'oxygène ou d'air, s'enflamme avec explosion en présence d'une bougie ou d'une étincelle électrique.

Soumis à des actions oxydantes peu énergiques, l'alcool échange 4 vol. de vapeur d'eau contre 2 vol. d'oxygène, et se transforme en un liquide appelé *aldéhyde* (alcool déshydrogéné) :

$$C^4H^4(H^2O^2) \ + \ 2O \ = \ C^4H^4(O^2) \ + \ 2HO.$$
Alcool.   Oxygène.   Aldéhyde.   Eau.

C'est ce que produisent : l'action de l'air en présence du noir de platine, l'action de l'acide azotique faible, celle du chlore étendu d'eau à froid, enfin l'action de l'acide sulfurique et du bioxyde de manganèse.

Si l'action oxydante se prolonge, ou si elle est plus énergique, 4 vol. d'oxygène remplacent 4 vol. de vapeur d'eau, et l'alcool se transforme en *acide acétique* :

$$C^4H^4(H^2O^2) \ + \ 4O \ = \ C^4H^4(O^4) \ + \ 2HO.$$
Alcool.   Oxygène.   Ac. acétique.   Eau.

On constate facilement ces réactions en laissant tomber goutte à goutte de l'alcool pur sur du noir de platine, placé sur une assiette, et recouvert d'une grande cloche de verre tubulée (fig. 202); il se condense sur les parois de la cloche des vapeurs acides qui sont un mélange d'aldéhyde et d'acide acétique.

Fig. 202. — Oxydation de l'alcool par l'air en présence du noir de platine.

615. Action de l'eau. — L'alcool absolu est très avide d'eau; la combinaison de ces deux corps se fait avec dégagement de chaleur. La neige mêlée avec de l'alcool fond rapidement; l'absorption de chaleur qui résulte de la fusion de cette neige, détermine un abaissement de température qui peut aller jusqu'à — 57°.

La combinaison de l'alcool avec l'eau se produit avec contraction de volume. La contraction est maximum pour les proportions de 47,7 d'eau et 52,5 d'alcool qui correspondent à la formule $C^4H^6O^2 + 6HO$.

616. Usages de l'alcool. — L'alcool pur (alcool bon goût) est employé pour le *vinage* des vins, ou pour préparer diverses liqueurs, et pour conserver des fruits. La pharmacie en emploie pour ses *alcoolats*, ses *teintures;* la parfumerie s'en sert pour faire l'*eau de Cologne*, l'*eau de lavande*, etc. Il sert à la préparation des *éthers*, à celle du *collodion* pour les chirurgiens et les photographes.

L'alcool mauvais goût est employé pour former des *vernis*. Il sert dans les laboratoires comme dissolvant, ou comme combustible dans les lampes. On l'emploie pour purifier la potasse, et pour conserver les pièces anatomiques. On en emploie de grandes quantités pour la préparation des couleurs artificielles dérivées des carbures (benzine, toluène, anthracène, etc.) de la houille.

617. Préparation de l'alcool absolu. — L'alcool s'extrait de l'esprit-de-vin du commerce. Pour cela, on introduit l'esprit-de-vin avec de la chaux vive, dans une cornue, où on laisse les matières en contact pendant 12 à 24 heures, puis on distille au bain-marie. En rectifiant ainsi 2 ou 3 fois, on obtient l'alcool absolu.

618. Eaux-de-vie. — Esprit-de-vin. — Alcool. — On donne le nom d'*eau-de-vie* au produit de la distillation des liqueurs alcooliques, lorsque ce produit contient au moins autant d'eau que d'alcool; si le liquide renferme de 60 à 90 pour 100 d'alcool, il prend le nom d'*esprit*. On l'appelle *alcool* quand il renferme 90 pour 100 au moins d'alcool.

Nature du liquide.	Œnomètre de Cartier.	Alcoomètre centésimal.
Eau-de-vie faible.	10°	37°,9
Eau-de-vie (preuve de Hollande). .	19°	50°,1
Eau-de-vie très-forte.	22°	59°,
Esprit, trois-six (alcool ordinaire).	33°	85°,9
Alcool à 40°.	40°	95°,9
Alcool absolu.	44°,2	100°,0

Le *trois-six* est de l'esprit tel, que si à 5 vol. de ce liquide on ajoute 5 vol. d'eau, on obtient 6 vol. d'eau-de-vie à 19° Cartier.

Le prix d'une *eau-de-vie* dépend moins de sa teneur en alcool, que de son ancienneté et de la nature du liquide alcoolique qui lui a donné son arome. La valeur vénale d'un *esprit* dépend surtout de la quantité relative d'alcool qu'il contient. Cette richesse se détermine à l'aide de l'alcoomètre centésimal de Gay-Lussac.

619. Richesse alcoolique des vins. — Pour déterminer la richesse alcoolique d'un vin ou d'une autre boisson fermentée, il faut en extraire l'alcool par distillation à l'aide d'un petit alambic.

On trouve ainsi que le vin et la bière contiennent en alcool :

Grenache.	16,0	Château-Laffitte.	8,7
Malaga.	15,0	Vieille bière de Strasbourg	5,9
Sauterne blanc. . . .	16,0	Bière de Lille.	2,9
Bon vin de Bourgogne.	11,0	Bière de Paris.	1,9

620. Préparation de l'esprit-de-vin et de l'eau-de-vie. — On prépare l'eau-de-vie par la distillation des liquides qui ont subi la fermentation alcoolique. Parmi ces liquides, les uns sont des boissons utilisées pour elles-mêmes, telles que le *vin*, la *bière*, le *cidre*, etc. ; les autres sont fabriqués directement pour être distillés, comme le moût que l'on obtient en soumettant à la fermentation alcoolique la mélasse de canne (*rhum*), ou la mélasse de betterave (*eau-de-vie de betterave*), ou l'amidon des céréales préalablement saccharifié par le malt (*eau-de-vie de grains*).

621. Fermentation alcoolique. — Les différents sucres naturels ou obtenus par la *saccharification* des céréales, orge, seigle, etc., ou des pommes de terre, dissous dans l'eau, éprouvent, sous l'influence de la levure de bière, une transformation remarquable à laquelle on a donné le nom de *fermentation*.

Pour réaliser la fermentation alcoolique, on met dans un flacon (fig. 202 *bis*) une dissolution de sucre à 10 pour 100, et l'on ajoute quelques grammes de levure de bière ; bientôt il se dégage de l'acide carbonique, tandis que la liqueur perd sa saveur sucrée et acquiert une odeur vineuse. — Cette liqueur, soumise à la distillation, laisse passer de l'*alcool* étendu d'eau ; elle contient, en outre, une petite quantité d'acide *succinique* et de *glycérine*. Les produits les plus abondants de la fermentation sont l'acide carbonique et l'alcool. Gay-Lussac avait même cru

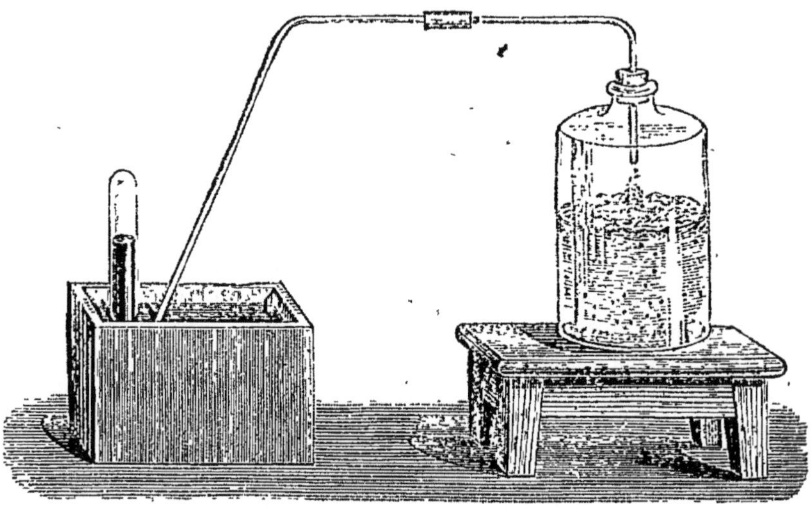

Fig. 202. — Fermentation alcoolique d'un liquide sucré.

qu'ils se produisaient seuls par le dédoublement du sucre interverti, suivant la formule :

$$C^{12}H^{12}O^{12} = 4CO^2 + 2C^4H^6O^2.$$

Sucre interverti.   Ac. carbonique.   Alcool.

622. Nature et mode d'action de la levure de bière. — Jusque dans ces derniers temps, on admettait avec Liebig que la fermentation alcoolique consistait en un simple dédoublement, dû à l'action catalytique exercée sur le sucre par une matière organique azotée en décomposition.

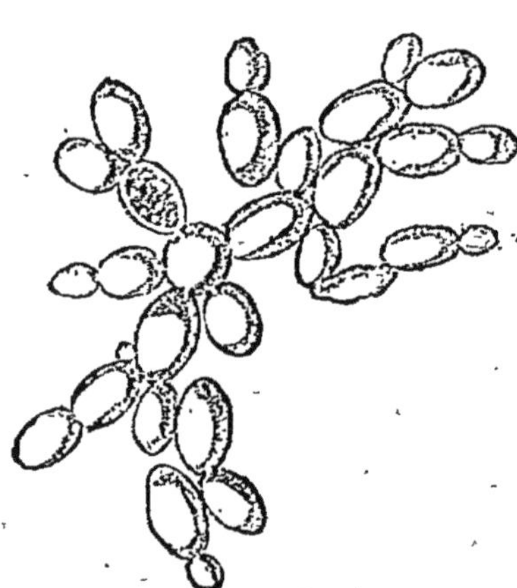

Fig. 203. — Levure de bière.

M. Pasteur a démontré que, loin d'être un phénomène de contact, dû à une matière morte, la fermentation du sucre est un acte corrélatif de la vie d'un végétal microscopique (levure de bière, *saccharomyces. cerevisiæ*) ; ce végétal, composé de globules groupés en chapelets (fig. 203) et susceptibles de se reproduire par bourgeonnement, a besoin pour se développer, de rencontrer les éléments des matières azotées et minérales, qui avec la cellulose entrent dans sa constitution. Si ces matières existent dans le liquide sucré, comme dans le jus de raisin ou dans le moût de la bière, la levure se développe et la fermentation se produit. Si ces matières n'existent pas (eau sucrée pure, par exemple), il n'y a ni développement de la levure, ni fermentation; mais il suffit, pour déterminer ce double phénomène, d'ajouter à la dissolution de sucre un sel ammoniacal et des phosphates terreux; aussitôt les globules de levure de bière se développent, se multiplient, et le sucre fermente. En même temps la matière minérale se dissout peu à peu, et l'ammoniaque disparaît. L'ammoniaque s'est donc transformée dans la matière azotée qui entre dans la composition de la levure de bière, en même temps que les phosphates donnent aux globules nouveaux leurs principes minéraux. Quant au carbone, il est fourni par le sucre.

623, Vin. — Le vin résulte de la fermentation du jus de raisin. Les raisins mûrs sont portés dans de grandes cuves en bois où on les foule avec les pieds.

Le jus du raisin ainsi écrasé ne tarde pas à entrer en fermentation; il se produit un bouillonnement causé par le dégagement de l'acide carbonique qui, soulevant peu à peu la pulpe du grain et la grappe, les réunit à la surface sous forme de croûte (*chapeau*) (fig. 204).

Lorsque la fermentation se ralentit et que le bouillonnement a cessé, on soutire le vin pour le mettre en tonneaux, et l'on comprime le résidu, ou marc, au moyen d'une presse. La fermentation continue lentement, dans les tonneaux dont

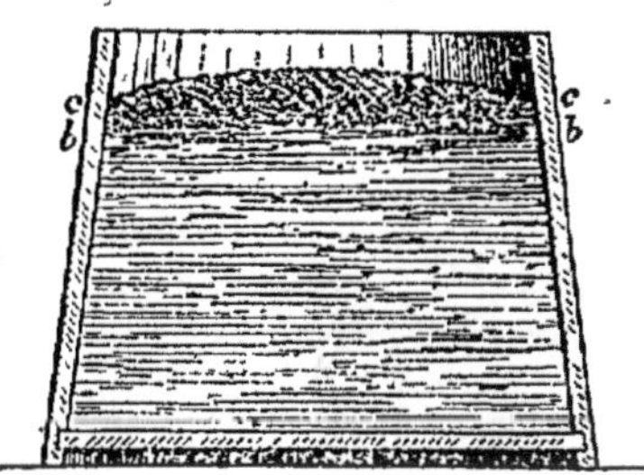

Fig. 204. — Cuve en fermentation.

on eu a soin de laisser la bonde ouverte pour permettre au gaz acide carbonique de se dégager.

Le vin s'éclaircit peu à peu, les débris du ferment, tenus en suspension, se déposent au fond du tonneau; avec l'excès de matière colorante et de bitartrate de potasse, le tout constituant ce qu'on appelle la *lie*. Le vin est alors soutiré de nouveau, puis enfin collé avec du blanc d'œuf ou de la gélatine; l'albumine, en se coagulant sous l'influence de l'alcool et du tannin, entraîne toutes les matières qui troublaient encore la transparence du vin.

Vins blancs. — Le vin blanc est souvent fabriqué avec des raisins blancs; mais beaucoup de vins blancs sont obtenus avec des raisins noirs. La matière colorante réside dans la pellicule des grains; elle ne se dissout dans le jus du raisin que quand celui-ci contient de l'alcool; si donc on sépare le jus de raisin des pellicules, avant toute fermentation, on aura un moût capable de donner du vin blanc. Pour arriver à ce résultat, on soumet les raisins à l'action d'un pressoir, qui sépare immédiatement

le jus incolore de la rafle et des pellicules colorées. Le moût fermente
comme à l'ordinaire, mais ne se colore pas. Les vins blancs contiennent
moins de tannin que les vins rouges ; on les clarifie avec de la colle de
poisson.

Quand le raisin n'est pas arrivé à maturité complète, le moût que l'on
en extrait n'est pas assez riche en sucre ; on le *bonifie* en y ajoutant du
glucose (682).

Vins mousseux. — On obtient les vins mousseux, ceux de Champagne,
par exemple, en les mettant en bouteille, avec un peu de sucre candi,
3 à 5 pour 100. Le sucre éprouve la fermentation alcoolique, sous l'influence du ferment qui existe encore dans le vin, même après clari-
fication : l'acide carbonique reste emprisonné dans le vin, sous une
pression de plusieurs atmosphères, et le rend mousseux.

624. Bière. — La bière se prépare en transformant d'abord en glucose
la matière amylacée de l'orge, et en faisant fermenter ensuite le moût
sucré obtenu.

1° Maltage. — L'orge préalablement humectée d'eau et, par suite gon-
flée, est placée dans un cellier ou *germoir*, sur le sol duquel on l'étend
en couches de 40° à 50° d'épaisseur. La germination
se produit, et il se forme de la *diastase*, substance
azotée amorphe, qui jouit de la propriété de transformer l'amidon en dextrine et en glucose. Quand
la gemmule a acquis une longueur égale à 2/3 de la
longueur du grain (fig. 205), on retire l'orge du
germoir, et on la dessèche d'abord à l'air libre, puis
dans une étuve où la température s'élève graduellement jusqu'à 80°. Les grains desséchés à cette température sont facilement débarrassés de leurs radi-
celles ; on les concasse entre des meules suffisamment écartées, et le produit ainsi obtenu constitue le
malt.

Fig. 205. — Orge
germée.

2° Brassage ou saccharification. — Le malt est soumis au *brassage* ou
saccharification. Pour cela, on étend le malt sur le fond percé d'une grande
cuve à double fond (fig. 206). Par l'intervalle qui sépare les deux fonds,
on introduit de l'eau chauffée à environ 75°, on brasse la matière, puis
on ferme la cuve et on laisse le tout reposer pendant trois heures ; la
diastase agit sur l'amidon (680. 2°) et le transforme en glucose qui se
dissout dans l'eau. Le liquide prend alors le nom de *moût.*

3° Houblonnage. — On soutire le moût et on le transporte dans des chaudières où on le fait bouillir avec du houblon (fig. 207) (dans la proportion
de 2 kilogr. pour 100 litres de bière). Le houblon communique à la bière
un principe amer, d'un goût agréable et qui contribue à sa conservation.

4° Fermentation. — Le moût, ainsi houblonné, est refroidi rapidement,
puis versé dans de grandes cuves, où la fermentation est déterminée par de

la levure de bière (2 kilogr. pour 1000 litres de bière). Pendant cette première fermentation, la levure se développe, et augmente considérablement.

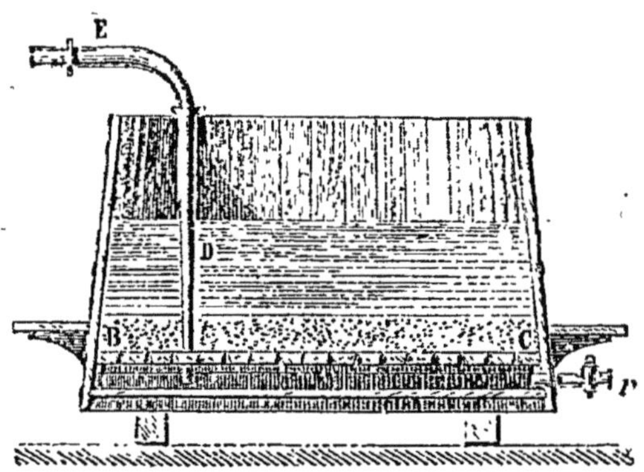

Fig. 206. — Cuve matière pour le brassage de la bière.

Fig. 207. — Cône de houblon.

On soutire alors la bière, et on la met dans des fûts où la fermentation s'achève. La mousse qui s'en échappe est recueillie et exprimée dans des sacs en toile ; elle laisse un résidu solide qui constitue la levure de bière, employée pour les opérations suivantes, ou pour la panification. On clarifie ensuite la bière avec de la colle de poisson, et l'on bouche les tonneaux.

PERFECTIONNEMENT. — La bière ainsi préparée est très altérable, parce qu'elle contient des germes de ferments étrangers existant dans la levure impure employée. Pour éviter cet inconvénient, M. Pasteur fait refroidir à l'abri de l'air le moût houblonné dans une cuve couverte, refroidie par un courant d'eau, et ne communiquant avec l'air que par un long tube. Il détermine ensuite la fermentation avec une levure exempte de ferments étrangers.

La bière ainsi obtenue se conserve parfaitement.

625. Cidre. — Poiré. — Le *cidre* est la boisson fermentée que l'on obtient avec le jus des pommes. Le *poiré* est une boisson analogue faite avec des poires.

Les pommes à cidre (pommes âcres au goût) sont écrasées sous une meule verticale en bois ou en pierre. La pulpe, abandonnée quelque temps au contact de l'air, est humectée d'eau, puis soumise à l'action d'une presse qui en extrait tout le jus. Celui-ci, introduit dans une grande cuve, y subit une première fermentation. Quand on la juge suffisante, on soutire le cidre dans des tonneaux, où la fermentation continue et s'achève lentement. Le cidre, récemment préparé, a une saveur douce et sucrée ; mis en bouteilles, il devient mousseux ; mais il s'altère peu à peu par le développement de germes étrangers ; il devient amer et acide

ÉTHERS

ÉTHERS COMPOSÉS : ÉTHER ACÉTIQUE — ÉTHERS SIMPLES : ÉTHER CHLORHYDRIQUE
ÉTHER IODHYDRIQUE — ÉTHERS MIXTES : ÉTHER ORDINAIRE

626. Action des oxacides sur l'alcool. — Éthers composés. — La plupart des oxacides minéraux ou organiques, en réagissant sur l'alcool dans des conditions convenables, donnent un corps neutre, appelé *éther composé*, résultant de la substitution dans l'alcool d'un équivalent de l'acide hydraté à 4 vol. de vapeur d'eau.

C'est ainsi que l'acide acétique donne l'*éther acétique* :

$$C^4H^4(H^2O^2) + C^4H^4O^4 = C^4H^4(C^4H^4O^4) + 2HO.$$

Alcool. Ac. acétique. Éther acétique. Eau.

Les acides bibasiques, comme l'acide oxalique, peuvent agir sur un ou sur deux équivalents d'alcool, et donner un éther acide ou un éther neutre :

$$C^4H^4(H^2O^2) + C^4O^6,2HO = C^4H^4(C^4O^6,2HO) + 2HO.$$

Alcool. Acide oxalique. Éther oxalique acide. Eau.

$$2[C^4H^4(H^2O^2)] + C^4O^6,2HO = (C^4H^4)^2(C^4O^6,2HO) + 4HO.$$

Alcool. Acide oxalique. Éther oxalique neutre. Eau.

627. Éther acétique ou acétate d'éthyle $C^8H^8O^4 = C^4H^4(C^4H^4O^4)$. — Ce corps isolé par Lauraguay en 1759 existe dans le vin et le vinaigre de vin. On le prépare en chauffant dans une cornue 600^{gr} d'acétate de soude avec 900^{gr} d'acide sulfurique et 560^{gr} d'alcool à 90°. Le produit, distillé, est mêlé avec un lait de chaux, puis rectifié sur du chlorure de calcium fondu.

Propriétés. — C'est un liquide incolore, d'une odeur éthérée agréable. Sa densité à 0° est 0,91 ; il bout à 74° ; l'eau en dissout $\frac{1}{7}$ de son volume ; il se dissout dans l'alcool ; il dissout les résines et le coton-poudre.

Le chlore, en agissant sur cet éther acétique $C^8H^8O^4$, donne des produits de substitution : $C^8H^6Cl^2O^4$, $C^8H^4Cl^4O^4$, $C^8H^2Cl^6O^4$ et $C^8Cl^8O^4$.

Avec la potasse étendue, l'éther acétique régénère l'alcool $C^4H^6O^2$ en donnant de l'acétate de potasse.

Avec l'ammoniaque, il donne de l'alcool et de l'acétamide.

628. Action des hydracides sur l'alcool. — Éthers simples. — Les hydracides, en réagissant sur l'alcool, donnent de l'eau et un *éther simple*. Ainsi 4 vol. d'acide chlorhydrique remplaçant 4 vol. de vapeur d'eau, donnent l'éther chlorhydrique $C^4H^4(HCl)$.

629. Éther chlorhydrique ou chlorure d'éthyle (C^4H^4,HCl). — 1° Pour le préparer, on sature, par le gaz acide chlorhydrique sec, de l'alcool absolu, refroidi dans un mélange de glace et de sel, puis on le chauffe dans une cornue au bain-marie ; le produit qui distille est formé d'éther chlorhydrique et d'acide chlorhydrique ; il traverse d'abord un flacon contenant de l'eau à 15° qui dissout l'acide, puis il se dessèche dans un tube rempli de fragments de chlorure de calcium fondu, et va se condenser dans un récipient entouré de glace.

$$C^4H^4(H^2O^2) + HCl = C^4H^4(HCl) + H^2O^2.$$

Alcool.   Ac. chlorhydrique.   Éther chlorhydrique.   Eau.

2° On prépare encore l'éther chlorhydrique en chauffant dans un ballon 100^{gr} de sel marin avec 100^{gr} d'alcool et 200^{gr} d'acide sulfurique : le produit qui distille est lavé, séché et condensé, comme il vient d'être dit.

On peut aussi le recueillir à l'état gazeux sur la cuve à mercure.

Propriétés. — L'éther chlorhydrique est un liquide incolore, d'une odeur pénétrante et légèrement alliacée. Sa densité, à l'état liquide, est 0,92 à 0°. Il bout à 11°. La densité de sa vapeur est 2,22. On ne peut le conserver que dans des tubes scellés à la lampe. Il se mêle en toute proportion avec l'alcool; il se dissout dans 50 fois son poids d'eau.

L'éther chlorhydrique ne réagit pas à froid sur la dissolution d'azotate d'argent dans l'eau. Les propriétés du chlore y paraissent donc masquées.

L'éther chlorhydrique enflammé brûle avec une flamme verte, et produit de l'acide chlorhydrique.

Chauffé avec l'ammoniaque, il donne du chlorhydrate d'éthylamine :

$$C^4H^4.HCl + AzH^3 = C^4H^4AzH^3,HCl.$$

Éther chlorhydrique.   Ammoniaque.   Chlorhydrate d'éthylamine.

630. Éther iodhydrique ou iodure d'éthyle (C^{4}H^4,HI). — Cet éther, découvert par Gay-Lussac en 1815, s'obtient par l'action de l'iodure de phosphore sur l'alcool. On met dans une cornue (fig. 62) 60^{gr} d'alcool avec 100^{gr} d'iode, on ajoute peu à peu 10^{gr} de phosphore rouge; on laisse digérer pendant 24 heures, puis on chauffe. L'iodure de phosphore qui prend naissance d'abord est décomposé par l'alcool; il se produit un acide oxygéné du phosphore, et de l'éther iodhydrique qui distille avec un peu d'alcool. On ajoute de l'eau au produit recueilli : l'éther reste au fond; on décante l'eau, et l'on dessèche l'éther sur du chlorure de calcium fondu, avec lequel on le rectifie.

M. Berthelot a fait la synthèse de l'éther iodhydrique en chauffant, pendant 20 heures à 100°, 50^{gr} d'acide iodhydrique liquide, avec 1 litre de gaz éthylène.

Propriétés. — C'est un liquide incolore dont la densité à 0° est 1,975; il bout à 72°; sa densité de vapeur est 6,47. Sous l'influence de la lumière, il se colore peu à peu par l'iode mis en liberté. Il est insoluble dans l'eau.

L'éther iodhydrique donne, avec les sels d'argent, de l'iodure d'argent insoluble et un éther composé : de là une méthode générale de préparation de ces éthers (Wurtz).

L'action de l'ammoniaque sur l'éther iodhydrique, réalisée en tubes scellés par Hofmann en 1850, a donné un procédé général pour préparer les alcalis organiques artificiels (644).

17.

En agissant sur l'alcool sodé, il donne l'iodure de sodium et l'éther ordinaire :

$$C^4H^4,HI + C^4H^5NaO^2 = NaI + C^4H^4(C^4H^6O^2).$$
Ether iodhydrique. Alcool sodé. Iodure de sodium. Éther.

634. Éther ordinaire [$C^8H^{10}O^2 = C^4H^4(C^4H^6O^2)$]. — L'éther ordinaire ou *éther sulfurique* est un liquide incolore, très fluide, d'une odeur forte et caractéristique, d'une saveur âcre et brûlante. Sa densité est 0.73 à la température de 0°. L'éther bout à 34°,5; la densité de sa vapeur est 2,565.

L'éther brûle à l'air avec une belle flamme blanche, et donne de l'acide carbonique et de l'eau :

$$C^8H^{10}O^2 + 24O = 8CO^2 + 10HO.$$
Éther. Oxygène. Ac. carbonique. Eau.

Ces mêmes produits prennent naissance quand on suspend (fig. 208)

dans un verre, au fond duquel se trouve un peu d'éther, un fil de platine enroulé en spirale et préalablement chauffé au rouge; l'incandescence persiste, tant que l'air peut se renouveler convenablement. Cette expérience est connue sous le nom de lampe *sans flamme*.

La vapeur d'éther forme avec l'air des mélanges qui, à l'approche d'une bougie, détonnent avec une grande violence; il ne faut manier ce corps que loin de toute espèce de flamme.

Fig. 208. — Lampe sans flamme.

L'éther, respiré avec l'air, provoque le sommeil et détermine l'insensibilité comme le chloroforme; aussi est-il employé comme anesthésique dans un grand nombre d'opérations chirurgicales.

632. Préparation. — On prépare l'éther sulfurique en chauffant dans un ballon A (fig. 209), maintenu à environ 140°, un mélange de 7 parties d'alcool avec 18 parties d'acide sulfurique. Les vapeurs se rendent dans un tube c, f, autour duquel circule constamment de l'eau froide, puis dans un flacon également refroidi. La tubulure est munie d'un tube à entonnoir a, plongeant dans le liquide, et où arrive constamment de l'alcool qui, sortant du vase E, vient remplacer, au fur et à mesure, celui qui se transforme en éther.

L'éther ainsi obtenu est mêlé d'eau, d'alcool et de quelques matières étrangères.

On le fait digérer pendant 24 heures avec une dissolution de potasse caustique, en ayant soin d'agiter de temps en temps, afin de bien mélanger toutes les parties. L'éther, débarrassé de l'alcool, vient surnager la liqueur alcaline; on le lave à l'eau, on le dessèche ensuite sur du chlorure de calcium, et on le rectifie enfin sur de la chaux vive.

633. Usages. — L'éther est employé dans les laboratoires comme dissolvant. Il sert en médecine comme anesthésique.

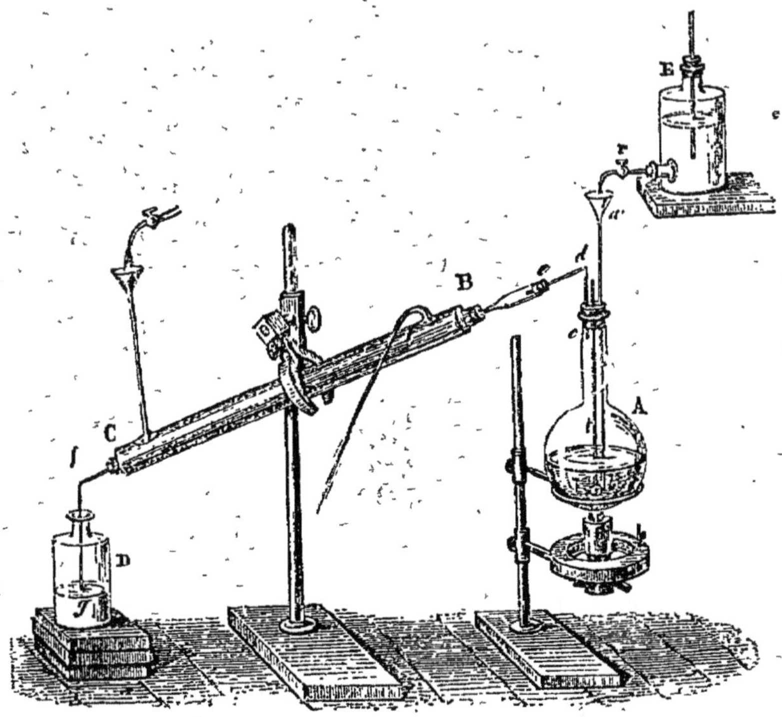

Fig. 209. — Préparation de l'éther ordinaire

PRODUITS DE L'OXYDATION DE L'ALCOOL

Ces produits sont : l'aldéhyde $C^4H^4(O^2)$ et l'acide acétique $C^4H^4(O^4)$.

ALDÉHYDE $C^4H^4(O^2)$

ALDÉHYDE — PROPRIÉTÉS RÉDUCTRICES — CHLORAL — HYDRATE DE CHLORAL
ACTION PHYSIOLOGIQUE — CHLOROFORME — ANESTHÉSIE

634. Aldéhyde. — L'aldéhyde s'obtient en chauffant, dans une cornue, de l'alcool avec un mélange d'acide sulfurique et de bichromate de potasse ; le produit distillé est recueilli dans un récipient refroidi. C'est un liquide incolore, bouillant à 21°. C'est un corps réducteur qui décompose l'azotate d'argent ammoniacal, en produisant un dépôt brillant d'argent métallique (argenture des miroirs).

L'aldéhyde se combine avec le gaz ammoniac. Elle forme avec le bisulfite de soude un composé très bien cristallisé.

Le chlore, en agissant sur l'aldéhyde, donne des produits de substitution, parmi lesquels le *chloral* ou *aldéhyde trichlorée.*

$$C^4H^4(O^2) + 6Cl = C^4HCl^3O^2 + 3HCl.$$

Aldéhyde.　　Chlore.　　Chloral.　　Ac. chlorhydrique.

635. Chloral $C^4HCl^3O^2$. — Ce corps se prépare par l'action prolongée du chlore sur l'alcool. Le produit est ensuite rectifié sur de l'acide sulfurique.

C'est un liquide incolore, d'une odeur pénétrante, soluble dans l'eau. Sa densité est 1,5. Il bout à 94°,5. Traité par le zinc et l'acide chlorhydrique, le chloral régénère l'aldéhyde par substitution inverse de l'hydrogène au chlore.

Hydrate de chloral $C^4HCl^3O^2,H^2O^2$. — Le chloral additionné d'une petite quantité d'eau, donne l'hydrate de chloral cristallisé. L'hydrate de chloral fond à 46°, et bout à 97°.

Avec la potasse, l'hydrate de chloral donne du *chloroforme* et du *formiate de potasse.*

$$C^4HCl^3O^2,H^2O^2 + KO,HO = C^2HCl^3 + KO,C^2HO^3 + H^2O^2.$$

Chloral.　　　　Potasse.　Chloroforme.　Formiate de potasse.　Eau.

Action physiologique. — Cette réaction explique les propriétés anesthésiques du chloral : l'hydrate de chloral, en pénétrant dans le sang qui est légèrement alcalin, donne du *chloroforme* et de l'acide *formique.*

636. Chloroforme. — Ce corps qui résulte de la décomposition de l'hydrate de chloral, se prépare en chauffant l'alcool avec du chlorure de chaux. C'est un liquide incolore, d'une saveur sucrée; il bout à 61°.

Application. — La vapeur de chloroforme, respirée quelques instants, provoque le sommeil et détermine l'insensibilité. On ne doit employer cet anesthésique qu'avec précaution. Respiré en grande quantité, il occasionne des accidents mortels.

ACIDE ACÉTIQUE ($C^4H^3O^3,HO = C^4H^4O^4$)

ACIDE ACÉTIQUE — VINAIGRE — FERMENTATION ACÉTIQUE — USAGE
DES ACÉTATES EN TEINTURE

637. État naturel. — L'acide acétique existe à l'état d'acétate de potasse, de soude ou de chaux, dans la sève de presque toutes les plantes, et dans plusieurs liquides de l'économie animale.

638. Préparation de l'acide concentré. — On prépare l'acide acétique au maximum de concentration, en traitant l'acétate de soude desséché, par l'acide sulfurique concentré et pur.

639. Origine et extraction de l'acide acétique étendu. — L'acide acétique se produit dans la distillation du bois, et dans l'oxydation du vin ou de l'alcool au contact de l'air ; il prend, dans ce cas, le nom de *vinaigre.* L'acétification de l'alcool peut se représenter par la formule suivante :

$$C^4H^4(H^2O^2) + 4O = 2HO + C^4H^4(O^4)$$
Alcool.   Oxygène.   Eau.   Acide acétique.

FERMENTATION ACÉTIQUE. — M. Pasteur a démontré que l'oxydation de l'alcool est due à la présence d'un ferment constituant une pellicule mince (*mycoderme du vinaigre*) (fig. 210) à la surface du liquide alcoolique, contenant des matières albuminoïdes et des phosphates. Ce mycoderme, en se développant au contact de l'air, prend l'oxygène pour le fixer sur l'alcool et transformer ce liquide en acide acétique. Il faut éviter que l'action se prolonge trop, car dès qu'il n'y a plus d'alcool, l'activité du mycoderme détermine l'oxydation de l'acide acétique lui-même, et sa transformation en eau et acide carbonique.

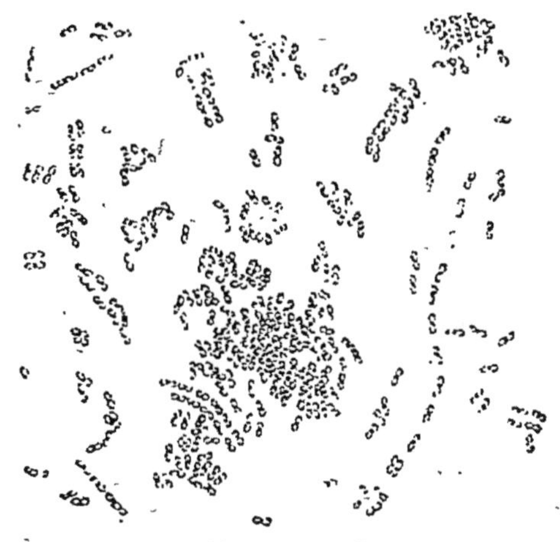

Fig. 210. — Mycoderme du vinaigre.

Toutes les matières contenant de l'alcool, ou susceptibles de devenir alcooliques par la fermentation, peuvent servir à la fabrication du vinaigre.

640. Propriétés physiques. — L'acide acétique, au maximum de concentration, est solide au-dessous de 17°; il fond à cette température et bout à 120. Son odeur est caractéristique et suffocante. Sa saveur est fortement acide, il est très corrosif. Sa densité à l'état liquide est 1,065 La densité de sa vapeur est 2,08.

L'acide acétique étendu a une odeur agréable.

641. Propriétés chimiques. — Quand on fait passer de l'acide acétique en vapeur dans un tube de porcelaine chauffé au rouge, il se décompose en eau, acide carbonique et *acétone*, $C^6H^6O^2$,

$$2(C^4H^4O^4) = C^6H^6O^2 + 2CO^2 + 2HO.$$
Acide acétique.   Acétone.   Ac. carbonique.   Eau,

La vapeur d'acide acétique s'enflamme au contact d'une bougie allumée, et brûle avec une flamme bleue : il se produit de l'eau et de l'acide carbonique.

$$C^4H^4O^4 + 8O = 4HO + 4CO^2.$$
Ac. acétique.   Oxygène.   Eau.   Ac. carbonique.

L'acide acétique chauffé avec du cuivre au contact de l'air, détermine la formation d'un acétate de cuivre; ce sel est très vénéneux. — Chauffé avec un excès de base alcaline, il se décompose en acide carbonique qui se fixe sur la base, et en protocarbure d'hydrogène qui se dégage (238. 2º).

642. Usage de l'acide acétique et des acétates. — L'acide acétique au maximum de concentration, est employé en photographie et dans les laboratoires.

Le vinaigre de vin ou de bière est utilisé pour les usages culinaires.

L'acétate d'alumine est employé en teinture comme mordant.

L'acétate de plomb sert pour la préparation de la céruse (515) et pour celle de l'acétate d'alumine. Il sert comme réactif dans les laboratoires.

L'acétate de cuivre est employé dans la teinture en noir. — Soumis dans une cornue, à l'action de la chaleur, il donne de l'acide acétique monohydraté ou *vinaigre radical*.

L'acétate de fer impur préparé à l'aide du vinaigre de bois, et appelé pour cette raison *pyrolignite de fer*, est employé pour la teinture en noir, et aussi pour conserver le bois.

COMPOSÉS AZOTÉS

AMINES ET AMIDES. — De l'alcool dérivent des composés azotés basiques (*ammoniaques composées*) et des composés azotés neutres (*amides*).

ÉTHYLAMINE

PROCÉDÉ GÉNÉRAL DE PRÉPARATION

643. Éthylamine $(C^4H^7Az.)$ — Cette ammoniaque composée, découverte en 1849 par Wurtz, peut être représentée par la combinaison de 1 équivalent d'alcool avec un équivalent d'ammoniaque, et élimination de 2 équivalents d'eau $C^4H^7Az = C^4H^4AzH^3$.

C'est un liquide incolore, bouillant à 18º,4. Sa densité à 0º est 0,7; elle a l'odeur de l'ammoniaque, elle est inflammable. Elle agit, comme l'ammoniaque, sur les dissolutions des sels métalliques.

On la prépare en chauffant, en tube scellé, à 100º, une solution alcoolique d'ammoniaque avec de l'éther iodhydrique.

$$C^4H^4HI \quad + \quad AzH^3 \quad = \quad C^4H^4AzH^3,HI.$$
Éther iodhydrique.   Ammoniaque.   Iodhydrate d'éthylamine.

DIÉTHYLAMINE. — L'éthylamine, agissant sur un nouvel équivalent d'éther iodhydrique, donne la *diéthylamine*.

$$C^4H^4HI \quad + C^4H^4AzH^3 = \quad (C^4H^4)^2AzH^3,HI.$$
Éther iodhydrique.   Éthylamine.   Iodhydrate de diéthylamine.

TRIÉTHYLAMINE. — La diéthylamine, régissant sur un autre équivalent d'éther iodhydrique, donnerait la *triéthylamine* $(C^4H^4)^3AzH^3$.

ACÉTAMIDE

644. Acétamide ($C^4H^2O^2AzH^5$) — L'acétamide est représentée par la combinaison de l'acide acétique avec l'ammoniaque, moins deux équivalents d'eau. C'est un corps cristallin, incolore, fondant à 18° et bouillant à 222°.

Préparation. — Pour préparer l'acétamide, on met dans une cornue de verre tubulée de l'acide acétique cristallisable, puis on le sature de gaz ammoniac sec et l'on distille ; il passe d'abord de l'eau ; on remplace le récipient quand la température dépasse 200°. On recueille alors de l'acétamide.

$$AzH^5HO,C^4H^3O^3 = 2HO + C^4H^2O^2AzH^5.$$

Acétate d'ammoniaque.   Eau.   Acétamide.

Au contact de l'eau, l'acétamide reprend H^2O^2, et reproduit l'acétate d'ammoniaque.

645. Alcools de la série grasse. — Dumas et Péligot ont, dans un travail sur l'esprit de bois (*alcool méthylique*), montré, en 1835, que l'alcool ordinaire est le type d'une série de composés aujourd'hui très nombreux. Les premiers termes sont :

L'alcool méthylique $C^2H^4O^2$.   L'alcool butylique $C^8H^{10}O^2$.
L'alcool éthylique $C^4H^6O^2$.   L'alcool amylique $C^{10}H^{12}O^2$.
L'alcool propylique $C^6H^8O^2$.   L'alcool caproïque $C^{12}H^{14}O^2$.

Ces alcools homologues, dont la formule générale est $C^{2n}H^{2n+2}O^2$, constituent les alcools de la *série grasse*. Ils reproduisent les réactions de l'alcool ordinaire ; ils donnent naissance à des *éthers*, à des *aldéhydes*, à des *acides*, à des *ammoniaques composées* et à des *amides* homologues de ceux de l'alcool.

646. — Alcools d'autres séries. — A côté des alcools de la série grasse, il existe des alcools appartenant à d'autres séries parallèles.

Dans la série dont la formule est $C^{2n}H^{2n-2}O^2$, nous trouvons le *camphre de Bornéo* $C^{20}H^{18}O^2$, alcool dont l'aldéhyde est le *camphre ordinaire* $C^{20}H^{16}O^2$.

Dans la série $C^{2n}H^{2n-6}O^4$, nous avons l'alcool *benzylique* $C^{14}H^8O^2$, dont l'aldéhyde est l'*essence d'amandes amères* $C^{14}H^6O^2$ et dont l'acide est l'*acide benzoïque* $C^{14}H^6O^4$, qui existe dans le *benjoin*.

CHAPITRE III

ALCOOLS POLYATOMIQUES

647. Alcool triatomique. — L'alcool ordinaire et les autres alcools que nous venons de citer contiennent H^2O^2, susceptibles d'être remplacés par un équivalent d'acide monobasique, comme l'acide acétique. M. Berthelot a établi, en 1854, que, dans la glycérine $C^6H^8O^6$, on peut remplacer trois fois H^2O^2 par $C^4H^4O^4$ et obtenir ainsi trois éthers : la monoacétine, la diacétine et la triacétine. La glycérine peut donc jouer trois fois le rôle d'alcool ; on l'a appelée, à cause de cette propriété, *alcool triatomique*, et les alcools dont nous avons parlé ont reçu le nom d'*alcools monoatomiques*.

648. Alcools diatomiques. — La découverte d'un alcool triatomique, la glycérine, jouant trois fois le rôle d'alcool monoatomique, faisait présumer l'existence d'alcools diatomiques, susceptibles de jouer deux fois le rôle d'alcool monoatomique. Wurtz a en effet démontré, en 1856, qu'il existe des alcools *diatomiques*, intermédiaires entre les alcools monoatomiques et la glycérine ; il les a nommés, pour rappeler ce double voisinage, des *glycols*.

On a découvert, depuis, des alcools *tétratomiques*, des alcools *pentatomiques* et des alcools *hexatomiques*.

GLYCÉRINE $C^6H^8O^6 = C^6H^2(H^2O^2)^3$

PROPRIÉTÉS DE LA GLYCÉRINE — ÉTHERS DE LA GLYCÉRINE — NITROGLYCÉRINE — DYNAMITE — CORPS GRAS NEUTRES — HUILES FIXES ET GRAISSES — SAPONIFICATION — ACIDES GRAS — BOUGIES STÉARIQUES — SAVONS

649. Historique. — La glycérine, découverte en 1779 par Scheele, a été étudiée par Chevreul, par Pelouze et enfin par M. Berthelot.

Scheele l'obtenait en chauffant de l'axonge avec de l'oxyde de plomb et de l'eau ; il agitait sans cesse le mélange, jusqu'à ce que la graisse fût complètement saponifiée. On obtient ainsi un savon à base de plomb insoluble, et l'eau surnageante contient la glycérine, avec un peu d'oxyde de plomb, que l'on précipite par un courant de gaz acide sulfhydrique. On filtre ensuite et l'on évapore.

Elle existe en grande quantité dans le commerce, où on l'obtient comme produit accessoire de la fabrication des bougies. Elle est pure, et n'a besoin que d'être concentrée, quand elle a été obtenue par la *saponification des corps gras* au moyen de la *vapeur d'eau surchauffée*.

650. Propriétés physiques. — La glycérine est un liquide incolore, de consistance sirupeuse, et de saveur sucrée. Sa densité à 15° est 1,264. Elle se solidifie au-dessous de 0°, et ne fond que vers 17°. Elle se dissout dans l'eau par l'agitation. Elle se mêle en toute proportion à l'alcool ; elle est peu soluble dans l'éther. Elle distille vers 280°. Cette distillation, qui est toujours accompagnée d'une décomposition partielle dans l'air, se fait mieux dans le vide.

Usages de la glycérine. — La glycérine est employée pure au pansement des plaies, excoriations, dartres ; elle agit comme calmant et siccatif. Mêlée à divers médicaments, elle remplace les cérats, les pommades et les huiles.

Elle est utilisée pour maintenir humide l'argile à modeler, les cuirs non tannés, les ciments, les mortiers, l'encollage des tisserands, etc.

651. Propriétés chimiques. — Soumise à l'action d'une température croissante, la glycérine se déshydrate, puis se décompose en divers produits parmi lesquels figure l'*acroléine* $C^6H^4O^2$, liquide d'une odeur irritante et d'une saveur brûlante qui prend à la gorge.

652. Action des acides. — Nous avons vu que dans l'alcool ordinaire on peut remplacer 4 vol. de vapeur d'eau par 4 vol. de vapeur d'acide acétique et obtenir ainsi un éther composé. Dans la glycérine, on peut répéter trois fois cette réaction et l'on obtient ainsi des éthers composés, contenant trois équivalents d'acide. C'est ce qui a fait considérer la glycérine comme un alcool triatomique (M. Berthelot).

$$C^6H^2(H^2O^2)^3 + 3(C^4H^4O^4) = C^6H^2(C^4H^4O^4)^3 + 6HO.$$
Glycérine.   Ac. acétique.   Triacétine.   Eau.

$$C^6H^2(H^2O^2)^3 + 3(C^8H^8O^4) = C^6H^2(C^8H^8O^4)^3 + 6HO.$$
Glycérine.   Ac. butyrique.   Tributyrine.   Eau.

$$C^6H^2(H^2O^2)^3 + 3(C^{36}H^{36}O^4) = C^6H^2(C^{36}H^{36}O^4)^3 + 6HO.$$
Glycérine.   Ac. s'éarique.   Tristéarine.   Eau.

$$C^6H^2(H^2O^2)^3 + 3(C^{32}H^{32}O^4) = C^6H^2(C^{32}H^{32}O^4)^3 + 6HO.$$
Glycérine.   Ac. margarique.   Trimargarine.   Eau.

$$C^6H^2(H^2O^2)^3 + 3(C^{36}H^{34}O^4) = C^6H^2(C^{36}H^{34}O^4)^3 + 6HO.$$
Glycérine.   Ac. oléique.   Trioléine.   Eau.

M. Berthelot a démontré que la *tristéarine*, la *trimargarine* et la *trioléine* sont identiques aux composés naturels que l'on rencontre dans les corps gras. La *tributyrine* est identique au composé que l'on rencontre dans le beurre ; la *triacétine* existe dans le fusain.

653. Nitroglycérine ou trinitrine $C^6H^2(HO,AzO^5)^3$. — Elle s'obtient en versant de la glycérine, goutte à goutte, dans un mélange d'acide sulfurique et d'acide azotique concentrés et refroidis ; au bout de quelques minutes d'agitation, on verse le tout dans 20 fois son poids d'eau froide ; la nitroglycérine se sépare, et se réunit au fond du vase. On décante l'eau et on lave la nitroglycérine jusqu'à ce que les eaux de lavage ne soient plus acides. 1 kilogramme de glycérine, versé dans un mélange de 2 kilogrammes d'acide azotique à 28° et de 5 kilogrammes d'acide sulfurique à 66°, en réagissant à une température qui ne dépasse pas 0°, donne un rendement de 140 pour 100.

C'est un liquide huileux, jaunâtre, insoluble dans l'eau ; il détone très violemment par le choc ou sous l'influence de la chaleur, et quelquefois spontanément ; ce qui en fait un corps très dangereux à manier.

Traitée par la potasse, la nitroglycérine redonne de la glycérine avec formation d'azotate de potasse. Cette réaction est analogue à celle que nous avons vue avec les éthers composés de l'alcool ordinaire.

654. Dynamite. — La dynamite est un mélange de nitroglycérine et d'une matière inerte : le sable, la brique pilée, etc. 75 parties de nitroglycérine et 25 parties de brique pilée ou de terre siliceuse (*kieselguhr*) donnent une dynamite qui ne s'enflamme pas, et qui ne détone pas en tombant. Elle détone par un choc, et surtout par l'explosion d'une capsule fulminante. Elle a été inventée en 1867 par A. Nobel, ingénieur suédois.

Sa grande vivacité d'action, et sa propriété de détoner sous l'eau, la rendent particulièrement précieuse dans l'exploitation des roches très dures ou fissurées, et dans les travaux en terrains aquifères, où la poudre de mine ordinaire ne donne que des résultats insuffisants ou nuls.

Cette poudre, qui coûte deux fois plus cher que la poudre de mine, perd ses avantages sur cette dernière quand la roche n'est pas dure, crevassée ou aquifère. La poudre ordinaire convient mieux dans ce cas et donne plus d'économie.

Le transport de la dynamite ne présente, d'ailleurs, guère plus de danger que celui de la poudre ordinaire. La fabrication de la nitroglycérine, qui lui sert de base, est seule d'une exécution délicate ; elle exige des ouvriers prudents et exercés.

CORPS GRAS NEUTRES

655. Propriétés générales. — On nomme *corps gras* des matières neutres, onctueuses au toucher, et laissant sur le papier une tache translucide qui ne disparaît pas sous l'influence de la chaleur.

Les corps gras sont moins denses que l'eau. Ils sont solubles dans l'alcool, l'éther et les essences.

Ils s'altèrent peu à peu au contact de l'air ; on dit alors qu'ils rancissent. Ils se décomposent sous l'influence de la chaleur.

Les *corps gras* solides aux températures ordinaires, sont plus ou moins mous ; on leur donne, suivant leur consistance, les noms de *beurre, graisse, suif*.

On appelle *huiles* les corps gras liquides à la température ordinaire. Les huiles s'extraient généralement des végétaux (huile d'olive, huile de colza). — Quelques-unes s'extraient des animaux (huiles de poisson).

On appelle *siccatives* les huiles qui, comme celles de lin, de noix, d'œillette, s'épaississent en absorbant l'oxygène de l'air ; elles sont utilisées pour la confection des vernis et des couleurs.

Les huiles *non siccatives*, comme l'huile d'olive, ne perdent pas leur fluidité en s'oxydant.

L'huile d'olive bien pure (huile vierge) est employée comme comestible. — L'huile d'olive ordinaire et l'huile de colza sont surtout employées pour l'éclairage.

Le suif est formé par la graisse des herbivores (moutons, bœufs). Il constitue la matière première de la fabrication des *chandelles;* le suif, fondu au bain-marie, est coulé dans des moules légèrement coniques, dans l'axe desquels on a tendu une mèche de coton.

L'*axonge*, employé en pharmacie, est de la graisse de porc fondue.

656. Constitution chimique des corps gras. — Oléine, margarine, stéarine. — Les corps gras naturels sont généralement des mélanges de plusieurs principes immédiats; c'est ce qu'on peut constater facilement de la manière suivante : quand on refroidit de l'huile d'olive à 0⁰, on la voit se solidifier; si alors on comprime, entre des feuilles de papier buvard, la matière pâteuse obtenue, on constate qu'elle se sépare en deux parties : l'une, solide, composée de petites lamelles blanches et nacrées (*margarine* ou *palmitine*) ; l'autre, liquide (*oléine*).

Les graisses comprimées de la même façon donnent de l'oléine liquide, et une matière solide qui, traitée par l'éther, se dédouble en *margarine* soluble, et fusible à 47⁰, et en *stéarine* insoluble, et ne fondant qu'à une température d'environ 62⁰.

Les corps gras contiennent tantôt deux de ces principes immédiats, comme l'huile d'olive (28 de margarine et 72 d'oléine), tantôt les trois principes, comme le suif de mouton, qui contient 20 d'oléine et 80 d'un mélange de stéarine et de margarine.

657. Saponification. — Les corps gras neutres sont, ainsi que nous l'avons dit, des éthers composés de la glycérine. Ils se dédoublent à une température élevée, sous l'influence de l'eau, en deux substances : l'une acide (*acide gras*) et l'autre neutre (*glycérine*). qui n'avaient besoin pour se régénérer que de fixer les éléments de l'eau. — La séparation est plus rapide quand on fait intervenir une base énergique capable de s'unir à l'acide, ou un acide fort susceptible de déplacer et de remplacer l'acide gras. Ce dédoublement du corps gras en acide et en glycérine, a reçu le nom de *saponification*, quelle que soit d'ailleurs la méthode employée pour le déterminer.

658. Acides gras. — L'acide varie avec le corps gras qui lui donne naissance.

On appelle acide *stéarique* l'acide que l'on retire de la *stéarine*,

    »   » *margarique* l'acide que l'on retire de la *margarine*,

    »   » *oléique* l'acide que l'on retire de l'*oléine*.

Ce dernier est liquide; les deux autres sont solides, blancs, cristallisés en aiguilles brillantes; ils brûlent à l'air avec une flamme très éclairante.

BOUGIES STÉARIQUES

659. Fabrication des bougies. — L'acide stéarique qui doit former la bougie est extrait du suif de bœuf. Le suif de mouton, plus dur et d'un prix plus élevé, est réservé pour la fabrication des chandelles.

Le suif est d'abord fondu dans une grande cuve en bois A (fig. 211),

Fig. 211. — Saponification de la graisse de bœuf par la chaux.

contenant de l'eau chauffée par la vapeur. Quand la fusion est complète, on y ajoute de la chaux délayée dans l'eau, et un agitateur mécanique *bc*, remue toute la masse. La chaux dédouble les corps gras en glycérine qui se dissout dans l'eau, et en acides gras qui forment des stéarates, margarates et oléates de chaux insolubles. On soutire alors le liquide, et l'on recueille le *savon calcaire*.

Ce savon pulvérisé est mis en suspension dans de l'eau acidulée par de l'acide sulfurique, et contenue dans une cuve semblable à la précédente. Sous l'influence d'une douce chaleur, l'acide sulfurique s'empare de la chaux pour former du sulfate de chaux qui se précipite au fond de la cuve; les acides gras devenus libres forment une couche huileuse à la surface du liquide. Cette couche, décantée et lavée, est coulée en pains de 3 à 4 kilogrammes.

On a obtenu dans cette opération un mélange des trois acides gras.

Pour en séparer l'acide oléique, on enveloppe le pain d'une grosse toile, et on le soumet à l'action d'une presse hydraulique, d'abord à froid, puis à chaud. Il reste finalement un mélange d'acide stéarique et d'acide margarique. Ces acides sont refondus et purifiés par plusieurs lavages à l'eau bouillante légèrement acidulée.

On coule les acides fondus dans un large entonnoir, d'où ils passent dans les moules (fig. 212), qui portent chacun dans leur axe une mèche

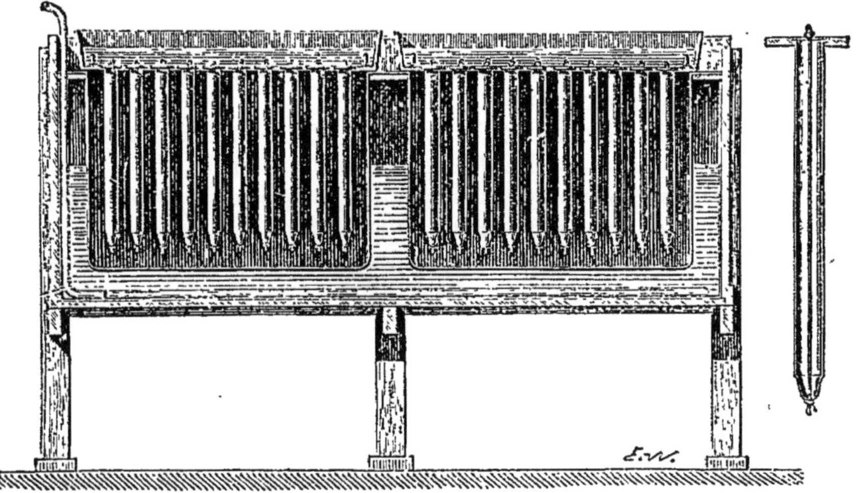

Fig. 212. — Fabrication des bougies stéariques.

de coton tressé *ab*, qu'on a eu la précaution de tremper dans une dissolution faible d'acide borique. Grâce au tressage, la mèche se recourbe dans la flamme, et va se consumer au contact de l'air; l'acide borique transforme les cendres en un verre fusible, de sorte que la bougie se mouche pour ainsi dire d'elle-même. — Les bougies, retirées des moules, sont blanchies par une exposition à la lumière et à l'humidité.

Quant à l'acide oléique, résidu de l'opération, il peut être utilisé pour la fabrication du savon.

L'industrie des bougies stéariques, aujourd'hui si répandue, doit son origine aux savantes recherches de Gay-Lussac et de Chevreul sur les corps gras. Elle constitue un progrès important sur l'éclairage par la chandelle de suif, qui, indépendamment de son odeur désagréable et de sa fumée, avait l'inconvénient d'être trop fusible et de ne donner qu'une lumière rougeâtre.

SAVONS

660. Composition. — Les savons sont obtenus en saponifiant les corps gras par des bases puissantes; ce sont de véritables sels : *oléates,* *margarates* et *stéarates*. Les savons à base de potasse et de soude sont seuls solubles; ils constituent les savons ordinaires. Les savons *mous* sont à base de potasse, les savons durs sont à base de soude.

Les acides décomposent les savons et s'emparent de la base.

Les sels, autres que ceux de potasse ou de soude, décomposent les savons solubles, en donnant par double décomposition un *savon insoluble*; c'est ce qui rend l'eau de puits, chargée de sulfate de chaux, impropre au savonnage.

661. Fabrication des savons. — Pour faire les savons durs, par exemple, on emploie des lessives faites avec la soude du commerce, rendue caustique par la chaux.

EMPATAGE. — Les lessives les plus faibles sont portées à l'ébullition avec de l'huile d'olive, mêlée d'un cinquième environ d'huile de lin. La saponification commence peu à peu (*empâtage*), et le savon mêlé d'un excès d'huile vient se rassembler à la surface.

RELARGAGE. — Pour continuer la saponification, ce qui exige des lessives concentrées, on soutire la lessive faible, et on la remplace par une lessive plus concentrée (*relargage*); on ajoute en dernier lieu une lessive chargée de sel marin.

CUITE. — La saponification s'achève pendant la *coction*; on fait bouillir le savon avec des lessives alcalines salées marquant 20 à 25°, renouvelées 4 fois, le savon, insoluble dans le sel marin, se contracte et se rassemble à la surface du liquide. La lessive soutirée laisse à sec le savon brut, coloré en bleu foncé presque noir, par des savons à base d'alumine et de fer mêlés aux autres impuretés, qui proviennent de la soude employée.

SAVON BLANC. — Pour obtenir du savon blanc avec ce savon brut, il suffit de le délayer dans une lessive très faible et chaude, qu'on laissera ensuite refroidir lentement. Le savon alumino-ferrugineux insoluble se précipite peu à peu, et la pâte parfaitement blanche qui surnage peut être coulée dans des moules.

SAVON MARBRÉ. — En délayant le savon brut dans une petite quantité de lessive, et refroidissant rapidement, on empêche la séparation du savon alumineux qui forme dans la pâte de larges veines bleuâtres. Ce savon est préféré au savon blanc, parce qu'il retient moins d'eau (25 à 30 pour 100 au lieu de 45 à 50).

SAVON NOIR. — Le savon noir est un savon mou, qu'on prépare, dans le Nord, avec la potasse et des huiles de chènevis, de lin ou de colza.

REMARQUE. — Un bon savon doit se dissoudre dans l'alcool bouillant sans laisser plus de 1 pour 100 de résidu.

On dose l'eau en mettant à l'étuve, dans une capsule tarée, 10ᵍʳ de savon en minces copeaux; on chauffe graduellement jusqu'à 110°. La perte de poids donne le poids de l'eau

CHAPITRE IV

ACIDES CORRESPONDANT AUX ALCOOLS POLYATOMIQUES

662. Acides polybasiques. — On ne connaît pas l'acide tribasique correspondant à la glycérine, mais on connaît l'acide *oxalique* bibasique qui correspond au glycol, l'acide *tartrique*, acide bibasique et alcool diatomique, et l'acide *citrique*, acide tribasique et alcool monoatomique, qui correspondent à des alcools tétratomiques encore inconnus.

ACIDE OXALIQUE ($C^4H^2O^8 + 4HO$)

ÉTAT NATUREL — SEL D'OSEILLE — EMPLOI COMME RONGEANT

663. État naturel. — L'acide oxalique existe dans la nature. On le rencontre dans l'oseille à l'état de bioxalate de potasse (*sel d'oseille*). Il existe à l'état d'oxalate de soude, dans les plantes marines qui servent à l'extraction de la soude; à l'état d'oxalate de chaux, dans certains lichens et dans quelques calculs urinaires.

664. Extraction, préparation. — Pour extraire l'acide oxalique de l'oseille, on pile la plante dans un mortier, puis on la soumet à l'action de la presse. Le jus verdâtre obtenu est décoloré par de l'argile, puis filtré et évaporé; il laisse déposer des cristaux de sel d'oseille, qu'on peut purifier par plusieurs cristallisations. Pour retirer l'acide oxalique de ce sel, on le dissout, puis on le traite par l'acétate de plomb. L'oxalate de plomb précipité, et bien lavé, est ensuite traité par l'acide sulfurique ou l'acide sulfhydrique. Le plomb reste à l'état de composé insoluble; la liqueur contient l'acide oxalique qui cristallise par évaporation.

On prépare artificiellement l'acide oxalique en traitant une partie de sucre ou d'amidon, par 7 à 8 fois son poids d'acide azotique et 10 fois son poids d'eau. Quand la réaction est terminée, la liqueur, en se refroidissant, laisse déposer l'acide oxalique. On prépare *industriellement* l'acide oxalique en chauffant de la sciure de bois avec un mélange de potasse, de soude et de chaux. Il se forme de l'oxalate de chaux, qui, séparé des carbonates alcalins, et décomposé par l'acide sulfurique, donne l'acide oxalique. Les carbonates alcalins traités par la chaux, reproduisent les alcalis libres qui serviront pour une nouvelle opération.

665. Acide bibasique. — L'acide oxalique $C^4H^2(O^4)(O^4)$ peut être regardé comme le produit de deux oxydations successives du glycol, dans chacune desquelles 4 vol. de vapeur d'eau du glycol sont remplacés par 4 vol. d'oxygène. Il joue deux fois le rôle d'acide monobasique; il forme, avec les bases, des sels acides et des sels neutres; il donne, avec les alcools, des éthers acides et des éthers neutres.

666. Propriétés physiques. — L'acide oxalique est un corps solide, incolore, d'une saveur aigre et piquante. Il est soluble dans l'eau, surtout à chaud, et cristallise en prismes obliques à base rectangle.

667. Propriétés chimiques. — Soumis à l'action de la chaleur, il fond dans son eau de cristallisation, et perd ensuite quatre équivalents d'eau. Si l'on continue à chauffer, il se volatilise en se décomposant partiellement en acide carbonique et oxyde de carbone.

L'acide sulfurique concentré et chaud lui enlève toute son eau, et par suite le décompose en volumes égaux d'oxyde de carbone et d'acide carbonique. — Nous avons utilisé cette réaction dans la préparation de l'oxyde de carbone (250).

L'acide oxalique est un réducteur énergique. Il décompose l'acide azotique sous l'influence de la chaleur, et lui enlève de l'oxygène en passant à l'état d'acide carbonique.

En dissolution, il réduit le chlorure d'or, avec dégagement d'acide carbonique et dépôt d'or métallique.

A la dose de 15 à 20 grammes, l'acide oxalique est un poison énergique.

668. Usages. — L'acide oxalique est employé comme *rongeant* dans les fabriques d'indienne. Il sert pour enlever les taches d'encre sur le linge et pour nettoyer le cuivre. — La dissolution d'acide oxalique dissout le bleu de Prusse et donne une belle encre bleue. — En médecine, on emploie l'acide oxalique pour faire des pastilles rafraîchissantes.

Le bioxalate de potasse peut souvent remplacer l'acide oxalique pour enlever, par exemple, les taches de rouille.

L'oxalate d'ammoniaque est employé comme réactif pour reconnaître la présence des sels de chaux, grâce à l'insolubilité de l'oxalate de chaux.

ACIDE TARTRIQUE ($C^8H^6O^{12}$)

TARTRE — CRÈME DE TARTRE — ACIDE RACÉMIQUE — ACIDE TARTRIQUE DROIT — ACIDE TARTRIQUE GAUCHE — EMPLOI POUR LA PRÉPARATION DE L'EAU DE SELTZ — SEL DE SEIGNETTE (PURGATIF) — ÉMÉTIQUE

669. Acide tartrique. — L'acide tartrique peut être regardé comme un acide bibasique et un alcool diatomique, $C^8O^8O^{12} = C^8H^2(H^2O^2)^2(O^4)(O^4)$. Il dérive d'un alcool tétratomique $C^8H^{10}O^8$.

670. État naturel, extraction. — L'acide tartrique existe à l'état de bitartrate de potasse ou de chaux, dans le jus des raisins et de quelques autres fruits. — La croûte saline (*tartre*) qui se dépose dans les tonneaux où l'on conserve le vin, n'est autre chose que du bitartrate de potasse (*crème de tartre*), plus ou moins mêlé de matières colorantes.

Pour obtenir ce sel pur, on dissout le tartre dans l'eau bouillante, on le mêle avec un peu d'argile, qui s'empare de la matière colorante, et l'on filtre ; le liquide incolore laisse déposer le sel en se refroidissant.

Pour extraire l'acide tartrique du bitartrate de potasse, on dissout ce sel dans l'eau bouillante, puis on y ajoute du carbonate de chaux ; il se forme alors du tartre de chaux qui se précipite, et du tartrate neutre de potasse qui reste en dissolution. On décompose le tartrate neutre de potasse en ajoutant à la liqueur du chlorure de calcium ; tout l'acide tartrique se trouve précipité à l'état de tartrate de chaux. Ce tartrate de chaux lavé est traité par l'acide sulfurique étendu ; il se forme du sulfate de chaux insoluble, et l'acide tartrique est mis en liberté. Cette liqueur filtrée et évaporée laisse déposer de l'acide tartrique qu'on purifie par de nouvelles cristallisations.

671. Acide racémique. — L'acide tartrique ainsi obtenu est dextrogyre. M. Kestner a extrait de certains raisins des Vosges un acide de même composition que l'acide tartrique, mais dénué de pouvoir rotatoire. Ce nouvel acide, appelé acide *racémique*, a été dédoublé par M. Pasteur en deux acides isomères, l'acide *tartrique droit* (dextrogyre), et l'acide *tartrique gauche* (lévogyre).

672. Propriétés. — L'acide tartrique est un corps solide, il cristallise en prismes obliques à base rhombe. Il se dissout facilement dans l'eau et lui communique une saveur acide agréable. — La dissolution d'acide tartrique agit sur la lumière *polarisée :* elle dévie à droite le plan de polarisation.

Sous l'influence de la chaleur, l'acide tartrique fond, puis perd deux équivalents d'eau, et devient anhydre. Sous l'influence d'une température plus élevée, il perd de l'eau et de l'acide carbonique, en se transformant en acide pyrotartrique :

$$2(C^8H^4O^{10},2HO) = C^{20}H^6O^6 2HO + 6CO^2 + 4HO.$$

Ac. tartrique.   Ac. pyrotartrique. Ac. carbonique. Eau.

Calciné au contact de l'air, l'acide tartrique se boursoufle, s'enflamme, et brûle en répandant une odeur de caramel.

Les corps oxydants le décomposent à une température peu élevée.

L'acide tartrique peut se combiner avec un ou deux équivalents de base, remplaçant un ou deux équivalents d'eau. Il forme ainsi des sels dont la formule est :

$$MO,HO,C^8H^4O^{10} \text{ tartrates acides.}$$
$$2MO,C^8H^4H^{10} \text{ tartrates neutres.}$$

673. Usages. — L'acide tartrique est employé dans les laboratoires comme réactif des sels de potasse, grâce à la faible solubilité du bitartrate de potasse.

Dans les fabriques d'indienne, on emploie l'acide tartrique aux mêmes usages que l'acide oxalique. On se sert aussi de la crème de tartre comme mordant.

L'acide tartrique est employé pour faire des boissons rafraîchissantes. On obtient une bonne limonade avec 2 grammes d'acide tartrique, 100 grammes de sucre et quelques gouttes d'essence de citron. L'acide tartrique et le bicarbonate de soude servent à la fabrication de l'eau de Seltz.

Le Sel de Seignette est un tartrate double de potasse et de soude ; on l'obtient en faisant bouillir 200ᵍʳ de crème de tartre (bitartrate de potasse) avec 150ᵍʳ de carbonate de soude cristallisé et 650ᵍʳ d'eau ; on obtient par refroidissement des prismes droits à base rhombe. Il est employé en médecine comme purgatif,

L'Émétique est un tartrate double de potasse et d'antimoine ; on l'obtient en faisant bouillir pendant une heure 120ᵍʳ de crème de tartre avec 100ᵍʳ d'oxyde d'antimoine et 1 litre d'eau. C'est un vomitif très énergique à petite dose (0ᵍʳ,05). A plus forte dose, 0ᵍʳ,15 à 0ᵍʳ,50, c'est un véritable poison.

ACIDE CITRIQUE ($C^{12}H^8O^{14}$)

CITRONS — ORANGES — GROSEILLES — CERISES — EMPLOI EN MÉDECINE
LIMONADE ROGER

674. État naturel, préparation. — Cet acide, que l'on peut regarder comme alcool monoatomique et acide tribasique, a été découvert par Scheele en 1784 ; il existe dans les citrons, les oranges, les groseilles, les cerises, etc. On le prépare à l'aide du jus de citron qu'on laisse fermenter, puis qu'on sature par la craie et la chaux ; le précipité de citrate de chaux lavé est décomposé par l'acide sulfurique étendu.

La synthèse de l'acide citrique, indiquée par Glutz et Fischer, a été réalisée par MM. Grimaux et Adam.

675. Propriétés. — Il cristallise en prismes droits à base rhombe, solubles dans moins de leur poids d'eau froide. La dissolution se couvre peu à peu de moisissures. Elle ne trouble pas l'eau de chaux à froid, elle la trouble à l'ébullition. C'est un acide tribasique.

Action de la chaleur. — Il fond lorsqu'on le chauffe, et perd l'eau à 175°, en se transformant en acide *aconitique*, identique à celui que l'on extrait de la plante appelée *aconit*.

$$C^{12}H^8O^{14} = C^{12}H^6O^{12} + H^2O^2$$

Ac. citrique.   Ac. aconitique.   Eau.

676. Applications. — On utilise, en médecine, le citrate de magnésie (limonade Roger) et le citrate double d'ammoniaque et de sesquioxyde de fer.

CHAPITRE V

ALCOOLS HEXATOMIQUES — ALDÉHYDE HEXATOMIQUE : GLUCOSE — GLUCOSIDES : SUCRE ORDINAIRE — FÉCULE — AMIDON — DEXTRINE — CELLULOSE — ANALYSE DE LA FARINE — PANIFICATION

ALCOOLS HEXATOMIQUES

677. Alcools hexatomiques. — On connaît deux alcools hexatomiques : la *mannite*, qui constitue la plus grande partie de la manne sécrétée par divers frênes, et la *dulcite*, qui s'extrait d'une manne de Madagascar. Ils ont pour formule $C^{12}H^{14}O^{12} = C^{12}H^2(H^2O^2)^6$.

678. Glucose ($C^{12}H^{12}O^{12}$). — Le glucose, qui ne diffère de la mannite que par deux équivalents d'hydrogène en moins, et qui, par l'action des corps hydrogénants, reproduit la mannite, peut être regardé comme l'aldéhyde de cet alcoool hexatomique; il représente en même temps un alcool pentatomique $C^{12}H^{12}O^{12} = C^{12}H^2(H^2O^2)^5(O^2)$. Il est, comme l'aldéhyde ordinaire, caractérisé par des propriétés réductrices énergiques.

679. État naturel. — Le glucose existe dans le miel, et à la surface de certains fruits secs, tels que les pruneaux, les raisins secs; il se trouve en quantité notable dans l'urine des personnes atteintes de la maladie du *diabète*.

680. Préparation. — On prépare le glucose :

1° Par l'acide sulfurique étendu. En faisant réagir de l'acide sulfurique très étendu sur la fécule à la température de l'ébullition, la fécule se transforme d'abord en dextrine, puis en glucose. Quand la transformation est complète, ce que l'on reconnaît à ce que la liqueur refroidie ne se colore plus par l'iode, et ne précipite plus par l'alcool, on sature l'acide par de la craie, qui détermine un précipité de sulfate de chaux; on filtre à travers du noir en grains. La liqueur, évaporée jusqu'à ce qu'elle marque 45° Baumé, donne par le refroidissement le glucose en masse. Si l'on avait moins concentré la liqueur, elle aurait pu, en se refroidissant lentement dans des tonneaux, donner le glucose granulé, qui est plus pur que le glucose en masse.

2° Par l'orge germé. L'orge germé, mis en suspension avec de l'amidon, dans de l'eau chauffée d'abord à 50°, puis à environ 70°, détermine la transformation de l'amidon en dextrine, et ensuite en glucose. Cette transformation est due à l'influence d'un principe appelé *diastase*, qui s'est développé pendant la germination de l'orge.

3° Glucose du miel. On extrait enfin le glucose du *miel* : on délaye celui-ci avec de l'alcool froid qui dissout le *lévulose* sirupeux sans attaquer sensiblement les cristaux de glucose. On exprime le liquide à la presse, et l'on dissout ensuite le glucose dans l'alcool bouillant.

681. Propriétés. — Le glucose, ou sucre d'amidon, est une matière d'un blanc jaunâtre, que l'on trouve dans le commerce, en masse soit amorphe molle, soit confusément cristallisée. Sa saveur est moins sucrée que celle du sucre ordinaire. Il est soluble dans l'eau et dans l'alcool. Sa dissolution dévie à droite le plan de polarisation de la lumière. Sa formule est $C^{12}H^{12}O^{12} + 2HO$. Il peut fermenter.

La chaleur le transforme en caramel. — L'acide azotique l'oxyde en donnant de l'acide *oxalique* et de l'acide *saccharique*.

Il se combine avec les bases énergiques.

Le glucose réduit facilement les sels de cuivre, et en précipite du sous-oxyde de cuivre. On a tiré de cette réaction un moyen de le distinguer du sucre ordinaire : on fait une liqueur d'épreuve (*liqueur de Barreswil*) avec du bitartrate de potasse, de la potasse et du sulfate de cuivre, mélangés en proportion convenable. Pour reconnaître si un sucre contient du glucose, il suffit de porter à l'ébullition une certaine quantité de cette liqueur, et d'y ajouter le sucre à essayer. S'il contient du glucose, on verra la liqueur se troubler, et bientôt laisser déposer un précipité rouge de sous-oxyde de cuivre (Cu^2O).

682. Usages. — Le glucose est employé pour la fabrication de la bière et de l'alcool, ainsi que pour l'amélioration des vins faits avec des raisins insuffisamment mûrs.

683. Lévulose $(C^{12}H^{12}O^{12})$. — Le lévulose ou sucre de fruits se rencontre dans le raisin, la groseille, etc. Il cristallise très difficilement. Sa dissolution dévie à gauche le plan de polarisation de la lumière.

684. Sucre interverti. — Le sucre interverti est un mélange de glucose et de lévulose à équivalents égaux. Il se produit lentement, quand on soumet une dissolution de sucre ordinaire à une ébullition prolongée. Les acides énergiques, étendus, déterminent très rapidement cette transformation à la température de l'ébullition.

Les ferments agissent comme les acides étendus. Le sucre interverti est lévogyre ; il fermente directement au contact de la levure de bière. Il réduit les sels d'argent ; cette propriété est utilisée pour argenter le verre.

$$C^{24}H^{22}O^{22} + H^2O^2 = C^{12}H^{12}O^{12} + C^{12}H^{12}O^{12}$$
Sucre ordinaire.   Eau.   Glucose.   Lévulose.

SUCRE ORDINAIRE $(C^{24}H^{22}O^{22})$

SUCRE CANDI — SUCRE D'ORGE — CARAMEL — INTERVERSION DU SUCRE — EXTRACTION DU SUCRE DE LA CANNE A SUCRE — EXTRACTION DU SUCRE DE BETTERAVE — RAFFINAGE.

Composition. — Le sucre ordinaire peut être regardé comme formé d'équivalents égaux de glucose et de lévulose, avec perte de deux équivalents d'eau, $C^{24}H^{22}O^{22} = C^{12}H^{10}O^{10}.C^{12}H^{12}O^{12}$.

685. Propriétés. — Le sucre ordinaire est un corps solide, blanc, inodore, et dont la densité est environ 1,6. Il est soluble dans la moitié de son poids d'eau froide, et en toute proportion dans l'eau bouillante. Cette dissolution, concentrée, abandonne par refroidissement des prismes droits à base rhombe qui constituent le *sucre candi*.

Évaporée rapidement, la dissolution concentrée de sucre se prend par refroidissement en une masse *amorphe* et transparente, connue sous le nom de *sucre d'orge*, ainsi nommé parce qu'autrefois on employait pour le faire une décoction d'orge. Le sucre d'orge perd peu à peu sa transparence et repasse à l'état de sucre *cristallisé*.

Chauffé vers 220°, le sucre perd quatre équivalents d'eau, et se transforme en un corps brun ($C^{24}H^{18}O^{18}$), le *caramel*. A une température plus élevée, il se décompose complètement, et laisse comme résidu du charbon pur, très léger. — L'action prolongée de la chaleur sur le sucre en dissolution, le dédouble, avec fixation d'eau, en *sucre interverti*, mélange de glucose ($C^{12}H^{12}O^{12}$), *dextrogyre* et de lévulose ($C^{12}H^{12}O^{12}$) *lévogyre*. Les acides étendus déterminent très rapidement cette transformation. Ce n'est qu'après avoir ainsi pris deux équivalents d'eau, que le sucre ordinaire commence à fermenter.

L'acide azotique décompose le sucre en donnant de l'acide oxalique.

Le sucre ordinaire se comporte comme un acide avec les bases énergiques, telles que la potasse, la chaux et l'oxyde de plomb. Il produit des sels qu'on appelle des sucrates.

686. État naturel. — Le sucre ordinaire existe tout formé dans la canne à sucre, dans la betterave, dans la sève de l'érable, du bouleau, et dans tous les sucs végétaux qui ne contiennent pas d'acide libre. On l'extrait de la canne à sucre ou de la betterave.

687. Extraction du sucre de canne. — Les tiges de la canne à sucre sont soumises à une pression graduée, entre des cylindres qui en expriment tout le jus. Le ligneux (*bagasse*) qui sort des cylindres est employé comme combustible.

Défécation. — Le jus ou *vesou* est chauffé dans une première chaudière avec un peu de chaux éteinte; cette base se combinant avec les matières albuminoïdes et colorantes, forme des produits insolubles qui s'élèvent à la surface en écume épaisse. Cette opération constitue la *défécation*.

Cuite. — Le jus ainsi clarifié est décoloré par le noir animal, puis concentré dans des chaudières à double fond, où l'on peut raréfier l'air, de manière à activer l'évaporation sans trop élever la température. On évite ainsi les pertes qui résulteraient de la transformation d'une grande partie du sucre ordinaire en sucre interverti, sous l'influence d'une chaleur prolongée.

Cristallisation. — Quand la concentration est suffisante, on met le sirop à cristalliser dans des tonneaux percés de trous, qui sont d'abord bouchés. Le sucre se précipite par refroidissement en petits cristaux qui constituent le sucre brut ou *cassonnade*. Le liquide qui s'écoule au moment où l'on débouche les ouvertures est soumis à de nouvelles cuites et à de nouvelles cristallisations.

688. Mélasses. — Les portions de sirop qui se refusent à toute nouvelle cristallisation sont connues sous le nom de *mélasses;* on les utilise pour la fabrication du rhum et d'autres liqueurs. La proportion de mélasse, c'est-à-dire de sucre rendu incristallisable par la cuisson, est d'autant plus petite, que l'opération s'est faite à plus basse température.

L'extraction du sucre de canne est une des plus grandes sources de richesse des Colonies, des Indes et de l'Amérique.

689. Extraction du sucre de betterave. — La betterave blanche, ou betterave de Silésie, fournit le jus le plus riche et le plus facile à extraire; elle contient environ 10 pour 100 de son poids de sucre.

Ces betteraves, nettoyées et bien lavées, sont soumises à l'action d'une râpe mécanique qui les réduit en pulpe. Cette pulpe, introduite dans des sacs de laine, est comprimée à l'aide d'une presse hydraulique qui en extrait la plus grande partie du jus. Ce jus est immédiatement soumis à la défécation. Il est ensuite décoloré par filtration à travers du noir animal en grains, et chauffé par la vapeur dans les chaudières de *cuite*, où l'air est raréfié. Quand la concentration est suffisante, on laisse refroidir jusqu'à ce que la cristallisation commence, et l'on verse alors le liquide dans des moules de forme conique reposant sur leur pointe, percée d'un trou préalablement bouché avec un tampon de linge. Au bout d'environ deux jours, on enlève le tampon pour laisser égoutter les mélasses. On retourne ensuite le moule et l'on détache le sucre.

L'extraction du sucre de betterave est une des grandes industries du nord et du nord-est de la France.

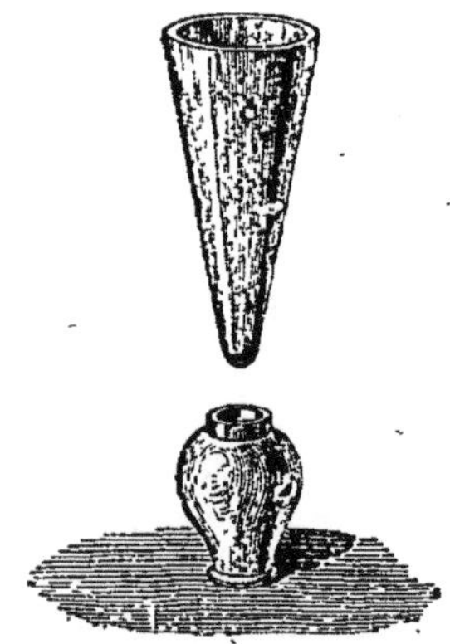

Fig. 213. — Forme à sucre.

CLAIRÇAGE. — On diminue la coloration du sucre brut par le clairçage, qui consiste à verser à la partie supérieure du pain de sucre, de la *claire* ou sirop saturé qui, ne pouvant plus dissoudre de sucre, entraîne les matières étrangères.

690. Raffinage. — Pour avoir du sucre parfaitement blanc, il faut le soumettre au *raffinage*. Cette opération consiste à dissoudre à chaud le sucre de canne, ou le sucre de betterave, ou un mélange de ces deux sucres, dans 50 pour 100 de leur poids d'eau. Une fois la dissolution effectuée, on clarifie la liqueur en y ajoutant 5 pour 100 de noir animal en poudre et 2 pour 100 de sang de bœuf. On procède ensuite à une filtration sur du noir animal en grain, et enfin à la cuite.

Le sirop convenablement concentré est reçu dans des moules coniques (fig. 213) dont la pointe placée en bas est percée d'une petite ouverture. Au moment où la cristallisation commence, on agite le liquide, afin que la solidification se fasse bien également en tous les points. Après la cristallisation et l'égouttage, on procède au *terrage*, qui consiste à placer à la partie supérieure du pain de sucre une bouillie d'argile, dont l'eau, filtrant à travers le sucre, entraîne le sirop coloré qui s'écoule au dehors. Deux terrages suffisent pour rendre le sucre parfaitement blanc.

DEXTRINE ($C^{24}H^{20}O^{20}$)

APPRÊT DES TISSUS — BOISSONS MUCILAGINEUSES — BANDES AGGLUTINATIVES

694. Préparations. — On prépare la dextrine :

1° CHALEUR SEULE. — En portant l'amidon à une température de 200°.

2° ACIDES ÉTENDUS. — En chauffant à 100° la fécule avec de l'eau et de l'acide sulfurique étendu.

3° ORGE GERMÉ. — L'orge germé mis en suspension avec de l'amidon dans de l'eau, à la température d'environ 70°, détermine la transformation de l'amidon en dextrine. Ce résultat est dû à l'influence d'un principe particulier appelé *diastase*, qui s'est développé dans la germination de l'orge. Il faut avoir soin d'arrêter l'opération dès que la liqueur refroidie ne se colore plus en bleu par l'iode : une action prolongée transformerait la dextrine en glucose.

692. Propriétés. — La dextrine peut être regardée comme résultat de la combinaison de deux glucoses avec perte d'eau. C'est une substance d'un blanc jaunâtre, soluble dans l'eau, et formant avec elle une matière agglutinante analogue à la gomme. Elle doit son nom à la propriété qu'elle possède de dévier à droite le plan de polarisation de la lumière. La dextrine donne avec l'iode une coloration rouge fauve. Sous l'influence des acides étendus, elle s'empare de quatre équivalents d'eau et se convertit en *glucose* ($C^{12}H^{12}O^{12}$).

693. Usage. — La dextrine est employée dans les arts pour l'apprêt des tissus, pour le gommage des couleurs, pour préparer des boissons mucilagineuses et des bandes agglutinatives employées en chirurgie.

FÉCULE, AMIDON ($C^{36}H^{30}O^{30}$)

MATIÈRE AMYLACÉE — EMPOIS — TRANSFORMATION EN DEXTRINE, EN GLUCOSE, PUIS EN ALCOOL — EXTRACTION DE LA FÉCULE DE POMME DE TERRE — EXTRACTION DE L'AMIDON DU BLÉ.

694. Propriétés. — On appelle substance amylacée une matière formée de petits granules ovoïdes (fig. 214 et 215), insolubles dans l'eau froide, et qui gonflent (fig. 216) dans l'eau bouillante en formant l'*empois*. — L'iode colore cette matière en *bleu*. Cette réaction est caractéristique. La coloration disparaît à la température de 90° et reparaît par refroidissement.

— La matière amylacée prend le nom de *fécule*, lorsqu'on la retire de la pomme de terre ; on lui donne le nom d'*amidon*, lorsqu'elle provient des céréales (froment, seigle, orge, maïs, riz), ou des légumineuses (haricots, lentilles, pois, etc.).

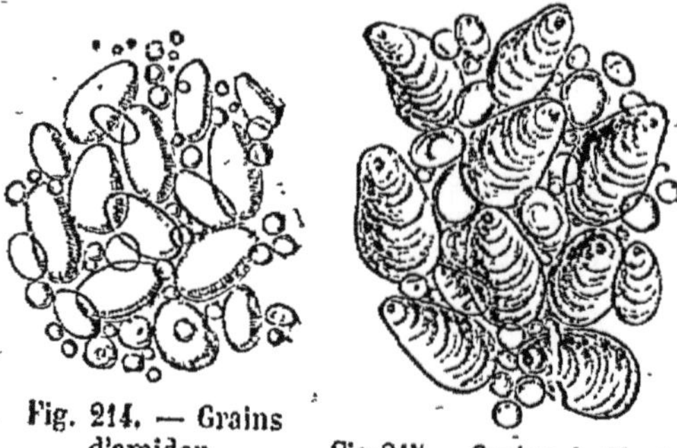

Fig. 214. — Grains d'amidon

Fig. 215. — Grains de fécule.

Chauffé à 200°, l'amidon se transforme en une substance de même composition élémentaire, mais soluble dans l'eau, et qu'on appelle *dextrine* (691). L'acide sulfurique étendu d'eau change l'amidon d'abord en dextrine, puis en glucose (680) employé pour la fabrication de l'alcool d'industrie (*alcool de pomme de terre, alcool de grains*).

Les alcalis transforment, à la température ordinaire, l'amidon et la fécule en empois.

Traité par l'acide azotique à la température de l'ébullition, l'amidon donne de l'acide oxalique.

Fig. 216. — Grain de fécule gonflé par l'eau.

695. Extraction de la fécule de pomme de terre. — Les tubercules sont lavés, puis soumis à l'action d'une râpe (fig. 217) qui les réduit en pulpe. La pulpe tombe sur un tamis, où un courant d'eau continu détermine la séparation entre la fécule qui passe à travers le tamis, et les débris de cellule qui restent sur la toile. Les grains de fécule, entraînés par l'eau, sont reçus dans des cuves où ils

Fig. 217. — Extraction de la fécule de pomme de terre.

se déposent. Cette fécule, bien lavée, est mise à égoutter sur du plâtre, qui en absorbe l'humidité. On la dessèche en l'exposant d'abord à un courant d'air froid, puis à un courant d'air chaud.

696. Extraction de l'amidon du blé. — Le blé renferme de l'amidon avec une substance azotée qu'on appelle gluten. L'extraction de l'amidon du blé peut s'obtenir par deux procédés différents :

1° Traitement des farines avariées. — On délaye les farines dans des eaux *sures* ayant déjà servi à d'autres opérations. Au bout d'un certain temps, une fermentation se développe, le gluten se détruit, tandis que l'amidon se dépose au fond des cuves. Le dépôt lavé et tamisé est ensuite séché, d'abord à l'air libre, puis à l'air chaud. — Ce procédé est bon pour les farines avariées; appliqué aux bonnes farines, il a l'inconvénient de détruire le gluten, qui pourrait être utilisé. Il donne, dans tous les cas, des émanations fétides et insalubres.

2° Traitement des bonnes farines. — On en retire l'amidon en les délayant avec de l'eau, de manière à en former une pâte que l'on soumet à un lavage méthodique, dans un pétrin garni de toiles métalliques. L'eau et l'amidon passent à travers les toiles, et il reste du gluten, que l'on emploie pour la confection du vermicelle, des pâtes d'Italie, etc.

CELLULOSE ($C^{48}H^{40}O^{40}$)

FIBRES VÉGÉTALES : LIN — CHANVRE — COTON — PAPIER — VIEUX LINGE
PARCHEMIN VÉGÉTAL — COTON-POUDRE — COLLODION

697. Propriétés. — La cellulose est une substance blanche, solide insoluble dans l'eau, l'alcool, l'éther et les huiles fixes ou volatiles.

Elle forme les parois des cellules et des vaisseaux de toutes les plantes (fig. 218). La cellulose est à peu près pure dans le *coton*, le *papier*, le *vieux linge* et toutes les fibres qui ont subi de nombreux lavages.

Les acides et les alcalis étendus sont sans action sur la cellulose.

L'acide sulfurique concentré transforme à froid la cellulose en un corps isomère, soluble dans l'eau, appelé *dextrine ;* une action plus prolongée transforme la dextrine en *glucose* (692).

Pour faire l'expérience, on traite de la charpie par de l'acide sulfurique concentré. La matière noircit et devient gommeuse. Au bout de 24 heures, on sature l'acide sulfurique par de la craie, puis on filtre et l'on évapore. La liqueur fournit du glucose.

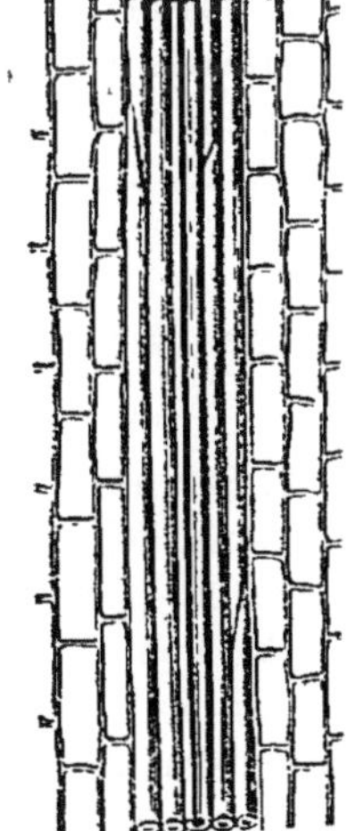

Fig. 218.— Cellulose.

698. Parchemin végétal. — On obtient le *parchemin végétal* en passant rapidement du papier à filtre sur de l'acide sulfurique étendu de moitié de son volume d'eau, et lavant ensuite.

669. Coton-poudre. — Traité par l'acide azotique concentré, le coton se transforme en un produit explosif, le *coton-poudre*.

Pour préparer le coton-poudre, on fait un mélange à équivalents égaux d'acide azotique et d'acide sulfurique concentrés, puis, lorsque le liquide est refroidi, on y plonge du coton. Après une immersion de 15 minutes, on l'enlève, on le lave à grande eau, et on le fait sécher avec précaution.

Le coton-poudre est du coton dans lequel de l'eau a été remplacée par de l'acide azotique.

$$C^{48}H^{40}O^{40} + 10AzO,HO = C^{48}H^{20}O^{20}(AzO^5.HO)^{10} + 20HO.$$

Coton.   Ac. azotique.   Coton-poudre.   Eau.

700. Collodion. — On peut avoir, par l'action d'un mélange d'acide sulfurique et de nitre sur le coton, un autre composé : $C^{48}H^{24}O^{24}(AzO^5,HO)^8$.

Ce dernier, dissous dans l'éther, constitue le *collodion* employé en chirurgie et surtout en photographie ; c'est un liquide sirupeux qui, étendu sur un corps, laisse, par suite de l'évaporation de l'éther, une pellicule adhérente, insoluble dans l'eau.

Blanchiment de la cellulose. — La cellulose est attaquée par les *dissolutions concentrées* de chlore ou d'hypochlorite alcalin ; elle subit alors une véritable combustion. Aussi ne doit-on employer que des *dissolutions étendues*, dans le blanchiment des tissus par le chlore ou les hypochlorites.

La cellulose est soluble dans la dissolution ammoniacale d'oxyde de cuivre : on pourra toujours la reconnaître à ce caractère.

701. Usages. — La cellulose constitue les fibres végétales et tout le squelette des plantes ; c'est avec elle que l'on fabrique les tissus de chanvre, de lin et de coton, ainsi que le papier.

FARINE

ANALYSE DE LA FARINE : AMIDON. — ALBUMINE — GLUTEN — FIBRINE
CASÉINE — PANIFICATION.

702. Farines. — **Gluten.** — La farine est le produit de la mouture des grains, débarrassé par un tamisage de la partie corticale (*son*).

La farine pure est d'un blanc mat, elle est douce au toucher, et forme une pâte liante.

Analyse de la farine. — Quand on malaxe, sous un mince filet d'eau, une pâte consistante faite avec de la farine de froment, l'eau entraîne l'*amidon* (fig. 219) et une matière soluble identique à l'*albumine* (**734**) du blanc d'œuf. Il reste une substance d'un gris jaunâtre appelée *gluten*.

Le gluten, soumis à l'action de l'alcool bouillant, fournit comme résidu une matière identique à la *fibrine* (**735**) de la fibre musculaire ; l'alcool a dissous un corps qu'il abandonne, par le refroidissement, sous forme de masse blanche identique à la *caséine* (736) du lait.

Ces trois substances, qui jouent un rôle essentiel dans la nutrition des animaux, font du pain l'aliment par excellence.

703. Gluten. — Le gluten s'obtient, comme nous venons de le dire, en malaxant sous un mince filet d'eau la pâte formée avec la farine. C'est une substance éminemment, plastique qui joue un rôle important dans la panification. C'est elle qui donne à la pâte, son élasticité, et lui permet de lever. On ajoute souvent du gluten aux farines ordinaires, pour faire les pâtes alimentaires.

A l'air humide, le gluten se gonfle, se ramollit et se putréfie ; c'est à cette altérabilité que sont dues les altérations de la farine ; l'amidon n'éprouve aucun changement dans les mêmes conditions.

704. Panification. — La panification est une opération qui se rattache à la fermentation alcoolique.

Fig. 219. — Extraction de l'amidon de la farine.

Pour faire le pain, on forme une pâte avec de la farine, de l'eau, du sel et du *levain* [1] ou de la levure de bière. La pâte, soumise au pétrissage, est ensuite divisée en pains, et abandonnée à elle-même dans le voisinage du four. Le glucose qui existe dans la farine, et celui qui prend naissance pendant l'opération, se transforment, sous l'influence de la levure, en alcool et en acide carbonique. Ce gaz soulève la pâte, la rend légère et spongieuse. La pâte ainsi *levée* est soumise à la cuisson ; elle augmente encore de volume, par suite de la dilatation de l'acide carbonique ; sa surface extérieure se durcit, se caramélise en même temps qu'elle s'enrichit en principes solubles. Au bout d'une demi-heure environ, le pain peut être défourné et livré à la consommation.

1. Le levain est de la pâte provenant d'une opération précédente.

ACIDE TANNIQUE OU TANIN ($C^{28}H^{10}O^{18}$)

TANIN — ÉCORCE DU CHÊNE — NOIX DE GALLE — FERMENTATION GALLIQUE
TANNAGE DES PEAUX — FABRICATION DE L'ENCRE

705. Composition. — Le tanin peut être considéré comme un *acide digallique*, résultant de la combinaison de l'acide gallique $C^{14}H^6O^{10}$ avec lui-même et perte de H^5O^2.

706. État naturel, extraction. — Le tanin existe dans l'écorce de la plupart des arbres, et en particulier dans l'écorce du chêne, de l'orme, du marronnier, etc. ; il existe aussi dans la *noix de galle.*

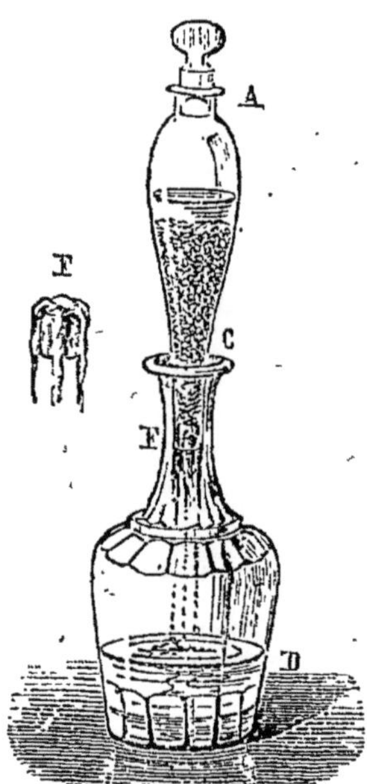

Fig. 220. — Extraction de l'acide tannique.

Pour extraire le tanin de la noix de galle, on emploie un appareil à *déplacement* (fig. 220) formé d'une allonge en verre, dont le col s'engage dans le goulot d'un flacon. On place dans l'allonge, d'abord un tampon d'amiante, puis de la noix de galle pulvérisée, et l'on achève de remplir avec de l'éther ordinaire ; on ferme à l'aide d'un bouchon à l'émeri la partie supérieure de l'allonge. L'eau de l'éther dissout peu à peu le tanin, en filtrant à travers la noix de galle, et l'on obtient au fond du flacon deux couches de liquide : l'inférieure, sirupeuse, de couleur ambrée, est chargée de tanin ; celle de dessus, moins colorée, est de l'éther privé d'eau. On lave le liquide sirupeux avec de l'éther, puis on évapore dans le vide ou à une température inférieure à 100°.

707. Propriétés. — L'acide tannique pur se présente en très petites écailles, légères, d'un blanc jaunâtre, sans odeur, d'une saveur astringente. Il est soluble dans l'eau et incristallisable.

FERMENTATION GALLIQUE. — La dissolution d'acide tannique exposée au contact de l'air, subit la fermentation *gallique* sous l'influence d'un ferment végétal, le *penicillium glaucum* ou l'*aspergillus niger*, en absorbant les éléments de l'eau.

$$C^{28}H^{10}O^{18} + 2HO = 2(C^{14}H^6O^{10})$$
Acide tannique.   Acide gallique [1].

---

1. L'acide *gallique* chauffé à 210° perd de l'acide carbonique et donne de l'acide *pyrogallique* (724). Ces deux acides sont utilisés en photographie.

Le tannin naturel, contenant des glucosides, donne, outre l'acide gallique, du glucose qui, lorsque la fermentation gallique est terminée, subit la fermentation alcoolique, et finit par disparaître.

La dissolution de tannin précipite la plupart des matières animales, telles que la gélatine, l'albumine. Elle forme avec la peau des animaux une combinaison imputrescible, qui n'est autre chose que le cuir ordinaire.

L'acide tannique précipite presque toutes les dissolutions salines. Il forme avec les sels de sesquioxyde de fer, un précipité noir qui est la base de l'encre ordinaire. Avec les sels de protoxyde de fer, il ne donne rien d'abord, mais au contact de l'air, la liqueur se colore peu à peu et finit par passer au noir, par suite de l'absorption de l'oxygène par le protoxyde de fer.

708. Usages. — Les propriétés du tannin donnent naissance à des applications importantes : le tannage des cuirs et la fabrication de l'encre.

709. Tannage des peaux. — L'écorce de chêne, riche en tannin, est utilisée dans la mégisserie pour le tannage des cuirs.

Débourrage. — Les peaux bien lavées, et nettoyées, sont débarrassées des poils par une macération dans un lait de chaux; c'est ce qui constitue le *débourrage*.

Gonflement. — Après le débourrage vient le gonflement, destiné à distendre les peaux, de manière à les préparer à recevoir l'action du *tan*. Ce gonflement se fait à l'aide d'une dissolution de tan aigri, d'abord faible, puis de plus en plus forte.

Mise en fosse. — On prend ensuite les peaux ainsi gonflées, et on les place dans une grande fosse, en couches successives, séparées par de la poudre d'écorce de chêne ou tan, et l'on arrose le tout. Le tannin se dissout peu à peu et se combine avec la peau. Il faut renouveler deux fois le tan à trois mois d'intervalle.

Corroyage. — Les peaux, au sortir des fosses, sont desséchées à l'air et soumises au *corroyage* qui les rend plus lisses et plus douces.

Tannage par l'électricité. — Le passage d'un courant électrique à travers la dissolution de tannin, où plongent les peaux, permet de faire en quelques jours ce qui exigeait des mois dans les fosses. On diminue encore le temps nécessaire au tannage par l'agitation continue des peaux dans la dissolution de tannin, placée dans un grand tambour tournant lentement autour de son axe horizontal, et traversée par le courant électrique.

710. Fabrication de l'encre. — On fait dissoudre 1^{kilogr} de noix de galle pulvérisée dans 14 litres d'eau; on filtre, et l'on ajoute à la liqueur claire d'abord 500^{gr} de gomme arabique, puis une dissolution de 500^{gr} de sulfate de fer (couperose verte) dans 2 litres d'eau. On agite le mélange, et on l'abandonne jusqu'à ce qu'il ait pris une teinte noire.

CHAPITRE VI

PHÉNOLS
LEUR RELATION AVEC LES MATIERES COLORANTES

ACIDE PHÉNIQUE

FONCTION CHIMIQUE DU PHÉNOL — EXTRACTION DU GOUDRON — USAGE COMME ANTIPUTRIDE — ACIDE PICRIQUE — ANILINE — TOLUIDINE — ROSANILINE

711. Fonction chimique du phénol. — Le phénol est le type d'une classe de corps ayant une fonction spéciale, distincte de celle des alcools et de celle des acides. En effet, il se rattache aux alcools par la propriété qu'il a de former avec les oxacides des *éthers neutres*, et avec l'ammoniaque une *ammoniaque composée*, mais il s'en distingue en ce qu'il donne lieu à des phénomènes de *substitution* avec le chlore, le brome et l'iode. Avec l'acide azotique, au lieu de donner un éther nitrique neutre, il donne des *dérivés nitrés*, qui ont les propriétés des acides. Par oxydation, le phénol ne donne pas d'acide correspondant à l'acide acétique que produit l'alcool en s'oxydant.

712. Phénol ou acide phénique. $C^{12}H^6O^2 = C^{12}H^4(H^2O^2)$. — Ce corps a été découvert dans le goudron de houille par Runge, qui l'appelait *acide carbolique*, parce qu'il se combine avec les bases. Laurent montra qu'il se comporte comme un alcool vis-à-vis des acides, avec lesquels il donne des éthers composés, et vis-à-vis de l'ammoniaque, avec laquelle il donne l'*aniline*.

713. Extraction. — Le phénol s'extrait des huiles de goudron qui passent entre 120° et 190°. On débarrasse d'abord ces huiles des alcalis par l'acide sulfurique, puis on les traite par la soude concentrée. La solution de *phénate de soude* ainsi obtenue, traitée par un acide, donne le phénol, qui se sépare en liquide huileux. On le dessèche par du chlorure de calcium, et on le rectifie.

Le liquide refroidi à — 10° donne des cristaux que l'on égoutte.

714. Propriétés. — Le phénol cristallise en aiguilles incolores, fusibles à 35°. Il a une saveur brûlante. Sa densité est 1,06. Il bout à 183°. Il brûle avec une flamme fuligineuse. Il est neutre au papier de tournesol. Il n'a pas d'action sur les carbonates alcalins. Ses sels sont peu stables, sauf les phénates alcalins.

Le phénol chauffé longtemps avec de l'ammoniaque, donne de l'*aniline*.

L'acide nitrique donne avec le phénol des produits de substitution appelés acides *nitrophénique, binitrophénique, trinitrophénique.*

715. Usages. — Le phénol est un caustique qui attaque la peau. Il coagule l'albumine ; c'est par cette propriété, un antiputride.

716. Acide picrique ou trinitrophénol $C^{12}H^3(AzO^4)^3O^2$. — Ce corps, appelé autrefois *amer de Welter, amer d'indigo*, a été découvert par Haussmann en 1708. Il s'en produit dans l'action de l'acide azotique sur l'indigo, le benjoin, etc. Sa composition a été établie par Dumas et par Liebig.

On le prépare en faisant bouillir du phénol avec de l'acide azotique, jusqu'à ce qu'il ne se dégage plus d'acide hypoazotique.

L'acide picrique brut, saturé par une solution d'ammoniaque, donne le *picrate d'ammoniaque*, qui cristallise et qu'on décompose après purification par l'acide sulfurique ou par l'acide azotique. L'acide picrique cristallise en lamelles brillantes qui se dissolvent dans 105 fois leur poids d'eau ; il est jaune citron, d'une saveur amère, soluble dans l'alcool. Il a un grand pouvoir tinctorial ; 1 gr. d'acide picrique colore 1 kil. de soie. Les sels sont jaunes.

L'acide picrique est un réactif des sels de potasse, grâce à la faible solubilité du picrate de potasse.

Chauffé lentement, il fond ; chauffé brusquement, il détone. L'acide picrique fondu et refroidi, détone également sous l'influence de l'explosion d'une capsule de fulminate de mercure.

Le picrate de potasse détone par la chaleur.

Un mélange de picrate de potasse et de chlorate de potasse, constitue une poudre brisante.

Le picrate d'ammoniaque mêlé au salpêtre constitue la *poudre picrique*, plus puissante que la poudre ordinaire, et pouvant être fabriquée sans plus de dangers.

717. Benzine. — La benzine, que nous avons étudiée aux paragraphes 285 et suivants (page 152), se retire des produits les plus volatils de la distillation du goudron. La plus grande partie de la benzine du commerce est transformée en *nitrobenzine* (288) qui sert à la fabrication de l'*aniline* (718) et des matières colorantes qui en dérivent.

On emploie aussi la benzine pour le dégraissage des étoffes (289).

718. Aniline $C^{12}H^7Az$. — L'aniline a été découverte en 1826 par Unverdorben dans les produits de la distillation sèche de l'indigo ; c'est la première ammoniaque composée que l'on ait découverte. Runge la retira des goudrons de houille.

On la prépare dans l'industrie par le procédé de M. Béchamp, c'est-à-dire en traitant la *nitrobenzine* par l'*acide acétique* et la *limaille de fer*.

L'aniline est un liquide incolore d'une odeur désagréable, d'une saveur âcre ; sa densité est 1,031. Elle bout à 184°,8. Elle brunit à l'air en absorbant de l'oxygène. Elle sert, avec la *toluidine*, à la préparation de la rosaniline.

719. Toluène $C^{14}H^8$. — Le toluène a été découvert en 1837 par Pelletier et Walter. Il a été obtenu par M. H. Sainte-Claire Deville, en distillant le baume de Tolu. On l'extrait des goudrons de houille.

Traité par l'acide azotique, il donne deux *nitrotoluènes* isomères.

720. Toluidine $C^{14}H^9Az$. — La toluidine existe dans les goudrons de houille. On la prépare artificiellement par le procédé qui sert à préparer l'aniline, c'est-à-dire en réduisant le nitrotoluène par le fer et l'acide acétique.

721. Rosaniline ($C^{40}H^{19}Az^3$). — Sous l'influence des corps oxydants, un mélange d'aniline et de toluidine donne une base nouvelle, la *rosaniline*.

$$C^{12}H^7Az + 2C^{14}H^9Az + 6O = 5H^2O^2 + C^{40}H^{19}Az.$$
Aniline.   Toluidine.   Oxygène.   Eau.   Rosaniline.

Cette base incolore forme avec les acides des dissolutions salines d'un très beau rouge (*rouge de rosaniline*). Ces dissolutions fournissent des cristaux à *reflets verts irisés;* chauffées avec de l'ammoniaque en excès, elles se décolorent; mais la couleur reparaît, si l'on continue à chauffer, la rosaniline chassant l'ammoniaque à la température de l'ébullition.

722. Usages. — La rosaniline et ses dérivés fournissent de belles couleurs rouges, violettes, bleues, etc.

PHÉNOL DIATOMIQUE

723. Résorcine $C^{12}H^6O^4 = C^{12}H^2(H^2O^2)^2$. — La résorcine est un phénol diatomique; elle fond à 110° et bout à 270°.

FLUORESCÉINE. — Chauffée avec de l'acide phtalique anhydre, la résorcine donne la *fluorescéine*, remarquable par sa fluorescence.

ÉOSINE. — La *fluorescéine* tétrabromée présente une belle fluorescence rose, et donne à la soie la teinte éclatante de l'aurore; de là son nom d'*éosine*.

PHÉNOL TRIATOMIQUE

724. Acide pyrogallique $C^{12}H^6O^6$. — Ce corps, découvert en 1831 par Braconnot, résulte de la distillation sèche, à la température de 210°, de l'acide *gallique*, produit de la fermentation du tannin (707).

$$C^{12}H^6O^{10} = 2CO^2 + C^{12}H^6O^6.$$
Ac. gallique.   Ac. carbonique.   Ac. pyrogallique.

Il cristallise en aiguilles blanches fusibles à 115°, distillant à 210°. Sa dissolution absorbe l'oxygène de l'air et se colore en brun. Cette propriété fait employer l'acide pyrogallique pour l'analyse de l'air.

PHÉNOL TÉTRATOMIQUE

725. Phénol alizarique $C^{28}H^{12}O^8$. — On peut rattacher à ce phénol l'anthracène $C^{28}O^{10}$ et l'alizarine $C^{28}H^8O^8$.

726. Anthracène $C^{28}H^{10}$. — Les produits solides des huiles lourdes, débarrassés de la naphtaline par sublimation, sont soumis à la distillation. On recueille ce qui passe entre 540° et 560°; puis, après une rectification, on dissout ce produit dans l'huile légère de houille, et l'on soumet à plusieurs cristallisations successives, en débarrassant chaque fois, par compression, les cristaux des matières liquides adhérentes. On sublime enfin à la température de fusion, et l'on obtient des lamelles rhomboïdales incolores.

727. Propriétés. — L'anthracène fond à 210° et bout à 550°. La densité de sa vapeur est 6,5 (L. Troost) et correspond à 4 vol.

Il est soluble dans l'alcool bouillant, mais insoluble dans l'alcool froid.

Anthraquinone. — L'acide azotique l'attaque énergiquement en donnant des composés oxydés, parmi lesquels M. Anderson a surtout fait remarquer l'*oxyanthracène* ou *anthraquinone* $C^{28}H^8O^4$.

Le brome donne avec ce corps l'anthraquinone bibromé $C^{28}H^6Br^2O^4$, qui avec la potasse, donne l'*alizarine* (Græbe et Liebermann).

$$C^{28}H^6Br^2O^4 \quad + \quad 2KO;HO \quad = \quad 2KBr \quad + \quad C^{28}H^8O^8.$$

Anthraquinone bibromé   Potasse.   Bromure de potassium.   Alizarine.

728. Alizarine $C^{28}H^8O^8 = C^{28}H^4(H^2O^2)^2(O^2)(O^2)$. — Elle peut être regardée comme deux fois phénol et deux fois aldéhyde. Elle a été découverte, en 1826, par Robiquet et Colin. Pendant longtemps on l'a extrait de la *racine de garance*.

On la prépare aujourd'hui en partant de l'*anthracène* (727).

Elle cristallise en aiguilles jaune rougeâtre, fusibles à 215° et volatiles entre 215° et 240°. On peut la sublimer dans un creuset de porcelaine, chauffé au bain de sable. Elle est à peine soluble dans l'eau froide, elle se dissout dans l'eau bouillante, dans l'alcool, l'esprit de bois, la benzine. Elle se dissout dans l'acide sulfurique, en le colorant en rouge.

Les alcalis colorent en rouge violet la solution alcoolique d'alizarine. Avec la chaux, elle donne une coloration bleue.

Elle se dissout à chaud dans la solution d'alun, et s'en précipite par refroidissement. Le zinc en limaille la réduit et redonne l'*anthracène*.

C'est une matière colorante très belle et d'une grande solidité. Elle se fixe sur les étoffes par l'intermédiaire d'un *mordant*, alumine, oxyde de fer, etc. Elle forme avec ces oxydes des combinaisons insolubles (*laques*) employées en teinture.

CHAPITRE VII

ALCALIS DES VÉGÉTAUX

ALCALIS DE L'OPIUM : MORPHINE — ALCALI DU TABAC : NICOTINE
ALCALIS DES QUINQUINAS : QUININE

729. Généralités. — Il existe dans certains végétaux des *alcalis naturels*, tels que la *morphine* dans le pavot, la *nicotine* dans le tabac, la *strychnine* dans la noix vomique, la *quinine* et la *cinchonine* dans l'écorce des quinquinas. Ce sont des poisons très énergiques.

Tous ces alcalis contiennent de l'azote, aussi se décomposent-ils, sous l'influence de la chaleur, en dégageant des vapeurs ammoniacales.

QUININE ($C^{40}H^{24}Az^2O^4$)

QUINQUINA GRIS — QUINQUINA JAUNE — QUINQUINA ROUGE — SULFATE
DE QUININE — EMPLOI COMME FÉBRIFUGE

730. État naturel, extraction. — La *quinine*, découverte en 1820 par Pelletier et Caventou, existe, ainsi que la *cinchonine*, dans l'écorce des quinquinas, où ces deux bases sont saturées par un acide organique auquel on a donné le nom d'acide *quinique*.

Le *quinquina gris* ne contient presque que de la *cinchonine*; le *quinquina jaune* contient surtout de la *quinine*; enfin, le *quinquina rouge* contient des proportions à peu près égales des deux alcalis.

On extrait la quinine du quinquina jaune. L'écorce pulvérisée est épuisée à la température de l'ébullition par l'acide chlorhydrique étendu. La liqueur, filtrée et traitée par la chaux en excès, laisse déposer la quinine, la cinchonine et les matières colorantes. Ce précipité, desséché par pression, est épuisé par l'alcool bouillant qui ne dissout que la quinine. La solution alcoolique, soumise à l'évaporation, laisse un résidu qui, traité par l'acide sulfurique faible, donne des cristaux de *sulfate de quinine* brut. On les décolore par le noir animal et on les purifie par cristallisation. Pour en extraire la quinine, on traite le sel par l'ammoniaque; la quinine précipitée est redissoute dans l'alcool, d'où elle se dépose en cristaux par simple addition d'eau; c'est une poussière blanche, cristalline, inodore, d'une saveur amère, très peu soluble dans l'eau, soluble dans l'alcool et dans l'éther.

Elle forme avec presque tous les acides des sels cristallisables. Le plus important est le *sulfate de quinine*, employé comme fébrifuge.

CHAPITRE VIII

ALBUMINE — FIBRINE — CASÉINE — GÉLATINE — URÉE — ACIDE URIQUE — FERMENTATION PUTRIDE—CONSERVATION DES MATIÈRES ANIMALES

---

731. Généralités. — L'albumine, la fibrine et la caséine, qui existent dans les organes des animaux, sont des *corps* analogues aux *amides*.

ALBUMINE

ALBUMINE DU BLANC D'ŒUF, DU SANG, DE LA FARINE — COLLAGE DES VINS
CONTRE-POISON DU SUBLIMÉ-CORROSIF

732. État naturel. — Propriétés. — L'albumine est la matière incolore, transparente et inodore, qui constitue le blanc d'œuf. On la rencontre encore dans le *sang*, ainsi que dans la *farine* (702).

Soumise à une température d'environ 60°, elle se coagule et devient dure, blanche et opaque. — Elle se coagule à froid, sous l'influence de l'alcool et du tannin. C'est sur cette propriété qu'est fondé l'emploi du blanc d'œuf pour coller les vins. L'albumine, en se coagulant, forme dans ce cas un réseau qui entraîne toutes les matières en suspension.

L'albumine forme avec le bichlorure de mercure un précipité insoluble; aussi le blanc d'œuf est-il recommandé comme *contre-poison* du sublimé corrosif. — Elle forme avec la chaux un lut très résistant.

FIBRINE

FIBRINE DU SANG, DE LA CHAIR MUSCULAIRE, DU GLUTEN

733. Extraction. — Propriétés. — La fibrine existe dans le *sang*, dans la *chair musculaire* et dans le *gluten* (702) des céréales.
Pour l'obtenir pure, on bat avec un petit balai le sang encore chaud (au sortir des vaisseaux sanguins) : la fibrine s'attache aux branches, sous forme de filaments blancs, qu'on lave d'abord à l'eau, puis à l'alcool et à l'éther, pour enlever les matières grasses et les autres impuretés.

C'est un corps solide, blanc, inodore et insipide; molle et élastique à l'état ordinaire, elle devient dure et cassante quand elle a été desséchée.

Elle est insoluble dans l'eau et dans l'alcool. Chauffée à 200°, elle se décompose en donnant beaucoup de carbonate d'ammoniaque.

L'acide chlorhydrique et l'acide acétique la transforment en une gelée soluble dans l'eau chaude.

CASÉINE

734. Composition du lait. — Une goutte de *lait* vue sous le microscope (fig. 221) a l'aspect d'un liquide transparent au milieu duquel nagent de petits globules remplis de beurre. Lorsqu'on abandonne le

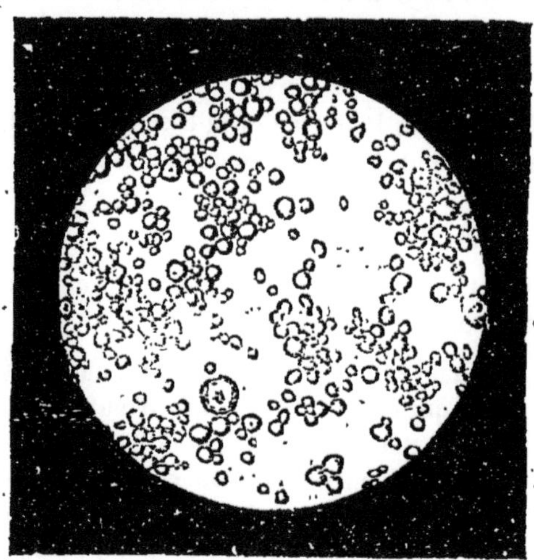

Fig. 221. — Goutte de lait vue au microscope.

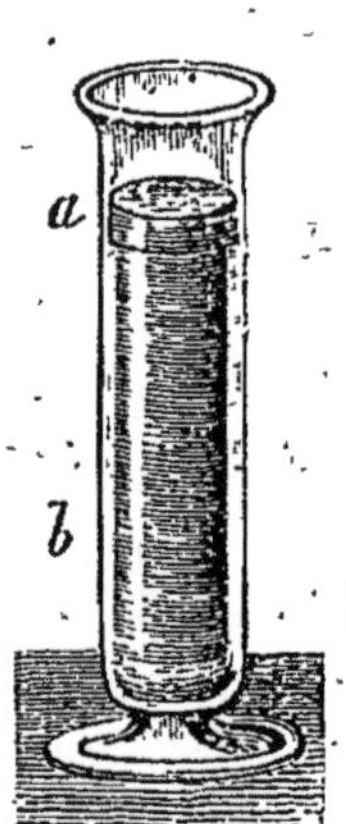

Fig. 222.
Lait avec crème.

lait à lui-même, les globules montent à la surface *a*, et constituent la crème (fig. 222); brisés dans la baratte, ils laissent la matière grasse qu'ils contiennent se réunir et former le beurre. Le lait écrémé contient encore la *caséine*, le *sucre de lait*, l'*albumine* et les *matières minérales*.

735. Propriétés de la caséine. — Cette substance se précipite en grumeaux blancs, floconneux *a*, quand on traite le lait par un acide (fig. 225).

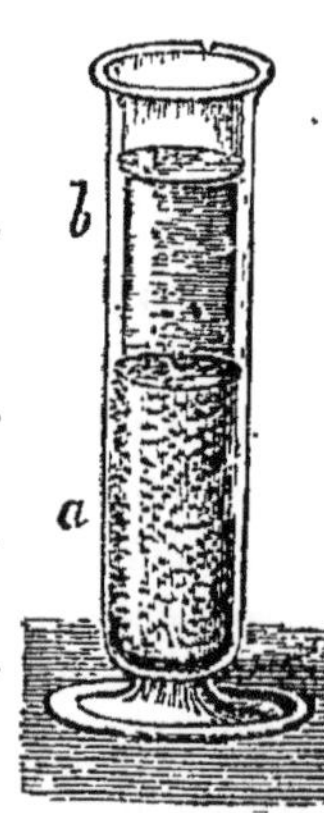

Fig. 225. — Lait caillé (caséine).

Ces grumeaux, lavés à l'eau, puis épuisés par l'alcool et l'éther, donnent la caséine pure.

La caséine paraît avoir la même composition que l'albumine; mais elle n'est pas coagulable à la température de 100°. — Elle est coagulée par les acides et par l'alcool. Les alcalis et les carbonates alcalins la dissolvent.

Elle constitue la partie la plus nutritive du lait; c'est elle qui fait de ce liquide un aliment très substantiel pour les jeunes animaux. — Les fromages maigres sont formés de caséine presque pure; les fromages gras contiennent de la caséine et du beurre. La caséine existe dans la farine de blé (702).

OSSÉINE

736. Osséine. — Elle constitue le tissu cellulaire de la peau, des os, du derme et des cartilages. Soumise à l'action prolongée de l'eau bouillante, l'osséine se transforme en gélatine.

GÉLATINE

COLLE FORTE — COLLE DE POISSON — COLLAGE DES VINS
APPRÊTAGE DES ÉTOFFES

737. Gélatine. — **Colle forte.** — La gélatine n'existe pas toute formée dans les tissus animaux ; elle résulte d'une transformation que l'eau bouillante fait éprouver à l'*osséine*.

Pour préparer la gélatine, on fait bouillir pendant longtemps avec de l'eau la peau, les tendons, les cartilages, Quand la dissolution est complète, on filtre, puis on concentre, et l'on verse dans des moules où la gélatine se prend en plaques par refroidissement.

On peut encore l'obtenir à l'aide des os, en mettant ceux-ci à digérer en vases clos (fig. 224) avec de l'eau chauffée au-dessus de 100°.

738. Propriétés. — C'est une substance solide, transparente, inodore et incolore quand elle est pure. Elle se ramollit et se gonfle dans l'eau froide, elle se dissout dans l'eau bouillante. Sa dissolution se *prend en gelée* par le refroidissement, même quand elle ne contient que $\frac{1}{100}$ de gélatine.

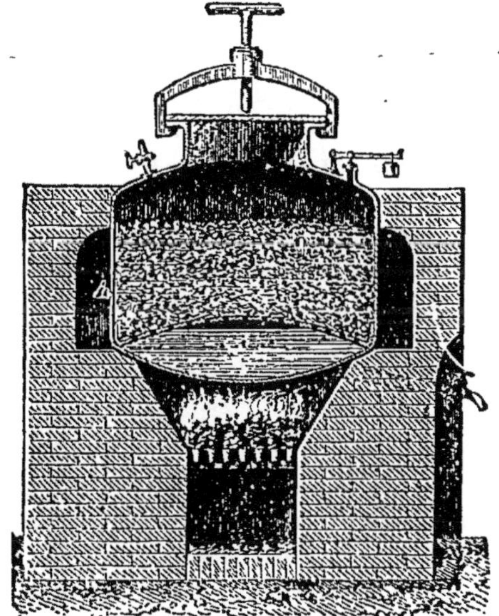

Fig. 224. — Préparation de la gélatine à l'aide des os.

Chauffée fortement, la gélatine fond, puis s'enflamme, en répandant l'odeur de la corne brûlée. Le *tannin* et l'*alcool* précipitent la gélatine de ses dissolutions les plus étendues.

COLLE DE POISSON. — La *colle de poisson* est de la gélatine pure obtenue à l'aide de la membrane interne de la vessie natatoire de l'esturgeon.

19.

739. Usages. — Les usages de la gélatine sont très variés : la gélatine ordinaire ou *colle forte* est constamment employée dans l'ébénisterie. La *colle de poisson* sert à coller le vin et la bière ; on l'emploie pour apprêter les étoffes de soie, la gaze argentine et les fleurs artificielles.

URÉE ($C^2H^4Az^2O^2$)

PRODUCTION DANS L'ORGANISME — EXTRACTION DE L'URINE

740. État naturel. — Extraction. — L'urée est le dernier terme des transformations des matières azotées dans l'organisme. L'urine de l'homme et des mammifères carnassiers est un liquide formé en majeure partie d'eau, tenant en dissolution des sels, de l'acide lactique, de l'albumine, des matières colorantes, et enfin de l'*urée* et de l'acide *urique.*

L'homme adulte produit environ 50 grammes d'urée par jour.

Pour préparer l'*urée*, on évapore lentement de l'urine fraîche jusqu'à ce qu'elle soit réduite au dixième de son volume primitif ; on y ajoute ensuite de l'acide *azotique.* Il se produit un précipité cristallin très abondant d'*azotate d'urée*, qu'on décolore par le noir animal, et qu'on purifie par plusieurs cristallisations successives.

Cet azotate, dissous dans très peu d'eau et traité par la baryte, donne un précipité d'*urée* très pure.

741. Propriétés. — C'est une substance blanche, incolore et inodore, cristallisée en prismes droits à base rectangle. Elle est très soluble dans l'eau ; peu soluble dans l'alcool.

742. Fermentation ammoniacale. — Abandonnée à elle-même, l'urée subit la *fermentation ammoniacale* sous l'influence d'un ferment soluble sécrété par un ferment organisé végétal : elle s'assimile les éléments de 4 équivalents d'eau, et se transforme en *carbonate d'ammoniaque :*

$$C^2H^4Az^2O^2 + 4HO = 2(AzH^3,HO,CO^2)$$

Urée.　　　　Eau.　　Carbonate d'ammoniaque.

L'urée chauffée avec une solution alcaline donne la même réaction.

Grâce à cette transformation, l'azote que l'urine enlève aux corps des animaux, passe dans l'atmosphère, sous forme de carbonate d'ammoniaque, que les pluies ramènent à la surface du sol, où il sert à la nutrition des végétaux, et par suite, des animaux.

ACIDE URIQUE

URINE DES MAMMIFÈRES, DES OISEAUX, DES SERPENTS

743. État naturel. — Propriétés. — L'acide urique, découvert par Scheele, existe dans l'urine des carnivores ; il est très abondant dans les excréments des oiseaux ; enfin, il constitue presque exclusivement l'urine solide des serpents.

C'est un corps blanc, cristallin. Il exige, pour se dissoudre, 15 000 fois son poids d'eau froide ou 1800 fois son poids d'eau bouillante.

L'acide urique, qui existe en très petite quantité dans l'urine normale de l'homme, y remplace partiellement l'urée dans le cas d'une alimentation trop substantielle, et occasionne la maladie appelée la *goutte*.

FERMENTATION PUTRIDE

ROLE DES BACTÉRIES, DES VIBRIONS

744. Définition. — Les matières animales ou végétales, abandonnées à elles-mêmes, s'altèrent spontanément ; elles deviennent le siège de phénomènes particuliers, accompagnés ordinairement d'exhalations très fétides. On dit alors qu'il y a *putréfaction* ou *fermentation putride*.

745. Phénomènes de la putréfaction. — M. Pasteur a fait connaître la cause jusqu'alors ignorée de la *fermentation putride* due à un *vibrion*, animal microscopique dont le germe est transporté par l'air, et qui ne peut se développer qu'à l'abri du contact de l'air.

Si la putréfaction se produit le plus souvent dans les liquides exposés au contact de l'air et de l'humidité, c'est qu'il se développe d'abord, à la surface du liquide et dans son intérieur, de *petits infusoires (bactérium*, etc.) qui absorbent l'oxygène dissous, et celui qui se trouve en contact avec la surface du liquide ; lorsque tout l'oxygène libre a disparu du liquide, les *vibrions* se développent, et déterminent la fermentation putride.

Dès que la putréfaction a commencé, le liquide devient le siège de deux genres d'actions chimiques très distinctes : les *vibrions*, d'une part, vivant sans la coopération de l'air, transforment les matières azotées en produits plus simples, mais encore complexes ; d'autre part, les *bactéries* déterminent la combustion de ces derniers produits et les ramènent à l'état de combinaisons binaires : *eau, ammoniaque* et *acide carbonique*.

En empêchant la putréfaction, on ne réussit pas toujours à conserver aux corps leur structure et leurs qualités premières, parce qu'il y a toujours les réactions des solides et des liquides les uns sur les autres. C'est ainsi que la viande, enveloppée d'un linge imbibé d'alcool, et placée dans un vase clos, pour éviter l'évaporation de ce liquide, ne se putréfie pas, mais se faisande d'une manière très prononcée.

CONSERVATION DES MATIÈRES ANIMALES

DESSICCATION — REFROIDISSEMENT — CUISSON — PROCÉDÉ APPERT
ANTISEPTIQUES

746. Procédés de conservation. — Plusieurs procédés peuvent être employés pour conserver les substances organiques. Les uns sont destinés à *empêcher le développement* des germes qui peuvent produire la fermentation, les autres ont pour but de *détruire* ces germes.

747. Arrêt de développement. — On arrête le développement des germes par la dessiccation ou l'abaissement de température.

1° DESSICCATION. — Les viandes et les légumes desséchés peuvent être conservés et expédiés à de grandes distances sans subir d'altération. C'est aussi par la dessiccation que les fruits secs, pruneaux, raisins, etc., se gardent pendant des années.

C'est par le même procédé qu'on conserve les plantes dans les herbiers.

2° ABAISSEMENT DE TEMPÉRATURE. — L'usage de mettre dans un endroit frais les matières que l'on veut préserver de toute altération, est fondé sur ce que la fermentation ne se développe pas aux basses températures.

La glace sert à conserver le poisson et les viandes.

748. Destruction des germes. — On détruit les germes par la cuisson, ou à l'aide de substances antiseptiques.

1° CUISSON. — La cuisson, en détruisant les germes, retarde la fermentation putride, mais seulement pour quelque temps, parce que l'air ramène sans cesse de nouveaux germes.

2° CUISSON ET PRIVATION D'AIR. — On arrive à un résultat plus satisfaisant dans le *procédé d'Appert*, qui consiste à introduire les matières à conserver dans des vases en fer-blanc, puis à les porter à l'ébullition en les plongeant dans l'eau; on les ferme ensuite hermétiquement et on les chauffe de nouveau; de cette façon, on détruit par la première cuisson tous les germes qui pouvaient exister dans les matières à préserver, et, par la seconde ébullition, on détruit les germes qui auraient pu s'introduire au moment de la fermeture.

3° ANTISEPTIQUES. — Au lieu de détruire les germes par la cuisson, on peut les faire périr par les antiseptiques.

La *créosote*, qui existe dans la fumée, est un excellent antiseptique; c'est grâce à elle que se conservent les viandes fumées : jambons, harengs saurs, etc.; on y ajoute souvent l'action préservatrice du sel marin.

L'alcool, employé pour la conservation des collections d'histoire naturelle, ou des fruits dits à l'eau-de-vie, est un très bon antiseptique.

Enfin on emploie un certain nombre de sels, comme le *bichlorure de mercure*, par exemple, pour conserver des objets de collection.

PROBLÈMES

1er Problème. — Combien peut-on obtenir de grammes d'oxygène par la décomposition de 100^{gr} de chlorate de potasse?

SOLUTION. — Reprenons la formule qui représente (28, note) la décomposition du chlorate de potasse, et écrivons au-dessous les poids équivalents :

$$\underbrace{KO,ClO^5}_{(39+8)+(35,5+40)} = \underbrace{KCl}_{(39+55,5)} + \underbrace{60}_{+48}$$
$$\underbrace{122,5} \qquad \underbrace{122,5}$$

$122^{gr},5$ de chlorate de potasse donnent donc 48^{gr} d'oxygène.

1^{gr} donnera $\dfrac{48^{gr}}{122,5}$; 100^{gr} donneront $\dfrac{48 \times 100}{122,5} = 39^{gr},183$

2e Problème. — Combien faut-il calciner de bioxyde de manganèse pur pour préparer 200^{gr} d'oxygène?

SOLUTION. — La formule qui représente (27, note) la réaction est :

$$\underbrace{3\ (MnO^2)}_{3(27,5+16} = \underbrace{Mn^3O^4}_{(82,5+32)} + \underbrace{2O}_{+16}$$
$$\underbrace{150,5} \qquad \underbrace{150,5}$$

Pour avoir 16^{gr} d'oxygène, il faut calciner $150^{gr},5$ de bioxyde.

— 1^{gr} — — $\dfrac{150^{gr},5}{16}$

— 200^{gr} — — $\dfrac{150^{gr},5 \times 200}{16} = 1^k,6312$

3e Problème. — Combien, dans un flacon contenant une quantité suffisante d'acide sulfurique étendu d'eau, faut-il mettre de zinc pour obtenir 500 litres de gaz hydrogène mesuré sec à $0°$, et sous la pression de 700^{mm} ?

SOLUTION. — Nous savons (19) que 1 litre de gaz hydrogène sec à $0°$ et sous la pression de 760 millimètres, pèse $1^{gr},293 \times 0,002 = 0^{gr},809$. 500 litres pèseront $500 \times 0^{gr},089 = 44^{gr},500$. Le problème revient donc à chercher le poids de zinc nécessaire pour obtenir $44^{gr},500$ de gaz hydrogène.

La formule qui représente (16, 2e note) la réaction est

$$\underbrace{Zn}_{33} + \underbrace{SO^3,HO}_{(40+9)} = \underbrace{ZnO,SO^3}_{(41+40)} + \underbrace{H}_{1}$$
$$\underbrace{82} \qquad \underbrace{82}$$

Il en résulte que pour avoir 1^{gr} d'hydrogène il faut dissoudre 55^{gr} de zinc,

— — $44^{gr},560$ . . . . $44,5 \times 55 = 1^k,4685$.

4e Problème. — Quel poids de fils de fer faut-il chauffer au rouge dans un tube de porcelaine, pour qu'en y faisant passer de la vapeur d'eau, on obtienne 50 litres d'hydrogène, mesurés secs à 10⁰ sous 750ᵐᵐ ?

Solution. — 1 litre d'air sec à 10⁰ sous la pression de 750ᵐᵐ pèse (38)

$$\frac{1^{gr},293}{(1 + 0,00377 \times 10)} \times \frac{750}{760},$$

Le poids de 1 litre d'hydrogène dans les mêmes conditions est

$$\frac{1^{gr},293}{(1 + 0,00367 \times 10)} \times \frac{750}{760} \times 0,0692$$

et le poids de 50 litres sera :

$$\frac{1,293 \times 750 \times 0,0692 \times 50}{(1 + 0,00367 \times 10)760} = 4^{gr},420.$$

Le problème revient donc à chercher le poids du fer qu'il faudra chauffer dans un courant de vapeur d'eau, pour avoir 4ᵍʳ,420 d'hydrogène.

La formule de la réaction est (16, 1⁰ note),

$$3Fe + 4HO = Fe^3O^4 + 4H$$
$$\underbrace{3 \times 28 + 4 \times 9}_{120} = \underbrace{(84 + 52) + 4}_{120}$$

Pour obtenir 4ᵍʳ d'hydrogène, il faut donc 84ᵍʳ de fer.

$$- \quad 1^{gr} \quad - \quad - \quad \frac{84^{gr}}{4}$$

$$- \quad 4^{gr},420 \quad - \quad - \quad \frac{84 \times 4,420}{4} = 92^{gr},82.$$

5⁰ Problème. — Sur 40 grammes de carbonate de chaux placés dans un flacon à moitié rempli d'eau, on verse une quantité d'acide chlorhydrique suffisante pour obtenir une décomposition complète du carbonate. On demande quel sera le volume de l'acide carbonique mis en liberté, le gaz étant mesuré sec à 20⁰ sous la pression de 770 millimètres.

Solution. — La réaction est représentée (246) par la formule

$$CaO,CO^2 + HCl = CaCl + HO + CO^2$$
$$\underbrace{28 + 22 + 36,5}_{86,5} = \underbrace{55,5 + 9 + 22}_{86,5}$$

50ᵍʳ de carbonate de chaux dégage donc 22ᵍʳ d'acide carbonique.

1ᵍʳ en dégage $\frac{22^{gr}}{50}$; 40ᵍʳ en dégagent $\frac{22 \times 40}{50} = 17^{gr},600.$

Reste à déterminer le volume occupé dans les conditions indiquées par 17ᵍʳ,600 de gaz carbonique.

Or 1 litre d'air à 20⁰, sous 770ᵐᵐ, pèse $\dfrac{1^{gr},293 \times 770}{(1 + 0,00367 \times 20)700}$

Le poids de 1 litre d'acide carbonique dans les mêmes conditions sera

$$\frac{1,293 \times 770 \times 1,529}{(1 + 0,00367 \times 20)760}$$

et le volume de l'acide carbonique dégagé s'obtiendra en divisant 17,600 par ce nombre; ce sera donc :

$$\frac{17,600 \times 760(1 + 0,00367 \times 20)}{1,293 \times 770 \times 1,529} = 9^{\text{lit}},431.$$

6e Problème. — Combien faut-il décomposer de chlorate de potasse pour préparer 1 mètre cube d'oxygène sec à 0° et sous la pression de 760 millimètres ? Quel est le poids du chlorure de potassium produit ?

7e Problème. — Combien 1 kilogr. de bioxyde de manganèse pur peut-il, par calcination, produire de litres d'oxygène sec à 0° et sous 760^{mm} ?

8e Problème. — Combien 1 kilogr. de zinc peut-il, en se dissolvant dans l'acide sulfurique étendu d'eau, produire de litres d'hydrogène mesuré sec à 15° et sous la pression de 750 millimètres ?

9e Problème. — Sur 50 grammes de fer chauffés au rouge dans un tube de porcelaine, on fait passer de la vapeur d'eau. Quel sera le poids de la vapeur d'eau décomposée ? Quel sera le poids de l'oxyde de fer formé et le volume de l'hydrogène dégagé, le gaz étant mesuré sur la cuve à eau à 20° et sous 765^{mm} ? La force élastique maximum de la vapeur d'eau à 20° est 17^{mm},4.

10e Problème. — Combien faut-il mettre de fer et d'acide sulfurique monohydraté dans des tonneaux à moitié pleins d'eau, pour préparer 100 mètres cubes d'hydrogène saturés d'humidité à 22° sous la pression de 760^{mm} ? La force élastique maximum de la vapeur d'eau à 22° est 10^{mm},66. Quel est le poids de sulfate de fer cristallisé que l'on peut retirer par l'évaporation de la liqueur ?

11e Problème. — On a préparé de l'hydrogène avec 10 grammes de zinc, et l'on s'en est servi pour réduire à l'état métallique 1 gramme de bioxyde de cuivre. On demande quel volume de gaz hydrogène doivent fournir les 10 grammes de zinc ; le gaz étant mesuré sur la cuve à eau à 10° et sous 765^{mm}. La force élastique maximum de la vapeur d'eau à 10° est 9^{mm},165. Combien est-il resté de ce gaz après la réduction de l'oxyde de cuivre, le gaz étant mesuré sur la cuve à eau à 26° sous la pression de 758^{mm} ; la tension de la vapeur d'eau à 26° étant 24^{mm} ?

12e Problème. — Les équivalents du potassium et du sodium étant 39 et 23, on demande combien 100^{gr} de chacun de ces métaux peuvent fournir d'hydrogène, mesuré sec à 0°, sous la pression de 760^{mm}, par la décomposition de l'eau ?

13e Problème. — Combien peut-on préparer de litres de cyanogène, mesuré à 10° sous la pression de 770^{mm}, avec 100^{gr} de cyanure de mercure ?

14e Problème. — On fait passer dans l'eudiomètre 200^{gr} d'air et 100^{gr} d'hydrogène, puis on excite l'étincelle. Quels sont le volume et la composition du résidu ?

15e Problème. Combien faut-il de litres de chlore sec, mesuré à 15° et sous la pression de 775^{mm}, pour faire passer 100^{gr} de sous-chlorure de mercure (calomel) à l'état de protochlorure (sublimé corrosif) ?

TABLE DES MATIÈRES

CHIMIE ORGANIQUE

CHAPITRE PREMIER

CHAPITRE II

CHAPITRE III

CHAPITRE IV

CHAPITRE V

CHAPITRE VI

CHAPITRE VII

CHAPITRE VIII

15564. — Imprimerie A. Lahure, rue de Fleurus, 9, à Paris.

www.ingramcontent.com/pod-product-compliance
Ingram Content Group UK Ltd.
Pitfield, Milton Keynes, MK11 3LW, UK
UKHW020724120726
13693UKWH00001B/151